纺织服装高等教育"十四五"部委级规划教材

TEXTILE SIZES AND WARP SIZING

纺织浆料与浆纱学

◎ 吴长春　主编

东华大学出版社

·上海·

内 容 提 要

　　本书运用化学、高分子化学和高分子物理的基本原理和知识,根据纺织浆料的上浆工艺特点,比较详细地论述了经纱上浆的机理与目的、上浆工艺参数、浆料选用原则、合成浆料的制备、各种常用浆料与辅助浆料的性能与应用、浆料的配合与调制,以及适用于各种纱线的参考浆液配方、新型上浆工艺及浆纱质量控制等知识。

　　本书可用作高等院校纺织工程及相关专业的教材和参考书,也可供从事纺织及相关行业的专业技术人员参考。

图书在版编目(CIP)数据

纺织浆料与浆纱学/吴长春主编. —上海:东华
大学出版社,2021.3
　　ISBN 978-7-5669-1830-7

　　Ⅰ.①纺…　Ⅱ.①吴…　Ⅲ.①纺织−浆料②纺织−
浆料　Ⅳ.①TS103.84

中国版本图书馆 CIP 数据核字(2020)第 241518 号

责任编辑:张　静
封面设计:魏依东

出　　　　版:东华大学出版社(上海市延安西路 1882 号,200051)
出版社网址:http://dhupress.dhu.edu.cn
天猫旗舰店:http://dhdx.tmall.com
营 销 中 心:021-62193056　62373056　62379558
印　　　　刷:句容市排印厂
开　　　　本:787 mm×1092 mm　　1/16
印　　　　张:16.5
字　　　　数:423 千字
版　　　　次:2021 年 3 月第 1 版
印　　　　次:2021 年 3 月第 1 次印刷
书　　　　号:ISBN 978-7-5669-1830-7
定　　　　价:69.00 元

前　言

机织加工通常包含两个部分,即准备过程和织造过程。有经验的管理者都会把注意力集中在经纬纱的准备上。经纱上浆是准备过程的一道工序,浆纱质量会直接影响机织加工的生产效率、产品质量和机配件的使用寿命,通常被纺织界称为"老虎口"。"纺织浆料与浆纱学"是纺织工程专业的一门专业课,是一门理论性与实践性结合较强的课程。

本书运用化学、高分子化学和高分子物理的基本原理和知识,根据纺织浆料的上浆工艺特点,分析并论述了经纱上浆的机理与目的、上浆工艺参数、浆料选用的原则、合成浆料的制备、各种常用浆料和辅助浆料的性能与应用、浆料的配合与调制,以及适用于各种纱线的参考浆液配方、新型浆纱工艺、浆纱质量控制等方面的知识,旨在使学生在了解浆料的种类与性能及上浆机理等知识的基础上,掌握不同浆料的应用条件,能够独立地分析并解决经纱上浆过程中的实际问题,为今后从事纺织工程研究、纺织品设计和纺织品生产等工作奠定扎实的基础。

本书内容除绪论外,包括十章共五十六节。建议理论教学安排32课时,另外安排8~12课时的实验教学。

本书是编者通过参考大量有关的论文和图书,同时依据自身长期从事纺织教学和科研工作的经验编写而成的,汇集了纺织界前辈和浆纱工作者的实践经验,以及他们长期以来的工作成果。在此对这些参考资料的作者表示诚挚的感谢。

本书第十章的内容出自上海纺织科学研究院浆纱专家王正虎老师的《第二届浆纱与浆料应用技术研修班讲义》。在此对王老师表示深深的感谢。

由于编者水平有限,书中错误在所难免,希望读者提出宝贵的意见和建议,并批评指正。

编者

2020 年 12 月

目　　录

绪　论

纺织产品的出现,标志着人类脱离原始状态,开始步入文明。人类的文明史,从一开始便和纺织生产紧密地联系在一起。衣着,是人类最基本的生活需要,人类对纺织产品的需求与人类社会的进步和发展紧密相连。据统计,世界人口和世界纤维消费量的年增长率分别为1%~2%和2%~3%,这表明纺织品的消费需求是随着社会的发展逐步增加的。

一、纺织业在我国国民经济发展中的地位

纺织工业是传统产业,在我国有较好的基础,是我国国民经济的重要支柱产业之一,已形成纤维、纺纱、织造、染整、服装及最终制成品的门类齐全的产业体系,具有上、中、下游结合配套的生产能力。纺织已不是单纯解决温饱的穿衣问题,纺织产品广泛应用于各个行业,包括服装、装饰、农业、建筑、医学、环境、水利、交通、化工、矿业、国防军事、航空航天等领域。可以说,没有纺织业,就没有这些行业的发展。

据2018年统计,我国纺织工业纤维加工总量占世界一半以上,纺织品服装出口额占全球的比重超过1/3。纺织工业作为国民经济支柱产业、重要民生产业的地位更加突出。截至2018年底,纺织服装行业企业法人单位数、总资产、总营业收入分别占全国工业的9.5%、4.8%、5.4%;与纺织有关的从业人数约1 612万,占全国工业总人数的14.03%。纺织品服装出口额占全国货物出口额的比重为12%;纺织品服装净创汇2 501.9亿美元,占全国贸易顺差的71.1%。

二、经纱上浆

机织是由相互垂直排列的经纱系统和纬纱系统,在织机上按照一定的组织规律交织而形成织物的过程。

织造的工作一般由五大运动完成,即开口运动(由综将经纱分为上下两层,形成梭口)、引纬运动(由梭子或其他引纬器把纬纱引入梭口)、打纬运动(由钢筘将引入梭口的纬纱推向织口)、送经运动(织轴缓慢退绕送出织造所需的经纱)、卷取运动(由卷布辊将织好的织物卷离形成区)。织物在织机上的形成,是经过织机五大运动机构的相互配合,经纱和纬纱交织的结果。如图1所示,经纱1从织轴2上退解下来,绕过后梁3,穿过经停片后进入梭口形成区;在梭口形成区,每根经纱按工艺设计规定的顺序分别穿过综丝的综眼6,然后穿过钢筘

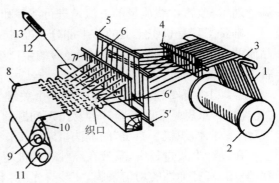

1—经纱　2—织轴　3—后梁　4—分绞棒　5,5'—综框
6,6'—综丝眼　7—钢筘　8—胸梁　9—卷取辊
10—导辊　11—卷布辊　12—梭子　13—纤管

图1　织物形成示意

7 的筘齿；梭子 12 的梭腔中安放纡子 13；在投梭机构的作用下，梭子被投入梭口，其引入的纬纱与经纱交织后于织口处形成织物。

在织造过程中，单位长度的经纱从织轴上退绕下来到其与纬纱交织形成织物，会受到 3 000~5 000 次程度不同的反复拉伸、屈曲和磨损作用。除股线、单纤长丝、加捻长丝、变形丝、网络度较高的网络丝外，一般的短纤纱或无捻长丝若直接经过织机织造，经纱表面会产生毛羽，纤维之间抱合力不足，在上述复杂机械力作用下，纱身起毛，纤维游离，纱线解体，进而产生断头；经纱表面毛羽突出还会使经纱相互粘连，导致开口不清，形成断头和织疵，甚至正常的织造过程无法进行。表 1 所示为经纱（14.5 tex 棉纱）的力学性能及其在织机上所受到的机械作用。从表中数据可知，经纱的断裂强度比它在织机上受到的张力大几倍，其断裂伸长率也远远大于其在织机上的最大伸长率，因此，经纱断头的根本原因并不是经纱的强度低和断裂伸长小，而是由于摩擦和反复拉伸引起的。

表 1　经纱的力学性能及其在织造时所受到的机械作用（14.5 tex 棉纱）

原纱的力学性能		织造时经纱受到的机械作用	
断裂强力/cN	200	张力/cN	40~75
断裂伸长率/%	7~8	最大伸长率/%	0.65~1
耐磨性/次	39	反复拉伸次数	4 000
—	—	经纱之间的摩擦次数	2 000
—	—	与筘齿之间的摩擦次数	400

整个机织工程包括经、纬纱系统的准备工作和经、纬纱系统的织造两大部分。

从纺部进入织部的原纱或由纺纱厂购入的原纱，一般是管纱、绞纱或筒子纱。这些纱在卷装形式和纱线质量上，都还不能适应织造的要求，需经过一系列的织前准备工程。织前准备工程简称机织准备或称准备工程。

准备工程的任务有下列两方面：

（1）改变卷装形式。经纱的准备工程是由单纱卷装（管纱）形成具有织物总经根数的织轴卷装。纬纱可直接用于织造，也可经络筒、卷纬工序，再进行织造。

（2）改善纱线质量。经纱经准备工程后，其外观疵点得到适当清除，织造性能也得到提高。通常，改善纱线质量的方法是进行清纱和给经纱上浆。

准备工程是机织工程的前半部分。准备工程的优劣与织造工程能否顺利进行，以及织物品质的高低有密切关系，所以，有经验的生产组织者或管理者总是把极大的注意力放在织前准备上。

经纱上浆是织造准备工程中的一个关键工序，其目的是改善纱线质量，常被纺织界称为"老虎口"，意思是非常危险和容易出现问题的工序，直接影响织造效率和产品质量。生产中有"浆纱一分钟，织机一个班"的提法。浆纱工作的细小疏忽会给织造生产带来严重的不良后果。

在经纱上浆过程中，浆液在经纱表面被覆，并向经纱内部浸透，经烘燥后，经纱表面形成柔软、坚韧、富有弹性的均匀浆膜，使纱身光滑、毛羽贴伏，同时在纱线内部，纤维之间的黏结抱合能力得到加强，从而改善了纱线的物理力学性能。合理的浆液被覆和浸透，能使经纱织造性能得到提高。经纱上浆工序能起到以下几个方面的积极作用：

（1）改善和提高经纱的耐磨性。在织造过程中，经纱通过织机的后梁、经停片和综丝眼，特别是在钢箱的剧烈作用下,发生摩擦、弯曲和屈伸等行为,这会使经纱起毛、断头,导致织造无法进行。经过浆纱工序,被覆在经纱表面的浆料形成坚韧的浆膜,使经纱耐磨性能得到改善和提高。被覆的浆膜要连续完整,这样才能起到良好的保护作用。

良好的浆液浸透是形成坚韧浆膜的基础,否则,在外界机械作用下,浆膜会形成粉尘脱落,起不到应有的保护作用。浆膜的拉伸性能应与纱线的拉伸性能相似。这样,当受到复杂外力作用时,纱线与浆膜将共同承担大部分的外力作用,使浆膜不至破坏。

(2) 贴伏纱线毛羽,使纱线表面光滑。由短纤维束通过纺纱机纺制而成的细纱,纤维长度一般比较短(如棉纤维的长度在 25～38 mm)。短纤维束在细纱机上经过牵伸、加捻纺成细纱时,由于纤维为非完全塑性物体,部分纤维的头端或尾端毛羽不可避免地伸出纱条表面,成纱及络筒过程中的离心力又助长了这类毛羽的产生。这类毛羽在织造时往往被缠绕到相邻的纱线之间,最终导致经纱断裂。由于浆膜的黏结作用,纱线表面的纤维游离端紧贴纱身,纱线表面光滑,在织制高密织物时,可以减少邻纱之间的纠缠和经纱断头。对于毛纱、麻纱、化纤纱及混纺纱、无捻长丝而言,毛羽贴伏和纱身光滑则尤为重要。

(3) 改善纤维集束性,提高纱线断裂强度。由于纺纱时的张力不能过大,成纱结构不是十分紧密,纤维间的抱合力较低,造成纱线较蓬松,断裂强度较低。通过浆纱工序,浆液浸透在纱线内部,从而加强了纤维之间的黏结和抱合能力,改善了纱线结构,因此经纱断裂强度得到提高,特别是织机上容易断裂的纱线薄弱点(细节、弱捻等)得到了增强,大大降低了织机经向断头的概率。在合纤长丝上浆中,改善纤维集束性还有利于减少毛丝的产生。

(4) 获得良好的弹性、柔韧性及断裂伸长率。经纱经过上浆后,弹性、柔韧性及断裂伸长率有所下降。选择合适的浆料,可以改善上浆对纱线的弹性和柔韧性造成的损失,并获得良好的断裂伸长率。另外,控制适度的上浆率和浆液对纱线的浸透程度,可使纱线内部部分区域的纤维仍保持相对滑移的能力。因此,上浆后经纱良好的弹性、可弯性和断裂伸长率可得到保证。

(5) 获得合适的回潮率。合理的浆液配方可使浆纱具有合适的回潮率和吸湿性。浆纱的吸湿性不可过强,因为过度吸湿会引起再黏现象。烘干后的浆纱在织轴上由于过度吸湿发生相互粘连,影响织机开口,同时浆膜强度下降,耐磨性能降低。

三、经纱上浆简史

用上浆方式使经纱满足织造要求的做法,早在动力织机出现之前就已存在。据记载,我国唐代采用整经后"过糊"的方法,以减少经纱断头。元代用小麦粉做浆料,使用缧刷对经纱上浆。《天工开物·乃服篇》中记载了用淀粉、牛皮胶、骨胶浆丝的方法和工具。

经纱准备和织造分开发生在 18 世纪末英国出现动力织机后。20 世纪 20 年代,英国开始用糊精作为机械上浆的浆料;到 40 年代,广泛采用淀粉,主要是各种天然淀粉(如小麦、玉米、马铃薯等)及其简单衍生物(如酸化淀、糊精、氧化淀粉等)作为棉纱上浆的浆料;长丝上浆则以各种动物胶为主。

20 世纪 50 年代后,随着各种化学纤维的陆续问世,以及各种新型织机的发展,浆纱技术和浆料不断进步,开始使用改性天然高分子化合物浆料(如变性淀粉、纤维素衍生物等)及合成浆料(如聚乙烯醇、聚丙烯酸等)。

经纱上浆工程每年耗用大量的浆料,年用量超过 60 万 t。各种浆料的耗用比例估计:天然淀粉 59％;变性淀粉 15％;羧甲基纤维素(CMC)及聚乙烯醇(PVA)11％;丙烯酸类浆料 12％;

其他浆料(动物胶、树胶等)3%。其中淀粉类占70%以上,仍然最多。

国内浆纱技术的发展过程可划分为三个阶段:第一阶段是在1955年前后,其标志是开始使用熟浆、变性淀粉、纤维素衍生物及聚乙烯醇等合成浆,解决了合成纤维的上浆问题;第二阶段是1968年前后,其标志是使用双浆槽,解决了高经密织物上浆质量问题;第三阶段是1980年前后,开发了高压上浆技术,其主要目的是解决浆纱快速烘干、浆纱车速提高的问题。

1954年以前,我国主要使用生物发酵法及氯化锌浸渍分解的淀粉浆,采用重浆工艺路线(上浆率在20%左右);1954年推广轻浆工作法,使用硅酸钠(也有使用氯胺T的)分解淀粉的方法,使上浆工艺大大地前进了一步,上浆率有明显的降低(例如:2 321市布的经纱上浆率由16%下降到8%),这不仅为国家节约了大量的工业用粮,而且使纺织厂劳动环境的改善成为可能,使纺织厂车间的温湿度能接近人体的舒适度,显著减轻了纺织工人的劳动强度。

20世纪60年代初,国家遇到了自然灾害等困难。为了减少工业用粮,开始探索使用褐藻酸钠、羧甲基纤维素、甲壳素及各种代用浆料。随着涤/棉混纺织物生产的扩大,使用聚乙烯醇(PVA)与玉米淀粉的混合浆液上浆工艺,使织物下机一等品率由10%上升到70%,布机效率也由30%上升到75%以上。自此之后,聚乙烯醇的浆料使用量迅速增长。业内普遍认为聚乙烯醇是一种"理想浆料",称聚乙烯醇的使用是纺织经纱上浆的一次革命。

20世纪70年代后期,为了适应涤/棉混纺织物高档规格的要求,开始探索使用丙烯酸类聚合物作为合成纤维纱线的浆料(如甲酯浆、酰胺浆)。随后,有众多的丙烯酸类浆料和以丙烯酸类为主体的共聚浆料供给纺织厂用于经纱上浆。

从20世纪80年代开始,各种变性淀粉用于经纱上浆,改变了在调浆桶内用淀粉分解剂的工艺,在全国各地建立了变性淀粉浆料的专业生产厂,用于经纱上浆的变性淀粉种类也渐趋完全,不仅有氧化淀粉、酸解淀粉、淀粉醚和淀粉酯,接枝淀粉也于90年代初用于经纱上浆。

进入21世纪,由于人们对生态环境的日益注意,浆纱离不开聚乙烯醇及聚乙烯醇难以生物降解之间的矛盾日益突出,引起了经纱上浆工作者的关注。欧美的一些国家把PVA列为"不洁浆料"。国内也提出了"少用不用PVA"的倡议,并进行大量的研究试验,不断提出替代PVA上浆的方案。

自此,浆纱界形成了淀粉(变性淀粉)、聚乙烯醇和丙烯酸类浆料三大类浆料。

浆料的研发和使用,随着织机的发展,在不断进步。织机已由有梭引纬发展到以无梭引纬为主,引纬速率从200～300纬/min提高到喷气织机的600～800纬/min、喷水织机的900～1 300纬/min,而多相织机的引纬速率已达2 500纬/min。需要上浆的经纱不仅有很粗的低支纱,还有很细的高支纱(10～8.3 tex,100～120公支)。织造高支高密织物,对经纱上浆有一个要求:产品质量完美,织造运行稳定。

国产浆料中,三大类浆料的品种规格已是应有尽有,虽然总体水平上不低于目前国内市场上的进口浆料,但低水平产品的重复较多,高质量、高性能的稳定性浆料偏少。

与浆料发展密切相关的上浆方式与上浆工艺的研究也在不断进行,除了传统的轴对轴的水液上浆外,还有溶剂上浆、泡沫上浆、高压上浆、预湿上浆等上浆工艺。近年来,主要进展在预湿上浆、冷上浆、拖浆式上浆和在线检测等方面。表2给出了上浆方式研究概况,这些研究在提高上浆效果、降低浆料消耗、减少环境污染和节约浆纱成本方面都有一定作用。

表 2　上浆方式研究概况

上浆方式	研究年代	进展状况
高压上浆	20 世纪 70 年代	1975 年试产,现广为应用
溶剂上浆	20 世纪 70 年代	1975 年样机展出,1979 年后消失
热熔上浆	20 世纪 70 年代	1974 年发表专利,后无进展
泡沫上浆	20 世纪 80 年代	有样机展出,无商品机
预湿上浆	20 世纪 90 年代	1992 年长丝上浆机,1997 年短纤纱上浆机商品
冷上浆	20 世纪 90 年代	1999 年有样机
拖浆式上浆	20 世纪 90 年代	2000 年有样机
液态 CO_2 上浆	20 世纪 90 年代	正在探索中
半糊化上浆	21 世纪初	正在探索中

　　根据上浆实践,由于上浆工艺要求的多样性,采用单纯一种或两种黏附性物质上浆,有时并不能完美地满足要求。因此,除了一种或几种主浆料外,常常在浆液中混用少量辅助材料,以改善和弥补主浆料对经纱上浆的不足。常用的辅助材料有增塑剂、上浆油剂、防腐剂、浸透剂、吸湿剂、防静电剂、消泡剂及淀粉分解剂等。这些物质的化学结构、性质及浆纱辅助作用机理,也是上浆工艺需要解决的重要问题。

四、常用浆料种类

　　经纱上浆所用浆料的种类很多,传统上可分为天然浆料、变性浆料及合成浆料三类。各类按其化学组成与结构的不同,又可分成许多种,如表 3 所示。

表 3　常用浆料种类

天然浆料	原淀粉	玉米、小麦、马铃薯、木薯、橡子、甘薯、大米、蕉藕淀粉等
	其他多糖物	白芨粉、田仁粉、蒟蒻粉、石蒜粉、槐豆粉、果胶、瓜尔胶等
	树胶	阿拉伯树胶、刺槐树胶、黄蓍胶等
	海藻类	海藻酸钠、红藻胶等
	动物胶	明胶、骨胶、鱼胶等
变性浆料	变性淀粉	糊精、可溶性淀粉、氧化淀粉、酸解淀粉等
	淀粉衍生物	羧甲基淀粉、羟乙基淀粉、淀粉醋酸酯、磷酸酯淀粉、阳离子淀粉、交联淀粉、接枝淀粉等
	变性纤维素	甲基纤维素、乙基纤维素、羧甲基纤维素、羟乙基纤维素等
合成浆料	聚乙烯醇	由不同相对分子质量聚醋酸乙烯酯所得的不同水解度的产物及化学变性产物等
	聚丙烯酸(酯)	(甲基)丙烯酸与其他乙烯基单体的水溶性共聚物等
	聚丙烯酰胺	丙烯酰胺的均聚物、共聚物及聚丙烯腈的部分水解物等
	聚酯	水分散型聚酯、水溶性聚酯等
	特种浆料	聚乙烯吡咯烷酮、聚氯乙烯、聚乙烯甲基醚等

随着科学技术的发展、纺织原料的开发和纺织设备的更新、浆料的回收与再利用及上浆工艺参数的自动监测与控制等技术的出现,纺织浆料和上浆工艺在不断地发展,要求对浆料的理化性能做更深入的了解,要求浆纱工作者不仅了解浆料的性能,还应了解浆料性能与其结构的关系及相应的上浆机理,并能根据经纱的结构及性能特点,选择、探索新浆料及确定适宜的浆液配方。这不仅需要浆纱机械、上浆工艺和浆料应用等纺织学科知识,还需要与高分子材料密切相关的化学知识。可以说,纺织浆料与浆纱是一门多学科综合性科学,需要不断开发与探索。

五、纺织浆料应具备的性能

纺织浆料应具备以下性能:

(1) 黏附性好,黏附力强,既有一定的渗透能力,又有一定的被覆能力。

(2) 浆膜要有一定的吸湿性,平滑,柔韧,弹性良好。

(3) 浆料易褪,且不形成污染。

(4) 上浆均匀,浆轴质量好。

思 考 题

1. 经纱上浆的目的是什么?为什么经纱经过上浆能提高织机的织造性能?

2. 如何理解"浆纱一分钟,织机一个班"这一提法?

3. 纺织中常说的三大浆料指哪三种?

4. 天然浆料主要有哪几种?合成浆料主要有哪几种?

5. 纺织浆料应具备哪些性能?

第一章　浆纱理论

第一节　黏附原理及浆纱黏附

一、黏附的基本条件

材料本身的强度来自这材料内部同种分子或原子的作用力,这称为内聚力。来自不同材料之间的分子或原子的相互作用力,就是黏附力。黏附性是两个或两个以上物体接触时,两种物质发生相互结合的能力。黏附力是黏着剂与被黏物在黏附界面上的作用力,实质是黏着剂分子或原子与被黏物的分子或原子在黏附界面上的相互作用力。

从物理化学观点分析,对于两种不同材料,当其表面足够近地靠在一起时,不论它们是部分接触或完全接触,都会产生黏合。要使两者紧密地黏合在一起,并有足够的黏合强度,两者必须形成某种能量最低的结合。要获得强的黏合,首先要求黏着剂能很好地润湿被黏物。

在某一固体表面滴一滴水或表面活性剂溶液时,液滴会出现图1-1所示的四种形态,代表了液体对固体表面不同的润湿程度。

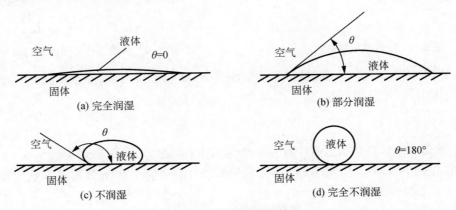

图 1-1　润湿和润湿角

润湿作用好,则黏着剂能迅速而均匀地在被黏物表面展开。当润湿作用平衡时,这种润湿情况可用在固、液、气三相交界处,自固-液界面经过液体内部到气-液界面的夹角,也就是黏着剂液体与被黏物表面之间形成的接触角 θ(也叫润湿角)表示(图1-1)。θ 的值为 $0\sim180°$,其值越大,表示越难润湿。

当液体对固体的润湿达到平衡时,表示固体-空气界面的张力 γ_{SG}、液体-空气界面的张力 γ_{LG} 及固体-液体界面的张力 γ_{SL} 如图1-2所示。它们的关系式如下:

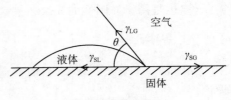

图 1-2　界面张力

$$\gamma_{SG} - \gamma_{SL} = \gamma_{LG} \cos \theta \tag{1-1}$$

上式称为杨氏方程或润湿方程,是由 T. Yong 于 1805 年提出的,为润湿的基本方程。

液气界面张力 γ_{LG} 力图减少液体与气体之间的界面,使液滴收缩为球形;固气界面张力 γ_{SG} 力图使液滴展开;固液界面张力 γ_{SL} 力图使固液界面缩小。因此,固液界面张力越小,尤其是液气界面张力越小,则 $(\gamma_{SG} - \gamma_{SL})/\gamma_{LG}$ 的值越大,$\cos \theta$ 的值越大,接触角越小,液体在固体表面铺展所需的能量越小,液滴越容易在固体表面铺展。当 $\cos \theta = 1$,即接触角为 0 时,液体在固体表面自由流淌,为完全润湿;当 $\cos \theta = -1$,即接触角为 180° 时,液滴呈球形,为完全不润湿;当 $\cos \theta > 0$,即接触角 $< 90°$ 时,液体在固体表面呈凸形,为部分润湿;当 $\cos \theta < 0$,即接触角 $> 90°$ 时,液体不能润湿固体。

为了更好地理解液体对固体表面的黏附性,用图 1-3 所示的模型进行分析。对于一个截面大小为一个单位面积的液柱,若在某处将其拉断,形成两个新的表面,需要克服液体分子之间的内聚力。此过程中,外界对体系所需做的最小功:

$$W_c = \gamma_{LG} + \gamma_{LG} = 2\gamma_{LG} \tag{1-2}$$

式中:W_c 为内聚功,它反映液体自身结合的牢固程度,是液体分子之间相互作用力的表征。

图 1-3　拉断液柱需做的功　　　　图 1-4　分离固液界面需做的功

同理,要将一个单位面积的固液接触面拉断分离,如图 1-4 所示,要克服液体分子与固体分子之间的作用力,外界所需做的最小功:

$$W_a = \gamma_{SG} + \gamma_{LG} - \gamma_{SL} \tag{1-3}$$

式中:W_a 为液体和固体在黏附过程中体系对外所能做的最大功,称为黏附功。

W_a 的单位为 N/cm^2,它的值越大,则固液界面结合越牢固。W_a 表征的是固液界面结合能力及两相分子之间的作用力。

根据热力学第二定律,在恒温、恒压条件下,$W_a \geqslant 0$ 的过程为自发过程的方向,即润湿发生的条件。

液体在固体表面铺展时,以固液界面代替固气界面,液体表面同时扩展。显然,只有当液体与固体间的黏附功 W_a 大于液体的内聚功 W_c 时,铺展才会发生。润湿是获得良好黏附的必需条件,也是衡量黏附性的先决条件。

二、黏附理论

黏附是一个复杂的现象,目前为止,因缺乏足够的实验基础,还不能建立一个完整的黏附理论。

通常认为,两个高聚物之间的黏附包括热力学黏附、机械黏附和化学黏附。热力学黏附定义为克服跨界面的分子相互作用而分开两个表面所需要的可逆功；化学黏附应用于跨界面形成化学键(共价键、静电或金属键)的黏附过程；机械黏附是指界面上很大部分的接触区域发生了亚微观粗糙的机械咬合。不少黏合理论分别强调某一种作用所做出的贡献。事实上，各种作用对黏附强度的贡献是随着两个物质的变化而变化的。

润湿只是一个宏观现象，其实质是两种物质界面产生了结合力。这些结合力主要有化学键、氢键与范德华力。图1-5所示为各种价键的势能曲线，可以形象地看出不同键之间的作用力。处于势能曲线最低状态的 ϕ_0 值，表征的是最稳定的状态，两物质之间的引力也最大。这是进行黏附所希望的状态。由此可见，若能使黏着剂与被黏物分子的原子间距离尽可能接近，则越能得到良好的黏附作用。

热力学黏附是一种理想黏附模型，它不考虑界面形成前后的条件、体系中随机存在的瑕疵或缺陷或者组分的本体物理性质，尽管这些性质在黏附概念的实际应用中都是非常重要的。热力学黏附的概念涉及分子间作用力，如

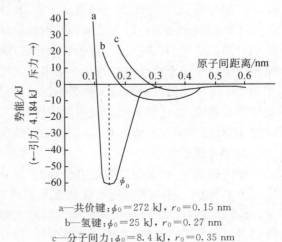

a—共价键：$\phi_0 = 272$ kJ, $r_0 = 0.15$ nm
b—氢键：$\phi_0 = 25$ kJ, $r_0 = 0.27$ nm
c—分子间力：$\phi_0 = 8.4$ kJ, $r_0 = 0.35$ nm

图1-5 各种价键的势能曲线

范德华力、氢键和静电力。现在还不能十分明确地指出黏附作用中各种力到底起多大作用。

热力学黏附不考虑机械和化学的相互作用。如果界面上一个相(A)被另一个相(B)完全饱和，表示为A(B)，或者反之，表示为B(A)，则两个相之间黏附功的完整表达式：

$$W_{A(B)B(A)} = \gamma_{A(B)} + \gamma_{B(A)} - \gamma_{AB} \tag{1-4}$$

分开单位面积的界面所需要的最大力，即该界面的理想黏附强度 F_{ad} 可按下式估算：

$$F_{ad} = \frac{1.03 W_{A(B)B(A)}}{r_0} \tag{1-5}$$

式中：r_0 为分离的平衡距离，通常在几个分子直径的数量级($0.2 \sim 0.5$ nm)。

如果假定在 $r_0 = 0.4$ nm 时完成这个功的主要部分，那么分开这两个相所需要的理想黏附强度在 1.41×10^6 kN/m²，远高于绝大多数胶合处的实际强度。对于仅靠色散力相互作用的两个聚合物，其典型的 W_{AB} 值为 100 mJ/m²，由此产生的理想黏附强度约为 2.6×10^6 kN/m²，它同样比实际可获得的黏附强度高几个数量级，表明仅色散力就足以保证有效的黏合。但理论和实际不总是一致的。理想的计算基于热力学可逆分离过程的概念，而现实中这种状态几乎是不可能的。实际上，破坏过程永远伴随有不可逆的黏弹过程，它损耗能量，并使情况复杂化。可能更为重要的是，真实的胶合处包含疵点，它将大大减少该体系的实际强度。

一般认为，黏附作用力与黏着剂的内聚力(又称自黏力)是同时存在的。黏附机理的主要论点有以下三种：

1. 吸附理论

用表面润湿与吸附作用解释黏附现象，通常称为吸附理论。吸附理论认为黏附现象的实质是表面吸附。黏附过程有两个阶段：

第一阶段，高分子溶液中黏着剂颗粒的布朗运动使黏着剂迁移到被黏物表面，导致黏着剂

分子的极性基团逐渐向被黏物的极性部分接近。

第二阶段是吸附作用。由于范德华力随着距离增加以 r^{-6} 倍急剧减少,要使这种力有效,相互作用的表面必须尽可能地接近,黏着剂与被黏物分子间的距离要在 0.2～0.5 nm(化学键长为 0.1～0.2 nm)。超过该距离,其相互作用将变得非常微弱,胶接处传递应力的能力也减小。根据分析,这种吸附力包括能量级为 10^2 J/mol 的色散力、能量级为 10^4 J/mol 的氢键力。

用吸附理论能较为广泛地解释黏附机理,但很不完善。试验证明,剥离黏着剂的薄膜所做的功可高达 0.1～10 N/cm²,但克服分子间力所需的功不超过 0.003 N/cm²。也就是说,剥离时所做的功在分子间作用力的几十倍以上。这说明黏附力不可能是单纯的分子间力或氢键力作用的结果。还发现剥离速度可影响黏附力;某些非极性高分子化合物(如聚异丁烯等)之间有很强的黏附力,这都不能用吸附理论解释。另外,按吸附理论推断,随着温度升高,分子热运动会加剧,使吸附有分离的趋势,从而黏附强度应削弱。但这种结论也与事实不符。

2. 静电理论

静电理论认为,黏附现象是由于静电力的作用而产生的。这种理论把黏着剂与作用物视作一个电容器。两种不同的聚合物表面紧密接触时,会产生双电层,相当于电容器的两个极片,形成电位差,其大小随极片间隙的增加而增大到一定的极限值,便开始放电。此时,可把黏附功看成相当于电容器的能量,其数值按下式计算:

$$W_0 = \frac{2\pi\rho_0^2}{D} \times h \tag{1-6}$$

式中:W_0——黏附功;

ρ_0——电荷的表面密度;

h——放电距离(电容器极片间的间隙);

D——周围介质的介电常数。

在以较慢的速度剥离时,电荷在很大程度上能够从极片漏失。因此,在表面距离很小时,原有电荷能完全消失,剥离时只消耗少量的功。在快速剥离时,电荷缺乏足够时间放电,保持较高的初始电荷密度,需克服较强电荷之间的引力,使黏附功较大。因此,静电理论可根据剥离时形成的黏着剂-空气和被黏物-空气界面上电荷消失的不同特点,解释黏附功与剥离速度的关系。

静电理论的适用性也有一定的局限性,因为静电现象仅在一定的条件下,如试样特别干燥,剥离速度不低于每秒数十厘米时才能表现出来。但不少聚合物之间彼此黏合,甚至在黏附力较强的情况下,剥离时并未看到任何起电现象。聚合物大多数是非电解质,很难设想黏着剂-被黏物之间会有大量电子从一个聚合物转移到另一个聚合物,更不可能形成足够的接触电势。静电理论只对金属类黏附现象有较满意的解释,但不能解释性质相近的聚合物之间具有强大黏附能力的现象,因为按照静电理论,性质越接近的物质,其接触电位差越低,黏附性应该越差。

3. 扩散理论

相似相容原理是扩散理论的基础。根据聚合物最根本的特征大分子链结构与柔顺性,在分子热运动的影响下,黏着剂与被黏物分子链的尾部或中部相互扩散、纠缠。当两种不同的聚合物黏合时,它们的大分子相互扩散、纠缠在一起,形成黏附结合。扩散理论有以下两个论点:

(1) 黏着剂分子一般都有较强的扩散能力。黏着剂以溶液的形式涂敷到被黏物表面,由于两者能润湿,被黏物在溶液中发生溶胀甚至混溶,则被黏物分子将明显地扩散到黏着剂溶液中,最后两相的界限模糊,产生一种聚合物逐渐向另一种聚合物的扩散、浸透,从而形成牢固的联结。在扩散期间,浸透的深度并不需要很大,如与再生纤维素纤维黏合时,可低到 1 nm,而且随着接触时间的增加,分子链扩散更加深入、联结得更牢固。这种扩散层具有很高的黏附强度,因此很容易解释剥离功与克服分子引力所需的功不一致的现象,弥补了吸附理论的不足。实际上,扩散理论是由吸附理论发展而来的。

(2)聚合物间的黏附作用是与其互容性密切相关的,这种互容性基本上由极性相似决定。如果两个聚合物都是极性的或者都是非极性的,经验证明它们的黏附力较高;反之,一个是极性,另一个是非极性,要获得较高的黏附力,则很困难。其基本原理也是由相似相容原理引申而来的。如棉、麻等纤维素纤维经纱,宜选用极性高的浆料;聚丙烯酸是聚酰胺纤维经纱的理想浆料;聚酯纤维经纱宜用酯型浆料,如水分散性聚酯或丙烯酸酯类。事实证明,像涤纶那样既不能和浆料分子形成氢键,与浆料分子也没有强的分子间作用力的纤维,欲保证它们之间的黏附强度,一个有效办法是黏着剂与被黏物之间的溶解度参数尽可能接近。图 1-6 展示了几种黏着剂对涤纶薄膜的剥离强度。涤纶的溶解度参数是 $44.8(J/cm^3)^{1/2}$,由此图可见,1~7 号黏着剂对涤纶的黏附强度不高,溶解度参数接近的 8~10 号黏着剂能与涤纶形成高的黏附强度,剥离时可能会使涤纶薄膜遭到破坏。

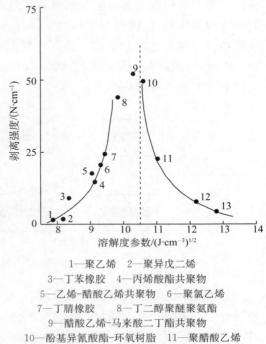

1—聚乙烯　2—聚异戊二烯
3—丁苯橡胶　4—丙烯酸酯共聚物
5—乙烯-醋酸乙烯共聚物　6—聚氯乙烯
7—丁腈橡胶　8—丁二醇聚醚聚氨酯
9—醋酸乙烯-马来酸二丁酯共聚物
10—酚基异氰酸酯-环氧树脂　11—聚醋酸乙烯
12—偏二氯乙烯-丙烯腈共聚物　13—羟甲基尼龙

图 1-6　几种黏着剂对涤纶薄膜的剥离强度

扩散理论指出,黏附现象取决于黏着剂分子结构、分子柔顺性及布朗运动能力。这种理论解释了接触时间、剥离速度、温度及分子形状等因素对黏附力的影响。但这种理论也有局限性,因此不能完全用扩散理论解释黏着剂用于金属、玻璃、陶瓷等材料的黏附情况。

三、浆料对纤维的黏附性

根据浆料对经纱上浆的要求,浆料对纤维的有效黏附主要为热力学黏附和机械黏附。从宏观上来说,浆纱就是浆料黏附在纤维表面的过程。浆液对纱线良好的润湿只是保证两相间紧密的分子接触,是良好黏附的必要条件,但不是充分条件。要实现真正的结合,还需要浆料对纤维具有亲和力。这种亲和力指两种高聚物分子间的相互作用,包括化学键、范德华力、氢键、离子键、静电力。织造完成后,浆料必需褪除,因此上浆不希望发生化学键的结合,以氢键及分子间力为主。氢键的键能比分子间力大,但比化学键小得多。在浆料分子中,如具有可形成氢键的基团,则有利于提高黏附强度。对聚合物来说,显然更着眼于分子间力,因为分子间力具有普遍性与加和性。

黏附缺陷是影响黏附性的一个重要因素。液体在粗糙表面上铺展,很容易在表面的低凹处截留空气,形成复合界面,这样就形成了黏附缺陷。当复合表面中含有空气-黏合剂界面时,黏合剂接触的实际面积大大减小,不良的润湿体系情况会更糟。导致理想和实际黏附强度差异的主要原因似乎是界面区域几乎始终存在的气泡、裂纹和瑕疵。当对胶合处施加应力时,应力倾向于集中在这些瑕疵上,局部的受力明显高于平均值。当局部应力超过局部强度(例如存在的复合界面已经减小了局部强度)时,就发生黏合破坏。黏附破坏可能以不同的形式发生在不同的位置。图1-7形象地展示了浆料和纱线的黏附复合体在织造过程中可能会遇到的四种情况。第一种情况主要是由于润湿不良造成的。第二种情况是真正的黏附破坏,是浆纱选择时不希望发生的,可能由于浆料的黏附力不够,或者界面上的杂质影响,或者浆膜的强力太高,在经纱分绞时发生浆膜剥离。第三种情况是纤维的内聚破坏。第四种情况是浆料的内聚破坏,在经纱分绞时最希望的是这种破坏形式,因为在经纱上浆时,除了采用单经上浆工艺,纱线之间的粘并是不可避免的。

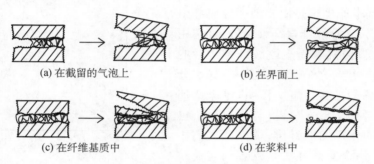

(a) 在截留的气泡上   (b) 在界面上

(c) 在纤维基质中   (d) 在浆料中

图1-7　黏附破坏的几种情况

适当减小浆料的相对分子质量,在一定程度上可以避免浆料对分绞造成的困难。但是,当相对分子质量低于某个值时,浆膜强度会随着相对分子质量的降低急剧减小。对于聚合物浆料,其机械强度是其相对分子质量的函数。较高相对分子质量的聚合物的内部链段具有更多的相互缠结,在应力下断开高聚物时,缠结分子链必须解缠结,这一过程需要相当的能量,分子链缠结为应力耗散起到了极好的作用。因此,浆料的相对分子质量应该在有利于分绞和保持浆膜强度之间做适当的平衡。

在两种高聚物的固-固界面上,高聚物或多或少地会产生分子链缠结,这一过程可借助能溶胀被黏物表面的溶剂加强,或者利用热能增加高聚物分子链的活动性,使得黏合剂和被粘体分子相互渗透。链缠结导致界面黏附层的分子组成与两个本体相完全不同,黏附层由一个本体相过渡到另一个本体相,呈浓度梯度的变化,其厚度通常为一个到几个分子层的尺寸,起着联结两个本体相的桥梁作用。显然,黏附层厚度与浆膜厚度有本质的区别。增加界面黏附层的厚度,将提高界面的黏合强度。链缠结的存在也产生了与经典意义上的明确界面不同的界面层,即扩散界面。在明确界面中,强度主要来源于经典的分子间作用力,而在扩散界面中,链缠结起着更重要的作用。可以根据分子间作用的相对强度,将界面黏附细分为四种结合情况(图1-8)。

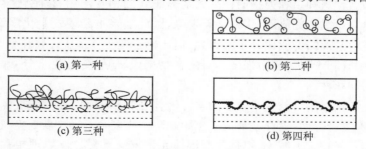

(a) 第一种   (b) 第二种

(c) 第三种   (d) 第四种

图1-8　黏附界面的四种情况

这四种情况对应于浆料和纤维的相互作用种类,据此可以估计大致的黏附强度:

图 1-8(a)所示是第一种情况,是最简单的。仅靠色散力,通常只能产生有限的黏附强度,它具有明确界面和弱的分子间作用力。例如,一个非极性高聚物(如聚乙烯)和一个极性聚合物(如聚乙烯醇)之间的黏结。在这样的体系中,唯一的分子间作用力是色散力,由于两种聚合物内在的不相容性,分子间缠结几乎不存在。黏结处的机械强度仅仅来源于色散力,它无法阻止黏合界面处的明显运动或滑移,结果是黏附强度非常低。

图 1-8(b)所示是第二种情况,仍有一个明确界面,但是两相间具有明显的特殊化学相互作用,例如,极性相互作用的存在通常可以明显改善黏附情况。即使可能没有明显的缠结,含有能形成氢键或酸碱相互作用的官能团(—OH、—NH—或—COOH)的两种聚合物之间,也能发生强的相互作用。例如,涤纶与聚酯浆料之间,或丙烯酸浆料与锦纶之间,即使没有链缠结,黏结处由于较强的相互作用力,也具有明显的机械强度。

图 1-8(c)所示是第三种情况,浆料与纤维之间为相容体系,浆料对纤维表面有明显渗透,形成扩散黏附层,浆料对纤维表面的渗透大大提高了接合处的强度。对于淀粉浆料与棉纤维这种相容性良好的体系,浆料在水和热的作用下向棉纤维本体相渗透。如果界面是扩散的,并发生明显的链缠结,无论作用于两者间的分子间力如何,都可显著提高黏附强度。链缠结可以被看成良好黏附的充分条件。

图 1-8(d)所示是第四种情况,包含两个表面间的物理或机械咬合。棉纤维的天然扭曲截面和表面微隙有利于浆料的渗透,形成机械咬合;异形截面纤维与浆料的物理咬合优于圆形截面纤维。与其他机理共同起作用时,这种情况通常产生最强的实际黏结。

四、黏附性评价

黏附性是指两个或两个以上物体接触时,在界面处发生的相互结合的能力。两种高聚物之间的黏附使两者连为一体。微观或亚微观判定黏附状态和质量,可以通过对其断面组分进行化学分析、元素分析,以及敏感光学观察(如电子显微镜、原子力显微镜等)或色谱学(如红外光谱、核磁共振等)等现代测试方法。宏观上评价黏附强度,主要采取力学破坏的方式测定两相界面的力学强度。工程上考虑黏附界面几何形状的复杂性及结构件受力的复杂性,一般将黏附界面简化为平板模型,将黏附破坏简化为四种基本方式,如图 1-9 所示。

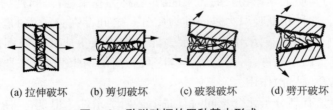

(a) 拉伸破坏 (b) 剪切破坏 (c) 破裂破坏 (d) 劈开破坏

图 1-9 黏附破坏的四种基本形式

对于一般的黏结结构件,可以采用基于图 1-9 所示四种原理的测试仪器,其测试数据之一或者全部,作为某种黏结结构件能否用于特定实际需要的重要参考指标。

由于纺织纤维细长结构的特殊性,纺织浆料对纤维的黏附性评价通常采用三种方法:薄膜滴浆法、布条剥离法和粗纱浸浆法。

(1)薄膜滴浆法。这种方法是把待测试的浆液用滴管滴在聚酯薄膜或其他薄膜上,在一定压力下使其黏合,干燥后(一般使用 50~65 ℃的温度),在单纤维强力仪或单纱强力仪上测定剥离所需的功,用黏附强度(cN/cm²)或黏附功(J/cm)表示。若采用标准的纤维高聚物薄膜(如聚酯薄膜、纤维素薄膜等),标准的浆料浓度、涂抹量和涂抹方式,标准加压方式和干燥条件,对不同浆料和同种纤维材料的黏附性,有较好的可比性,但影响因素较多,如黏着剂浓度、黏着剂厚度、被黏物特性、表面状态、加压方式、干燥温度及实验室条件等。需严格控制相关条件,才有可比性。

(2)布条剥离法。它是将一定量规定浓度的浆液涂布在两块一定面积已褪浆的布条上,使两块织物粘贴在一起,在一定压力下自然干燥后,用强力机测定剥离布条时的剥离力。与薄膜滴浆法类似,该方法受织物结构、表面状态、涂布技术、压力等因素的影响,可比性也受到限制。

(3)粗纱浸浆法。该法是将粗纱浸入一定浓度的浆液中,让粗纱自然吸浆,一定时间后取出,自然晾干,再在织物强力机上测定上浆粗纱的断裂强力,以此表示黏着力。由于粗纱只加有弱捻,本身的强力很小,可忽略不计,因此上浆粗纱的断裂强力在一定程度上反映了浆料与纤维之间的黏附性。这种方法的特点是与浆纱的实际情况比较接近,但它的测试结果是粗纱强力、纤维与浆料的黏附力及浆料的内聚力的综合结果。在这三个因素中,尽管粗纱强力较低,但浆料的内聚力会占很大比例,而且很难将这个比例从试验数据中去除。试验时可根据需要选用精梳纯棉粗纱、精梳涤/棉(65/35)粗纱、纯涤粗纱、纯毛粗纱等。应该指出,原料等级、粗纱定量等对黏着力测试结果有影响,对比试验应采用同一管粗纱。此法操作简单,有一定的可比性,目前被广泛采用。

由于黏附性评价体系存在诸多的不合理,目前很多浆料黏附性评价结果存在误差,期待今后有更好的评价方法和手段。

第二节 成膜机理及浆膜性能

成膜性是浆料用于经纱上浆的一个条件。提高纱线的耐磨性就是由浆料在经纱表面形成坚韧的浆膜实现的。因此,浆膜要有一定的吸湿性和耐磨性,还要平滑、柔韧、弹性良好,与纱线的拉伸性能相近。只有这样,经纱才能较好地承受织造时的各种机械应力。

一、成膜机理

物质的成膜能力实质上是该物质的内聚能力,也称为黏聚性,是同种物质内部相邻各部分之间的相互吸引力。这种相互吸引力是同种物质分子之间存在分子力的表现,只有在各分子十分接近(小于 10^6 cm)时才显示出来。内聚力能使物质聚集成液体或固体。一种物质要有高的黏聚性,必须具备两个条件:一是物质本身应具有高的内聚强度;二是这种物质的两个表面接触时,能发生结合(黏合)作用。

在所有物质中,只有高分子化合物同时具备上述两个条件。但是,要使两个高分子化合物充分结合,单纯接触是不够的,至少要求在接触区域分子之间能够完全或部分地相互扩散和纠缠。这种纠缠靠高分子化合物分子链节的移动完成。

1. 成膜过程

浆液通常为高分子水溶液。高分子水溶液的成膜是一个分散着不同聚合物颗粒相互聚集成为整体膜的过程,其大致分为三个阶段:初期、中期、后期。

(1)初期。涂于固体表面的高聚物溶液,随着溶液中的水分逐渐挥发,溶解在溶液中的物质浓度显著增大,原先以静电斥力和空间位阻稳定作用而保持分散状态的聚合物颗粒逐渐靠近和接触,但仍然可以自由运动。在该阶段,水分的挥发与纯水的挥发相似,为恒速挥发。

（2）中期。随着水分进一步挥发,溶液形成浓度极大的分散体层,聚合物颗粒表面的吸附层破坏,成为不可逆的接触,达到紧密堆积。一般认为此时理论体积固含量为74%,即堆积常数为0.74。该阶段的水分挥发速率约为初期的5%～10%,由悬臂梁质量法堆积测试仪[cantilevered gravimetric beam(CGB)packometer]测得,均匀球形颗粒优先堆积排列,是随机的密堆积。

（3）后期,在缩水表面产生的力的作用下,也有人认为在毛细管力或表面张力等的作用下,如果温度高于最低成膜温度（MFT：minimum film for ming temperature）,聚合物颗粒产生形变,聚集成膜,同时聚合物界面分子链相互扩散、渗透、缠绕,形成具有一定性能的连续膜。此阶段,水分主要通过内部扩散至表面而挥发,挥发速率很慢。

2. 成膜条件

高分子溶液成膜条件有两个。一是水分挥发。水分不挥发,就不会成膜。二是水分挥发的基层温度和环境温度必须高于聚合物的最低成膜温度。否则,即使水分挥发,聚合物溶液也不能成膜,因为成膜需要聚合物颗粒变形、分子链相互扩散和渗透,以致于相互缠绕、聚集。要完成这些动作,要求体系中有大于2.5%的自由体积。不然,聚合物颗粒处于玻璃态而无法变形,聚合物分子链段和自由体积处于冻结状态而不能扩散。

3. 成膜驱动力

关于成膜的驱动力,目前还没有统一的看法。Dillion等认为是聚合物的表面张力驱动聚合物颗粒变形而成膜。Brown等认为,固体颗粒间的水溶液产生毛细管力,尽管毛细管力绝对值不大,但其相对于高聚物颗粒的质量来说是足够大的,它促使聚合物颗粒聚集成膜。Visschers认为,缩水表面产生的力是驱动聚合物颗粒成膜的动力。

根据分析,当两个颗粒接近时,产生两类不同的作用力,一类是促使其靠近聚集的力,另一类是阻止其接近的力。

促使颗粒聚集的力有三种:

（1）由于颗粒间的水分蒸发而形成空洞所产生的压力差（ΔP_s）,它与空洞的曲率半径及高分子溶液的表面张力有关。

（2）颗粒间的分子间力（F_m）。

（3）弯曲面的附加压强（ΔP_a）。

阻止颗粒聚集的力有两种:

（1）颗粒本身的抗变形力（F_g）。

（2）库仑斥力（F_e）。

当颗粒相互接近时,只有满足下列条件,才能发生颗粒聚集:

$$\Delta P_s + \Delta P_a + F_m > F_g + F_e \tag{1-7}$$

由于ΔP_a、F_m及F_e都可忽略不计,因此浆料颗粒能否发生变形而成膜,主要看ΔP_s与F_g的大小,只有当$\Delta P_s > F_g$时,浆料才能成膜。

ΔP_s通常又称为毛细管压强,其理论计算原理大致如下:

水分蒸发所形成的空洞,在一定程度上与液体中的气泡相似。半径为r的气泡,其表面张力为γ,它欲以相当于$2\pi r\gamma$的力,使气泡的两个半球接近。由于气泡的两个半球接近,气泡内部的压力比外面的空气压力大,压力差（ΔP_s）作用在半径r的圆面积上的力是$\pi r^2 \Delta P_s$,因此,

当气泡平衡时,有

$$\pi r^2 \Delta P_s = 2\pi r \gamma$$

$$\Delta P_s = \frac{2\gamma}{r}$$

以一般式表示,则得:

$$\Delta P_s = K\gamma \tag{1-8}$$

式中:$K = \dfrac{1}{r_1} + \dfrac{1}{r_2}$;

r_1,r_2——气泡内表面的主要曲率半径。

若高分子颗粒直径在 $30 \sim 60$ nm,颗粒间在干燥时形成的空隙的最大曲率半径约为 5 nm。

假如表面张力 0.25 mN/cm 的高分子化合物液体,在这个空隙内所产生的瞬时压力差,按式(1-8)计算,应等于 10.13×10^6 Pa(100 个大气压)。实际上,空隙中不可能长时间存在这样大的压力差,因为薄膜是在大气压下形成的,而聚合物总是被一定的空气和水蒸气所渗透,经过一定时间后,空隙的内压力只是稍大于大气压。由于空隙中没有其他应力,这种压力差使高分子化合物颗粒发生变形。

高分子化合物颗粒的变形能力与聚合物的力学性能有关,也与水分蒸发的温度和时间有关。高分子溶液成膜的条件之一是环境温度高于聚合物的最低成膜温度(MFT)。高于此温度时,高分子化合物颗粒具有足够的弹性,这有利于变形,因此易形成连续性薄膜;低于此温度时,高分子化合物颗粒的刚性大,抗变形力强,因此不易成膜。通常,最低成膜温度与高分子化合物的玻璃化温度(T_g)相关。通过加入增塑剂或提高温度来增加聚合物的可塑性,都可获得较均匀薄膜。

二、浆膜性能及作用

浆料一方面在纤维之间起黏结作用,使纤维集束,贴伏毛羽,抑制经纱起毛;另一方面在经纱表面被覆,形成浆膜,起到保护经纱、减少摩擦和磨损的作用。根据经纱上浆工艺的目的和作用,要求浆膜具有一定的耐磨性、强伸度、屈曲强度等物理力学性能,即要求浆膜具有强韧性,同时也要求浆膜具有良好的溶解性及较低的吸湿再黏性。

1. 柔韧性

提高经纱的耐磨性是浆纱最主要的目的之一,耐磨性能是浆料黏附力、强伸度和韧性的综合表现。在织造过程中,被覆于经纱表面的浆膜是摩擦力的主要承受者。在众多浆料中,以 PVA 浆膜的耐磨性为最好,具有"坚而韧"的性能;聚丙烯酸酯钠盐浆膜显示"柔而不坚",淀粉浆膜"硬而脆",耐磨性能都比较差(表 1-1)。

表 1-1　常用浆料的浆膜性能

浆料类别	断裂强度/(N·mm⁻²)	断裂伸长率/%	耐磨次数	屈曲强度/次
玉米淀粉	48.8	4.0	63.1	341
氧化玉米淀粉	35.8	2.8	42.8	72

（续表）

浆料类别	断裂强度/(N·mm⁻²)	断裂伸长率/%	耐磨次数	屈曲强度/次
小麦淀粉	35.2	3.2	61.1	185
褐藻酸钠	29.5	6.8	80.2	430
CMC	32.7	11.8	100	680
PVA1799	43.1	165	937	>10 000
聚丙烯酸酯钠盐	10.3	206	214	>2 000
聚丙烯酰胺	45.1	2.7	55	80
聚氧化乙烯	6.5	175	113	34

经纱在织机上织造时要经受反复拉伸和反复屈曲两种疲劳应力。原纱有很强的承受弯曲应力的能力，但上浆后显得僵硬，屈曲强度下降，因而对浆膜的屈曲强度要求应高一些。以淀粉为主体的浆纱，淀粉浆由于具有"硬而脆"的特点，易龟裂脱落，在较低相对湿度下织造时，会产生大量的粉状落浆。使用浆料时，浆膜的增塑问题应给予很好的考虑。PVA、丙烯酸酯类浆料的屈曲强度一般为最好，其拉伸曲线类似于塑性材料。常用浆料的浆膜拉伸曲线如图1-10所示。这些性能与大分子链柔顺性及 T_g 的变化是一致的。

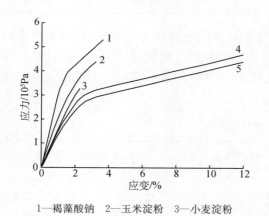

1—褐藻酸钠　2—玉米淀粉　3—小麦淀粉
4—CMC　5—PVA

图1-10　常用浆料的浆膜拉伸曲线

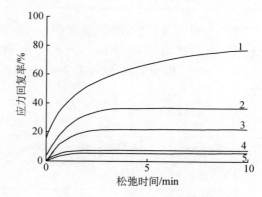

1—PVA　2—CMC　3—褐藻酸钠
4—玉米淀粉　5—小麦淀粉

图1-11　常用浆料的浆膜变形回复性能

在相同条件下，对各种厚度相似的不同浆膜施加应力，使其初伸长3%，3 min后，除去负荷，观察浆膜的变形回复。应力回复率随着松弛时间的延长而逐渐减小，一般在5 min后达到平衡，而PVA浆膜在10 min后还未完全回复，如图1-11所示。浆膜的应力回复能力与屈曲疲劳性能是完全一致的。

常用浆料的浆膜特性对比如下：

（1）抗拉强度：淀粉＞PVA＞CMC＞褐藻酸钠＞丙烯酸类浆料。

（2）强伸度：丙烯酸类浆料＞PVA＞CMC＞褐藻酸钠＞淀粉。

（3）耐磨性：PVA＞丙烯酸类浆料＞CMC＞褐藻酸钠＞淀粉。

（4）黏附性（对合成纤维）与柔软性：丙烯酸系浆料＞PVA＞CMC＞海藻酸钠＞淀粉。

（5）水溶性：丙烯酸系浆料＞淀粉＞CMC＞PVA。

影响上浆效果的因素很多，有纤维种类、浆液浓度、压浆程度、上浆温度、浆纱速度、烘燥温度及卷绕张力及浆液对纤维的亲和性等。烘燥时，浆膜和纤维的收缩率不同，即使浆液对纤维的润湿性、浸透性好，并呈现良好的黏附性，两者交界处仍会发生黏合破坏。

2. 弹性

上浆使得经纱强度的提高，主要是由于浆液浸透纱线内部，纤维之间彼此黏合，从而阻止了纤维受拉伸时的相对滑移，而浆膜本身强力的作用是极少的。根据表 1-1 及表 1-2 中的数据，浆膜的断裂强度都小于原纱。经纱在织机上会受到一定的拉伸变形，浆膜要有良好的弹性，其拉伸曲线要尽可能与纱线的拉伸曲线相近，变形能力要高一些，永久变形的比例应尽可能低一些。

表 1-2　原纱性能

原纱	断裂强力/cN	断裂强度/$(N \cdot mm^{-2})$	断裂伸长率/%	变形率/%		
				急弹	缓弹	永久
13 tex 涤/棉（65/35）	275	189	10.1	44.6	21.1	34.3
29 tex 棉纱	466	136	7.5	44.0	15.7	40.3
19 tex 棉纱	268	117	7.0	40.5	13.3	46.2

从表 1-3 可见，完全醇解型 PVA 与部分醇解型 PVA 的急弹性变形率相似，而永久变形率较高；聚丙烯酸甲酯浆料的永久变形率为最大，它的急弹性变形率很小，为 PVA 的 0.25～0.4 倍。作为浆料，其膜的永久变形率不宜过大。CMC 的变形率基本上能适应棉纱上浆的要求。

表 1-3　几种浆料薄膜的变形

浆料类别	急弹性变形率/%	缓弹性变形率/%	永久变形率/%
完全醇解型 PVA	43.6	48.2	8.2
部分醇解型 PVA	43.3	56.3	0.4
聚丙烯酸甲酯	10.0	40.3	49.7
聚丙烯酰胺	66.7	16.7	16.6
CMC	38.4	20.8	41.8

两种常用的丙烯酸浆料和聚乙烯醇的膜性能对比见表 1-4，可以看出，丙烯酸浆料和聚乙烯醇各有特色，要互相替代都有一定难度。

3. 水溶性

再溶性是浆料的必要条件之一，虽然浆膜的水溶性不能等同于织物的退浆性能，但水溶性好的浆膜有助于退浆。由表 1-5 可以看出，可溶性淀粉和聚丙烯酸酯类浆膜的水溶性最好。

表 1-4 丙烯酸浆料与聚乙烯醇的膜性能比较

浆料类别	强力/N	伸长率/%	初期拉伸强度/(kN·cm^{-2})	黏结力/(N·cm^{-1})	吸湿率/%		发黏性/mN	
					相对湿度		相对湿度	
					65%	85%	65%	85%
聚乙烯醇(聚合度 500)	3 535	125	270	589	8.6	15.6	38.30	95.25
聚乙烯醇(聚合度 1 700)	5 008	150	—	766	8.8	16.4	25.53	99.18
丙烯酸系浆料 A	187	850	8.8	1 964	27.2	39.0	3 732	5 450
丙烯酸系浆料 B	285	670	21.6	4 674	15.4	25.9	1 277	3 241

表 1-5 浆膜在水中的断裂时间

浆料名称	浆膜厚度/μm	浆膜在水中的断裂时间/s			
		40 ℃ 200 mg[①]	40 ℃ 500 mg[①]	70 ℃ 200 mg[①]	70 ℃ 500 mg[①]
可溶性淀粉	55	5.0	4.0	2.5	1.9
羧甲基淀粉	55	16.0	11.5	3.0	3.8
CMC	55	145.0	70.0	40.0	28.0
CMC 钠盐	55	26.0	18.0	14.0	9.0
PVA(部分醇解)	55	99.5	77.4	11.7	10.8
聚丙烯酸酯	55	5.2	5.2	1.6	1.2

注:① 浆膜荷重。

三、影响浆膜性能的因素

浆料上浆结果的优劣完全通过浆膜性能体现。影响浆膜性能的主要因素有内在因素(如高分子化合物相对分子质量、分子形状、分子中的极性基团及结晶能力)和环境因素等。

1. 聚合度

试验表明,欲使高分子化合物具有机械强度,有最低的聚合度要求,其数值一般在 40～80。最低聚合度视高聚物种类不同而有差异。只要聚合度超过这一临界值,高分子化合物薄膜的机械强度就开始产生,并随着高分子链的增长而不断增大,最后达到极限值,不再随着聚合度增加而增大。对于浆料,聚合物相对分子质量与力学性能的关系可用下式表示:

$$\gamma_n = a\left(1 - \frac{b}{M_n}\right) \tag{1-9}$$

式中:γ_n——抗拉强度;

M_n——数均相对分子质量;

a、b——常数(随物质而异)。

图 1-12 所示为不同聚合度的 PVA 薄膜的拉伸曲线。从此图中可以看出,聚合度为 2 400 的 PVA 薄膜比聚合度为 1 700、500 的 PVA 薄膜的抗拉强度大,薄膜的力学性能以相对分子质量高的为佳。但实际选用时,因相对分子质量过大对分子扩散不利,浆液的渗透性差,黏附

力反而削弱。淀粉浆的分解目的是适当降低相对分子质量,增加浆液的流动性。这样,虽然浆膜的力学性能有所降低,但上浆效果更好。因此,在实际的经纱上浆过程中,既要考虑浆料对纺织纤维的黏附性,也要顾及浆膜的物理力学性能。

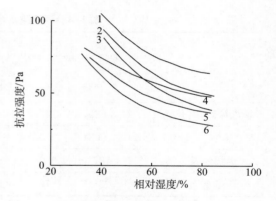

1—PVA2499(聚合度 2 400,完全醇解型)
2—PVA1799(聚合度 1 700,完全醇解型)
3—PVA0599(聚合度 500,完全醇解型)
4—PVA2488(聚合度 2 400,部分醇解型)
5—PVA1788(聚合度 1 700,部分醇解型)
6—PVA0588(聚合度 500,部分醇解型)

图 1-12　PVA 薄膜的抗拉强度

2. 分子形状

分子形状在很大程度上决定了高分子化合物的分子扩散能力及内聚力。带长支链及结构规则的长链分子的高分子化合物,具有较好的成膜性。首先,这类聚合物有良好的柔顺性及灵活性,有利于分子间相互扩散;其次,这类高分子化合物的分子之间易定向配置。与此相反,带大量短支链或笨重支链的聚合物,其成膜性显著下降。淀粉的两种组分中,长链形的直链淀粉具有良好的成膜性,而支链淀粉的成膜能力很差。由表 1-6 可见,玉米淀粉薄膜中,直链淀粉含量越高,力学性能越好。

表 1-6　玉米淀粉薄膜的力学性能

直链淀粉含量/%	断裂强度/(N·mm⁻²)	断裂伸长率/%	双曲折试验次数
95	71	23	900
86	55	8	530
77	60	11	450
68	62	15	350
59	64	10	140
50	60	6	100
42	49	6	63
29	51	6	28
24	53	5	19
15	55	9	21
6	50	5	14

3. 极性基团与结晶能力

通常温度下,只有非极性和弱极性高分子化合物才具有优良的成膜能力。在极性高分子化合物中,分子间较大的作用力阻碍着链节的热运动,使其成膜性不良。

在晶态高分子化合物中,链节均按一定的次序排列,不允许链节的各个部位发生剧烈的热运动,故不具备成膜性。只有非晶态物质在非玻璃化状态时才具有高度自黏性,可形成良好的高分子膜。

4. 吸湿性

水分是影响浆膜性能的环境因素。浆膜具有吸湿能力,其力学性能显著地受相对湿度的影响。相对湿度低,浆膜脆硬;相对湿度过高,浆膜强度下降(图1-12),耐磨性能明显降低,还会出现再黏现象。各种浆料的吸湿性能有所不同。由表1-7可见,CMC及聚丙烯酰胺的吸湿性最高,浆纱发软、发黏的现象严重。

表1-7 常用浆料的浆膜吸湿率

浆料类别	吸湿率/%		
	相对湿度60%	相对湿度70%	相对湿度80%
小麦淀粉	10.2	14.1	18.2
玉米淀粉	12.1	15.6	20.2
褐藻酸钠	11.1	18.2	25.9
CMC(纯粹的)	9.2	19.6	24.7
CMC(钠盐)	15.4	25.5	32.5
完全醇解PVA(乙炔法)	12.0	18.3	24.1
完全醇解PVA(乙烯法)	9.3	12.4	15.8
部分醇解PVA(乙烯法)	11.0	15.1	25.8
聚丙烯酸甲酯	7.1	9.3	13.5
聚丙烯酰胺	18.9	21.3	30.4
醋酸乙烯-马来酸酯共聚物	19.8	23.0	29.7
腈纶皂化浆料	19.0	34.5	49.8

由于环境对浆膜的影响,要求织造车间温湿度在一定范围内可调,应根据使用的浆料适当调整,以适应浆膜的性能,从而获得比较满意的浆纱效果。

思 考 题

1. 什么是黏附性?纺织浆料对纤维的黏附性评价通常采用哪些方法?你认为哪种方法更好,为什么?
2. 浆料为什么要具有成膜性能?高分子化合物成膜的条件是什么?
3. 浆料的成膜性能为什么在浆纱中显得很重要?
4. 影响浆膜性能的因素有哪些?简单说明。

第二章 淀粉浆料

第一节 原淀粉

一、概述

1. 淀粉工业的发展

淀粉是自然界中产量仅次于纤维素的多糖类天然高聚物,它以冷水不溶的微小颗粒广泛存在于植物的种子、根、茎、果实和叶子中。淀粉的工业化生产约始于 1830 年,既是基础工业,又是食品工业。近两个世纪以来,淀粉工业发展很快。20 世纪 70 年代中期,世界淀粉年产量为 700 多万 t,到 80 年代中期,已有 1 800 多万 t,90 年代初期达到 3 000 万 t。进入 21 世纪,淀粉工业的发展更加突飞猛进,根据资料显示,目前已逾 7 000 万 t。

淀粉的品种主要为玉米、马铃薯、小麦、甘薯、木薯等。植物中的淀粉是经过光合作用合成的,具有颗粒结构,与蛋白质、纤维素、油脂、糖、矿物质等共存。谷类含淀粉 10%～70%;块茎类含淀粉 25%～30%。通过除杂工艺可以得到高纯度的粉状淀粉产品,称为原淀粉。玉米具有高产、种植地区广、淀粉含量高、副产品品种多、经济价值高的、易于运输和贮存,加工厂不受季节和地区限制、可全年生产及黏度较稳定等优良性能。全世界的淀粉产量中,玉米淀粉占 70% 以上。在美国,95% 以上的淀粉来自玉米,而欧洲的淀粉来源以马铃薯为主,泰国、巴西等的淀粉来源主要是木薯。

植物中淀粉的含量及品质,不仅受植物种类、品种特性的影响,而且还随着生长环境、气候、种植及收割时间等条件的不同而变化。各种植物中的淀粉含量如表 2-1 所示。

表 2-1 各种植物中的淀粉含量

植物名称	淀粉含量/%	植物名称	淀粉含量/%
小麦	60.0～70.2	木薯	25.0①
玉米	79.4	米	62.0～74.1
甘薯	25.0①	高粱	64.9
马铃薯	10.0～23.0①	蕉藕	21.1

注:① 块茎湿重的百分率。

近半个世纪以来,世界淀粉产量在不断增长,特别是 20 世纪 90 年代以后的增长幅度较大,2013 年产量约 6 880 万 t,比 2003 年的 4 900 万 t 增长了 40.4%,如图 2-1 所示。

美国和中国作为两个淀粉生产大国,其淀粉总产量情况如表 2-2 所示。

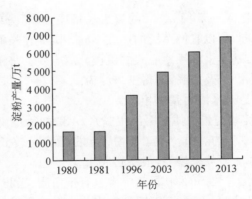

图 2-1 世界淀粉产量增长情况

表 2-2 美国和中国的淀粉总产量情况

年份	美国		中国	
	淀粉总产量/万 t	占比/%	淀粉总产量/万 t	占比/%
2003	2 490	50.82	731	14.92
2013	2 900	42.15	2 305	33.50

美国和中国的玉米淀粉产量情况如表 2-3 所示。

表 2-3 美国和中国的玉米淀粉产量情况

年份	美国		中国	
	玉米淀粉产量/万 t	占比/%	玉米淀粉产量/万 t	占比/%
2003	2 460	62.44	633	16.06
2013	2 800	45.90	2 196	36.00

表 2-2、表 2-3 中的数据显示：

(1) 美国的淀粉总产量，2013 年比 2003 年增长 16.47%；中国的淀粉总产量，2013 年比 2003 年增长 215.32%。美国的玉米淀粉产量，2013 年比 2003 年增长 13.82%；中国的玉米淀粉产量，2013 年比 2003 年增长 246.92%。

(2) 2013 年，美国和中国两国的淀粉总产量合计占世界淀粉总产量的 3/4 以上，其玉米淀粉产量合计占世界玉米淀粉总产量的 4/5。

(3) 中国的淀粉总产量和玉米淀粉产量的增长幅度都远远超过美国的增长幅度。

2. 淀粉的制取

制取淀粉的方法，视植物中淀粉与其他物质的结合情况而异。

(1) 小麦淀粉。小麦粉中含有凝结蛋白质，其遇冷水即相互黏结，而淀粉在冷水中不溶解，也不凝结。利用这种特性，把小麦粉放在装有两个回转方向相反的搅拌器的洗面筋机内，加水搅拌成面团，可使凝结蛋白质凝聚在一起，然后加水冲洗，使淀粉与凝结蛋白质(面筋)分离，将洗液静置一定时间，淀粉即沉淀析出。

(2) 玉米淀粉。玉米种子中，淀粉与蛋白质、脂肪等杂质结合得较松散，可用机械法使它们分离。把玉米种子放在含有 0.5% 亚硫酸的温水中浸透，待其膨胀后，淀粉与蛋白质等的结合更松懈，即可磨成粉浆，然后用浮选法除去胚芽(蛋白质等所在处)，再用筛子将皮渣筛除。

传统方法是将筛过的粉浆送入一条长 20 m 的流水长槽中,进行分级沉淀。由于纯粹的玉米淀粉与粗蛋白质的密度不同,所以它们沉淀的速度不同。沉淀在长槽近处的是密度较大、品质较好的淀粉。现代生产中,基本上都用离心式的机械分离方式。将精制淀粉取出,用清水漂洗一两次,再经过脱水、烘燥、磨碎及过筛,即得玉米淀粉。

甘薯淀粉的制取方法与玉米淀粉基本相同。

(3)米淀粉。米粉中淀粉与蛋白质的凝结很紧密,一般的物理机械方法难以将它们分离,而化学方法又会影响淀粉本身的品质。鉴于米粉中蛋白质含量较低,因此工业上一般直接使用米粉作为浆料,但上浆性能与效果较差,很易起泡沫。

工业用的淀粉并不是化学纯粹的物质,其中常含有蛋白质、脂肪、矿物质及纤维素等杂质。淀粉中的粗蛋白质是微生物良好的培植基,特别是水分含量较高时,会导致淀粉更易腐败。淀粉中的可溶性蛋白质也是一种表面活性剂,它会使浆液起泡沫,影响上浆质量。淀粉中如含有多量蛋白质,则浆膜脆硬。因此,浆用淀粉中的蛋白质含量越低越好。淀粉中的蛋白质含量成为经纱上浆用淀粉浆料的一个重要质量指标。

将原淀粉经过进一步加工,改变其性质,使其更适合应用,效果也更好。这类由原淀粉加工而成的产品有很多种类,统称为变性淀粉。变性的方法有物理法和化学法,以化学法为主。

3. 淀粉的分类

工业上经过对淀粉的改性处理,得到多种不同性能的变性淀粉,以满足不同的工业需求。

(1)分级淀粉:直链淀粉、支链淀粉。

(2)分解淀粉:酸处理淀粉——酸解淀粉、可溶性淀粉、低稠度淀粉。

　　　　　　焙烘糊精——白糊精、黄糊精、印染胶。

　　　　　　氧化淀粉——二醛淀粉、次氯酸氧化淀粉。

(3)淀粉衍生物:淀粉酯——淀粉醋酸酯、淀粉磷酸酯、淀粉丁二酸酯、淀粉黄原酸酯。

　　　　　　　淀粉醚——甲基淀粉、羧甲基淀粉、羟乙基淀粉、羟丙基淀粉、丙烯基淀粉、阳离子淀粉、酰胺淀粉。

(4)交联淀粉:甲醛交联淀粉、磷酸交联淀粉、丙烯酸交联淀粉。

(5)物理处理淀粉:高频处理淀粉、热湿处理淀粉、辐射线处理(α、β、γ 及中子线处理淀粉)。

(6)接枝淀粉:丙烯酰胺接枝淀粉、丙烯酸酯接枝淀粉、醋酸乙烯接枝淀粉。

4. 淀粉浆料

淀粉用于经纱上浆已有悠久的历史。据记载,我国元朝(公元 1300 年前后)已采用小麦粉作为经纱上浆的浆料。1890 年,"上海机器织布局"(中国第一家纺织工厂)以发酵的小麦粉作为经纱上浆的浆料。国外在 1821 年已使用糊精作为浆料,同一时期还出现了以小麦淀粉为主的工业化淀粉生产,之后,相继出现了其他种类淀粉的生产与应用。

淀粉对亲水性的天然纤维有较好的黏附性,有一定的成膜性,基本上能满足这些纤维的上浆要求,但其上浆性能不能令人十分满意,常需用各种辅助浆料加以弥补。运用物理或化学方法使淀粉变性,或将其与其他浆料混合使用,可提高上浆效果并扩大其使用范围。淀粉浆的退浆污水对环境的污染程度较其他化学浆料低。因此,当前的各种浆料中,淀粉及变性淀粉仍占最大比例(65%~70%)。

二、直链淀粉和支链淀粉

淀粉是由 α-葡萄糖缩聚而成的高分子化合物,是一种高聚糖,分子式为 $(C_6H_{10}O_5)_n$,n 为聚合度。淀粉的聚合度差别较大:玉米淀粉的聚合度较小,为 200～1 200;马铃薯淀粉的聚合度相对较大,为 1 000～6 000。认知淀粉是由葡萄糖剩基组成的多糖是在 19 世纪初期。1884—1890 年确定了 D-葡萄糖的构型,1935 年前后验证了淀粉是由基本单元 α-D-葡萄糖通过 α-1,4 糖苷键结合而成的。1941 年成功地将淀粉分离出两种组分:直链淀粉和支链淀粉。直链淀粉由葡萄糖剩基通过 α-D-1,4-糖苷键联结,为线型高分子;支链淀粉在分支点由 α-D-1,6-糖苷键联结而成,其余部分同直链淀粉。

α-D-葡萄糖是多羟醛己糖,是以第 1 碳原子上的醛基与第 5 碳原子上的羟基缩合成环状的半缩醛结构。第 1 碳原子上新生成的羟基,在化学上称为苷羟基。

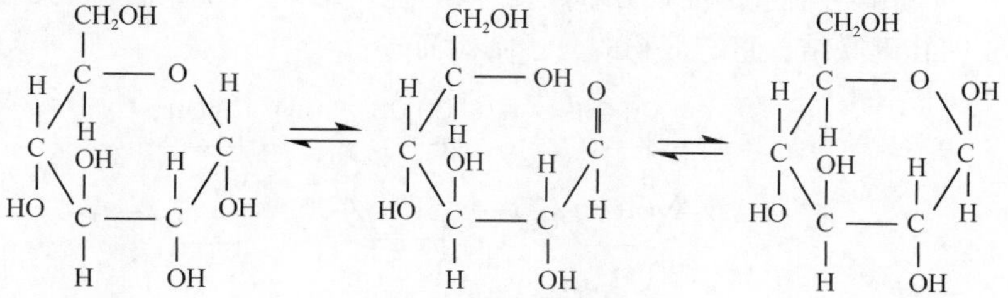

α-D-葡萄糖　　　　　　开环式　　　　　　β-D-葡萄糖

淀粉分子中葡萄糖剩基有两种类型:α 型和 β 型,可由变旋光现象测定。α 型具有较高的右旋光性,比旋光度 $[\alpha]_D$ 为 $+112.2°$;β 型的右旋光性较低,$[\beta]_D$ 为 $+18.7°$。淀粉分子水解后,游离出来的是 α 型葡萄糖;淀粉只能被 α-葡萄糖糖苷酶水解,不能被 β-葡萄糖糖苷酶水解,证明淀粉的基本单元是 α-D-葡萄糖。

由两个 α-葡萄糖分子缩合而失去 1 分子水,所得的双糖叫麦芽糖。麦芽糖是由苷羟基与另一个分子中的羟基脱水缩合而成的,它们之间的联结叫糖苷键。

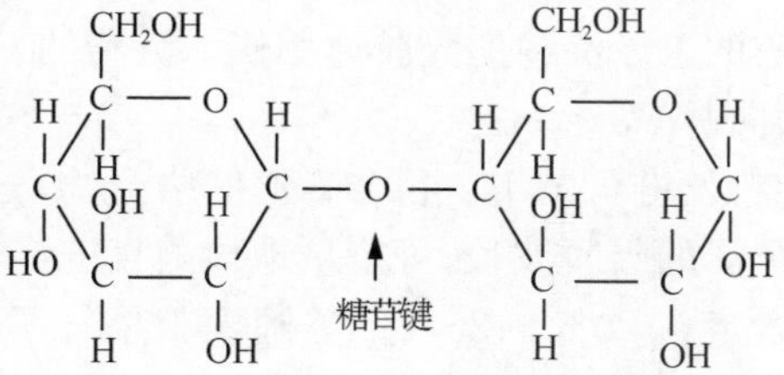

麦芽糖(贰糖)

淀粉分子的化学结构式:

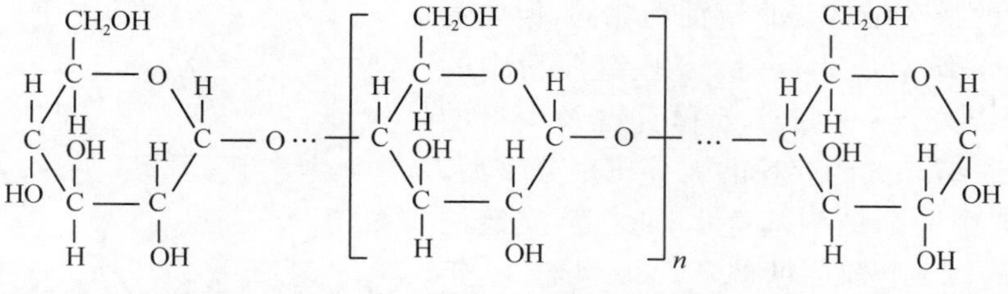

在淀粉分子中,每个葡萄糖剩基都含有 3 个醇羟基。第 2、3 碳原子上分别含有 1 个仲醇羟基,第 6 碳原子上含有 1 个伯醇羟基。葡萄糖剩基之间由糖苷键相连。这些结构决定着淀粉的各种性能。此外,在每个大分子链的一端,有 1 个还原性的苷羟基,但这个苷羟基在整个

大分子中的数量比例很低,因此淀粉不呈现还原性。

由于α-葡萄糖在缩聚成淀粉时有不同的缩聚方式,因此淀粉形成两种不同结构的组分——直链淀粉与支链淀粉。在自然界的淀粉中,直链淀粉约占15%～28%,支链淀粉约占72%～85%,视植物种类、品种、生长时期不同而异。直链淀粉有极性(即方向性),一端是还原端,另一端是非还原端,书写其结构时,通常还原端在右面,非还原端在左面。直链淀粉的二级结构(指多糖链的折叠方式)是一个左手螺旋,每圈螺旋含有6个残基,螺距为0.8 nm,直径为1.4 nm。由于直链淀粉和支链淀粉结构上的差异,其性质也有明显区别。

1. 直链淀粉

用β-淀粉酶可使直链淀粉分解成麦芽糖,这一结果表明直链淀粉大分子的葡萄糖剩基间只有1,4糖苷键联结。直链淀粉的分子结构简式:

由植物根部取得的直链淀粉的相对分子质量较种子淀粉高;马铃薯淀粉的相对分子质量比玉米淀粉高。不同来源的直链淀粉的聚合度有很大差异,其聚合度一般为200～4 000。由X衍射图像及强烈的双折射现象证实,直链淀粉呈结晶结构,分子中的羟基彼此形成氢键。直链淀粉分子的线形长链使其容易集结成"多分子体",这减少了直链淀粉的水合能力,故其溶解度较低。

直链淀粉能溶解于热水,但冷却后分子间以氢键结合发生凝沉。由于氢键作用的累积,这种结合很强,类似于纤维素分子的聚集,使凝沉的直链淀粉难溶于水,常常需要高温高压才能溶解。形成凝胶的速率取决于分子尺寸、温度及pH值、颗粒尺寸,如颗粒较大的马铃薯、木薯淀粉的凝胶速率慢,颗粒较小的玉米淀粉的凝胶速率快。淀粉的一些变性方法,其原理就是拟制或消除直链淀粉的凝胶倾向。

具有长螺旋段的直链淀粉长链可与I_3^-形成蓝色的络合物,这可作为检测淀粉存在的方法。借助分光光度仪,根据色泽的吸收波长,可定量地检测直链淀粉含量。

一般淀粉中,直链淀粉含量在20%～25%。美国人工培育了高直链淀粉,其直链组分约占70%～80%。含有高比率的直链淀粉制品,可形成较强韧的薄膜。直链淀粉醋酸酯可形成类似于纤维素醋酸酯的薄膜,但在含湿率较低的情况下易发脆。

2. 支链淀粉

支链淀粉的链节结构与直链淀粉相同,但葡萄糖剩基之间的联结有所不同,除了直链淀粉中的α-1,4糖苷键以外,还有α-1,6糖苷键及少量的α-1,3糖苷键联结。支链淀粉的大分子呈分支型,平均每20～30个葡萄糖剩基有1根支链,支链的平均链长为20～25个葡萄糖剩基。20世纪40年代,梅依尔(Meyer)等描述了如图2-2所示的支链淀粉分子结构,其呈"树枝状"。用淀粉酶分解支链淀粉的研究表明,支链的很大一部分不可能分离到

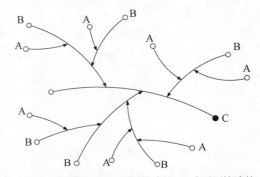

→ α-1,6糖苷键 ● 还原性端基 ◡ 非还原性端基

图2-2 支链淀粉分子结构示意

单糖(葡萄糖),说明有较紧密的分支区存在。

由图 2-2 所示的支链淀粉分子结构可以看出,支链淀粉具有 3 种分子链(A、B 和 C),链的尾端都有 1 个非还原性的端基(羟基)。A 链是外链,其上没有支链,由 α-1,6 糖苷键与 B 链联结,B 链以 α-1,6 糖苷键与 B 链或与 C 链联结。C 链是主链。每个支链淀粉分子只有 1 个 C 链。C 链的一端为非还原性端基,另一端为还原性端基(苷羟基)。A 链和 B 链都只有 1 个非还原性端基。因此,支链淀粉的还原性很微弱。支链淀粉的化学结构简式:

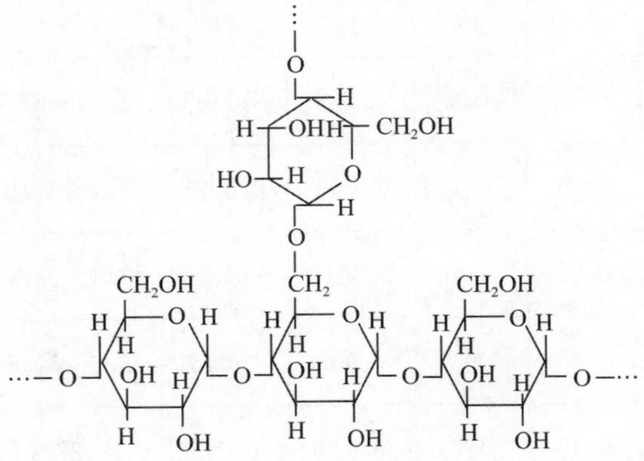

支链淀粉的平均聚合度比直链淀粉高,约为 600~6 000。支链淀粉的聚合度最高可达 20 000,是天然高分子化合物中聚合度较高的一种。支链淀粉不溶于水,在水中先溶胀,然后淀粉颗粒破坏,分散于水中,被水溶剂化,温度降低后与水形成氢键,由于支链的空间阻碍,互相不易靠近。支链淀粉的特点是形成的水分散液不易发生凝沉现象,有较好的稳定性。淀粉浆的黏度主要由支链淀粉形成,具有较好的黏附能力。着眼于支链淀粉有较高的黏附性,欧美一些国家通过生物技术开发使用 100％支链淀粉(Waxy Starch)作为浆料应用。

直链淀粉与支链淀粉的性能如表 2-4 所示。

表 2-4　直链淀粉与支链淀粉的性能

项目性能	直链淀粉	支链淀粉
分子形态	线型	分支型
聚合度	200~4 000	600~6 000
端基测定	每个大分子有 2 个端基	每个大分子有 1 个还原性端基和多个非还原性端基
在水中状态	固液分离,易凝胶	成浆,不易凝胶
与碘反应	蓝色	紫色
与 β 淀粉酶反应	100％水解	60％水解
吸附碘量	19％~20％	<1％
乙酰衍生物薄膜	较坚韧,像纤维素衍生物薄膜	性脆

不同植物来源的淀粉的组成和性质见表 2-5。

淀粉颗粒根据分子排列的规整性分为结晶区和无定形区。支链淀粉分子为淀粉颗粒的骨架,其线型短链与直链淀粉通过氢键缔合,使一段分子间的排列有一定规整性,形成网束状的结晶结构;另一些区域为分子间排列紊乱的无定形区。在淀粉颗粒中,结晶结构约占 60％,每个支链淀粉分子及长的直链淀粉分子可能穿过几个不同区域。用水漂洗淀粉时,被漂洗出来的主要是直链淀粉;用略高于糊化温度的水溶解淀粉时,能溶解在水中的成分,主要也是聚合度较低的直链淀粉。这说明直链淀粉中有很大一部分分布在颗粒的无定形区。在颗粒的结晶区中,直链淀粉所占的比例不大。

表 2-5　不同植物来源的淀粉的组成和性质

植物名称	淀粉含量/%	水分含量/%	蛋白质含量/%	灰分含量/%	有机磷含量		直链淀粉含量/%	膨胀能力/倍	溶解度/%
					磷酸单酯/%	磷酯/%			
马铃薯	80.29	17.76	0.1	0.35	0.086	不可检测	20.1～31	1 159 (95 ℃)	82 (95 ℃)
玉米	85.73	13.31	0.35	0.1	0.003	0.0097	22.4～32.5	22 (95 ℃)	22 (95 ℃)
糯玉米	86.44	13	0.25	0.1	0.0012	不可检测	1.4～2.7	64 (95 ℃)	—
高直链玉米	86.02	13	—	0.2	0.005	0.015	42.6～67.8	6.3 (95 ℃)	12.4 (95 ℃)
大米	79.50	14	0.45	0.5	0.013	0.048	5～28.4	23～30 (95 ℃)	11～18 (95 ℃)
糯米	—				0.003	不可检测	0～2.0	45～50 (95 ℃)	2.3～3.2 (95 ℃)
小麦	85.44	13.94	0.4	0.2	0.001	0.058	18～30	18.3～26.6 (100 ℃)	1.55 (100 ℃)
木薯	86.69	17.50	0.1	0.1	0.01		17	71	

注:表中水分含量是在相对湿度 68%、温度 20 ℃条件下测得的数据。

由于直链淀粉与支链淀粉的结构差异,形成的浆膜在物理和力学性能方面也有显著差异,两者对上浆工艺都有一定效用。支链淀粉是组成胶凝状浆液的主体,但其薄膜的力学性能较直链淀粉差,难以制得完整的薄膜。成浆状的支链淀粉能使纱线吸着足够的浆液量,保证浆膜有一定厚度,较高的黏附性还可增强经纱的耐磨性能。直链淀粉使浆膜坚韧、富有弹性,能得到柔韧的浆膜。

三、淀粉颗粒

因品种不同,纯粹的原淀粉呈现白色或微带黄色、富有光泽、大小和形状不同的细腻颗粒。淀粉颗粒有多角形、卵形及不规则形状,根据这种差别能确定淀粉的种类。马铃薯淀粉和木薯淀粉含水分多,含蛋白质少,淀粉颗粒较大,多呈圆形或卵形。米淀粉和玉米淀粉含水分少,颗粒较小,呈多角形。淀粉颗粒可通过扫描电子显微镜观察,其照片如图 2-3 所示。从该图可以看出,淀粉颗粒的表面较光洁,但有的颗粒有凹痕,这可能是由于其他颗粒的挤压,或成长过程中与蛋白质结合所造成的;有些颗粒有明显的损伤,这可能是淀粉厂分离淀粉时所造成的机械损伤;有些颗粒有裂痕,这可能是烘燥条件太激烈,使得颗粒内应力扩展的结果。在高倍放大的情况下,用电子显微镜观察淀粉时,电子束照射也会造成颗粒裂痕。利用偏振光、X 射线、双折射等手段也能够证实,淀粉颗粒具有结晶性结构,即淀粉颗粒中存在分子间规律排列的结晶区及分子间排列杂乱的无定形区。

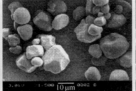
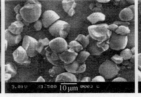
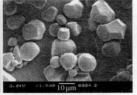

(a) 小麦淀粉　　　　(b) 玉米淀粉　　　　(c) 木薯淀粉　　　　(d) 甘薯淀粉(经酸处理)

图 2-3　淀粉的扫描电子显微镜照片(×1500)

X 射线衍射曲线上的峰,表示 X 射线以某个衍射角(2θ)检测晶体面间距(nm)为某值的被测物时所产生的最强干涉。天然淀粉主要有如图 2-4 所示的几类 X 射线衍射曲线。一类是玉米、小麦、稻米等谷物类淀粉的 A 型模式,2θ 为 10°～30°时,在晶体面间距为 0.58 nm、0.52 nm 和 0.38 nm 处有三个强峰;一类是马铃薯、西米和香蕉淀粉等块茎、果实和茎类淀粉的 B 型模式,2θ 为 5°～30°时,在晶体面间距为 1.58～1.60 nm 和 0.52 nm 处有两个强峰,大约 0.59 nm 处有一个较宽的中强峰,0.4 nm 和 0.37 nm 处有一个中等的重叠峰。另外还有一种 C 型模式,如一些根

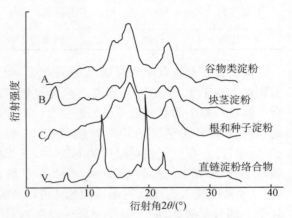

图 2-4　天然淀粉的 X 射线衍射曲线

和种子淀粉,2θ 为 5°～30°时,除了在晶体面间距为 1.60 nm 处有一个中强峰外,基本上与 A 型模型相同,且 1.60 nm 处的峰的出现依赖于水分的存在,如果是干燥或部分干燥的样品,此峰也可能消失。研究发现,C 型具有非常独特的结构,可以在某些特殊或预定的条件下由 A 型或 B 型转化而来。图 2-4 中,直链淀粉络合物的衍射曲线即水合 V 型,2θ 为 10°～30°时,在 1.2 nm、0.68 nm 和 0.44 nm 处都有峰,其中位于 0.44 nm 的峰说明有 V 型络合物的形成。络合剂包括脂肪醇、脂肪酸及某些表面活性剂和碘。这些类型的另一个特征是具有宽而模糊的背景散射线,隆起峰之上有突出峰,反映了淀粉的非晶态性,表明淀粉中的晶相很不完整。

常见淀粉的颗粒特征见表 2-6。淀粉颗粒的大小差异很大,以马铃薯淀粉颗粒为最大,直径为 20～80 μm,最大直径可达 100 μm;玉米淀粉颗粒的直径在 5～25 μm,平均直径为 15 μm;小麦淀粉的小颗粒直径为 2～10 μm,大颗粒直径为 20～35 μm,中间大小的颗粒很少;米淀粉颗粒最小,直径约 3～8 μm,但它常以团粒状存在。各种淀粉的密度差异很小,平均约 1.6 g/cm³(玉米淀粉 1.623 g/cm³、米淀粉 1.620 g/cm³、小麦淀粉 1.629 g/cm³)。

表 2-6　常见淀粉的颗粒特征

淀粉名称	颗粒尺寸/μm	颗粒外形	
		光学显微镜显示	扫描电子显微镜显示
小麦淀粉	2～10 20～35	圆形(小) 蝶形(大)	小颗粒呈球形,表面光洁 大颗粒薄而呈蝶形,表面光洁
玉米淀粉	16～40	多角形及不规则卵圆形	少许颗粒有凹口和针状小孔

（续表）

淀粉名称	颗粒尺寸/ μm	颗粒外形	
		光学显微镜显示	扫描电子显微镜显示
米淀粉	3～8	多角形	复合颗粒，多数为多角形，少数为圆形
马铃薯淀粉	20～100	椭圆形，偶有圆形小粒	少数颗粒呈球形，多数呈卵形，表面较平坦，或曲率有突然变化
甘薯淀粉	50～80	圆形，偶有多角形	从圆形到多角形，角较钝，边不平坦
木薯淀粉	5～25	不规则圆形	不规则的颗粒较多，大多数有较平坦的表面及各种棱边
橡子淀粉	7～14	卵圆形	—

淀粉分子含有众多的羟基，亲水性很强，但淀粉颗粒不溶于水，这是因为羟基之间通过氢键结合。淀粉颗粒中的水分也参与氢键结合。工业用淀粉的含水率视空气的相对湿度而定，一般为10%～17%。在空气相对湿度为60%时，玉米糊精的含水率最低，马铃薯淀粉的含水率最高（图2-5）。通过 X 射线衍射图样的变化可以证实，其中一部分是吸附水（一般为8%～11%），另一部分参与结晶结构。干燥淀粉，随着水分含量的降低，X 射线衍射图像的明显程度降低；再将干燥淀粉置于空气中吸收水分，其 X 射线衍射图样线条恢复明显。在180 ℃下干燥，图样线条很不明显，表明结晶结构基本消失；在210～220 ℃下干

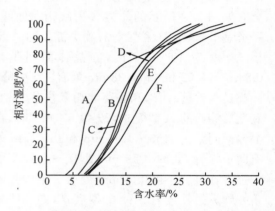

A—玉米糊精　B—玉米淀粉　C—糯玉米淀粉
D—木薯淀粉　E—氧化淀粉　F—马铃薯淀粉

图2-5　各种淀粉的含水率曲线

燥，呈现无定形结构图样。表 2-7 所示为不同相对湿度下常见淀粉含水率及颗粒直径膨胀情况。若要完全除去淀粉中所吸收的水分，可在真空中长时间加热或共沸蒸馏。

表 2-7　常见淀粉含水率及颗粒直径膨胀情况与相对湿度的关系

淀粉名称	相对湿度85%		相对湿度75%		相对湿度58%		相对湿度31%		相对湿度8%	
	含水率/%	颗粒直径增长率/%	含水率/%	颗粒直径增长率/%	含水率/%	颗粒直径增长率/%	含水率/%	颗粒直径增长率/%	含水率/%	颗粒直径增长率/%
玉米淀粉	20.7	6.5	17.4	5.4	14.0	4.1	10.1	2.6	5.0	1.5
糯玉米淀粉	21.7	15.9	18.6	13.3	14.8	10.7	10.4	7.0	4.5	1.5
马铃薯淀粉	24.7	10.9	19.4	10.3	14.7	9.4	10.0	5.4	4.4	1.9
木薯淀粉	21.1	16.8	17.6	12.5	14.2	9.6	10.4	5.2	5.2	3.6

注：① 平衡含水率的测试温度为20 ℃。
　　② 干燥淀粉的颗粒平均直径为玉米淀粉16.96 μm、糯玉米淀粉10.59 μm、马铃薯淀粉38.23 μm、木薯淀粉20.16 μm。

四、水对淀粉的作用

将原淀粉放在水中搅拌，得到乳白色不透明的悬浮液，称为淀粉乳，因淀粉密度较大，又不

溶于冷水,停止搅拌,则淀粉慢慢沉淀。按照淀粉的分子结构单元,葡萄糖剩基中含有 3 个羟基,应是亲水性很强的物质,但原淀粉颗粒并不溶解于水,这主要是由组成淀粉的分子结晶及氢键缔合造成的。然而,原淀粉在水中的性能与状态随温度变化而变化。淀粉在水中的变化大致可分为三个阶段:吸湿、膨胀和糊化。另外,淀粉浆冷却时会出现凝胶现象。

1. 吸湿

不同相对湿度下各种淀粉的含水率及粒子膨胀情况已在表 2-7 中列出。在饱和湿度条件下,淀粉的吸湿率及颗粒膨胀情况如表 2-8 所示。在较低温度(如 50 ℃ 以下)时,淀粉颗粒的膨胀是有限的,且是可逆的。因此在制取变性淀粉时,可采用较低温度的淀粉水乳液,变性反应后可用过滤、脱水及烘燥法除去水分,可以获得外观与原淀粉颗粒相似的变性淀粉产品。

表 2-8　饱和湿度条件下淀粉的吸湿率与粒子膨胀情况

淀粉名称	吸湿率/[g·(100 g 干淀粉)⁻¹]	颗粒直径增长率[①]/%
玉米淀粉	39.9	9.1
木薯淀粉	42.9	28.4
马铃薯淀粉	50.9	12.7
糯玉米淀粉	51.9	22.7

注:① 以干淀粉颗粒直径为基准。

2. 膨胀

淀粉在水中的吸湿能力随着温度升高而增加,体积迅速膨胀。这种膨胀首先发生在无定形区,分子链间距不断扩大,使分子间氢键作用削弱。随着温度的进一步升高,结晶区的次价键也开始遭到破坏,从而减弱分子链间的作用,结晶区也发生膨胀。膨胀的结果是原来稀薄的悬浊液,由于膨化的淀粉颗粒在水中互相挤压,黏度迅速上升,各种淀粉颗粒特有的外形变得模糊。淀粉颗粒中各点切向膨胀速率较径向为大,颗粒的圆周面积一直增加到足以阻止液体从外部流动到内部。在淀粉膨胀期间,淀粉颗粒的双折射率缓慢地减小,因内部存在晶体,双折射现象仍能观察到,颗粒状态还能保持。在膨胀的淀粉颗粒中,有时能看到有小气泡出现。

图 2-6 展示了 3 种淀粉的膨胀能力,其中:马铃薯淀粉的膨胀能力最强,可达原体积的几百倍;玉米淀粉的膨胀能力较低,其变化不呈直线,而是出现转折,这种现象表明颗粒结构存在两种不同的形态;木薯淀粉的膨胀能力介于这两种淀粉之间,其变化呈直线。

如尿素、胍基甲酰胺、二甲砜等有机化合物及某些中性盐(如硝酸钙、氯化钙、硫氰酸钠)能促使淀粉膨胀,而 NaOH 溶液促使淀粉膨胀的能力更强,可使淀粉在室温下膨胀,甚至糊化。

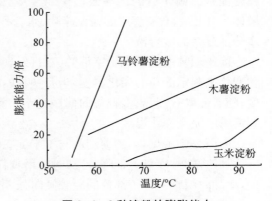

图 2-6　3 种淀粉的膨胀能力

3. 糊化

随着温度上升,淀粉颗粒吸收的水分更多并迅速膨胀,达到一定温度时,高度膨胀的淀粉分子在水中舒展开,从而相互接触,淀粉液变得更为均匀,不透明的淀粉乳变成半透明的、具有一定黏度的浆液。这种由淀粉乳转变成糊的现象称为糊化,发生这种激烈变化的温度称为糊化温度。淀粉糊不是真正的溶液,为高度膨胀颗粒呈不溶的胶体存在,但一部分直链淀粉溶于水中。在物理学的测试中,将双折射现象消失时的温度称为糊化温度。双折射现象的消失也就是淀粉结晶区的消失。具有糊化温度是淀粉的一种重要特性。各种淀粉由于颗粒大小、聚合度、结构等不完全相同,糊化温度也略有差异。因淀粉分子的不均一性,即使同一品种的淀粉,其不同颗粒的糊化也存在难易差别,相差可达到10 ℃左右。糊化温度是一个温度范围(表2-9)。通常,颗粒较大的淀粉较易糊化,玉米淀粉和小麦淀粉的糊化温度比马铃薯淀粉、木薯淀粉高。高直链淀粉较难糊化,即使在沸水中加热,完全糊化也较难,甚至需在较高压力下升温。

表 2-9　各种淀粉的糊化温度

淀粉名称	糊化温度/℃	淀粉名称	糊化温度/℃
玉米淀粉	62～72	大米淀粉	68～78
糯玉米淀粉	63～72	马铃薯淀粉	59～68
高直链玉米淀粉	66～92	木薯淀粉	49～70
小麦淀粉	58～64	甘薯淀粉	58～72

当淀粉浆液达到糊化温度时,黏度急剧上升。继续升高温度,黏度有一个峰值。黏度达到峰值后,随着膨胀颗粒的破碎,黏度又下降,不同淀粉的下降幅度不同,但都逐渐趋于平缓;高温状态下维持一定时间,黏度虽有降低但变化不大;若再降低温度,黏度可回升,但已不能恢复到原来的最高点。图 2-7 所示为常见淀粉浆液在一定温度程序下的 Brabender 黏度曲线。糊化后的淀粉浆液呈

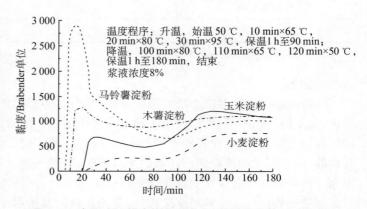

图 2-7　常见淀粉浆液的 Brabender 黏度曲线(温度程序下)

胶体状分散液,含有膨胀的颗粒碎片、水合作用的分子集结体及溶解于水的低分子物,是一种多分散复杂的混合液。

淀粉颗粒的偏振光十字消失(双折射现象)是淀粉糊化最显著的标志。物理学上也根据这种变化来测定淀粉的糊化温度,当有颗粒的偏振光十字开始消失,此时的温度即糊化开始的温度;随着温度升高,更多颗粒的偏振光十字消失,当约有98%颗粒的偏振光十字消失时,即达到淀粉的完全糊化温度。

由图 2-7 可见,马铃薯淀粉与玉米淀粉相比,前者的糊化温度较低,黏度到达峰值以后,再继续加热,则黏度显著下降,冷却时的增稠程度较小;而玉米淀粉的糊化黏度低,保温黏度降低少,冷却时因直链分子部分的凝胶倾向强,增稠程度大,易于凝冻。

五、淀粉浆

淀粉在水中经过加热糊化后,形成淀粉浆。淀粉浆是具有一定黏度的半透明液体。

1. 黏度

糊化后的淀粉浆黏度,受煮浆温度、煮浆时间、搅拌速度及 pH 值等因素的影响。

（1）温度。图 2-8 所示为煮浆温度对玉米淀粉浆黏度的影响。若在 95 ℃下煮浆,玉米淀粉糊化得很快,有一个较高的黏度峰值;在 90 ℃下煮浆时,糊化速度较慢,没有明显的黏度峰值。在高温下,淀粉长链会逐渐断裂,煮浆时间增加,黏度就会降低,这在图 2-8 中有所显示。高压煮浆(温度在 100 ℃以上)能使淀粉迅速糊化,全部分散。

（2）搅拌速度。搅拌使热交换更快更均匀,煮浆过程更迅速;高速搅拌中高的剪切应力能使膨胀的淀粉颗粒破裂得更快,引起黏度迅速且显著地降低(图 2-9)。马铃薯淀粉颗粒的膨胀能力大,强度弱,受剪切作用影响易破碎,黏度降低多,抗剪切稳定性低;玉米淀粉颗粒的膨胀能力较小,强度较高,抗剪切稳定性高。

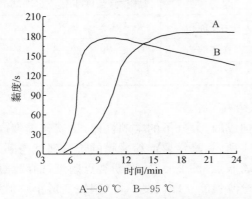

图 2-8　煮浆温度对玉米淀粉浆黏度的影响　　图 2-9　搅拌速度对玉米淀粉浆黏度的影响

（3）pH 值。淀粉浆黏度受 pH 值的影响随淀粉种类有所不同。pH 值在 5～7,对种子淀粉的黏度影响不大,而根淀粉(特别是马铃薯淀粉)对酸性烧煮很敏感。pH 值更低时,即使是种子淀粉,水解破坏也十分明显,黏度显著下降。图 2-10 所示为 pH 值对玉米淀粉浆黏度的影响。

（4）其他添加物。在纺织上浆工程中,一般不单独使用淀粉浆,会在淀粉浆中加入各种添加物,从而改变淀粉浆的性能,特别是黏度受到的影响比较直观。多羟基化合物(蔗糖等)能使淀粉在水中的膨胀作用降低,糊化变慢,黏度降低减缓(图 2-11 中曲线 B)。酸会使浆液黏度变低,玉米淀粉与糖及醋酸一起烧煮,糊化变慢,浆液变稀(图 2-11 中曲线 C);玉米淀粉与醋酸一起烧煮,浆液变稀(图 2-11 中曲线 D)。为避免上述影响,通常在浆液烧煮后加入添加

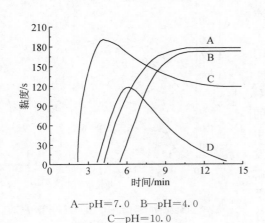

图 2-10　pH 值对玉米淀粉浆黏度的影响

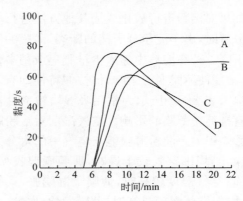

图 2-11　添加物对玉米淀粉浆黏度的影响

物。硬脂酸、肥皂、脂肪等添加物,易与直链淀粉形成络合物,可增加淀粉浆冷却时的稳定性,凝胶倾向减弱。

2. 黏附力

组成淀粉大分子的葡萄糖剩基上含有 3 个羟基。淀粉的这种多羟基结构具有较强的极性,氢键缔合及分子间力都较大,对极性较强的物质具有较高的黏附力,而对疏水性合成纤维的黏附性差。虽然如此,与其他浆料相比,淀粉对棉纤维的黏附力仍较低,如表 2-10 所示。

表 2-10　常用浆料对棉纤维的黏附力比较

浆料种类	黏附力(浓度 4%)/(cN·cm⁻²)	浆料种类	黏附力(浓度 4%)/(cN·cm⁻²)
CMC	1 052	小麦淀粉	368
褐藻酸钠	778	橡子淀粉	298.5
玉米淀粉	399.5	—	—

3. 成膜性

淀粉大分子链是由环状结构的葡萄糖剩基构成的,大分子的柔顺性差,玻璃化温度高,因此淀粉浆的成膜性较差,浆膜硬而脆。如表 2-11 所示,马铃薯淀粉薄膜的抗拉强度与断裂伸长率均低于棉纱。它们的拉伸曲线没有明显的屈服点(图 2-12),在断裂点附近,曲线急剧上升。在一定负荷范围内,除去负荷后,马铃薯淀粉薄膜能立即回复原形(塑性变形小);但负荷作用时间略长时,薄膜不能立即回复原形,而是缓缓地收缩,且有一部分伸长不能回复,成为永久变形。

表 2-11　马铃薯淀粉薄膜与棉纱的拉伸性能比较

项目	5%马铃薯淀粉薄膜	17 tex 棉纱
薄膜厚度/mm	0.058	—
每平方米质量/g	39.5	—
抗拉强度/(N·mm⁻²)	32.88	94.60
断裂伸长率/%	3.9	6.5~7.5

如果对淀粉进行酸化或用其他方法进行较激烈的分解时,由于淀粉分子链的断裂,薄膜的力学性能下降。若在淀粉中加入少量肥皂或稍多量的油脂,虽能使薄膜变得柔软,但拉伸特性却有下降的趋势。表 2-12 所示为常用吸湿增塑剂甘油对玉米直链淀粉薄膜的影响。空气湿度对淀粉膜的性能影响很大。淀粉薄膜能与空气中的水分发生湿交换,当周围空气较干燥时,薄膜脱湿收缩,发硬变脆;空气湿度较高时,薄膜吸湿膨胀,柔软略有弹性;但空气湿度过高时,薄膜发软、发黏,力学性能恶化。因此,控制织造车间的相对湿度十分重要。

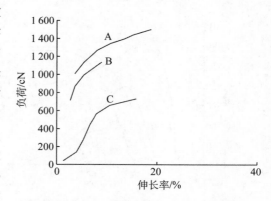

A—直链淀粉醋酸酯　B—直链淀粉丙酸酯
C—直链淀粉丁酸酯

图 2-12　马铃薯淀粉薄膜的拉伸曲线

表 2-12　甘油对玉米直链淀粉薄膜的影响

甘油含量/%(对淀粉质量)	抗拉强度/(N·mm⁻²)	断裂伸长率/%	双曲折试验/次
0	65~72	13	650~900
5	63	17	550
15	54	20	280
25	31	47	130
30	20	46	—

4. 浸透性

由于淀粉浆是一种胶状悬浊液,在水中呈多分子聚集颗粒状态,糊化后的分子舒展,晶区解体,黏度增加,浸透性差。通过淀粉分解或变性处理成水溶性,可改善其浸透性。

淀粉浆在低温条件下能形成凝胶。在浆纱机上,进入浆槽的经纱温度远远低于高温浆液。经纱与浆液接触时,经纱周围的浆液局部呈凝胶状态,影响了浸透性。因此,天然淀粉一般不适宜于低温上浆。采用降低黏度、必要的分解、升高温度或添加表面活性剂等方法,都可改善淀粉浆的浸透性。

六、浆液凝沉

稀淀粉浆的贮存时间较长(尤其在较低温度下)时,浆液逐渐变混浊,有白色沉淀下沉,析出水分,胶体结构破坏,这种现象常称为凝沉。凝沉主要是由于直链淀粉线型分子间联结所引起的,已溶解的直链淀粉分子之间又趋向于平行排列,经氢键建立成类晶体性的结构,呈水不溶性,增大到一定程度,形成白色沉淀下降。凝结沉淀的晶体性结构曾用 X 射线衍射法得到证实。凝结沉淀若要重新溶解,需在更高温度下加热。直链组分较高的普通玉米淀粉易形成坚实的凝胶,凝胶需在 130 ℃压热器中才能再分散。直链组分极低的糯玉米淀粉不会凝胶,只在较高浓度(30%)时才形成可恢复性凝胶,即再加热到 50~60 ℃,能重新分散成浆液。低浓度和高浓度都会促进凝沉发生,在 pH 值为 5~7 时,速度快,在 pH 值更高或更低时,速度较慢。

支链淀粉分子的支叉结构,使链的平行排列较困难,其浆液不易发生凝沉,并且对直链淀粉的凝结还有抑制作用,使凝结现象减弱。但是在高浓度下或冷却到低温条件下,支链淀粉分子侧链间也会结合,发生凝沉。淀粉分子链长短与凝沉性强弱有关,聚合度在 100~200 的淀粉浆液的凝沉性最强,凝沉速度快。玉米淀粉含直链淀粉 27%,聚合度为 200~1 200,凝沉性强,还含有 0.6%脂类化合物,对凝沉性有促进作用。马铃薯淀粉含直链淀粉 20%,聚合度又较高(约 1 000~6 000),凝沉性弱。小麦、米、高粱淀粉的凝沉性强,与玉米淀粉相同。除马铃薯淀粉外,木薯及糯玉米淀粉的凝胶倾向也较弱,这可能是由于其中直链淀粉的相对分子质量较高,且略有分支而不易定向排列。

淀粉浆的凝沉过程完全可在宏观下观察,一般可观察到下列现象:

(1) 淀粉浆越来越呈现出乳白色,伴随着混浊度增加。

(2) 随着黏度逐渐增大,淀粉浆自发增稠。

(3) 某些品种的淀粉浆可变成坚硬的不可逆的胶体。

(4) 发生水离析现象。

(5) 在热淀粉浆液上方形成不溶性的膜。

七、化学性质

淀粉大分子结构中含有大量的糖苷键及羟基,它们决定着淀粉的化学性质,也是淀粉各种变性可能性的内在因素。位于葡萄糖剩基第6碳原子(伯碳原子)及第2、第3碳原子(仲碳原子)上的羟基,基本上都具有通常的伯醇、仲醇基团的化学反应如氧化、醚化及酯化等能力。糖苷键的断裂会使淀粉聚合度降低,大分子降解。

1. 水解

酸、酶、氧化剂等能使淀粉分子中联结葡萄糖剩基的糖苷键发生断裂,使淀粉大分子逐渐变成小分子,最后成为葡萄糖,这个过程称为水解。

(1)酸水解。酸能渗透到淀粉颗粒的无定形区域,降低淀粉分子中 α-1,4 糖苷键及 α-1,6 糖苷键的活化能,对淀粉的水解起催化作用,使淀粉分子链不断断裂,最后的水解产物为葡萄糖。通过同位素示踪试验证实,水解断裂发生在第1碳原子与糖苷键中的氧原子之间。

各种酸的催化水解作用强弱不同,盐酸和硫酸的酸催化作用比较强,为淀粉水解常用酸。水解也与糖苷键的类型有关,通常 α-1,4 糖苷键比 α-1,6 糖苷键更易水解。在转化的最初阶段,由于支链淀粉含有更多的非还原性基团,支链淀粉比直链淀粉更易水解。在水解的初期,先是淀粉大分子之间离解,并不损伤大分子内部结构,淀粉的还原性没有增加。水解继续进行时,淀粉的还原性显著增加,这可通过与碘的着色反应得到证实:蓝色→紫色→红色→无色。端基数目也有明显增加。用碱中和,可控制酸对淀粉的水解程度,制得所需的产品。这类产品是一种可溶性淀粉,称为低稠度淀粉或酸化或酸水解淀粉。

(2)酶水解。酶是动物、植物或微生物分泌的一种具有催化作用的蛋白质,其催化作用具有温和性、高效性和专一性,由各种氨基酸组成。能作用于淀粉的酶总称为淀粉酶。

酶对淀粉的催化水解作用具有高度的专一性,即一种酶只能按照一定的方式,水解一定种类和一定位置的化学键。例如 α-淀粉酶可水解淀粉分子中的 α-1,4 糖苷键,但它不能水解 α-1,6 糖苷键。

(1)α-淀粉酶。α-淀粉酶能使淀粉分子中的 α-1,4 糖苷键断裂。因为在淀粉大分子各处都能发生 α-1,4 糖苷键的水解,因此,最初阶段的水解速率很高。当水解率达到 0.1% 时,淀粉分子迅速变小,浆液黏度下降,但还原性增加不多,这表明淀粉分子还相当大,所得产品类似糊精。在快速水解阶段之后,水解速度变慢,淀粉分子继续断裂、变小,产物还原性增加,使呈蓝色的淀粉与碘混合液逐渐转为紫色、红色,甚至无色。把与碘反应不显色的淀粉的最高聚合度称为"消色点",也就是溶液正好转变为无色时的淀粉聚合度,大约为 10。

(2)β-淀粉酶。β-淀粉酶对淀粉的水解作用与 α-淀粉酶有所不同,它的作用是从非还原性端基开始的,每隔 1 个 α-1,4 糖苷键进行水解,遇 α-1,6 糖苷键即停止。因此,经 β-淀粉酶水解的淀粉总有较大分子的淀粉存在,遇碘仍呈蓝色。但随着水解的进行,蓝色逐渐变淡,当水解到消色点时,不显蓝色。水解最终产品为麦芽糖。水解过程中,淀粉黏度下降也较慢。

(3)葡萄糖淀粉酶。葡萄糖淀粉酶的水解作用是从非还原性端基开始的,主要能水解 α-1,4 糖苷键。葡萄糖淀粉酶也能水解 α-1,6 糖苷键和 α-1,3 糖苷键,但其水解速度较慢。淀粉经葡萄糖淀粉酶水解后,可全部转化成葡萄糖。

α-淀粉酶与 β-淀粉酶均可用于淀粉分解,以 α-淀粉酶更为合适,因其水解产物较为均匀。葡萄糖淀粉酶一般不用于淀粉分解降黏,只能用于生物退浆。

(4)酶的反应条件。以 pH=5~6,温度 50~60 ℃ 最为适宜,催化效能也高。酶水解程度可以模糊地控制,当接近所需的水解程度时,升高温度(85～95 ℃)维持 15～30 min,即可使酶失活而停止反应。酶对淀粉的分解程度较难控制,产品的均匀性也较差。这种分解方式在经纱上浆中已很少采用,主要用于印染前处理的退浆工序。

2. 碱作用

碱对淀粉的作用因温度不同而不同。在室温及低温下,碱可被淀粉吸收。吸收碱液后的淀粉颗粒发生膨胀,在水中的溶解度增加,糊化温度降低,淀粉浆黏度升高。碱与淀粉结合,一般认为可生成醇化物或分子化合物:

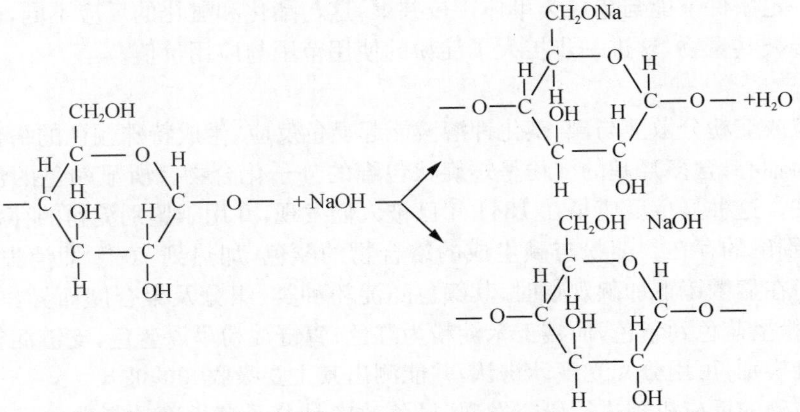

淀粉分子的葡萄糖剩基中的羟基均可与 NaOH 反应,只是第 2、3 碳原子上的仲醇羟基的反应速率慢一些,反应程度低一些。在温度低于 60 ℃的条件下,碱主要使淀粉发生膨胀。在高温及有氧存在时,碱能使淀粉中的糖苷键发生氧化断裂,淀粉浆黏度下降,可溶性比率增加(分解度增加)。纺织浆纱用氢氧化钠、硅酸钠(水玻璃)作为淀粉分解剂的基本原理就基于此。用碱性分解剂调制淀粉浆时,氢氧化钠或硅酸钠加入淀粉生浆中升温煮浆,使温度保持在80 ℃以上,这样才能发生淀粉的分解作用。

3. 氧化

淀粉分子中的羟基及糖苷键易与氧化剂反应。根据氧化剂对淀粉的作用形式,氧化剂可分成两类:特殊性氧化剂与非特殊性氧化剂。

非特殊性氧化剂与淀粉分子中葡萄糖剩基的所有部位都可发生反应。如空气中的氧、臭氧、过氧化氢、次氯酸钠、氯胺 T、卤素、过二硫酸盐及高锰酸盐等,都属此类。特殊性氧化剂对淀粉分子中葡萄糖剩基的氧化作用,主要发生在个别特定的部位。特殊性氧化剂有二氧化氮、高碘酸及醋酸高铅等。

氧化剂的种类、浓度、pH 值、作用时间及温度等,都会影响其对淀粉的氧化程度及产品性能。氧化作用先是从羟基中去除氢原子而得到羰基及羧基,使糖苷键断裂,进而使淀粉聚合度降低。

4. 酯化

淀粉大分子中的羟基具有普通羟基的反应性能,能与无机酸或有机酸发生酯化反应,形成酯化物。酯化反应可用任何已知的方法实现,得到淀粉酯衍生物,使原淀粉的性能发生一系列变化,是开发淀粉的变性产品的主要方法之一。较常见的淀粉酯衍生物有醋酸酯、磷酸酯、丁二酸酯等。

5. 醚化

淀粉大分子中的羟基也能与醇或其他醚化剂形成醚化物,这是一种典型的醚化反应,所得产品叫淀粉醚衍生物。这类衍生物的种类很多,用于各个工业部门。

6. 胺基化

淀粉大分子中的羟基可与各种含有胺基的化合物发生胺基化反应,也可将胺基引入淀粉大分子。例如用卤代第三烷基胺、环氧丙基三甲基氯化铵或乙撑亚胺等,可制得含有阳离子的淀粉衍生物。它也是一类较新型的淀粉衍生物,已广泛使用于造纸工业,也作为黏合剂、涂料等使用。

7. 接枝共聚

淀粉在一定条件下能与烯烃类单体接枝共聚,这与酯化和醚化的反应不同,能形成一系列性能各异的接枝共聚物,这进一步扩大了淀粉的使用范围与应用价值。

8. 显色

淀粉颗粒或淀粉分散液与碘-碘化钾溶液能起显色反应,生成特殊颜色的络合物。这种络合物是以碘为轴心,含多羟基的淀粉呈螺旋状包缠的分子化合物。所显颜色的色泽与深度与羟基密度有关。这种显色反应早在 1841 年已被人们发现,并用于鉴别淀粉的存在。在化学分析中,用来鉴别碘的存在。淀粉与碘生成的络合物的颜色,加热到 70 ℃ 即消失,冷却后能再现。各种淀粉在显微镜下加碘观察时,其颜色随淀粉种类、组分及聚合度而异:马铃薯淀粉呈蓝色,玉米淀粉呈蓝色到紫色,而糯玉米淀粉为红色;直链淀粉呈深蓝色,支链淀粉呈浅紫到红色。肉眼较难辨别,可用分光光度计辨认,并能测出其主要吸收峰的波长。

对淀粉与碘的反应机理进行研究发现,显色效应是分子链长度的函数。显色的最短分子链长度为 12～18 个葡萄糖剩基。分子链长度与颜色的关系:

少于 12 个葡萄糖剩基时,呈无色;

12～18 个葡萄糖剩基时,呈棕色;

20～30 个葡萄糖剩基时,呈红色;

35～40 个葡萄糖剩基时,呈青莲色;

45～50 个葡萄糖剩基时,呈蓝色。

聚合度更大的淀粉遇碘仍呈蓝色。

直链淀粉与支链淀粉对碘的吸收量有很大差异,碘与支链淀粉结合的量很少。这种差异已用来测定淀粉中直链淀粉的含量。纯直链淀粉的碘吸收量约为 200 mg/(g 淀粉);支链淀粉的碘吸收量小于 10 mg/(g 淀粉),为紫红色。碘吸收量的测定可使用分光光度计或电位计。

9. 热裂解

将干淀粉经高温焙烘(110～220 ℃),可使淀粉线型及分支型大分子断裂,分解成细小碎片,然后重排,结合成短分子形态的低聚物。这种分子重排的结果使淀粉制品能在冷水中分散或溶解。

调浆时,焖煮实质是淀粉浆的热裂解作用,可使浆液煮透、糊化完全,以改进流动性。高温高压煮浆方式也是利用淀粉热裂解的原理。

10. 其他性质

将干淀粉经球磨机或橡胶研磨机的机械作用,可使结晶区的次价键断裂,制得可在冷水中膨胀的产品。长时间研磨干淀粉也可使糖苷键断裂,发生淀粉大分子的裂解反应。

在紫外线照射下(14.3 kHz),马铃薯淀粉的黏度显著下降,碱值、还原值增加,这些都表明淀粉发生了分解作用。若以 1.5×10^7 R(伦琴)的 X 射线照射马铃薯淀粉,会引起结晶区的破坏,甚至可完全分解为麦芽糖、葡萄糖,最后可裂解成 H_2、CO 及 CO_2。

第二节　淀粉变性

以天然淀粉为母体,通过化学、物理、物理化学或其他方法使天然淀粉的性质发生显著变化的过程,称为淀粉变性。淀粉大分子结构中的糖苷键及羟基决定着淀粉的化学、物理性质,是淀粉能够进行各种变性的内在因素。

一、变性的目的

变性淀粉的工业化最早起源于欧洲。1804 年,英国制得糊精,1811 年创立了淀粉的酸糖化法。20 世纪初,荷兰 AVEBE 公司将 α-淀粉投入工业化生产。1940 年之后,美国、荷兰等国先后建立了许多变性淀粉工厂。20 世纪 50 年代开发成功羟乙基淀粉、阳离子淀粉,70 年代研制成多种高分子接枝共聚的变性淀粉。目前,国外比较著名的变性淀粉公司有美国的 CPC 国际公司、日本的 CCPC-NSK 株式会社、荷兰的 AVEBE 公司、德国的汉高公司和法国的罗盖特公司。

我国变性淀粉的研究开发始于 20 世纪 50 年代,曾有试用于纺织厂的工业初级产品(氧化淀粉)。之后,由于粮食产量及经济状况,一度处于停顿状态,但探索与研究工作仍在进行。到 70 年代末到 80 年代初,随着国家经济粮食情况的好转,变性淀粉的工业化发展得到了广泛的重视,开始大量用于各个有关行业。我国纺织行业的第一个变性淀粉浆料(氧化淀粉浆料)是由华东纺织工学院研究开发的。1984 年,由湖北省纺织厅组织鉴定并正式用于纺织厂。之后,变性淀粉浆料在我国纺织厂得到了广泛的使用,所用的变性淀粉品种也越来越多。据 2018 年统计,我国淀粉年产量已逾 2 300 万 t,其中玉米淀粉约占 80%,变性淀粉生产厂家已经超过 300 家,年生产能力在 120 至 150 万 t,应用于食品、造纸、医药、纺织、石油、精细化工等行业。

天然淀粉的黏附性、成膜性等特性被用于工业,但这些特性还远远不能适应现代工业新技术、新工艺、新设备的要求。鉴于天然淀粉性能的缺陷,很久以来就对它进行变性研究。变性的目的就是使天然淀粉经过化学、物理或生物等方法的深加工而具有更优良的性质,使用更方便,适合新技术操作的要求,提高应用效果,并开辟新的用途。例如通过降解处理,可以提高淀粉浆的流动性,促进黏附性能,用作各种黏着剂;通过接入疏水性基团,可制成生物可降解塑料和用于合成纤维上浆的浆料;通过引入阳离子等化学基团,可以作为造纸用的增强剂。变性淀粉的品种繁多,性质各异,已被广泛用于食品、造纸、纺织、医药等许多行业。

淀粉的变性技术在不断发展,变性淀粉的品种也在不断增加。变性淀粉的变性方法和目的如表 2-13 所示。

表 2-13　变性淀粉的变性方法和目的

变性技术发展阶段	第一代变性淀粉——转化淀粉	第二代变性淀粉——淀粉衍生物	第三代变性淀粉——接枝淀粉
品种	酸解淀粉、糊精、氧化淀粉	交联淀粉、淀粉醚、醚化淀粉、阳离子淀粉	各种接枝淀粉
变性方法	解聚反应、氧化反应	引入化学基团或低分子化合物	接入具有一定聚合度的合成物
变性目的	降低聚合度及黏度,提高水分散性,增加使用浓度(高浓低黏浆)	提高对合纤的黏附性、水分散性,增加浆膜柔韧性,稳定浆液黏度	兼有淀粉及接入合成物的优点,代替部分或全部合成浆料

在淀粉浆料中，使用变性淀粉的比例越来越高。美国纺织行业使用的淀粉浆料几乎已全部是变性淀粉。在我国，变性淀粉浆料的使用也占绝大部分，已很少直接使用天然淀粉于经纱上浆。

二、变性概述

淀粉分子中的葡萄糖剩基是通过糖苷键联结的。葡萄糖剩基上含有 1 个第 6 碳位的伯羟基，以及第 2、第 3 碳位的 2 个仲羟基。在淀粉分子链一端的葡萄糖环上还含有 1 个由基环内半缩醛形成的还原性醛基，为分子的还原端；另一端有 1 个伯羟基和 3 个仲羟基，为分子的非还原端。淀粉大分子结构中的糖苷键及羟基是制取各种变性淀粉的内在因素。糖苷键的断裂使淀粉大分子分解，聚合度降低，主要使淀粉的物理性能发生很大变化；位于葡萄糖剩基的第 6 碳原子（伯碳原子）和第 2、第 3 碳原子（仲碳原子）的羟基，具有通常的伯醇、仲醇基团的一系列化学反应——氧化、醚化、酯化、胺基化及接枝共聚等能力，可制得一系列的变性淀粉。也可利用加热或高能射线，使淀粉大分子结构发生变化，制备预糊化淀粉、降解淀粉等；还可用特种的生物酶制备变性淀粉。

变性淀粉按处理方式可分为物理变性淀粉、化学变性淀粉、酶法变性淀粉和复合变性淀粉四大类，变性淀粉的品种、规格已达 2 000 多。

化学变性：使用化学试剂作用于淀粉，经过一定的化学反应，获得新的淀粉产品，如酸解淀粉、氧化淀粉、酯化淀粉、醚化淀粉、交联淀粉、阳离子淀粉、接枝共聚淀粉等。

物理变性：通过物理方法获得新产品，如预糊化淀粉、电子辐射处理淀粉、热降解淀粉等；

生物变性：将生物技术作用于淀粉，如酶转化淀粉等。

由于变性淀粉的原料是天然淀粉，因此产品的性能和质量稳定性受许多因素的影响，包括一些自然因素。可以说，变性淀粉的性能往往取决于下述因素：

（1）植物来源：品种、土壤、气候、季节等。

（2）物理形态：颗粒状、预糊化。

（3）直链淀粉与支链淀粉的比例与含量。

（4）相对分子质量及分布（工业上常用黏度描述）。

（5）所含杂质和缔合成分（蛋白质、脂肪酸、含磷化合物），或天然取代基团。

（6）预处理历史：酸解、氧化、酶降解或糊精化等。

（7）变性类型：酯化、醚化、氨基化、接枝等。

（8）取代基的性质：乙酰基、羧甲基、羟丙基、胺基等。

（9）取代度的大小等。

三、变性评定

通过使淀粉降解而获得的变性淀粉，对其降解程度的评定，工业上常用"流度"的概念。

流度的测定方法：在烧杯中用 10 mL 蒸馏水润湿 5 g 干淀粉，然后在 25 ℃下，边搅拌边缓慢加入 90 mL 的 1%NaOH 溶液，在 3 min 内加完。将该混合物在 25 ℃下放置 27 min，然后将其注入一个专用的带刻度的玻璃漏斗中。该漏斗事先已用 100 mL 蒸馏水标化（即 25 ℃时，100 mL 蒸馏水流过此漏斗的时间为 t 秒）。测定这种含氢氧化钠的淀粉分散液在 25 ℃时 t 秒内流出这个漏斗的体积（mL），以此作为流度值，常用 F 表示。例如，测得酸解淀粉在 t 秒内流出 40 mL，则称该酸解淀粉为 40 流度的酸解淀粉，写成 40 F。

这是一种经验评定方法，误差比较大。工业界普遍采用涂 4 杯方法，它也是一种经验评定法,即计量一定体积的浆液从某一确定直径出口流出的时间,测定方便。比较精确的测定方法是采用高聚物相对分子质量的测定方法测定淀粉的相对分子质量,或用标准黏度计测定一定浓度和温度条件下浆液的黏度值。

对淀粉衍生物化学转化程度的评定常用平均每个脱水葡萄糖单位中羟基上的氢原子被取代的数量,称为取代度(简称 DS)。例如,在乙酰酯化淀粉中,经分析计算,平均每个脱水葡萄糖单位中有 1 个羟基被乙酰基取代,则取代度为 1,若有 2 个羟基被乙酰基取代,则取代度为 2。因为葡萄糖剩基中有 3 个羟基,故取代度最高为 3。具体由 1 个葡萄糖剩基计算,1 个乙酰基取代 1 个氢原子:

$$W = \frac{DS \times M}{162 - DS \times 1 + DS \times M} \times 100\%$$

得:

$$DS = \frac{162 \times W}{M - (M-1)W} \qquad (2-1)$$

式中:W——淀粉含取代基的质量百分率(%);

M——取代基的相对分子质量;

162——葡萄糖剩基($C_6H_{10}O_5$)的相对分子质量。

工业上生产的重要变性淀粉几乎都是低取代度的产品,取代度一般在 0.2 左右,即平均每 10 个葡萄糖单位,也就是平均 30 个羟基中约有 2 个羟基发生取代反应。

有些取代反应如羟烷基醚化反应中,取代基团又能与试剂继续反应,形成多分子取代链,因此引入摩尔分数(简称 MS)的概念:摩尔分数是指淀粉大分子中每个葡萄糖基环羟基上所结合的醚化基团的平均摩尔数。显然,MS 值有可能超过 3。例如在羟乙基化反应中,环氧乙烷不仅能与淀粉大分子上葡萄糖基环中 3 个羟基的任何一个发生醚化反应,并能与已取代的羟乙基上的羟基发生反应,结果有可能形成多个氧乙烯的分支链,因此 MS≥DS,即 MS 可大于 3。

四、变性方法

化学变性工艺一般是加试剂于原淀粉乳中,浓度为 35%～45%,加稀碱液调节到碱性,在低于糊化温度时起反应,一般不超过 50 ℃,达到要求的反应程度,淀粉仍保持颗粒状态,经过滤、水洗、干燥,得到变性淀粉产品。淀粉在碱性条件下具有较高反应活性,可用稀 NaOH 溶液调节 pH 值为 7～12。但碱会促进淀粉颗粒膨胀、糊化,常加入浓度为 10%～30%的硫酸钠或氯化钠,对淀粉糊化有强抑制作用,可抵消碱的影响,使淀粉保持颗粒状态,反应完成之后,易于过滤、回收。在这种反应体系中,淀粉为固体,试剂为液体,属于非均相反应,水起载体作用,使试剂能渗透到淀粉颗粒内部起反应。在亲水基取代反应中,随着取代度增大,取代衍生物的亲水性增高,达到一定程度,则颗粒变为冷水分散溶解,需要加入有机溶剂使之沉淀,便于回收产品。用水和有机溶剂(如异丙醇或丙酮)做混合介质,能避免这种情况,得到较高取代度且具有冷水溶解性的变性淀粉,但仍能保持颗粒状态,容易回收产品。

将淀粉乳加热糊化或用有机溶剂(如二甲基亚砜或二甲基甲酰胺)溶解淀粉,再与试剂反应,淀粉和试剂都是液相,属于均相反应。淀粉的反应活性高,速度快,取代均匀,且取代程度高,但产品回收困难,需用其他溶剂沉淀,成本高。工业生产很少采用这种工艺。

半干法工艺是将淀粉与试剂混合,预干燥到含较少水分,在较高温度下加热起反应,得到取代度较高的颗粒产品。试剂和淀粉混合可以采用不同的方法,如将试剂细粉与淀粉混合,或将试剂溶液喷到淀粉上,或将淀粉混于试剂溶液再过滤。使用半干法工艺生产的产品,一般不水洗,产品中含有剩余未起反应的试剂、盐和反应副产物等杂质。

采用复合变性工艺即先后采用两种不同的工艺,得到的变性淀粉兼有两种单一变性淀粉的优良性质。如交联反应常与氧化、酯化、醚化等反应先后处理淀粉得到的复合变性淀粉,其具有较高的抗高温、抗剪切性能,对酸的影响稳定,并兼有氧化、酯化或醚化淀粉的优良性质。

接枝共聚法是用物理方法(如以 Co^{60} 照射)或化学方法(如以铈盐氧化激活淀粉),产生反应活性高的自由基,引发淀粉分子与合成单体的接枝共聚反应。

第三节 酸变性淀粉

用酸在糊化温度以下处理淀粉,改变其性质所得到的产品,称为酸变性淀粉,也叫酸解淀粉、酸化淀粉,在工业上常被称为易煮淀粉。在糊化温度以上和更高温度下酸热解糊精不属于酸解淀粉。酸变性淀粉已有很久的历史,早在 1886 年就出现了用盐酸处理天然淀粉获得的可溶性淀粉,主要是利用酸对淀粉大分子分解的产物。现在,工业上有各种流度的酸变性淀粉,应用于纺织、造纸、食品等许多行业。美国的变性淀粉消耗量中,70%是酸变性淀粉。

研究与探索酸变性淀粉的主要目的有两个:

(1) 降低黏度,以增加工业上可应用的浓度范围。

(2) 改变流变性能,以扩大淀粉在工业上应用的功能性,例如转化成果糖与糖浆,是制取凝胶坚实度及凝胶断裂强度恰到好处的胶姆糖的原料。

一、酸变性机理

在酸性条件下,淀粉大分子中的糖苷键,如 α-1,4 糖苷键和少量 α-1,6 糖苷键极易水解断裂,前者使分子链变短,后者使支链成为短的直链分子,导致淀粉大分子聚合度降低。在这一水解反应中,酸起催化剂作用,即反应过程中酸不被消耗,只要有少量的酸存在,水解反应可持续不断地反应下去,直到淀粉全部水解成葡萄糖,即糖苷键完全被水解。它的反应式如下:

淀粉酸水解的化学反应式

普通品种淀粉颗粒由直链淀粉和支链淀粉组成,前者具有 α-1,4 糖苷键,后者主要为 α-1,4 糖苷键,还有少量 α-1,6 糖苷键。这两种糖苷键被酸水解的难易存在差别。根据用直链淀粉和右旋糖酐(主要为 α-1,6 糖苷键)的试验,α-1,4 糖苷键远较 α-1,6 糖苷键容易被水解,直链分子和支链分子中 α-1,4 糖苷键的水解难易相同。用麦芽糖(α-1,4 糖苷键)和异麦芽糖(α-1,6 糖苷键)的试验结果表明,也是 α-1,4 糖苷键较 α-1,6 糖苷键容易被水解。因为结晶结构的影响,用酸处理淀粉颗粒的情况却不相同。直链淀粉分子间经由氢键结合成结晶结构,酸渗入困难,其中的 α-1,4 糖苷键不易被水解。在颗粒无定形区域,支链淀粉分子结构中的 α-1,6 糖苷键较易被酸渗入,故而易发生水解。

利用酸处理玉米淀粉研究直链淀粉和支链淀粉含量变化情况,在反应初阶段,直链淀粉含量有所增大,表明酸催化优先水解支链淀粉。用 0.2 mol/L 盐酸,在 45 ℃下处理马铃薯淀粉,颗粒没有发生膨胀,仍保有偏光十字,表明酸水解发生在颗粒无定形区域,没有影响原来的结晶结构。这些试验结果表明,酸水解分为两步:第一步是快速水解无定形区域的支链淀粉;第二步是水解结晶区域的直链淀粉和支链淀粉,速度较慢。

二、制取工艺

酸变性淀粉的制取有湿法工艺与干法工艺两种,工业生产主要采用湿法工艺。

1. 湿法工艺

把原淀粉用水制成含固率为 36%～40% 的淀粉乳,在不断搅拌下加热到糊化温度之下(常为 40～50 ℃);加入无机酸或有机酸,用量可在 0.5%～5%。在糊化温度下搅拌一段时间(1～15 h),当达到所需的黏度或转化度时,用 NaOH 溶液中和,最后将反应物过滤、漂洗及烘燥,得到颗粒状产品。此法的生产过程中,约有 10%～15% 水溶性物质被漂洗去除,制成率较低,产品性能较均匀,质量较稳定,质地纯正,杂质少。

2. 干法工艺

将 0.5% 的稀 HCl 液缓慢而均匀地喷射在不断搅动翻滚的原淀粉上,酸的用量随产品的性能要求而定,翻动下焙烘(100 ℃左右)。烘燥后研磨、筛选,最后得颗粒状产品。该工艺生产的产品不均匀,质量不稳定,易波动。因氢离子未被中和,产品中微量酸仍在水解,其速率虽慢,但在不断地进行,特别是含水量较高时,氢离子的继续水解作用更明显,会显著地改变产品性能,比如黏度会不断地下降。

3. 工艺参数

浴比、酸的种类、酸的使用量及酸液浓度、反应温度与时间、中和速率及最终 pH 值、漂洗程度等,是影响产品性能的主要工艺参数。

制备酸变性淀粉常用的酸有多种,用得最多的是盐酸。由于各种酸的离解程度不同,它们对淀粉的水解速率有明显的差异。若以盐酸的水解速率为 100,则其他酸对淀粉的水解速率如表 2-14 所示。

表 2-14 酸对淀粉的水解速率

酸种类	水解速率	酸种类	水解速率
盐酸	100	亚硫酸	4.82
硫酸	50.35	醋酸	0.80
草酸	20.42	—	—

同一种酸的浓度不同时,离解度也有明显的差异,特别是弱酸更为明显。例如醋酸在 25 ℃时,浓度为 0.2 mol/L 的电离度为 0.94%,0.1 mol/L 时为 1.32%,0.001 mol/L 时可达 13.2%。但电离度大不表示酸度就高。

酸解温度以 40～50 ℃为宜,切勿超过糊化温度;若温度过低,则反应时间过长,生产率降低。中和后,产品的 pH 值宜在 7.0～7.5,不应小于 7.0。

三、主要性能

酸变性淀粉的许多性能与原淀粉不同,在工业应用中是非常广泛的。

1. 流度

由于酸变性的主要目的是降低淀粉浆黏度,控制反应的方法一般是取样测定流度,工业上也习惯用流度表示不同的酸变性淀粉。在国际上也通用流度值表示酸解淀粉产品的规格。流度越大,黏度越小。

工业上使用的酸变性淀粉的流度在 $10\sim90$ F。表 2-15 所示为不同反应时间下盐酸和硫酸处理玉米和马铃薯淀粉所得酸变性淀粉的流度。

表 2-15　酸变性淀粉的流度

淀粉种类	酸种类	酸浓度/(%,对淀粉质量)	反应时间/h	流度/F
玉米淀粉	硫酸		0.06	24	13.0
			0.13	24	32.0
			0.22	2d	53.0
			0.29	24	64.0
			0.44	24	72.0
			0.61	24	74.0
	盐酸	2.05	0.25	10.0
			0.47	20.0
			0.67	30.0
			0.87	40.0
			1.13	50.0
			1.50	60.0
			2.25	70.0
马铃薯淀粉	盐酸	2.05	0.67	3.0
			1.33	8.0
			2.0	15.5
			2.67	25.0
			3.33	37.0
			4.0	52.8

2. 颗粒状态

在室温下用显微镜观察酸变性淀粉,可看到其基本保持原淀粉颗粒形状,没有明显的裂纹,但其在水中受热发生的变化与原淀粉有差别。酸变性淀粉在水中加热后,颗粒膨胀率比原淀粉低得多,颗粒表面迅速出现辐射形裂纹,而且扩展成径向裂痕并粉碎成许多小片,碎片量随流度值升高而增加。这说明酸变性作用损伤了淀粉颗粒的内在结构。这些碎片较易糊化,使酸变性淀粉的糊化温度有所降低。

3. 聚合度

酸解作用的结果是淀粉的聚合度降低,即流度增加。用渗透压法测定原玉米淀粉及其 $10\sim90$ F 酸变性淀粉的聚合度。测定前,先用正丁醇把试样中的直链淀粉与支链淀粉分离,然后对它们分别进行乙酰化处理生成三醋酸酯,再以氯仿做溶剂,测定这些酸变性淀粉的聚合度。测试结果见表 2-16。

表 2-16 原玉米淀粉及其酸变性淀粉的聚合度

淀粉规格	直链淀粉	支链淀粉	淀粉规格	直链淀粉	支链淀粉
原玉米淀粉	480	1 452	60 F	425	525
10 F	—	920	80 F	245	260
20 F	525	625	90 F	190	210
40 F	470	565	—	—	—

由表 2-16 可见,除了 20 F 的酸变性淀粉的相对分子质量出现异常的上升之外,其余都是降低的。这种异常可能是由于可溶性低分子组分在变性时被漂洗去除,从而使平均相对分子质量增加而导致的。其他流度的酸变性淀粉也有这种情况,但由于相对分子质量降低较多,这种影响被掩盖了。从结果可见,10～40 F 的酸变性淀粉的相对分子质量下降得不多,而更高流度的酸变性淀粉的相对分子质量有明显下降。

4. 还原性

随着相对分子质量降低,分子数增加,具有还原性的醛端基(贰羟基)总含量会明显增加。但用普通的测试方法(例如氰铁酸盐值),不能得到低流度淀粉与未变性淀粉中还原基团的微量差异。只有 90 F 的酸解淀粉才能用此法检测出这种差异。用与醛的还原性基团密切关联的碱值表示:20 F 酸解玉米淀粉的碱值是 14.5,40 F 时是 15,而 90 F 时是 41.5。可见在低流度时,还原值相差不多,这与相对分子质量的测定结果吻合。

5. 水分散性及黏度

酸变性淀粉易被水分散,随流度增大,越易被分散。分散 1 g 原玉米淀粉需要 15 g 水。分散 1 g 流度 20 F、40 F、60 F、75 F、90 F 酸变性玉米淀粉需要的水量分别约为 10 g、8 g、6 g、4 g、2 g。

酸变性玉米淀粉的热黏度大大降低,流度越高,降低越多,如表 2-17 所表示。因为黏度低,能配制高浓度糊液,这在某些应用中是优点。酸变性淀粉热糊相当透明,但玉米、小麦、高粱等谷类酸变性淀粉的凝沉性较强,冷却后透明度降低,生成不透明、强度高的凝胶。表 2-17 中酸变性玉米淀粉的热黏度是采用浓度为 9% 的酸变性淀粉乳,在其 pH 值为 6、温度为 91 ℃ 的条件下保持 30 min,通过连续黏度计测定的;再将上述浆液冷却到 25 ℃ 并保持 24 h 得到凝胶,测定凝胶强度和凝胶破裂强度。

表 2-17 酸变性玉米淀粉的热黏度和凝胶强度

淀粉规格	热黏度/($\times 10^{-3}$ Pa·s)	凝胶强度/Pa	凝胶破裂强度/($\times 10^2$ Pa)	与原淀粉比较		
				热黏度	凝胶强度	凝胶破裂强度
原淀粉	34.0	185.0	194	1.000	1.000	1.000
10 F	15.1	114.0	118	0.444	0.615	0.610
20 F	8.5	81.0	71.5	0.250	0.438	0.368
30 F	6.0	73.8	61.1	0.175	0.398	0.314
40 F	3.6	51.0	40.3	0.105	0.276	0.207
50 F	3.0	42.2	32.6	0.088	0.238	0.166
60 F	1.1	31.8	23.6	0.031	0.172	0.121
70 F	0.2	15.6	13.4	0.006	0.085	0.069

如表2-17所示,随流度增高,热黏度和凝胶强度和破裂强度都大大降低,热黏度降低的速度较快。60 F、70 F酸变性玉米淀粉的黏度低,凝胶强度还相当高。常用热黏度和冷黏度比表示凝胶性,比值大,凝胶性强,冷却后易于形成强度高的凝胶。如果变更酸变性条件能得相同流度的产品,但具有不同的凝胶性。例如,以0.1 mol/L硫酸,在42 ℃下处理玉米淀粉12 h得60 F产品。增大酸浓度,缩短反应时间,得到相同流度的产品,但具有较高的凝胶性,强度高。相反,降低酸浓度,延长反应时间,所得相同流度产品的凝胶性低。普通玉米淀粉含有0.6％脂肪,会使凝胶强度降低,如于酸处理之前或之后用酒精抽提除去脂肪,能增强淀粉糊的凝胶性,较快形成强度更高的凝胶。

6. 薄膜性能

酸变性淀粉黏度低,能配制高浓度糊液,含水分少,干燥快,黏合快,胶黏力强。酸变性玉米淀粉的黏度随流度增高多降低,但膜的抗张强度仍与原淀粉相同,没有降低(表2-18)。这种低黏度、高浓度及高的薄膜强度相结合,使得酸解变性淀粉特别适合要求成膜性及黏附性的工业应用,例如经纱上浆、纸袋黏合等。

表2-18 酸解对玉米淀粉薄膜性能的影响

淀粉规格	特性黏度/(dL·g^{-1})	抗拉强度/(N·mm^{-2})	断裂伸长率/％
原淀粉	1.73	46.7	3.2
15 F	1.21	44.7	2.7
34 F	1.06	44.5	2.6
50 F	0.88	49.4	2.7
71 F	0.67	45.7	2.9
80 F	0.32	45.8	2.2

四、纺织上浆中的应用

由于酸变性淀粉具有制备成本较低、降粘程度大、制取方法较简便等优势,因此广泛应用于纺织、造纸、食品及医药工业。

作为纺织浆料,酸变性淀粉黏度低,能配制高浓度浆料,渗透力强,成膜性好,水溶性高,又易于退浆,符合高浓低黏的特征,在调浆配制中不需要再对淀粉做分解处理,简化了调浆配方及调浆工艺。高含固率可保持经纱上浆率,保证了经纱上的浆膜强度及对经纱有足够的黏附力,使浆纱耐磨性得到提高,改善了织造性能,适用于当前的"二高一低"的上浆工艺。

20～30 F的低流度及40～60 F的中流度酸变性淀粉可作为低支棉纱、黏胶纱及苎麻纱的主体浆料。浆料浓度一般为10％～12％,上浆率一般为8％～10％;对苎麻纱,上浆率在10％～14％。由于酸变性淀粉的化学结构基本上与原淀粉相同,因此大分子的柔顺性仍较差,玻璃化温度很高,浆膜硬而脆,也易受各种微生物侵蚀。在浆液配方中,常需采用5％～8％柔软剂、防霉剂等。以酸解淀粉上浆后的经纱与坯布,退浆虽较天然淀粉容易,但仍需使用酶退浆,能与聚乙烯醇合并使用。

60～80 F的高流度和中流度酸变性淀粉能与PVA或聚丙烯酸酯很好地混合,可用于涤/棉、涤/黏或涤/麻混纺纱上浆。因酸变性淀粉对亲水性纤维有很好的黏附性,其在混合浆中可以代替10％～30％的合成浆料。混用比例取决于经纱混纺比、细度和织物紧度等,酸解淀粉

的混用比一般在 $10\% \sim 40\%$。

酸变性淀粉的另一个更重要用途是作为其他变性淀粉的原料,用于其他变性淀粉的预处理工序。例如生产阳离子淀粉、交联淀粉及许多酯化、醚化的变性淀粉等,常需先酸解再进行其他变性处理,这能大大提高这些变性淀粉的功能、特性和使用。如酸变性羟乙基淀粉具有更好的成膜性,应用效果更好。

第四节　氧化淀粉

氧化淀粉是利用强氧化剂对淀粉大分子中的糖苷键进行氧化,使其断裂,并使其上的羟基氧化成醛基和羧基,所形成的变性淀粉产品,是最常用的变性淀粉之一。氧化后的淀粉大分子链断裂,聚合度下降,并含有羧基基团。与天然淀粉相比,氧化淀粉颜色洁白,糊化容易,浆液黏度低,稳定性高,透明度高,成膜性好,胶黏力强,成本较低,在造纸、纺织、食品和其他工业上已有广泛应用。含有羧基基团是氧化淀粉的结构特点。

几乎所有的氧化剂都能使淀粉氧化。常用的氧化剂有次氯酸钠、高碘酸、高锰酸钾、过氧化物等。近年来,采用双氧水、过硫酸盐氧化淀粉的工艺逐渐增多。目前,用于纺织经纱上浆的氧化淀粉浆料仍以次氯酸钠为主。淀粉经氧化作用后发生分解,形成低黏度的分散物,并引入羰基和羧基,同时使浆液黏度的稳定性得到改善。

一、氧化作用机理

淀粉大分子中的羟基与糖苷键是能发生氧化作用的内在因素。根据氧化剂对淀粉作用的形式,可分为专一性氧化剂及随机性氧化剂两类。专一性氧化剂只能氧化淀粉大分子中的特定部位。例如高碘酸只能氧化 C_2 及 C_3 上的仲醇基,生成的产物叫双醛淀粉。随机性氧化剂可在淀粉大分子中所有羟基与糖苷键处随机发生氧化,例如次氯酸盐、过氧化氢等。

溴和氯,以及与水起反应生成的次溴酸盐和次氯酸盐,对淀粉有相似的氧化作用。用溴氧化淀粉的研究结果表明,组成淀粉分子的脱水葡萄糖单位中不同醇羟基都能被氧化,但氧化的难易存在差别。次氯酸盐及次溴酸盐可按下列四种方式随机地氧化淀粉:

(1) 醛端基被氧化。淀粉大分子中 C_1 碳原子的半缩醛羟基(即苷羟基)由于具有明显的还原性,最易被氧化成羧基。天然淀粉分子中的醛端基量非常少。无论是直链淀粉组分,还是支链淀粉组分,每个大分子只有 1 个还原性醛端基,氧化反应对淀粉性质的影响小。由于水解作用或氧化分解作用的发生,淀粉大分子变小,会形成较多的"附加"醛端基,相对于 C_2,C_3 和 C_6 碳原子的羟基数量还是很少。

(2) 伯醇基被氧化。淀粉结构中的 C_6 碳原子上的伯醇基被氧化,最初形成醛基,然后生成羧基。1942 年有专利报道过用溴氧化淀粉,分离并检测出糖醛酸,其氧化历程大致如下:

淀粉　　　　　　　　醛基型　　　　　　　　酸基型

（3）仲醇基被氧化。用玉米直链淀粉研究次氯酸钠的氧化反应机理表明,氧化主要发生在葡萄糖环 C_2 和 C_3 碳原子上的仲醇羟基,生成羰基、羧基,环形结构开裂。氧化反应有两个不同的过程:(1)是经过 α,α-二羰结构,(2)是经过烯二醇结构。C_2 和 C_2 碳原子上的羟基氧化成醛基,得双醛淀粉;醛基能进一步被氧化成羧基,形成双羧淀粉。

（4）糖苷键被氧化。在强氧化剂存在的条件下,糖苷键可被氧化分解,使淀粉大分子变短,聚合度下降。若在碱性条件下氧化,糖苷键断裂的速率会更快。

根据最后产品的结构,上述四类反应方式都是重要的,但从影响产品性能及发生反应的程度来看,主要是(2)、(3)与(4)类。因此,氧化淀粉的主要质量指标是羧基含量及降解程度。

二、氧化淀粉的制取

工业上制取氧化淀粉常用的氧化方式是以次氯酸钠或次氯酸钙作为氧化剂,纺织工业常用的主要是次氯酸钠。次氯酸钠的制备比较简单。将氯气通入冷的 10%氢氧化钠碱液中,可现场制备次氯酸钠液。若温度过高(超过 30 ℃),会使次氯酸盐转化成氯化盐,丧失氧化效能。

$$2NaOH + Cl_2 \xrightarrow{<30\ ℃} NaClO + NaCl + H_2O$$

$$NaClO \xrightarrow{OH^-} NaCl + [O]$$

一般的氧化淀粉制取方法如下:

搅拌器以约 60 r/min 的速度不断搅拌,用 2%氢氧化钠调节 35%～40%浓度的淀粉乳的 pH 值为 8～10,缓慢加入次氯酸钠液,并加入稀盐酸以保持要求的反应 pH 值。在氧化过程中,羧基生成会使 pH 值下降,应加入稀碱液保持 pH 值恒定。次氯酸钠用量随要求的氧化程度而定,氧化程度高,需要用量大。用量以有效氯占绝干淀粉百分率表示,一般约为 5%～6%。加完次氯酸钠液,达到要求的氧化程度后,中和到 pH 值为 6.0～6.5,羧基约 90%与钠结合,少量为游离酸基。再加入 20%的亚硫酸钠溶液或通入二氧化硫气,还原剩余的次氯酸钠。用真空过滤机过滤,用水清洗,或采用多级旋液分离器清洗。水洗的目的是除去淀粉降解产生的水溶物和氯化钠等。于 65 ℃以下干燥到水分含量为 10%～12%,即氧化淀粉产品。氧化淀粉对热的作用敏感,干燥温度过高会引起颜色变黄,这是由于含有醛基所致的。

影响氧化淀粉性能的因素较多。

1. 氧化剂

有效氯是次氯酸钠氧化性强度的表征量。一般用于氧化淀粉的次氯酸钠的有效氯用量,应按所需的转化程度而异。当其他条件不变时,有效氯用量越大,则转化程度越高。

氧化程度也影响羧基和羰基生成量,随着氧化程度增高,两者生成量都增加,但羧基生成量的增加远超过羰基生成量,如表 2-19 所示。表中数据为用次氯酸钠氧化玉米淀粉的结果,次氯酸钠用量较低时,即低氧化程度,羰基生成量高过羧基生成量,但随着氧化程度增高,羧基生成量高过羰基生成量。次氯酸钠氧化木薯淀粉的情况与氧化玉米淀粉相似,结果列于表 2-20。

表 2-19　氧化玉米淀粉时次氯酸钠用量对羧基和羰基生成的影响

次氯酸钠液用量/%	0.20	0.50	0.70	1.0	2.0	3.0	4.0	5.0	6.0	7.0	8.0	9.0
羧基含量/%	0.065	0.14	0.16	0.36	0.72	1.1	1.7	2.2	2.7	3.0	3.5	4.3
羰基含量/%	0.14	0.18	0.18	0.18	0.24	0.24	0.30	0.61	0.61	0.60	0.73	1.0
羰基生成量/羧基生成量	2.2	1.3	1.1	0.50	0.33	0.22	0.14	0.27	0.23	0.20	0.21	0.23

表 2-20　氧化木薯淀粉时次氯酸钠用量对羧基和羰基生成的影响

次氯酸钠液用量/%	0.20	0.50	1.0	3.0	5.0	7.0	9.0
羧基含量/%	0.22	0.35	0.6l	2.1	3.5	4.9	6.2
羰基含量/%	0.13	0.10	0.16	0.32	0.52	0.65	0.85
羰基生成量/羧基生成量	0.59	0.29	0.26	0.15	0.15	0.13	0.14

2. 反应温度

一般来说,氧化反应是放热反应,淀粉氧化反应也不例外。在反应过程中,必须小心操作,防止温度过高而发生局部糊化或溶解。如果发生糊化或溶解,不仅会造成脱水困难,而且会使制成率下降。但温度也不是越低越好,温度过低则氧化速率放慢。

3. 介质的 pH 值

次氯酸钠($NaClO$)在不同 pH 值时是以不同形式存在的:在碱性条件下,主要离解成 ClO^-;在近中性条件下,$HClO$ 基本不离解,ClO^- 量少;在酸性条件下(pH=4.0～5.5),主要是未离解的 $HClO$,在更酸性条件下还生成氯(Cl_2)。淀粉在不同 pH 值条件下,结构也发生变化:在碱性条件下会生成淀粉钠(淀—O—Na),在酸性条件下发生质子化(H^+)和(或)水解。淀粉的这种结构变化也影响氧化反应。在酸性条件下,次氯酸盐很快转变成氯,与淀粉起反应生成次氯酸酯和氯化氢,酯进一步分解生成酮基和氯化氢。由于酸性介质中质子存在量多,从而阻碍质子的分离,所以氧化反应速度慢。酸性越增强,反应速度越慢,pH 值在 4～7 范围内,试验结果都是如此。在碱性条件下,生成淀粉钠,具有负电荷(淀粉—O^-),次氯酸主要离解成 ClO^-,也具有负电荷,相互间的排斥作用使氧化反应慢。但在弱碱性条件下,淀粉是中性存在,反应速度较快。在中性条件下,未离解的 $HClO$ 作用于中性淀粉生成淀粉次氯酸酯和水,酯再分解成酮基和氯化氢,少量的 ClO^- 与淀粉起相似反应。

从形成的官能团来看:pH 值较低时,主要形成酮基;当 pH 值升至中性时,以形成醛基为主体;pH 值更高时,则主要形成羧基(图 2-13)。由于羧基对稳定直链淀粉分子及降低凝胶倾向起着重要作用,因此一般在碱性或弱碱性条件下进行,以便形成多量的羧基。从氧化反应速率来说:在 pH=7.5～10 时,反应速率随 pH 值增加而降低;若 pH>10,则反之。在强碱条件下,淀粉糊化,故 pH 值不宜大于 10。

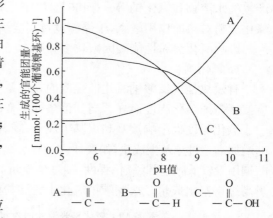

图 2-13　pH 值与形成的官能团关系

4. 反应终止

反应程度应根据产品所需的性能而异,反应程度可用反应时间控制。终止反应是采用 20% 的亚硫酸钠溶液或通入二氧化硫气体,还原剩余的次氯酸钠。根据生产经验,氧化反应必须保证必要长的时间。若反应时间过短,则氧化淀粉产品的黏度稳定性差,使用时会不断下降。反应时间过长,生产效率低,也会影响氧化淀粉的质量。试验研究发现,氧化反应时间在 3 h 左右时,产品的黏度稳定性较好。

除此之外,影响最终产品性能的因素还有很多,包括淀粉品种、杂质、淀粉悬浮液浓度、次氯酸盐加入的方法及漂洗、烘燥方法等。

三、氧化淀粉性能

在利用氧化剂氧化淀粉的过程中,不仅切断了淀粉分子中的某些糖苷键,使相对分子质量降低,而且还引入了羧基等官能团,使氧化淀粉产品具有一些独特的性能。

1. 颗粒状态与色泽

氧化淀粉颗粒的外形与原淀粉类似,仍保持原来的偏光十字和 X 射线衍射图样,这表明原来的结晶结构没有发生变化，氧化反应主要发生在颗粒的无定形区。遇碘显色反应仍与原淀粉相同。直链和支链淀粉的比例没有发生变化。用光学显微镜与电子显微镜观察，颗粒表面粗糙不平，有的出现裂纹、穴洞，这是由于颗粒表面发生的氧化反应集中在个别区域，产生水溶物所导致的。裂纹数随氧化程度的增加而增加，并深入到淀粉颗粒内部。在水中加热时，颗粒易沿着裂纹分散成碎片。因此氧化淀粉没有明显的膨胀阶段，而且糊化温度随着有效氯含量的增加而明显地下降，即容易糊化。

对羧基官能团分布的测定表明：即使在较低的氧化程度下，官能团也明显地分布于整个颗粒，表明氧化剂能浸透到颗粒内部。

氧化淀粉外观色泽洁白，带有较明亮的光泽，且次氯酸钠处理程度越高，色泽越白，这是由于次氯酸钠对淀粉中常见的杂质(如胡萝卜素及叶黄素的带色物质)有漂白作用，这会使淀粉脱色。次氯酸钠可使它们氧化分解成可溶性物质，被漂洗而去除。含氮杂质约有 $70\%\sim80\%$ 被除掉，游离脂肪酸约有 $15\%\sim20\%$ 被除掉。由次氯酸钠作为氧化剂获得的氧化淀粉对热较敏感，若在高温下烘燥，氧化淀粉产品会变色泛黄。

2. 阴离子特征

经过氧化反应的淀粉大分子上的某些羟基转化成羧基，虽然羧基(特别是大分子上的羧基)的离解度很低，但它对氧化淀粉性能的影响十分明显，使得氧化淀粉对阳离子较敏感，遇二价或二价以上的金属离子生成不溶性盐，造成浆液易结块或易产生浆斑。因此在氧化淀粉配浆过程中不能存在重金属离子，水的硬度也不能太高。

氧化淀粉对阳离子染料比较敏感，易被甲基蓝染料及其他阳离子染料上染，而原淀粉颗粒没有这种上色特性。着色深度与氧化程度有关，即与羧基含量有关。氧化程度越大，染色越深。根据这一原理，可用阳离子染料进行氧化淀粉的定性及定量鉴别。但必须注意，这一特征是所有含阴离子的变性淀粉都具备的，如羧甲基淀粉。

3. 糊化温度

氧化淀粉与原淀粉颗粒的膨胀能力不同，糊化温度降低，糊化容易。表 2-21 所示为次氯酸钠氧化玉米淀粉和木薯淀粉的糊化温度，可以看出，随着氧化剂用量增加，氧化程度增高，糊化温度降低，木薯淀粉氧化后糊化温度的降低更明显。

表 2-21 氧化玉米淀粉的糊化温度

NaOCl 用量/%	糊化开始温度/℃		糊化完成温度/℃	
	玉米	木薯	玉米	木薯
原淀粉	73	63	79	73
0.2	72	62	78	72
0.5	71.5	61	77.5	71
0.7	71	—	77.5	—
1.0	71	59	77	70
2.0	70	—	76	—
3.0	68	55	75	69

（续表）

NaOCl 用量/%	糊化开始温度/℃		糊化完成温度/℃	
4.0	66.5	—	74	—
5.0	64	53	74	64
6.0	62	—	72	—
7.0	61	47	70	58
8.0	59.5	—	68	—
9.0	58	41	67	48

4. 浆液黏度及黏度稳定性

氧化淀粉最重要的性质是糊化变得容易，糊化温度降低，最高热黏度大大降低。表 2-22 所示为不同用量的次氯酸钠氧化小麦淀粉（20 ℃、5 h），用 Brabender 连续黏度仪测定所得样品的热黏度。随着氧化程度增高，羧基和羰基含量增加，最高热黏度值大幅下降，达到最高热黏度值的温度也大幅下降。

氧化淀粉浆液的稳定性高，凝沉性显著减弱，冷却后凝结成凝胶的倾向减小，流动性大，透明度高，胶黏力强。若氧化到足够程度，加热糊化容易而完全能得到很清的溶液。氧化淀粉的凝沉性和凝胶性减弱是由于羧基的体积大于被取代的羟基的体积，因此位阻增大且带电荷，抑制了直链淀粉分子间形成氢键结合的能力。这种影响对于直链淀粉含量高的玉米淀粉、小麦淀粉较显著，对于不含直链淀粉的糯玉米淀粉较小。

表 2-22　次氯酸钠氧化小麦淀粉糊热黏度

淀粉种类	NaOCl 用量/ [g·(100 g 淀粉)⁻¹]	产率/ (%,干样)	羧基含量/ [mmol· (100 g 淀粉)⁻¹]	羰基含量/ [mmol· (100 g 淀粉)⁻¹]	最高热黏度/ (BU)	达到最高热 黏度的温度/℃
原淀粉	—	—	—	—	3 880	95
氧化淀粉	0.40	96.3	9.05	4.7	3 940	95
	0.93	95.4	10.2	5.6	1 870	95
	1.91	95.2	12.2	5.8	710	83
	4.0	94.1	17.6	7.8	390	75
	5.7	94.6	22.0	10.1	290	74
	6.7	92.7	24.1	12.7	205	71
	7.4	89.0	28.6	15.3	165	68
	9.2	86.2	38.1	18.3	130	66

氧化淀粉的糊化温度降低，较低温度即达到最高热黏度，最高热黏度也降低，黏度稳定。氧化木薯淀粉与木薯原淀粉的黏度曲线展示于图 2-14 中，氧化木薯淀粉的黏度低于原淀粉，稳定性高，继续受热，冷却，黏度基本未发生变化。

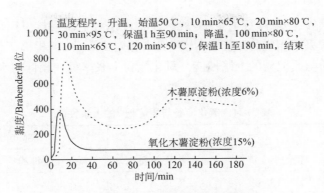

图 2-14　木薯淀粉黏度曲线

5. 黏附性与薄膜性能

氧化淀粉的聚合度低于原淀粉。从这一角度来说，氧化淀粉对纱线的黏附力及其薄膜的力学性能都会有所下降。由表 2-23 可见，当氧化玉米淀粉的特性黏度较原淀粉降低 50％ 左右时，对棉纱的黏附力略有降低，而对涤/棉混纺纱的黏附力基本不变。这是由于羧基引入增加了淀粉对纱线的亲和性。

表 2-23　氧化玉米淀粉的黏附性

淀粉种类	特性黏度/ ($dL \cdot g^{-1}$)	分解度/%	羧基含量/%	黏附力/cN	
				棉纱	涤/棉纱
原玉米淀粉	1.37	—	—	680	2 070
氧化玉米淀粉	1.27	7.3	0.0862	510	2 090
	1.10	19.7	0.0697	370	1 910
	0.99	27.7	0.0768	330	1 800
	0.88	35.7	0.0751	510	2 090

从薄膜特点来看，氧化淀粉与天然淀粉仍具有相似的特点，浆膜硬而脆。但由于氧化淀粉中引入了羧基及发生了一定程度的分解，它的分子更均匀，流动性更好，制成的薄膜更均匀、清晰，薄膜收缩及爆裂的倾向更小，薄膜更易溶解于水。

四、上浆性能

氧化淀粉的性能在许多应用方面超过了原淀粉与酸解淀粉。由于醚或酯的淀粉衍生物的使用，目前的浆料市场中，氧化淀粉只占很小部分。氧化淀粉浆料适合棉、黏纤、合成纤维和混纺纤维的经纱上浆。氧化淀粉作为纺织浆料使用，应具有以下特点：

(1) 氧化淀粉容易糊化，能在较低温度下上浆，可节约热能，并改善操作条件。

(2) 浆液的流动性好，易于渗入纤维内部，上浆均匀，减少浆斑，提高经纱的耐磨性。

(3) 黏度较低，能提高浆料浓度，增高纤维对浆液的吸着量，适应高车速操作。

(4) 浆料稳定，少结浆皮，有利于上浆均匀，若短时间停工，浆料黏度不变，再开工时应用效果不变。

(5) 水溶性好，易于退浆，与聚乙烯醇、羧甲基纤维素等化学浆料的相容性好，适合在复合浆料中应用。

在细支高密纯棉纱、苎麻纱等上浆中,氧化淀粉可作为主体浆料应用,浆纱的物理力学性能及织造性能都优于采用相应的原淀粉,上浆成本相对高一些,但提高了织造效率。表2-24所示为氧化小麦淀粉与原淀粉的上浆性能。氧化淀粉上浆率可在较低的水准下达到所需的织造性能。

表2-24　氧化淀粉与原淀粉[①]的上浆性能

项目	4040 纯棉府绸		3030 纯棉细布	
	氧化小麦淀粉	小麦淀粉	氧化小麦淀粉	小麦淀粉
退浆率/%	13.6	16.8	9.9	14.9
回潮率/%	6.9	7.0	6.1	7.8
增强率/%	54.4	50.4	52.3	54.0
减伸率/%	31.2	31.4	6.3	13.5
耐磨次数[②]	406.5	385.3	48.2	15.2
经纱断头/[根·(台·h)$^{-1}$]	0.80	1.11	0.82	0.83

注:① 小麦淀粉用硅酸钠做分解剂,氧化小麦淀粉浆则不用分解剂。
② 耐磨试验时,20 tex 经纱的张力为 20 cN,15 tex 经纱的张力为 10 cN。

氧化淀粉与PVA、聚丙烯酸酯类合成浆料有较好的相容性,常将它们混合使用,适用于涤/棉、涤/黏、涤/毛等混纺纱上浆,并可弥补纯合成浆料的再黏性及价格高等缺点。氧化淀粉与PVA的混合比可从低比例的 10∶90 到高比例的 70∶30。当氧化淀粉的混合比例低于30%时,退浆方法可以采用合成浆料的退浆工艺,不需要进行酶退浆。

第五节　醚化淀粉

淀粉经过醚化后,其大分子链侧基上会引入以醚键结合的较大的侧基,减小了淀粉分子之间的相互作用,使得淀粉浆液的黏度稳定,又不会使真实黏度值损失,降低淀粉膜的硬度和脆性,提高浆膜的透明度等,并且赋予淀粉新的功能。例如,引入离子基团可使淀粉的水溶性提高,还可以作为高分子电解质适用于多种用途。由于醚键较稳定,醚化淀粉具有较好的耐化学药品性质。水溶性及亲水性是多数醚化淀粉的重要性能。

醚化淀粉的制取原理:淀粉是一种多羟基化合物,故而具有多元醇的化学活性,这些羟基在一定条件下易与卤化烃或含有羟基的化学试剂反应,生成醚键化合物。

$$R_{st}—OH + R'—OH \longrightarrow R_{st}—O—R' + H_2O$$

式中:R_{st}——淀粉大分子结构中除羟基以外的基团;

$R_{st}—OH$——淀粉化学结构的表示式;

R'——烃基。

醚化淀粉除了淀粉原有化学结构特点以外,还引入了醚化基团,它的性质与最终产品(淀粉衍生物)的性能有着密切关系。

醚化淀粉的种类和商品很多,可在许多工业部门使用。纺织工业中应用较多的是羧甲基淀粉和羟乙基淀粉。

一、羧甲基淀粉

羧甲基淀粉常简称为 CMS,是其英文名称的缩写。工业生产的主要是低取代度产品,取代度不高于 0.9,鉴于其水溶性、增稠性及无毒性,应用于食品、纺织、造纸、医药等许多工业。

1. 制法

淀粉与一氯醋酸在氢氧化钠存在的条件下发生醚化反应,为双分子亲核取代反应,葡萄糖单位中醇羟基被羧甲基取代。

制取羧甲基淀粉的化学反应式

所得产物是羧甲基钠盐,为羧甲基淀粉钠,但习惯上称为羧甲基淀粉。羧甲基淀粉为高分子电解质化合物,通过酸洗,其上的钠离子可全部被氢原子置换,转变成羧甲基游离酸型,解离常数为 $1 \times 10^{-4} \sim 4 \times 10^{-5}$,因取代度不同而不同。在第一个反应中,碱的浓度及处理时间与醚化均匀度有密切关系。由于反应产物有高的水溶性,故欲制取较高取代度(>0.1)的产品时,不能用水做反应介质。为获得颗粒状产品,常用低级醇或丙酮做反应介质。因此主要制法有湿法、干法和半干法。

(1) 湿法。

① 水液制法。淀粉悬浮在水中,制成浓度为 30%～40% 的淀粉乳,加入 NaOH,它与淀粉的质量比一般为 1:1。NaOH 浓度要求在 28%～30%。为了抑制淀粉颗粒的膨化及糊化,需加入浓度较高的盐(如 NaCl),在 40～50 ℃下加入一氯醋酸(用量约为淀粉质量的 60%),不断搅拌下维持 6～10 h,使醚化反应充分、完全。随后,反应物经过滤、醇漂洗及烘燥,得到颗粒状产物。这种制造工艺只适用于取代度≤0.07 的羧甲基淀粉。在制取过程中加入的盐量和反应过程中产生的盐(NaCl)量与漂洗的程度和次数有关。应用部门一般希望用盐(NaCl)越少越好,因此要求漂洗较彻底,但这显然会造成产品成本上升。

② 非水介质的溶剂法。制备取代度大于 0.1 的产品时,由于水溶性提高,只能在非水介质(有机溶剂)中反应,一般采用能与水混溶的有机溶剂作为介质。常用的溶剂是乙醇或异丙醇。异丙醇不挥发,醚化效果也较好,但价格高。工业上多用乙醇。在淀粉与乙醇(含水率 15%)的混合液中加入 NaOH,成为碱淀粉。碱与淀粉的摩尔比为 1.5～2.0。在 20～65 ℃下,加入一氯醋酸,搅拌下保持一定时间,再经过滤、漂洗及烘燥。

在 30 ℃时,反应 24 h,反应效率>90%;若在 40 ℃下,反应时间只需数小时。反应时间过长,产物黏度增大,给过滤、漂洗带来困难。当反应温度超过 50 ℃时,反应物变黏,操作变得十分困难。溶剂法的优点是反应效率高,产品质量好,操作方便;缺点是溶剂回收困难,生产成本高,容易污染环境。

(2)干法和半干法。

① 干法可制备高取代度的产品。将干淀粉、固体氢氧化钠粉末、固体一氯醋酸按一定比例加入反应器中,充分搅拌,升温到一定温度,即得产品。

② 半干法可制备冷水可溶性的 CMS。用少量的水溶解氢氧化钠和一氯醋酸,搅拌下喷雾到淀粉上,在一定温度下反应一定时间,所得产品仍能保持原淀粉的颗粒结构,流动性好,易溶于水,不结块。例如:以玉米淀粉为 100 份,放入捏和机内,先通入氮气,于室温下喷入 25 份 40%氢氧化钠溶液;搅拌后,喷入 16 份 75%一氯醋酸液,在 40 ℃下反应约 3 h;反应后,将温度上升至 50 ℃,在此期间通入氧气,控制通氧速度,使反应物的水分降到 18%左右;冷却到室温,即得产品。

干法、半干法的优点是反应效率高,操作简单,生产成本低,生产过程中没有废水排放,有利于环境保护;缺点是产品中含有杂质(如大量的氯化钠),产品的均匀度不如湿法,对反应装置的要求高。

在制取过程中还应密切注意一氯醋酸与氢氧化钠的副反应。副反应会降低反应效率和取代度,并使产品中的杂质含量增加。

$$\text{ClCH}_2\text{COOH} + 2\text{NaOH} \xrightarrow{\text{副反应}} \text{CH}_3\text{COONa} + \text{NaCl} + \text{H}_2\text{O}$$

2. 性质

CMS 为阴离子型高分子电解质化合物,其化学结构、性质、应用都与羧甲基纤维素相似。羧甲基淀粉以钠盐形式存在,随着取代度的增加,钠含量和灰分含量都呈直线上升。工业上使用的 CMS 的取代度一般在 0.9 以下。表 2-25 列出了不同取代度的羧甲基马铃薯淀粉中的钠和灰分含量及该淀粉溶液(浓度 0.1%)的 pH 值。

表 2-25 不同取代度的羧甲基马铃薯淀粉浆液化学分析

取代度	水分质量分数/%	灰分质量分数/%	钠质量分数/%	pH 值
0	17.5	0.15	0.15	6.8
0.27	15.7	7.06	3.34	8.0
0.42	15.8	9.60	4.30	7.0
0.51	11.6	10.63	4.93	7.3
0.70	15.1	15.06	6.50	6.5
0.90	13.3	19.40	8.15	6.8

(1)水溶性及溶液黏度。淀粉经羧甲基化,原来的颗粒结构被破坏,产物具有强水溶性。CMS 的水溶性随着羧甲基化反应程度的增加而提高。当取代度>0.1 时,即开始呈现部分水溶性;取代度≥0.5 时,已具备冷水可溶性。水溶液清晰、透明,呈黏滞状。溶液的黏度较原淀粉高,稳定性也高,适合用作增稠剂和稳定剂。黏度受若干因素的影响,取代度与黏度之间并不存在一定的比例关系,如图 2-15 中的曲线所示,其纵坐标指标为 Ostwald 型黏度计测定的比黏度。在取代度为 0.25～0.5 时,比黏度随取代度增大而上升,在取代度为 0.5～0.6 时,比

黏度下降,在取代度为 0.6~0.7 时,比黏度又上升,在取代度为 0.8 时,比黏度达到最高值,之后又下降。随着取代度的增加,浓度对比黏度的影响越显著。

羧甲基淀粉溶液的浓度、pH 值和温度对其比黏度的影响分别示于图 2-16、图 2-17 和图 2-18 中。在很广的 pH 值范围内,羧甲基淀粉溶液的黏度都比较稳定,但在强酸性条件下能转变成游离酸型,发生沉淀。羧甲基淀粉浆液可分成高黏度、中黏度及低黏度三类。在羧甲基作用之前或之后,用酸处理,使淀粉聚合度降低。这个降低值可通过酸用量、酸处理时间及温度进行控制。

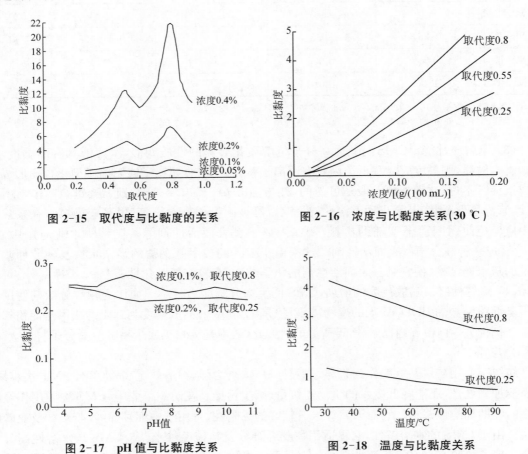

图 2-15　取代度与比黏度的关系

图 2-16　浓度与比黏度关系(30 ℃)

图 2-17　pH 值与比黏度关系

图 2-18　温度与比黏度关系

(2) 浆纱性能。CMS 的最大优点是与其他浆料的相容性好,如与 PVA 1∶1 混合放置 48 h 不会分层,而普通的玉米淀粉在同样条件下会产生严重的分层。作为羧甲基纤维素的廉价替代品,用作混合浆料的相溶剂,减小混合浆液的相分离趋势。CMS 的浆膜透明度高,比较柔韧,对天然纤维有较好的黏附性,可用于中细号棉纱、麻纱和黏胶纤维纱的上浆。CMS 的取代度大于 0.5 即冷水可溶,浆液透明。CMS 的糊化温度比原淀粉低,但水溶液的峰值黏度和热浆黏度都比原淀粉高,作为浆料使用,一般要经过降解处理,如在醚化作用之前或之后经过适当的酸解处理,达到合适的黏度。不同酸解程度及羧甲基化程度的 CMS 会影响浆纱的力学性能。由表 2-26 可见,以适度酸解和羧甲基化的 CMS 进行上浆,棉纱具有较好的强力、伸长和耐磨性。CMS 的黏度稳定性较好,退减倾向明显降低。CMS 薄膜从力学性能来说,仍属于脆硬型。但在 CMS 合成过程中,不可避免地要带入盐分(NaCl),使它的吸水量大大提高,甚至会使浆料出现再黏,更严重的是会腐蚀上浆及调装设备的机件,必要时要进行脱盐处理。在相对湿度35%~70%的环境中,CMC薄膜显得较为柔韧,水溶性较原淀粉为高,有利于织物退浆。

表 2-26 羧甲基玉米淀粉对纯棉纱的上浆效果

羧甲基淀粉	羧甲基化前酸解用盐酸浓度/(mol·L^{-1})	羧基含量/[mmol·(100 g 淀粉)$^{-1}$]	表观黏度/(mPa·s)	抗张强力/kN	断裂伸长率/%	耐磨性/循环次数
CMS-Ⅰ	—	76.5	180	1.98	3.0	520
CMS-Ⅱ	0.25	86.3	121	2.24	3.8	550
CMS-Ⅲ	0.5	100.5	75	2.14	3.6	545
CMS-Ⅳ	1.0	120.0	35	2.03	3.4	525

注:黏度测定条件为10%CMS,90 ℃,共轴旋转黏度计(Haake RV20),切变速率516 s^{-1}。
　　浆纱工艺条件为10%CMS,90 ℃,二浸二轧,轧液率80%,100 ℃下烘燥3 min,室温下回潮48 h以上。

(3)电解质性能。CMS与其他高分子电解质化合物的性质相似,水溶液具有高黏度,添加盐类电解质,则黏度大大降低。因具有阴离子基,易与重金属离子或阳离子型化合物形成凝胶或沉淀。不过,这种现象一般是可逆的,并与溶液pH值有关。钙、钡、铅、铜等离子易引起沉淀,浆液呈絮凝状,甚至出现不溶性的沉淀。可被阳离子染料染色(甲基蓝染料),在浆液配合中应避免使用阳离子型辅助材料,例如阳离子型表面活性剂等。在某些工业应用中,把CMS看成一种高分子型表面活性剂。这是由于引入的羧甲基钠盐的强亲水性及葡萄糖基环主键的疏水性结构,使它具有表面活性剂的化学结构,有较好的乳化性。

(4)降解性能。随取代度的增加,CMS的生物分解能力减小。如作为颗粒分散剂使用的羧甲基淀粉钠盐的BOD$_5$(5天的生物需氧量)是1.38 g/g;而取代度为0.1的羧甲基淀粉如用于洗涤剂配方,在30 h内已解聚55%。虽然如此,羧甲基淀粉仍属于易降解高分子材料。

3. 应用

纺织工业用羧甲基淀粉作为浆料,成膜性好,渗透力强,织造效率高,水溶性高,退浆容易,不需要加酶处理,还能降低废水的生物需氧量,减少污染。在纺织工业中,CMS主要用作经纱上浆的辅助黏附性浆料。它对天然纤维有较好的黏附性,可用于中细号棉纱、苎麻纱及亚麻纱上浆。由于CMS的水溶解性,它也适用黏胶纤维纱及精梳毛纱上浆。CMS与水溶性高分子化合物聚乙烯醇有良好的相混性,放置不分层,因此有时将这类混合浆用于涤/棉等混纺纱上浆,混用比例一般在10%~30%。因价格较高,通常代替羧甲基纤维素(CMC)使用,以促进其他浆料成分的混溶性。羧甲基淀粉是织物印染糊良好的增稠剂,适用于多种颜料,印染均匀,并能提高颜料利用率约20%,印染过工后又易用水洗掉。

二、羟乙基淀粉

羟乙基淀粉常称为HES,是一种非离子型的淀粉醚衍生物,已在许多工业部门中得到应用。

1. 反应机理

羟乙基淀粉由环氧乙烷在碱性条件下与淀粉反应所得的产物。淀粉的羟乙基化属于亲核取代反应。氢氧根离子从淀粉的羟基上吸去1个质子,具有负电荷的淀粉作用于环氧乙烷,使环开裂,生成1个烷氧负离子,从水分子中吸引1个质子得羟乙基,游离1个氢氧根离子继续反应。环氧乙烷分子呈 3 个原子形成的环形结构,平均键角 60°,张力大,稳定性低,易于开裂,反应活性高,其反应效率可达 70%～90%。总的反应式可归纳如下:

制取羟乙基淀粉的化学反应式

在羟乙基化反应中,环氧乙烷还能与刚生成的淀粉上的羟乙基取代基发生反应,生成多聚氧乙基侧链。

$$R_{st} — OCH_2CH_2OH + nCH_2 — CH_2 \xrightarrow{OH^-} R_{st} — O(CH_2CH_2O)_n — CH_2CH_2OH$$

因此,一般不采用取代度表示反应程度,而采用分子取代度(MS,或称摩尔分数)表示,即每个脱水葡萄糖单位与环氧乙烷起反应的分子数。每个脱水葡萄糖有 3 个羟基,DS 最高不能超过 3,但 MS 能高过 3。

工业上生产的羟乙基淀粉主要是低取代产品,MS 在 0.2 以下,这时环氧乙烷自身的联结反应十分少,MS 基本与 DS 相等。但应用有机溶剂或干法生产的较高取代度产品,由于多聚侧链的生成量多,其 MS 高出 DS 可能很多。

分析 MS 是以氢碘酸分解样品中的羟乙基和多聚氧乙基,形成乙基碘或乙基碘和乙烯混合物,用滴定法或气相色谱法测定,计算环氧乙烷(C_2H_4O)含量百分率,代入以下公式求得的:

$$MS = \frac{C_2H_4O\%}{100 - C_2H_4O\%} \times \frac{162}{44}$$

C_2 碳原子的羟基反应活性最高,76%～85% 取代反应发生在此位置,C_3 和 C_6 的羟基反应活性还不明确。随着 MS 的增高,不同位置的羟基的取代都增大,同时多氧乙基侧链生成量也增大。

2. 制取方法

淀粉颗粒和糊化淀粉都易与环氧乙烷起醚化反应,生成部分取代的羟乙基淀粉衍生物。工业上生产低取代度产品(MS 在 0.1 以下)采用湿法,其优点是能在较高浓度(35%~45%)下进行,控制反应容易,产品仍保持颗粒状,易于过滤、水洗和干燥。若糊化淀粉再进行反应,因糊黏度高,搅拌困难,只能在很低浓度下反应,回收产品也困难,取代程度增高,淀粉颗粒变得易于膨胀,水溶性增高,MS 在 0.5 以上的产品能溶于冷水。制备较高取代度产品,不宜用湿法工艺,用有机溶剂法或干法工艺。

(1)湿法。

低 DS 的羟乙基淀粉制备:在含固率为 35%~45%的淀粉乳中,加入相对于干淀粉质量 1%~2%的碱金属氢氧化物(NaOH、KOH)作为催化剂,使淀粉乳呈碱性。为避免局部过碱可能引起淀粉颗粒糊化,加碱时需要持续搅拌淀粉乳。为了抑制淀粉颗粒的膨胀糊化,还需加入硫酸钠或氯化钠,这样才能加入较大量的氢氧化钠以提高反应效率。硫酸钠或氯化钠可先加入淀粉乳,再加入碱,也可与碱同时加入。先配制成含 30%氢氧化钠和 26%氯化钠的混合溶液,加入淀粉乳中,有利于混合均匀。环氧乙烷的沸点低(10.7 ℃),易于挥发,与空气混合又可能引起爆炸,所以用密闭反应器,以避免损失和危险。环氧乙烷用管引入淀粉乳,有利于促进溶解。加入环氧乙烷之前先通氮气于淀粉乳中,排出空气,防止在反应器顶部形成爆炸性混合气体,有利于保障安全。反应在低于糊化温度(25~50 ℃)的条件下进行,温度过高可能引起淀粉颗粒膨胀,反应完成后过滤困难,温度过低则反应速度慢,时间太长。反应完成后,中和、过滤、水洗、干燥后,即得产品,MS 一般在 0.05~0.10。若要制备低黏度产品,可在羟乙基化之前或之后,用稀酸处理,使糖苷健水解,聚合度降低。

(2)干法。

在一定条件下,将环氧乙烷气体作用于含有少量碱性催化剂的干淀粉,由此制备较高取代度的羟乙基淀粉的工艺,称为干法工艺。工业干淀粉含有 10%~13%水分,催化剂易于渗透到颗粒内部。催化剂用氢氧化钠与氯化钠,也能单独使用氯化钠,起到"潜在"碱催化剂作用。氯化钠与环氧乙烷和水分起反应生成氯乙醇和氢氧化钠,后者起碱性催化作用。反应完成后用有机溶剂清洗,产品仍保持颗粒状,甚至取代度高到冷水能溶解。也能用叔胺或季胺碱为催化剂。叔胺与环氧乙烷起反应生成季胺碱,具有强催化作用。

也能应用干法工艺制备低取代度羟乙基淀粉。配制浓碱液,喷入干淀粉,也可搅拌混合,再进行羟乙基化。也可混合干氢氧化钠粉于淀粉或谷物粉中,放置一定时间后,进行羟乙基化。这种羟乙基谷物粉的成本低,适合造纸、纺织和其他工业应用。

干法工艺中淀粉始终以颗粒形式存在,甚至当 MS 值能使产品完全溶解于冷水时,仍然呈颗粒状态。用适当的溶剂洗涤,以除去副产物,烘干后得最后制品。

干法的优点是可得到洁白粉状、取代度较高的产品,缺点是环氧乙烷的爆炸浓度范围很广,且在高温、压力下容易发生醚化试剂本身的聚合,所以尚难以工业化生产。

(3)溶剂法。

高 MS 的羟乙基淀粉制备:在低级醇介质中反应是制取高 MS 产品最方便的方法。制备 0.5MS 羟乙基淀粉:于密闭反应器中搅拌,混合玉米淀粉(含水分 10%)100 g、氢氧化钠 3 g、水 7.7 g、异丙醇 100 g、环氧乙烷 15 g,44 ℃下反应 24 h。用醋酸中和,真空抽滤,用 80%乙醇洗涤到不含醋酸钠和其他有机副产物为止。分散滤饼,室温干燥。环氧乙烷的反应效率 80%~90%。提高环氧乙烷的用量,能得到取代度更高的产品。因为取代度增高,产品在低脂肪醇中的溶解度增大,并且具有热塑性和水溶性,应当用较高脂肪醇或在混合有机液中制备。

制备更高取代度的羟乙基淀粉可在脂肪酮液中进行,如丙酮或甲基乙基酮。玉米淀粉(含水分 5%)混于丙酮中,浓度 40% 保持搅拌,加入 15% 氢氧化钠液,氢氧化钠添加量达到淀粉质量的 2.5% 为止。陆续加入环氧乙烷,在 50 ℃下反应,在反应过程中,添加丙酮,保持流动性,易于搅拌。用酸中和,过滤除去丙酮,干燥。产品含羟乙基可达 38%,MS 为 2.2,仍保持颗粒状,但遇冷水立即糊化。

溶剂法与湿法的优点是反应温和,安全性好,淀粉能保持颗粒状态。反应完成后易于过滤、漂洗,可制得纯度较高的产品,缺点是反应时间长,产品取代度低,且有副反应物生成。

3. 主要性能

低分子取代度(0.05~0.1MS)羟乙基淀粉颗粒外形与原淀粉十分相似,但是羟乙基的引入消除了一部分淀粉分子间的氢键缔合,降低了溶解于水时所需的能量,表现为糊化温度降低、亲水性增加、水分散性及水溶解度增加。一般来说,对常用的玉米淀粉等的羟乙基衍生物,MS 在 0.3~0.4 时已成为水溶性;若 MS 在 0.5~1.0,已呈冷水可溶性;当 MS>1.0 时,产品在低级脂肪酸中的溶解性增加,直到成为可溶解于甲醇或乙醇。羟乙基淀粉的糊化性能见表 2-27。

表 2-27 羟乙基淀粉的糊化性能

淀粉种类	淀粉与环氧乙烷的摩尔比	取代度	糊化温度/℃	最大黏度时的温度/℃
马铃薯淀粉	—	0.000	64.8	94.5
	7:1	0.017	67.5	—
	7:2	0.053	63.6	97.5
	7:3	0.110	60.3	96.0
玉米淀粉	—	0.000	76.2	93.0
	7:1	0.053	73.8	88.5
	7:2	0.088	69.0	78.4
	7:3	0.188	60.0	69.0

由于羟乙基的存在,羟乙基淀粉水溶液中淀粉分子链间再经氢键重新结合的趋向被抑制,黏度稳定,透明度高,胶黏力强,凝沉性弱,凝胶性弱,冻融稳定性高,储存稳定性高。玉米、小麦等谷类淀粉糊的凝沉性和凝胶性都强,很低程度的取代能使此性质大大减弱,甚至消失。羟乙基淀粉液经干燥形成水溶性膜,透明度高,柔软、光滑、均匀,油性物质难渗透,在较高湿度下不变粘。

因为羟乙基为非离子基,羟乙基淀粉不具离子性,在工业应用中不会引起颜料或其他物料的凝聚,淀粉糊对于盐或硬水稳定性的影响高过阳离子或阴离子型变性淀粉。羟乙基醚键对于酸、碱、热和氧化剂作用的稳定性高,能在较宽 pH 值范围内应用,仍保持优良性质。羟乙基淀粉被酸或酶水解成糊精,甚至单糖,或被次氯酸钠氧化,葡萄糖单位取代的羟乙基仍保持原结构,不发生变化。利用这种性质,工业上有不同黏度的羟乙基淀粉产品,用酸适度水解淀粉,在醚化反应之前或后进行都可以。羟乙基中的羟基为伯醇,羟乙基淀粉的化学反应活性高过原淀粉。

相对于原淀粉,羟乙基淀粉薄膜较透明、清晰,强度有所降低,断裂伸长率增加,较为柔软易弯(表 2-28)。其原因是羟乙基起了"内增塑"效能,使大分子链柔顺性得到改善,薄膜外观较为光滑细致,没有小孔,改善了它的耐油脂性能,且羟乙基淀粉价格较低廉。

表 2-28 羟乙基淀粉与原淀粉的性能对比

淀粉种类	薄膜强度/(N·mm^{-2})	薄膜伸长率/%	糊化温度/℃	糊化能/(J·g^{-1})
玉米淀粉	33	2.1	75	14.41
DS=0.05 羟乙基淀粉	27	2.8	68	13.14
DS=0.10 羟乙基淀粉	29	2.8	63	10.98

4. 应用

羟乙基淀粉广泛用于纺织经纱上浆,浆膜的强伸度及可弯性有利于提高经纱的耐磨性,改善了对天然纤维的黏着性,稳定的浆液黏度确保了上浆的均匀性,织造断头少,效率高。羟乙基淀粉对棉纤维和合成纤维(如涤纶、腈纶和锦纶等)都具有高的黏附力和好的成膜性,适合这些纤维纱线的上浆。合成纤维为疏水性,棉纤维为亲水性,后者具有吸水性,浆料易于渗入纤维内部,前者较困难,浆料浓度一般高过棉纤维。羟乙基淀粉的糊化温度低,黏度较低且稳定,适于低温上浆,如 60~70 ℃,对于不适于高温上浆的纤维是一个优点,适用于黏胶纱、纯毛纱上浆。应用酶法处理易于退浆,因为羟乙基淀粉对于微生物作用具有较高稳定性,退浆水的生物需氧量(BOD)低,有利于降低环境污染。自 20 世纪 50 年代引入市场以来,已有很大一部分取代了氧化淀粉。羟乙基淀粉还用于织物整理和印染。

第六节 酯化淀粉

淀粉分子中的羟基能与有机酸或无机酸生成各种酯类化合物,称为酯化淀粉,也称为淀粉酯。酯化淀粉是变性淀粉开发较早的品种之一,醋酸酯淀粉的开发已有 100 多年历史。由于所用的酯化反应的酸类物质不同,得到的酯化淀粉的性能差别很大,种类也较多。工业上用得较多的有机酸酯淀粉是醋酸酯、丁二酸酯和氨基甲酸酯等,而无机酸酯以磷酸酯为最多,硫酸酯、黄原酸酯和硝酸酯也有一些应采用,硝酸酯主要用在炸药生产方面。

有机酸酯一般是疏水性的化合物,为了提高淀粉对疏水性合成纤维上浆的适应性,希望淀粉大分子中引入与合成纤维化学结构相似的物质,以增强它们之间的亲和性(黏附性)。其中醋酸酯和丁二酸酯最受关注。纺织加工中使用的酯化淀粉一般都是低取代度产品。

酯化淀粉的反应原理可用以下的酯化反应式表示,酯化反应一般在碱性条件下进行:

$$R_{st} - OH + R - \overset{\overset{\displaystyle O}{\|}}{C} - OH \xrightarrow{OH} R_{st} - O - \overset{\overset{\displaystyle O}{\|}}{C} - R + H_2O$$

原淀粉　　　　　有机酸　　　　　　　　　　酯化淀粉

从以上反应式可看出,经酯化反应后,除了淀粉原有化学结构基本保持外,引入了酯化基团。

一、醋酸酯淀粉

醋酸酯淀粉也叫淀粉醋酸酯、乙酰化淀粉。各种不同取代程度的醋酸酯淀粉曾有制备,但工业生产的主要为低取代产品,取代度在 0.2 以下,应用于食品、造纸、纺织和其他工业。低于

1.0 取代度的醋酸酯淀粉基本上属于亲水性物质,工业上已规模性地生产。欧美、日本等生产的是低取代度(DS<0.2)的醋酸酯淀粉产品。

适用于工业的产品是取代度为 0.01～0.2 的低取代度衍生物。这类衍生物产品的一个主要目的是使淀粉胶体容易分散及促进稳定性,另一个目的是调节胶体性质以适应使用者的需要。

1. 反应原理

制备醋酸酯淀粉使用的酯化剂主要为醋酸酐、醋酸酐-吡啶、醋酸酐-醋酸混合物、乙烯酮、醋酸乙烯酯或醋酸等。淀粉大分子中的羟基在一定条件下可与羧酸发生酯化反应,生成淀粉酯。若直接使用酸,它的酯化反应速率和产物的得率都较低,不适宜规模化生产。工业生产低取代度产品主要采用醋酸酐或醋酸乙烯酯做酯化剂,与淀粉乳在碱性条件下进行反应。

醋酸酯淀粉化学反应式

2. 制取

制取用于纺织工业经纱上浆的低取代度醋酸酯淀粉,虽然酯化试剂有多种,但几乎都用 NaOH 或 Na$_2$CO$_3$ 作为催化剂,活化淀粉分子中的羟基。

(1) 醋酸酐法。反应的适当碱性为 pH=7～11,一般用 3%氢氧化钠液调整。分批、交替加入氢氧化钠、醋酸酐,保持淀粉乳碱性在合适范围内。淀粉乳浓度一般为 35%～40%,加入碱液,pH 值上升到 11,加入醋酸酐,pH 值降到 7,再加入碱液、醋酸酐,如此重复操作,到醋酸酐全部加完为止。也可同时加入碱液和醋酸酐,保持 pH=7～9。反应最合适的温度是室温(25～30 ℃),在较高温度下,醋酸酐和淀粉醋酸酯的水解速度都较高,不利于反应。反应温度与 pH 值有关。在室温(25～30 ℃)下,适当的 pH 值为 8～8.4,在 38 ℃下,pH 值为 7,在 20 ℃以下,pH 值可在 8.4 以上。反应效率一般约 70%,较低取代程度的效率高。反应时间一般为 1～6 h,因反应条件不同而异。反应趋向完成,则 pH 值变化慢或很少变化,因为碱的消耗慢或很少。

一种实验室制备低取代度的方法:取淀粉 162 g(干样)置于 400 mL 容积烧杯中,加入约 220 mL 蒸馏水,25 ℃下搅拌,得均匀淀粉乳。不停搅拌,滴入 3%氢氧化钠液调到 pH=8.0。使用过高浓度的氢氧化钠液会引起淀粉颗粒局部糊化,应当避免。缓慢滴入需要量的醋酸酐,同时加入碱液保持 pH=8.0～8.4。加完醋酸酐,用 0.5 mol/L 盐酸调到 pH=4.5,过滤。将滤饼混于 150 mL 水中,过滤,再重复操作一次,干燥滤饼,得淀粉醋酸酯。醋酸酐的用量因要求的取代度而定。应用 10.2 g(0.1 mol)醋酸酐,产品取代度约 0.07,反应效率 70%。要制备更低取代度产品,可降低醋酸酐用量,但制备较高取代度产品,不宜再增加醋酸酐用量,因为还需要增加碱液用量调整 pH 值,体积增大,冲稀醋酸酐浓度,会降低反应效率。为避免这种缺点,可先过滤以除去水分,后将滤饼混入 150 mL 蒸馏水,再加入醋酸酐进行乙酰化。此操作重复多次,能制得最高取代度达 0.5 的产品(乙酰基含量 13%)。

(2)醋酸乙烯酯法。将淀粉在水中形成悬浮液,在碱性催化剂下,与醋酸乙烯酯反应而得产品。实验室的制法:取 100 份淀粉在 150 份水中悬浮成淀粉乳,在有 NaOH 存在的条件下,用 Na$_2$CO$_3$ 做缓冲剂,使 pH 值至 9~10;滴加醋酸乙烯酯到淀粉乳中,醋酸乙烯酯用量约为 10%淀粉质量。在 25~45 ℃下反应 45~60 min。反应后,混合物用 H$_2$SO$_4$ 酸化到 pH=6~7,经过滤、回收,得酯化淀粉产品。

$$\text{Rst—OH} + \text{CH}_2\text{=CH} \xrightarrow{\text{NaOH}} \text{Rst—O—CCH}_3 + \text{CH}_3\text{—C—H}$$

淀粉　　　醋酸乙烯酯　　　　　　　　醋酸酯淀粉　　乙醛(副产品)

这种方法制取的醋酸酯淀粉的乙酰基含量约为 3.5%,DS 在 0.13 左右。相应的反应效率约 70%。反应过程中有乙醛产生。

3. 性质

对淀粉进行醋酸酯变性的主要目的是提高淀粉的水分散性及黏度稳定性。

(1)淀粉颗粒。低取代度醋酸酯淀粉的颗粒在外形及大小方面没有明显的变化,X 射线衍射图及双折射图像表明没有显著的变化。在扫描电子显微镜下可观察到颗粒表面是平滑的,但有一些凹痕,并且由于剧烈的干燥而出现一些空腔。取代度大于 0.5 的高取代度醋酸酯淀粉颗粒,在电子显微镜下有更多的凹痕与裂痕,使淀粉在水中更易糊化、分散。说明乙酰基借助共价键联结到淀粉大分子上,使淀粉颗粒的微观结构及部分的宏观结构受到了损伤。

(2)糊化温度。醋酸酯淀粉的糊化温度随取代度的增加而有明显的降低,如表 2-29 所示。即使在低取代度的产品范围内,其下降趋势也很明显。实际应用中,这一特性对高直链玉米淀粉显得特别重要,因为高直链玉米淀粉在大气压力下烧煮时一般不易分散,必须在压力下加热到 160 ℃。淀粉乙酰化到取代度 0.1~0.2(乙酰基含量 2.5%~5.0%)时,在沸水浴中就能完全糊化。由玉米淀粉分离出来的直链淀粉,同样能通过乙酰化降低其糊化温度,达到煮沸糊化程度。

表 2-29　醋酸酯淀粉的糊化温度

淀粉		初始糊化温度/℃	完全糊化温度/℃
种类	取代度		
玉米淀粉	0.00	62	72
	0.04	56	63
	0.08	48	56
	0.11	41	51
糯玉米淀粉	0.00	63	72
	0.08	56	65
	0.16	53	62

（3）黏度。淀粉在水中加热时其流变性会有一系列变化。在加热的初始阶段,颗粒自由地膨胀,体积可增加许多倍,吸收大量水分后,大量颗粒直接接触,这时对剪切作用有较高的敏感性。在整个加热过程中,颗粒受到热及机械作用的影响,最后形成一种含膨胀后的颗粒、颗粒碎片及溶剂化分子的混合物,外观呈连续的半透明浆状。

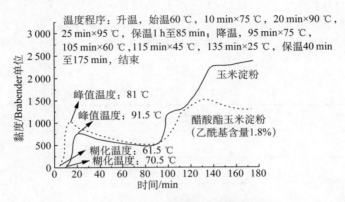

图 2-19　淀粉烧煮时的黏度曲线

醋酸酯淀粉容易糊化,黏度也发生变化。图 2-19 所示为天然玉米淀粉及 DS=0.08（乙酰基含量 1.8%）的醋酸酯玉米淀粉的黏度曲线。由此可知,醋酸酯淀粉糊化温度由玉米淀粉的 70.5 ℃下降到 61.5 ℃,在较低温度下呈现最高热黏度,峰值温度由玉米淀粉的 91.5 ℃下降到 81 ℃。随取代程度增高,糊化温度的降低程度也增大。醋酸酯玉米淀粉取代度为 0.04、0.08 和 0.12 时,糊化温度分别为 56～63 ℃、48～56 ℃和 41～51 ℃。玉米淀粉的糊化温度为 62～72 ℃。低度交联的糯玉米淀粉的糊化温度为 71 ℃,乙酰化到乙酰基含量 1.8%和 3.5%,糊化温度分别下降到 64 ℃和 62 ℃。醋酸酯玉米淀粉的最高热黏度高过原淀粉,淀粉糊冷却后黏度上升程度低于原淀粉很多,凝胶性弱,冷却稳定性高。浆液黏度在高温下较原淀粉稳定,凝胶温度低得多,且不易凝冻。浆液透明度也有明显改善。

（4）对碱的不稳定性。淀粉酯容易被碱水解（皂解）,回复成原来的醇化物。乙酰基含量 1.8%的醋酸酯淀粉混于 pH 值为 11 的水中,用 3%氢氧化钠液保持 pH 值,4 h 后全部乙酰基被水解,所得再生淀粉与原淀粉颗粒形状和性质完全相同,即能完全脱乙酰化。这种再生物是只含羟基的淀粉,各方面的性能都类似于原淀粉。

$$R_{st}-O-\overset{O}{\overset{\|}{C}}-CH_3+NaOH \longrightarrow R_{st}-OH+CH_3-\overset{O}{\overset{\|}{C}}-ONa$$

　　　醋酸酯淀粉　　　碱　　　　　　淀粉　　　　　盐

使用这种变性淀粉时,必须注意调浆工艺中的 pH 值。浆液的 pH 值以控制在 6.5～7.5 为宜。

（5）成膜性。醋酸酯淀粉比原淀粉具有更好的成膜性,薄膜的澄明度和光泽都较好,柔软性和伸长性都较高,又较易溶于水,适用于纺织和造纸工业。淀粉胶体液可被浇注、干燥成薄膜。一般的天然淀粉薄膜属脆硬型,这是由淀粉大分子结构特点所决定的,它的玻璃化温度高达 300 ℃以上。低取代度的醋酸酯玉米淀粉所形成的薄膜在强度方面基本上与天然淀粉相近,但薄膜的断裂伸长率由 2%～4%增加到 8%～10%,即醋酸酯淀粉薄膜较柔韧、易弯。这是由于酯基的引入削弱了淀粉大分子中羟基的缔合,起到了类似的内增塑作用。

(6)黏附性。天然淀粉浆对亲水性纤维有良好的黏附性,但对疏水性合成纤维的黏附性很差,因此不适合涤纶等合成纤维纱的上浆。淀粉经乙酰化后,对这两类纤维的黏附性都有提高(表2-30),特别是对涤/棉纱有更好的黏附性。淀粉大分子中引入的醋酸酯基团使链节的活动能力增加,大分子链间的扩散能力增强,从而增强了它们之间的相互纠缠和扩散。另外,由于引入的酯基与涤纶的聚酯结构大分子具有相似性,这增强了它们之间的相容性。

表 2-30　黏附力比较 单位:N

试样	原淀粉	醋酸酯淀粉
纯棉	10.19	12.94
涤/棉	46.13	93.88
涤纶长丝	5.49	5.50

4. 应用

醋酸酯淀粉由于具有比较优异的性能,广泛应用于许多行业,其中低黏度、中黏度及适当黏度的产品用于食品工业、纺织工业、造纸工业及黏合剂工业。这类产品有较高的使用价值,在浓度高达50%以上时仍能以胶体状态分散,并可获得预期所要求的、易于处理的黏度,比天然淀粉的可使用浓度增加5~10倍。

表2-31所示为玉米淀粉与玉米淀粉醋酸酯用于涤/棉纱上浆的浆纱性能比较。由于淀粉醋酸酯有较好的亲和性,涤/棉浆纱显示出很好的耐磨性,浆纱毛羽也有显著降低,这些都有利于织造效率的提高。

表 2-31　浆纱性能比较

项目	原淀粉浆纱	醋酸酯淀粉浆纱（中黏度）	醋酸酯淀粉浆纱（低黏度）	原纱
耐磨次数	39.9	41.2	59.5	18.4
断裂强力/N	2.6l	2.74	2.79	2.56
断裂伸长率/%	5.62	5.37	5.10	8.86
断裂功/(N·cm)	4.71	4.42	4.12	6.57
比黏附力/(N·cm^{-1})	0.26	—	0.28	
>2 mm毛羽/[根·(10 m)$^{-1}$]	53	42	57	74
>3 mm毛羽/[根·(10 m)$^{-1}$]	18	11	9	24
>5 mm毛羽/[根·(10 m)$^{-1}$]	7	—	2	15
退浆率/%	8.03	11.69	10.86	—

作为纺织浆料,醋酸酯淀粉主要用于天然纤维纱及涤/棉混纺纱上浆。由于其性能优

异,在低特高密棉织物及苎麻纱的上浆中,醋酸酯淀粉可作为主体浆料使用,其浆膜有较高的强度及可弯性,对这些纤维也有高的黏附性,因此织造性能良好。可在涤/黏、涤/毛等混纺纱的上浆中作为混合浆料的组分之一,与常见的合成浆料有良好的互混性,可用任何比例混合而不会分层。一般与合成浆料的混用比例在 10%～30%。也可作为玻璃纤维纱的上浆剂。在毛纱及黏胶纱上浆中,也是一种较理想的浆料。因凝胶倾向弱,可在较低温度下上浆,防止高温对纤维性能的损伤。由于醋酸酯淀粉有较好的分散性及较大的溶解性,宜用酶退浆。

二、丁二酸酯淀粉

丁二酸酯淀粉,也称淀粉丁二酸酯,是一种应用较广泛的有机酸酯,在食品、医药、造纸及纺织工业中都有使用。

1. 制取

在碱性条件下,丁二酸酐与淀粉在吡啶中反应生成半酯,反应物的结构式可表示如下:

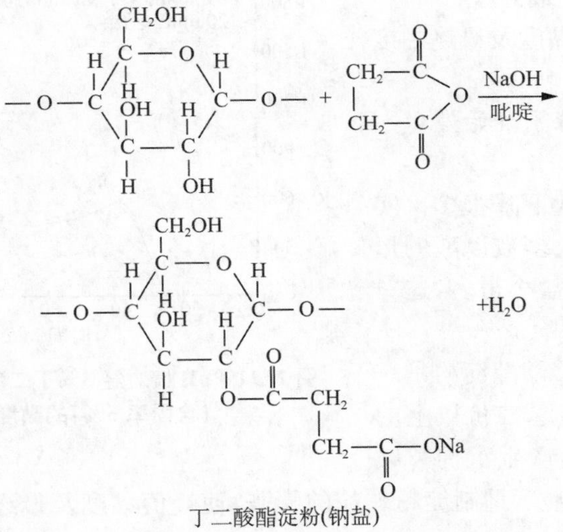

丁二酸酯淀粉(钠盐)

丁二酸酐既可与颗粒形式的淀粉反应,也能与经过烧煮的淀粉糊反应。对低取代度丁二酸酯淀粉,常以颗粒形式的淀粉作为反应物,但是反应效率较低。当丁二酸酐用量在 3% 以上时,淀粉颗粒的膨胀程度使其过滤十分困难,通常需用吡啶作为反应介质。因为所引入的基团中,羧酸碱金属盐有高的亲水性能,很易吸收多量水分,从而导致颗粒膨胀。高取代度的丁二酸酯淀粉也可用含有醋酸钠的冰醋酸作为反应介质,在 100 ℃下制备。

2. 性质

(1) 糊化温度降低。丁二酸酯淀粉具有在冷水中膨胀的特性,特别是在丁二酸酐的用量较高(4%～8%)时,它的糊化温度比原淀粉低得多。丁二酸酐用量对糊化温度的影响如表 2-32 所示。

表 2-32 丁二酸酐用量对糊化温度的影响

丁二酸酐用量/%(对淀粉质量)	0	1	2	3	4
糊化温度/℃	72	67	65	68	58

（2）黏度增加。如图 2-20 所示，丁二酸酯淀粉分子中引入了亲水性较强的丁二酸酯基团，使浆液黏度显著增加。峰值黏度随着丁二酸酐用量增加而略有提高，但最终黏度都呈下降趋势。冷却时不会结成凝胶，形成一种稳定的高黏度胶液。

（3）pH 值的影响。由丁二酸酯淀粉结构式可知，酸碱度对它的结构及黏度都有明显的影响（图 2-21）。

pH＞7.0：pH 值越高，羧酸盐含量越多，但很易发生脱酯化反应（水解反应），失去了淀粉大分子上引入丁二酸酯基团的全部好处。

pH＝7.0：浆液黏度最大。

pH＝5.0 时：峰值黏度及最终黏度都有很大下降。

PH＜5.0：淀粉大分子开始发生一定的降解反应。

pH＝3.0：浆液黏度下降很多。实际上，这时的取代基团大多数以酸的形式存在。酸的亲水性比盐小得多，这对黏度下降起了明显的作用。

（4）盐的影响。丁二酸酯淀粉是一种阴离子型高分子电介质，二价以上的金属离子的存在可能会产生沉淀。碱金属盐（NaCl）的存在会显著抑制淀粉颗粒的膨胀，使峰值黏度及最终黏度都明显下降，糊化温度也会明显升高。

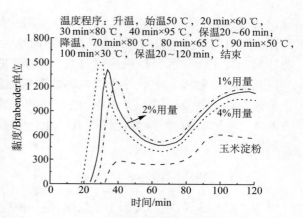

图 2-20　丁二酸酐用量对黏度的影响

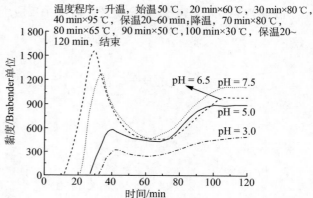

图 2-21　pH 值对经 3% 丁二酸酐处理的玉米淀粉浆液（含固率 5%）的黏度的影响

总的来说，丁二酸酯淀粉与原淀粉比较，具有糊化温度较低、增稠能力强、低温下黏度稳定、浆液较为清澈透明、成膜性良好、薄膜较柔顺可弯的特点。

3. 应用

丁二酸酯淀粉在纺织工业中主要用于经纱上浆。它可作为主体浆料，用于棉、麻等天然纤维纱的上浆。浆膜较柔韧，吸湿性好，在浆料配方中宜少用一些油脂，并要注意防止再黏性，织造车间的相对湿度宜略低。

由于淀粉分子结构中引入了酯基，浆液对合成纤维的黏附性有一定程度的提高。可与合成浆料混合，应用于涤/棉、涤/麻、涤/黏等混纺纱的上浆，具有较佳的织造效果。混用比例通常在 10%～30%，若使用得好，也可以达 40%～50%。

三、磷酸酯淀粉

淀粉易与磷酸盐及特种开发的有机试剂发生反应，制得磷酸酯淀粉。磷酸酯淀粉是淀粉中的羟基与磷酸生成的一种酯类衍生物，即使取代度很低，也能明显地改变原淀粉的性能，特别是影响胶体的性能。

磷酸根与淀粉中的羟基反应,可生成磷酸单酯、双酯或三酯。磷酸与来自不同淀粉分子的 2 个羟基起酯化反应的二酯属于交联淀粉,二酯的交联反应同时有少量一酯和三酯反应并行发生。在食品工业、纺织工业及黏合剂方面,应用的主要是单酯型。据研究认为:磷酸酯主要结合在 C_6 的羟基上,其余则位于 C_3,而且大多数结合在支链淀粉的分支链上。

$$R_{st}-O-\overset{\overset{O}{\|}}{\underset{\underset{OM}{|}}{P}}-OM \qquad R_{st}-O-\overset{\overset{O}{\|}}{\underset{\underset{OM}{|}}{P}}-O-R_{st} \qquad R_{st}-O-\overset{\overset{O}{\|}}{\underset{\underset{O-R_{st}}{|}}{P}}-O-R_{st}$$

$$\qquad\quad 单酯 \qquad\qquad\qquad 双酯 \qquad\qquad\qquad 三酯$$

1. 制备原理

淀粉能与多种水溶性磷酸盐起酯化反应,如正磷酸盐(NaH_2PO_4、Na_2HPO_4)、焦磷酸盐($Na_4P_2O_7$)、三偏磷酸盐[$(NaPO_3)_3$]、三聚磷酸盐($Na_5P_3O_{10}$)、三氯氧磷($POCl_3$)等。不同磷酸盐的酯化反应存在差别。应用正磷酸盐和三聚磷酸盐得淀粉磷酸一酯,应用三偏磷酸盐和三氯氧磷得淀粉磷酸二酯,属交联淀粉。三氯氧磷只适用于制备交联淀粉,不能制备磷酸一酯淀粉。

制备磷酸一酯淀粉,用水溶性的正、焦、偏或三聚磷酸盐,借助干热反应,将磷酸酯基团引入淀粉中。

常用的盐有三聚磷酸钠($Na_5P_3O_{10}$)、磷酸二氢钠(NaH_2PO_4)、磷酸氢二钠(Na_2HPO_4)、焦磷酸钠($Na_4P_2O_7$)及六偏磷酸钠[$(NaPO_3)_6$]等。

磷酸酯淀粉化学结构式

2. 制备工艺

磷酸酯淀粉的制备工艺通常分湿法和干法两种。

(1) 湿法工艺。湿法工艺通常是将淀粉悬浮在磷酸盐溶液中,搅拌 10～30 min 均匀后过滤,滤饼采用空气干燥或在 40～45 ℃下干燥到含水率为 10%～15%,然后加热到 120～170 ℃,使它们发生酯化反应。最好使用履带式连续干燥机,这种设备是将含有磷酸盐的淀粉铺成薄层干燥,不会发生淀粉凝胶化。制备过程中应当注意的是,在滤饼含水率大于 20% 以前,温度不应超过 60 ℃,将副反应和凝胶化减至最少。湿法的优点是淀粉和试剂混合均匀,杂质少,缺点是干燥时间和反应周期长,有三废污染。

实验室制备:将三聚磷酸钠 12.6 g 溶于 167 mL 水中,加入 100 g 淀粉,搅拌,过滤,在 40～65 ℃下干燥滤饼到水分含量为 3%～5%,保持搅拌,在 155 ℃下加热 20～25 min,冷却,产品取代度约 0.02。重复酯化操作能提高取代度。用混合正磷酸盐酯化:57.7 g NaH_2PO_4 和 83.7 g Na_2HPO_4 溶于 106 mL 水中,35 ℃,pH=6.1,加入 100 g 淀粉,搅拌,过滤,在 40～

65 ℃下干燥滤饼到水分含量为 3%～5%,保持搅拌,在 155 ℃下加热 3 h,产品取代度约 0.2。正磷酸钠酯化的取代度较三聚磷酸钠高,但反应速度较慢。

(2)干法工艺。用喷雾法将试剂直接喷淋到干淀粉上,然后混合,去湿、加热和干燥与湿法类同。这种工艺的优点是无三废,生产周期短,但对喷雾和喷淋设备的要求高,均匀性差,含盐量高,产品性能波动大。

3. 影响因素

磷酸酯淀粉制备的关键有三个因素要把握:浸渍、pH 值及反应的加热温度。

(1)浸渍。常将淀粉浸渍在磷酸盐的水溶液中,使淀粉颗粒均匀地吸附所需量的磷酸盐。所用磷酸盐水溶液的浓度为 15%～45%,淀粉对水的悬浮液浓度在 20%～30%,则淀粉滤饼结合磷为 0.10%～0.40%。浸渍温度 30～60 ℃,浸渍时间 10～30 min。过滤,得滤饼状湿淀粉。

对干法生产来说,也可采用将磷酸盐溶液喷淋到干淀粉或淀粉滤饼上,或以粉状磷酸盐与干粉态淀粉混合的方法。

(2)pH 值。磷酸酯化的反应受 pH 值的影响很大。应用三聚磷酸钠酯化的 pH 值范围为 5～8.5。用 Na_2HPO_4 和 NaH_2PO_4 混合磷酸盐酯化的 pH 值范围为 5.0～6.5,一般为 5.5～6.0。pH 值在 6.5 以上,反应效率低,pH 值低会引起淀粉水解,以较高 pH 值酯化促进交联二酯反应发生。用三偏磷酸钠在 pH=4.0～8.5 酯化,交联反应发生的程度随 pH 值增高而增加。用三聚磷酸钠和三偏磷酸钠合并酯化,pH=7.9,120 ℃,产品具有一酯和二酯磷酸基。在较低 pH 值下酯化,会引起淀粉水解,降低产品糊黏度。玉米淀粉含 7.5% NaH_2PO_4、5.7%水分,pH=5.65,160 ℃下加热 30 min,产品含磷量为 0.42%,由于发生了水解,黏度较低,相当于 75 F 淀粉。

(3)反应温度。加热分两步进行,第一步在低温下加热以除去大部分水分,第二步在 120～170 ℃高温下加热酯化,如此能避免糊化和不利的水解副反应。工业生产中,低温加热困难,使用履带式干燥器,在 50～125 ℃下加热控制操作,使湿淀粉水分含量降低到约 20%以下前,温度不超过 60 ℃。在 120～170 ℃高温下磷酸与淀粉的酯化反应,可以用喷淋干燥法或在连续的履带式干燥机上完成。所得产品的取代度一般在 0.01～0.20(含磷量为 0.2%～4%)。

4. 性质

磷酸酯淀粉为阴离子高分子电解质,与原淀粉比较,磷酸酯淀粉浆液加热糊化后的黏度、透明度和稳定性都较高。很低的酯化程度便能很大程度地改变浆液性质。玉米原淀粉浆液透明度不高,凝沉性强,冷却后成为不透明的凝胶。经磷酸酯化后,取代度仅为 0.01 时,浆液与马铃薯淀粉糊相似,黏度高,稳定性高,透明度高,黏附性强。

磷酸酯淀粉仍为颗粒状,水溶性因酯化程度和生产方法不同而异。取代度约 0.07 的磷酸酯淀粉,颗粒遇冷水膨胀,黏度受 pH 值的影响,并能被钙、镁、铝、钛和锆离子沉淀。

磷酸单酯淀粉具有高黏度易分散的特点,取代度为 0.08～0.25(含磷量 1.5%～5%)的衍生物很容易分散于冷水中,形成较稳定的分散液,低温下不会凝胶。随着取代度提高,其糊化温度也逐渐降低。这类变性淀粉浆液的黏度较高,5%含固率的浆液黏度可达 5 000～15 000 mPa·s,有时甚至可制得高达 100 000 mPa·s 的产品。

磷酸单酯淀粉属于阴离子型衍生物,与一般的高分子电解质相同,盐类物质的加入会引起黏滞状的浆液变稀,铝、钛及锆盐可使这类衍生物沉淀。也可用阳离子染料(如甲基蓝)对这类淀粉衍生物着色,显微镜下定性地鉴别,并可反映出变性作用的均匀性。也可用分光光度计检测它的着色深度,以反映阴离子化程度。正由于这种离子化作用,它具有良好的乳化性,能与动物胶、植物树胶、PVA 及水溶性的聚丙烯酸酯等常用黏合剂混溶。

取代度在 0.05～0.25 的单酯衍生物浆液所制成的薄膜较透明,易弯曲,较强韧,且薄膜易溶于水,有利于经纱上浆及退浆工艺中对浆膜的要求。

5. 应用

磷酸酯淀粉应用于纺织工业的经纱上浆、印染和织物整理,效果比原淀粉好,用量也少。用取代度 0.02～0.1 的磷酸酯淀粉浆纱,淀粉用量可减少一半,且退浆容易,在 pH 值为 7～10 的水中加热即可。若在退浆液中加入 $Ca(OH)_2$ 或 $Ba(OH)_2$,可将磷酸酯淀粉从浆料废水中分离,能基本避免环境污染。磷酸酯淀粉能与聚乙烯醇或聚丙烯酸酯混合,适用于棉、合成纤维和混纺纤维等经纱的上浆,其用量配比可达 50%～90%,其余为聚乙烯醇或聚丙烯酸酯。但它对疏水性合成纤维的黏附力不及醋酸酯淀粉。

第七节　接枝淀粉

淀粉属多糖类天然高分子物,来源广泛,价格低廉,长期以来一直是纯棉经纱的主要浆料。淀粉分子链由葡萄糖剩基的环状单元组成刚性大分子,相对分子质量高,富含羟基,分子间氢键作用强,这使其不溶于冷水,只能在糊化温度以上的水中膨化成糊,黏度大,流动性差,浆膜硬脆,对合成纤维的黏附性差,不适应细支棉纱,特别是棉与合成纤维混纺纱的上浆。热解、酸解、氧化等淀粉变性方法,使淀粉大分子降解,降低其在水中的黏度,提高流动性和对纱线的渗透性,使一般纯棉纱的织造效率大大提高。但是对于耐磨要求高的细特高密棉纱或以疏水性合成纤维(如涤纶)为主的混纺纱浆料,仍然要在变性淀粉中配入相当量的合成浆料,如聚乙烯醇(PVA)。PVA 对疏水性纤维的亲和力、浆膜的强韧性、耐磨性等方面比淀粉或变性淀粉优越,但是煮浆时间长,易结皮,退浆困难,浆纱后分绞困难,更重要的是退浆废液在自然环境中不易降解。因此不用或少用 PVA 是今后浆料发展的一个趋势,接枝淀粉浆料是适应这一发展趋势的纺织浆料。

接枝淀粉是由天然高分子化合物与合成聚合物用化学键彼此联结而成的一种共聚物,使价格低、来源广的天然淀粉与应用性能优越的合成聚合物结合在一起,互取两者之长,互补彼此之短,从而提高天然聚合物的使用价值,扩大应用范围,用于疏水性纤维经纱上浆,部分或全部代替合成浆料。

淀粉可与许多单体形成接枝共聚,制成性能各异的淀粉接枝共聚物,且随着接枝支链的性质、单体的种类、支链的长度和分布状态的不同,其应用范围得以扩大,可用于食品、选矿、造纸、纺织等工业,以及农林园艺、医药、卫生等行业。

在淀粉接枝共聚中,由于不同的接枝单体、不同的制备条件,可以制得许多性能各异的产品。因此,国内外仍在不断研究开发新工艺、新技术、新产品,应用领域也在不断扩大。此外,也有不少难题有待解决,其中包括以下两个问题:

1. 质量问题

能单独作为合成纤维纯纺纱和混纺纱上浆的接枝淀粉还不能让使用者满意,生物可降解塑料的性能还不十分完善,高吸水性树脂的保湿性能有待改进。

2. 成本问题

生物可降解塑料的发展前景很好,但其制造成本高于石油化工产品。不溶性接枝淀粉具有优异的性能,但其价格高,推广普及尚有一定难度。高吸水性树脂是农业生产需求量很大的产品,但由于价格高,农业生产使用还不能普及。

开发新品种、新工艺、新技术,降低成本,提高性能,是今后接枝淀粉研究的主要方向。

一、接枝原理

接枝淀粉是以淀粉为主体,通过化学或物理学(高能射线辐照)的方式,使某些烯烃类的单体以一定的聚合度接枝到淀粉大分子上,或用一定方法将某些低聚合度的合成物嵌接到淀粉大分子的侧链上而制得的。接枝共聚的方法,根据其原理可分为三类:游离基引发接枝共聚法、离子相互作用法和缩合加成法。在纺织浆料应用中,主要采用游离基引发接枝共聚法。接枝淀粉的分子结构模型可用下式表示:

$$\sim\sim AGU \!-\!\!\!\left(\!- AGU \!-\!\right)_{\!n} AGU \sim\sim$$
$$\quad\quad | \quad\quad\quad\quad\quad\quad\quad\quad | $$
$$\sim\sim M\!-\!M\!-\!M \quad\quad\quad M\!-\!M\!-\!M \sim\sim$$

式中:AGU——葡萄糖剩基(以摩尔浓度表示的淀粉浓度采用 AGU 的摩尔,其相对分子质量以 162 计算);

M——接枝共聚反应所使用的单体,M 的循环数通常在 $10\sim30$。

迄今为止,研究得较多的,趋于实用的 M 是下列结构的化合物:

$$CH_2\!=\!\!=\!CH$$
$$\quad\quad\quad |$$
$$\quad\quad\quad X$$

若 X 为—COOH、—$CONH_3$ 或—COOMe、—N^+R_3Cl—,则产物常呈水溶性,一般作为增稠剂、吸附剂、上浆剂及黏合剂使用。

若 X 为—COOR、—CN 或苯环,则产物常是非水溶性的,可作为树脂及塑料应用。

1. 物理引发

常用的物理引发方法是以放射元素(钴[60])的 γ 射线照射和电子束照射,使淀粉分子失去氢原子,变成淀粉自由基:

$$H\!-\!\!\overset{\displaystyle |}{\underset{\displaystyle |}{C}}\!\!-\!OH \xrightarrow{\text{射线}} \cdot \overset{\displaystyle |}{\underset{\displaystyle |}{C}}\!\!-\!OH + H^+$$

产生自由基后,与加入的单体在 $20\sim30\ ℃$下起反应生成接枝淀粉。

物理引发的优点是可以在低温下进行接枝聚合,接枝效率高。辐射引发接枝聚合有两种技术:一种是同时辐照,即淀粉和单体混合物一同辐照;另一种是采用预照射,淀粉先照射,然后使已活化的淀粉与单体反应。预照射得到的均聚物常比同时照射少,而采用同时照射法,寿命短的自由基与单体反应的机会较多。

为防止空气中氧气的不利影响,淀粉照射在氮气中进行,高分子溶液中也先通氮气30 min以排除存在的空气。在无氧气存在、低温、低水分情况下,淀粉自由基的稳定性较高。在适当条件下,于室温下保存照射过的淀粉,几天后仍保有大部分自由基。

2. 化学引发

化学引发方法利用化学引发剂在一定条件下于淀粉分子上产生能接枝的自由基。引发剂有多种。用阳离子引发作用得到的接枝分支相对分子质量低,这种接枝共聚物的工业应用有局限性，性能的改变不大，只在早期（20 世纪 60 年代）有研究、应用。现在主要用氧化-还原体系的引发剂、高铈离子（Ce^{4+}）引发剂或臭氧-氧混合引发剂。

（1）铈引发。最常用的化学引发剂是铈离子，如硝酸铈铵（$Ce(NH_4)_2(NO_3)_6$）。铈离子（Ⅳ价）氧化淀粉生成络合结构的中间体淀粉-Ce（Ⅳ），分解产生自由基，与单体起接枝反应。这中间体和自由基的生成都被证实。反应过程：生成淀粉-Ce（Ⅳ）络合结构，Ce（Ⅳ）被还原成Ce（Ⅲ），1 个氢原子被氧化，生成淀粉自由基，葡萄糖单位的 $C_2—C_3$ 键断裂，淀粉自由基与单体起接枝反应，自由基能被 Ce（Ⅳ）氧化而消失。其反应机理与历程可用下式表示：

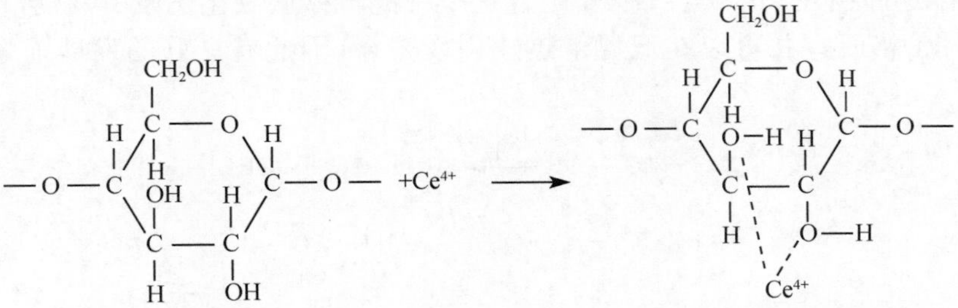

淀粉络合物

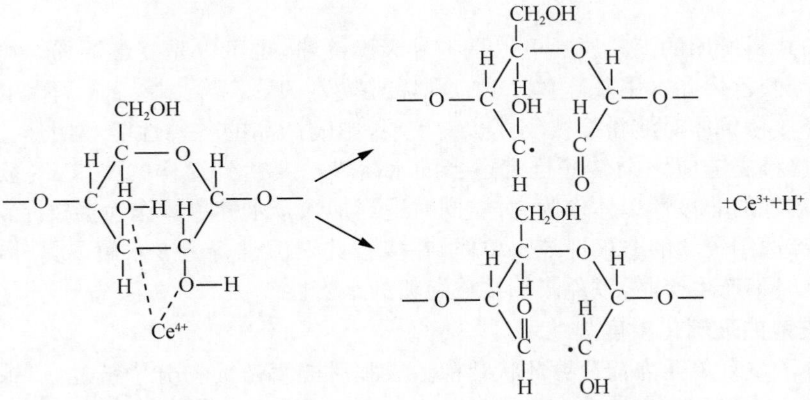

淀粉自由基

淀粉游离基可用 $R_{st}\cdot$ 表示，接枝反应式可表示如下：

$$R_{st}\cdot + CH_2{=}\underset{X}{\underset{|}{CH}} \longrightarrow R_{st}-CH_2-\underset{X}{\underset{|}{CH}}\cdot$$

$$R_{st}-CH_2-\underset{X}{\underset{|}{CH}}\cdot + n\,CH_2{=}\underset{X}{\underset{|}{CH}} \longrightarrow R_{st}-[CH_2-\underset{X}{\underset{|}{CH}}]_{n+1}\cdot$$

由于铈离子（Ce^{4+}）在众多制备接枝淀粉的引发剂中，接枝效果及适应性最好，国内外关于接枝淀粉的研究大多采用这种方法。然而铈盐价格极其昂贵，因此寻求较高性价比的引发剂已成为一个极其活跃的研究领域。过硫酸盐体系在低温时引发，活性较低，对淀粉接枝和单体均聚没有选择性，但其价格低廉。使用铈盐-过硫酸盐复合引发体系，过硫酸离子（$S_2O_8^{2-}$）能将 Ce^{4+} 引发后生成的 Ce^{3+} 氧化成 Ce^{4+}，实现 $Ce^{4+} \rightarrow Ce^{3+} \rightarrow Ce^{4+}$ 的多次循环使用，既能保证 Ce^{4+} 引发的最佳效果，又能减少铈盐的用量，从而缓解其价格昂贵的问题。

（2）高锰酸钾引发。在无机酸存在下，高锰酸钾也能引发淀粉发生接枝共聚。Mostafa 曾使用高锰酸钾与不同的酸组成氧化还原体系来引发丙烯酸与淀粉的接枝反应。淀粉经 $KMnO_4$ 处理后生成的 MnO_2 沉积到淀粉上，再用酸处理，产生初级自由基，因此用不同的酸会产生不同的初级自由基，使得接枝率发生变化，其中柠檬酸的效果最佳。用 $KMnO_4$ 引发玉米淀粉与丙烯腈接枝共聚反应的动力学，得到锰离子价态的变化为 $Mn(Ⅶ)→Mn(Ⅳ)→Mn(Ⅲ)→Mn(Ⅱ)$。高价态的过渡金属离子也可以用作引发剂，引发自由基反应后，金属离子变为低价态。对于引发乙烯基单体接枝淀粉的接枝能力比较，在几种金属离子中，如 $Mn(Ⅶ)$、$Cr(Ⅵ)$、$V(Ⅴ)$、$Fe(Ⅲ)$，引发效果最好的是 $Mn(Ⅶ)$。

（3）氧化-还原引发。$Fe^{2+}-H_2O_2$ 组合是一种链转移型氧化还原引发剂，称为 Fenton's 试剂。由于其价格便宜并可以在低温下迅速引发聚合，因此有良好的发展前景。引发机理如下：

$$2Fe^{2+}+2HO—OH \xrightarrow{OH^-} 2HO·+Fe^{3+}+Fe(OH)_3↓$$

$$HO·+H—\overset{|}{\underset{|}{C}}—OH \longrightarrow H_2O+·\overset{|}{\underset{|}{C}}—OH$$

二、接枝单体

接枝淀粉浆料所用的淀粉原料可以是各种天然淀粉，也可以是变性淀粉。可接枝的烯类单体很多，如醋酸乙烯酯、(甲基)丙烯酸类、丙烯酰胺类、丁二烯类、苯乙烯、环氧化物等。

合理选择接枝单体对淀粉接枝改性非常重要，影响产品的各种性能和用途。对于纺织浆料，一般认为接枝支链应该柔软并且有适当的水溶性。要达到这样的要求，一般采用两种方式：一是选择较软的非极性单体作为主体，同时适当加入亲水性单体作为接枝淀粉的亲水补充成分；二是全部选用较软的非极性疏水单体，在接枝共聚后进行适度水解。另外，要求接枝单体在接枝共聚时不产生交联，以免影响接枝淀粉的水溶性。

1. 接枝支链的玻璃化温度

淀粉高分子重复单元为葡萄糖环状结构。成膜后的直链淀粉分子链之间，或者直链和支链淀粉的长侧枝之间，由于氢键结合，容易形成双螺旋结构，限制了分子链的自由旋转。因此，淀粉分子链是一种僵硬的分子链，淀粉浆成膜后呈现出硬脆性，容易折断，即具有较高的初始模量和较小的断裂伸长。

根据淀粉的这种性能，接枝单体应该选择具有较低玻璃化温度的接枝支链单体。对于常用的乙烯基单体(甲基)丙烯酸酯，酯基碳链越长，其聚合物的玻璃化温度越低，对于改进淀粉的硬脆性效果越好。但是，较长的酯基碳链可能带来产物的再黏性问题。因此，选择这样的接枝单体时，应该在玻璃化温度和再黏性之间取得平衡。采取控制接枝率和采用玻璃化温度较高的聚合物单体混合接枝，可以解决接枝淀粉再黏性问题，但是淀粉性质的改变不会很大。

在淀粉分子主链上接枝较软的聚合物支链，使接枝淀粉浆液成膜后具有微分相的本体结构。在经受外力时，接枝支链的相畴能够吸收能量，可以极大地改善淀粉膜的硬脆性，提高耐摩擦性，这是普通变性淀粉无法实现的。此外，接枝淀粉的疏水性支链可以改善淀粉对合成纤维的黏附力，减少织造时的落浆，提高织造效率。

2. 接枝支链的亲水性

经纱上浆和织物退浆的介质都是水，所以纺织用浆料的水溶性或水分散性是最基本的要求。采用疏水性单体接枝，当接枝率较小时，可能对淀粉的改性效果不明显。而接枝率较高则会使淀粉在水中不能糊化,或者退浆困难。因此,淀粉的接枝支链应该有合适的亲水性。

常用的亲水性乙烯基单体有丙烯酸、甲基丙烯酸、丙烯酰胺,以及其他含有羧基、羟基和酰胺基的乙烯基单体。这些单体形成的接枝支链可以与水形成氢键结合,因此具有吸湿能力,在水中被水分子溶剂化而具有溶解性。接枝支链如果由丙烯酸或甲基丙烯酸聚合而成,在碱性条件下,支链上的羧基会离子化。离子化的结果是支链成为聚电解质,使得接枝淀粉在水中的溶解度极大地增加,也使得浆膜的吸湿性极大地增加。同时,羧基的离子化导致它的电子结构改变,丧失了它与水或其他分子之间形成氢键的能力。其结果可能会引起浆膜的吸湿再黏性,同时,浆料的黏附性也受到损害。

对于丙烯酸或甲基丙烯酸接枝淀粉,如果采用氨水中和羧基,可以得到水溶性和黏附性兼顾的效果。在水介质中,接枝支链成为羧酸铵盐而溶于水;在上浆的热烘燥过程中,氨气挥发,羧酸盐重新成为羧基。羧基比羧酸盐的吸湿性大大降低,避免了浆膜的再黏性,同时羧基具有较强的形成氢键的能力,使得接枝淀粉对纤维的黏附性增强。但是当接枝率较高时,这种接枝淀粉只能以含水体系的状态贮存和使用,因为接枝淀粉在制备过程中干燥时逸出氨会使其难溶于水。

亲水支链含有较多的极性基团,分子间作用力较强,玻璃化温度较高。如果以(甲基)丙烯酸较长的碳链酯,或者丁二烯/苯乙烯为主,即以玻璃化温度较低的疏水性单体为主,配合适当含量的亲水单体作为接枝单体,能够改善淀粉的硬脆性。疏水性单体接枝支链对疏水性较强的合成纤维有较好的黏附性,而亲水性单体保证了接枝淀粉在水中的溶解性或可分散性。适当配合的疏水/亲水接枝侧链也赋予接枝淀粉较好的分子两亲性,即表面活性,有利于对纱线润湿和渗透,使浆纱更均匀。

三、接枝工艺

淀粉的接枝共聚有三种基本工艺:湿法、干法和糊化法。它们各有优、缺点,可以根据实际生产条件和对产物的应用要求而选用。

1. 湿法接枝

湿法接枝工艺是制备接枝淀粉最基本和最常用的,其特点是淀粉在低于糊化温度的水体系中,以颗粒形式与乙烯基单体接枝共聚,反应完成后,接枝淀粉仍然保持颗粒形式,便于产物与水分离、水洗和干燥。

湿法生产接枝淀粉的工艺比较复杂,其过程如下:

淀粉加水制淀粉乳→预处理→通氮除氧,调整 pH 值→接枝共聚→(中和)→洗涤过滤→干燥→粉碎→成品

实验室制备:将 80 g 玉米淀粉和 200 g 水加入烧瓶中,搅拌成淀粉乳,水浴加热至 50 ℃,用稀酸调整 pH 值为 2~3,加入 5.6 g 过硫酸铵、1 g 亚硫酸钠,搅拌 20~30 min 后,加入丙烯酸、丙烯酸乙酯和丙烯腈混合单体 20 g,反应一定时间,中和,冷却后过滤、水洗、干燥。反应过程中约 5% 的淀粉降解为可溶性淀粉,被水洗损失掉。产物接枝率 12.8%,接枝效率 38.5%,单体转化率 80.7%。

湿法接枝工艺的缺陷之一就是洗涤、脱水、烘干等过程不仅消耗水和能源,而且还产生大量废水。接枝淀粉原料一般采用经过酸解、氧化、酯化等处理的变性淀粉,其淀粉颗粒产生了更多的微空隙,利于增加单体对淀粉接枝共聚反应的可及度,并且降低了原淀粉的相对分子质量,使接枝淀粉在水中糊化时颗粒容易破裂,便于成糊,增加浆料对经纱的渗透性,提高经纱上

浆后的耐磨性。该工序除了耗水、耗能，还很耗时。由于这些因素，湿法生产接枝淀粉浆料的成本较高。

湿法接枝反应不破坏淀粉的颗粒结构，淀粉的接枝共聚发生在单体对淀粉的可及区。亲水性单体可以与水一起进入淀粉颗粒的裂缝，从而深入淀粉颗粒的无定形区发生接枝共聚反应。接枝支链在淀粉颗粒的无定形区充填。在热、水、单体和接枝支链的共同作用下，淀粉颗粒发生解晶作用，使淀粉的结晶度降低。例如，以 N-叔丁基丙烯酰胺（BAM）为接枝单体，Ce^{4+} 为引发剂，采用湿法接枝，在温度 30 ℃、反应时间 180 min 的条件下，制得接枝淀粉。图 2-22 中的 X 射线衍射图谱表明，当接枝效率为 33% 时，接枝淀粉的结晶峰强度比原淀粉大大降低，说明亲水性单体接枝时，淀粉颗粒的结晶区由于接枝产生的溶胀也部分参与了反应。

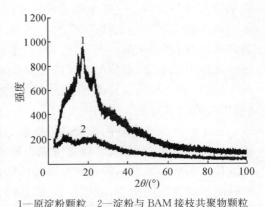

1—原淀粉颗粒　2—淀粉与 BAM 接枝共聚物颗粒

图 2-22　玉米淀粉及其 BAM 接枝后的 X 射线衍射图谱

使用疏水单体接枝时，由于淀粉难以与疏水单体亲和，也不与水混溶，单体很难被水带入淀粉颗粒的裂缝中，即使发生接枝共聚反应，基本上都在淀粉颗粒的表面，即表面接枝，接枝率很低。

如果采用非选择性引发剂用于湿法接枝，如过硫酸盐、过硫酸盐-亚硫酸钠、$Fe^{2+}-H_2O_2$ 等，接枝单体容易发生淀粉形成游离基，再加入单体的工艺，仍然有相当部分单体发生均聚反应。反应体系中存在大量的水是湿法接枝容易产生单体均聚的主要原因。如果采用疏水性单体，疏水力的作用使单体吸附到空气/水界面，单体在引发剂的作用下很容易形成均聚而不与淀粉发生接枝。如果是亲水性单体，会溶解于水中，在引发剂作用下发生均聚反应，只是与淀粉接触的少量单体有发生接枝的可能性。因此，湿法接枝很容易形成均聚物。

2. 干法接枝

干法工艺是将反应单体和其他化学试剂用少量水溶解或分散，喷洒到淀粉上，搅拌均匀，在干热条件下进行接枝共聚反应。由于没有足够的水，尽管反应温度可能高于淀粉的糊化温度，反应后产物仍然保持淀粉颗粒形状。其特点是反应过程中没有废水排放，烘燥耗能少，产物收率高，工艺简单。采用干法工艺生产接枝淀粉浆料，可以免去大量的预处理、水洗、过滤、干燥等耗能、耗时的工序，具有生产效率高、成本低、无废水排放、接枝效率高等优点。

干法接枝法：按配方计量将原淀粉装入螺旋带式干法反应器；密闭反应器口，用氮气压入引发剂水溶液，充氮气排气 10 min；夹套内用蒸汽加热至规定温度，30 min 后用氮气压入单体；反应放热，体系自升温；维持此温度反应 3 h。反应过程始终保持搅拌。反应完毕，打开反应器上部排气口，启动抽风机，排除水蒸气，冷却至 40 ℃ 以下，从反应器下口排料，粉碎，筛分，在空气中湿平衡后装袋。

淀粉的干法接枝共聚使用的软水量与液态单体之和与干淀粉的比例为 75∶100，可以保证液体彻底润湿淀粉。

用干法生产能够使乙烯基单体对淀粉有效地接枝共聚，反应平稳，重现性好，接枝产物中只有极少的单体均聚物。这一过程中，淀粉的降解和接枝同时进行，省去了淀粉预处理工序，并且使单体自聚的可能性大大减小。

干法接枝使用的主要单体是疏水性单体。疏水性支链阻隔或减弱了淀粉分子之间的氢键作用,制成的浆液稳定性好,不会像原淀粉浆液那样冷却后脱水胶凝,并且由于淀粉主链的亲水性,具有某一限定含量疏水单体的接枝淀粉在热水中仍然可溶或可分散。在接枝率较高的设计中,也使用一部分亲水性单体,但是一般不超过单体总用量的20%。

干法接枝最大的优点之一是接枝单体选择容易,可以使用非交联性的所有乙烯基单体。单体反应活性对干法接枝共聚反应的程度、接枝效率、接枝率影响不明显,因为干法接枝比湿法的反应条件剧烈和充分得多。根据所需要的接枝产物性能决定单体的种类,除了丙烯酸、甲基丙烯酸和丙烯酰胺不能单独或者以大比例混合接枝以外,其他多数单体都可以单独使用,也可以采用两种或两种以上的混合单体接枝共聚。作为纺织浆料使用的接枝淀粉需要有水溶性,以便于上浆和退浆,因此接枝率可以控制在5%~50%,取决于设计的要求和单体的亲水性。若接枝率太低,产物性质与一般变性淀粉相似。

接枝共聚的引发采用一般的水溶性引发剂,如过硫酸铵、过硫酸钾、硝酸铈铵,或氧化-原体系,如过硫酸钾(钠或铵)-亚硫酸(氢)钠等。若采用氧化型引发剂,反应温度应在65~82 ℃;若采用氧化-还原引发体系,可以在常温或略高于常温的条件下进行反应。偏光显微镜观察表明,淀粉颗粒仍然保持颗粒结构,没有改变其原有的双折射性质,这是因为没有足够的水使淀粉颗粒糊化。即使是疏水单体(如苯乙烯),当采用干法接枝共聚且接枝率较高时,也只是接枝物的淀粉颗粒比原淀粉尺寸大。此现象与接枝淀粉的糊化温度低于原淀粉的情况共同说明,接枝共聚不但发生在淀粉的无定形区,还由于单体及其接枝支链的作用,原淀粉颗粒有一部分解晶作用。

采用高能辐射引发淀粉产生游离基,常采用干法接枝共聚。在充氮和干燥的环境下,淀粉大分子自由基的稳定性好,单体以气态供应或在较少的溶剂中喷雾供应,与淀粉混合后发生接枝共聚反应。其特点是均聚物极少,反应温度低。

3. 糊化接枝

先将淀粉在水中糊化,再加入单体和其他化学试剂进行接枝共聚的反应,为糊化接枝反应。糊化接枝法中,淀粉分子与单体充分接触,接枝比较均匀。但是接枝效率与单体的极性有关,接枝共聚后需要沉析、清洗、干燥和粉碎等多道后处理工艺,才能得到固体粉状产物。

淀粉糊化后颗粒结构解体,淀粉膨胀,分子链伸展,成为比较均匀的糊状胶体。接枝的实际情况取决于所采用的单体。例如,糊化淀粉接枝与未糊化淀粉相比,丙烯腈接枝支链数目减少,相对分子质量增大,接枝率无明显变化;而甲基丙烯酸甲酯对糊化淀粉的接枝,产物支链短而密。对于亲水性单体,例如与丙烯酰胺接枝聚合反应,淀粉经糊化后,由于丙烯酰胺的活性位置多而均匀,初期的接枝聚合反应速率大,接枝率高,但聚丙烯酰胺支链的相对分子质量较低,未糊化接枝物的大部分淀粉分子被封闭在颗粒结构中,与丙烯酰胺的接枝聚合反应主要发生在团粒表面,活性点少,因此初期的接枝聚合反应速度慢,接枝率低,淀积在团粒表面的均聚物多;在反应后期,聚合速度较快;与糊化淀粉相比,总的单体转化率基本相同,均聚物较多,聚丙烯酰胺支链有较高的相对分子质量。

以丙烯酸丁酯(BA)作为疏水性单体,研究淀粉糊化对接枝率、接枝效率及单体转化率的影响,如图2-23所示。可以看出,用丙烯酸丁酯接枝时,颗粒淀粉的接枝率随单体浓度增加而增大;糊化淀粉的接枝率、接枝效率及单体转化率都比颗粒淀粉显著降低,接枝率随单体浓度增加基本保持不变。丙烯酸丁酯的疏水性使其在水中有逃离水相在界面吸附的特性,因此,未糊化淀粉接枝时,丙烯酸丁酯逃离水相趋于吸附在水-淀粉颗粒界面,此界面正好是已被引发剂引发富含淀粉大分子自由基的界面,因此随单体浓度增加,接枝率增加。在糊化后接枝的情况下,水-淀粉界面消失,由于接枝聚合失去了界面载体,同时淀粉大分子自由基的亲水性较强,被水溶剂化分子包围,很难与单体接触,因而接枝率随单体浓度增加基本保持不变,也由于这种情况不利于均聚反应,所以接枝效率、单体转化率均随单体浓度增加而减少。

对于以上反应体系,在糊化淀粉中添加适当浓度的尿素,可以使淀粉大分子之间和分子内链段之间的氢键作用减弱,使淀粉分子链舒展,与单体接触概率增加,因而得到的接枝产物相对分子质量和接枝频率相对于添加尿素时都有所提高,见表2-33。

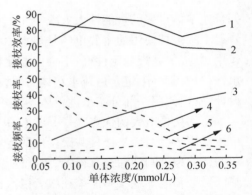

1,4—接枝频率 2,5—接枝效率 3,6—接枝率
—未糊化 ---糊化

图2-23 糊化对丙烯酸丁酯接枝共聚的影响
(反应条件:淀粉用量50 g/L,硝酸铈铵用量8.5 mmol/L,55 ℃,3 h)

表2-33 淀粉糊化及尿素对支链相对分子质量和接枝频率的影响

淀粉处理情况	支链相对分子质量($\times 10^{-5}$)	接枝频率/(淀粉链/接枝链)
未糊化	3.9	4 332
糊化	1.8	15 904
糊化,尿素浓度为4 mmol/L	3.24	6 722

注:反应条件为丙烯酸丁酯浓度40 mL/L,其他同图2-23。

四、接枝淀粉性能

1. 外观特征及糊化温度

以颗粒状原淀粉为原料的接枝淀粉,外形、手感与原淀粉或一般变性淀粉有明显不同,为白色略带聚集体的粉状颗粒。在光学显微镜下观察,特定的原淀粉的颗粒形态基本上保持不变,但颗粒表面有较多裂痕,且较为膨松,易被水渗透,很易与水混合,不会结块,易调浆。

这类接枝淀粉浆料产品,除了淀粉大分子链上接有支链外,还含有一定量的单体的均聚物和共聚物,实际上是一组混合物。这些均聚物和共聚物可视作化学浆料的组分,这也是对单体选择应予以充分考虑的一个因素。

接枝淀粉的糊化温度显著降低,具有易糊化成浆的特点(表2-34),黏度较原淀粉及其他变性淀粉稳定。

表2-34 几种淀粉的糊化温度

淀粉种类	初始糊化温度/℃	完全糊化温度/℃
原淀粉	78.5	87.5
淀粉醋酸酯	74	80
复合变性淀粉	63	72
接枝淀粉	61.8	69

2. 黏附力及膜性能

浆料对被上浆纤维的黏附力是一个重要性能指标。从表 2-35 可以看出,接枝淀粉对涤/棉纱有良好的黏附力,已达到纯 PVA 对它的黏附力,比一般的变性淀粉浆都好,其中的接枝淀粉(JP)为日本专利所介绍的接枝淀粉浆料产品(J.P. 163482/84)。接枝淀粉(三聚)和接枝淀粉(二聚)都较好,认为采取两种以上单体接枝共聚时,黏附力要比单一单体的产品为好。

表 2-35 对涤/棉(65/35)粗纱的黏附力

浆料种类	黏附力/N	黏附力 CV/%	断裂伸长率/%	断裂伸长率 CV/%
原淀粉	83.01	13.51	12.55	11.58
酸解淀粉	85.46	17.15	12 75	16.98
氧化淀粉	92.02	6.61	12.99	7.60
淀粉醋酸酯	91.53	7.39	18.06	4.95
聚乙烯醇(PVA)	97.31	8.06	12.00	9.48
接枝淀粉(VAc)	91.34	9.90	11.94	12.05
接枝淀粉(EA)	95.65	12.31	13.12	6.88
接枝淀粉(二聚)	98.88	6.88	12.94	9.19
接枝淀粉(三聚)	99.96	8.90	13.08	6.58
接枝淀粉(JP)	92.81	6.28	12.54	4.96

表 2-36 展示了以 100%工业规模生产的接枝淀粉浆料制得的浆膜性能,它的单一组分能制得完整的浆膜(原淀粉和一般变性淀粉不能),其柔韧性较好,但力学性能不及 PVA 浆。

表 2-36 浆膜性能比较

浆料种类	厚度/μm	断裂强力/N	断裂伸长率/%	断裂功/J	回潮率/%
接枝淀粉	0.045	19.74	2.69	0.038	13.91
PVA(T-25)	0.04～0.05	27.34	4.57	—	—

3. 浆纱的力学性能

丙烯酰胺、丙烯酸或某些氨基取代基的阳离子单体是常用的亲水性单体。由这类单体制得的淀粉接枝共聚物都具有在热水中可分散的性质,主要应用于絮凝剂、增稠剂及在含水系统中做吸收剂。

这类接枝共聚物最普通的引发剂是 Co^{60} 或电子束照射,在化学引发法中可用铈离子或亚铁离子-过氧化氢的氧化还原系统引发剂。化学引发体系的接枝反应中,接枝聚合物的转化率较低或接枝效果较差,并伴有较大量的未接枝的聚丙烯酰胺(或聚丙烯酸)。其反应式如下:

$$R_{st} \cdot + n\,CH_2 = CH \longrightarrow R_{st} - [CH_2 - CH]_n \cdot$$
$$\qquad\qquad\qquad |\qquad\qquad\qquad\qquad\quad |$$
$$\qquad\qquad\quad CONH_2 \qquad\qquad\qquad CONH_2$$

或

$$R_{st} \cdot + n\,CH_2 = CH \longrightarrow R_{st} - [CH_2 - CH]_n \cdot$$
$$\qquad\qquad\qquad |\qquad\qquad\qquad\qquad\quad |$$
$$\qquad\qquad\quad COOH \qquad\qquad\qquad COOH$$

高铈离子及亚铁离子-过氧化氢的体系也能用于引发这类共聚物的接枝作用,但效率较低,实用意义受到一定限制。

由扫描式电子显微镜检测发现,接枝的方法不同,其结构也有明显的差异。用同时照射法(淀粉与单体、介质)制得的接枝共聚物,接枝反应主要发生在淀粉颗粒内部;用预照射淀粉的方法,大量的接枝反应发生在颗粒表面;用化学引发剂方法,接枝反应主要也发生在颗粒表面。

接枝产品可分散于热水中,形成透明黏稠的糊状液体,在纺织工业的印花糊料中用作增稠剂,在经纱上浆中作为黏着剂,还可作为絮凝剂、增稠剂、施胶剂应用于多个工业环节。为降低这类产品的水溶性或水分散性,可使用双官能团单体,使接枝产品有一定程度的交联。

表 2-37 展示了经丙烯酰胺接枝淀粉上浆的棉纱所织成的棉织物的力学性能。上浆条件:浆液浓度 10%,90 ℃下二浸二轧,轧液率 80%,100 ℃下烘燥 3 min,室温下回潮 48 h 以上。结果表明采用亲水性单体的接枝淀粉浆料对棉纱上浆,可改善棉织物力学性能。

表 2-37 丙烯酰胺接枝淀粉上浆后棉织物的力学性能

织物样品上的浆料	氮含量/%	断裂强力/kN	断裂伸长率/%	耐磨性/循环次数
无浆	—	471	10.0	880
I	—	500	9.2	889
II	—	516	9.6	897
III	—	525	9.8	912
IV	—	511	9.7	893
R_{st}-PAM—I	0.71	520	9.6	900
	1.51	535	9.5	912
	1.67	540	9.3	920
R_{st}-PAM—II	0.78	535	9.8	911
	1.61	550	9.9	920
	1.77	555	9.9	931
R_{st}-PAM—III	0.86	545	9.8	920
	1.72	560	10.0	932
	1.85	565	9.9	941
R_{st}-PAM—IV	0.96	530	9.8	907
	1.81	545	9.6	914
	1.93	550	9.6	919

注:① R_{st}-PAM-I ——丙烯酰胺接枝大米原淀粉,黏度为 230 mPa·s。
② R_{st}-PAM-II ——丙烯酰胺接枝经[HCl]=0.25 mol/L 酸解的大米淀粉,黏度为 195 mPa·s。
③ R_{st}-PAM-III ——丙烯酰胺接枝经[HCl]=0.5 mol/L 酸解的大米淀粉,黏度为 130 mPa·s。
④ R_{st}-PAM-IV ——丙烯酰胺接枝经[HCl]=1.0 mol/L 酸解的大米淀粉,黏度为 95 mPa·s。

由表 2-37 可看出:用酸解淀粉对棉纱上浆,其织物比原淀粉上浆棉纱所织成的棉织物的强力、耐磨性和断裂伸长率都有提高;而用丙烯酰胺接枝酸解淀粉上浆的棉纱,其织物在强力和耐磨性方面都比其他织物样品好,断裂伸长率与无浆织物样品相当,其中以适度酸解

（0.5 mol/L HCl）和接枝量较高（含氮量 1.85%）的织物样品为最好。

采用多种单体对淀粉单独或混合接枝，再用这些接枝产物对 13.1 tex 涤/棉（65/35）纱上浆，其性能见表 2-38。

表 2-38　接枝淀粉对 13.1 tex 涤/棉（65/35）纱的上浆性能

淀粉类浆料	接枝率/%	上浆率/%	增强率/%	减伸率/%	耐磨性/次
丙烯酸接枝淀粉	7.90	9.49	19.4	19.5	39.3
丙烯酰胺接枝淀粉	7.21	9.71	25.4	15.2	35.3
丙烯酸羟乙酯接枝淀粉	8.48	11.1	17.8	15.5	40.7
丙烯酸甲酯接枝淀粉	7.69	9.43	18.7	25.5	50.0
丙烯酸乙酯接枝淀粉	8.10	9.42	23.6	16.9	59.4
丙烯酸丁酯接枝淀粉	7.73	9.8	19.4	19.9	56.8
甲基丙烯酸甲酯接枝淀粉	8.23	9.94	17.5	23.8	42.3
甲基丙烯酸丁酯接枝淀粉	7.34	10.38	15.6	28.2	60.2
醋酸乙烯酯接枝淀粉	6.58	10.05	29.5	22.3	53.0
丙烯腈接枝淀粉	7.52	11.7	19.8	20.6	40.7
醋酸乙烯酯/丙烯酸羟乙酯接枝淀粉	9.60	10.41	17.0	18.5	53.4
甲基丙烯酸丁酯/丙烯酰胺接枝淀粉	9.40	11.36	25.9	23.9	68.5
甲基丙烯酸丁酯/丙烯酸乙酯/丙烯酰胺接枝淀粉	9.83	12.05	26.1	23.9	69.6
醋酸乙烯酯/丙烯酸乙酯/丙烯酰胺接枝淀粉	9.73	12.32	28.0	20.1	67.6
丙烯酸羟乙酯/丙烯酸接枝淀粉（日本）	8.87	10.36	21.3	23.7	53.2
酯化淀粉	—	10.57	21.3	23.9	46.1
原淀粉		11.19	16.7	24.8	32.5

注：原纱耐磨次数为 22.9。

从表 2-38 可知，对涤纶较高比例的涤/棉经纱上浆，其增强率与耐磨性成正比；尽管接枝率都只有 10%左右，但所有接枝淀粉的上浆性能都优于原淀粉。与酯化淀粉相比，极性单体（如丙烯酸、丙烯酰胺）和硬单体（如甲基丙烯酸甲酯、丙烯腈、丙烯酸羟乙酯）的接枝淀粉的性能较差，而均聚物玻璃化温度低于 30 ℃的单体接枝淀粉的上浆性能都优于酯化淀粉，这表明接枝支链的玻璃化温度是影响接枝淀粉上浆性能的重要因素。此外，混合单体接枝淀粉，特别是较软单体与亲水单体组合接枝淀粉，有较好的上浆性能。

五、接枝淀粉表征

在聚合过程中,往往伴随有单体的均聚,这种均聚物与接枝淀粉混合在一起。作为浆料使用时,只要均聚物在水中可溶或者可分散,就可以提高淀粉或接枝淀粉的力学性能,不必分离除去。在表征接枝淀粉时,应将均聚物除去,以便准确掌握接枝参数,控制接枝淀粉量。常采用不溶解接枝淀粉但能溶解均聚物的溶剂,在索氏萃取器中抽提分离接枝淀粉。如抽提分离丙烯腈均聚物可采用二甲基甲酰胺(DMF);抽提分离丙烯酸、丙烯酰胺或甲基丙烯酸均聚物可采用水;对其他丙烯酸酯和醋酸乙烯均聚物,可采用丙酮作为溶剂;水溶性单体和非水溶性单体混合接枝的均聚物,采用丙酮和水分级抽提分离,或用它们的共溶剂抽提分离。将已经去掉均聚物的接枝产物,用酸解或淀粉酶处理,使淀粉大分子降解成为水溶性低分子糖,剩下接枝支链。通过计算可以得到接枝率等数值,通过黏度法或凝胶色谱法(GPC)可以测定支链相对分子质量和相对分子质量分布。

为了定量表征淀粉接枝共聚反应程度和效果,定义几个接枝共聚的特征参数。接枝支链共聚物的质量与起始淀粉质量之比称为接枝率,表示接枝共聚物中接枝支链的含量;接枝共聚反应中,单体接到接枝共聚物中的量占单体聚合总量(单体均聚物加上接枝支链聚合物)的百分率称为接枝效率,表示已经反应的单体中参与接枝的单体比例;接枝频率是指接枝一个支链在淀粉分子中平均占有葡萄糖剩基单元的个数,表示支链在接枝共聚物中的分布;参与反应的单体(包括接枝和均聚反应)占单体原料总量的百分率称为单体转化率,表示单体反应的程度。这几个参数的计算式如下:

$$G = \frac{W_1 - W_0}{W_0} \times 100\% \tag{2-1}$$

式中:G 为接枝率;W_0 和 W_1 分别为原淀粉质量和抽提分离后纯接枝产物质量;$W_1 - W_0$ 为接枝在淀粉分子链上的聚合物质量。

$$GE = \frac{W_3}{W_2 - W_0} \times 100\% \tag{2-2}$$

式中:GE 为接枝效率;W_2 为粗接枝产物的质量;W_3 为接枝支链的质量;$W_2 - W_0$ 为接枝淀粉分子链上的聚合物和未接枝到淀粉分子上但已形成聚合物的总量。

$$GF = \frac{\dfrac{W_1 - W_3}{162}}{\dfrac{W_3}{M_\eta}} \tag{2-3}$$

式中:GF 为接枝频率;M_η 为接枝支链的粘均相对分子质量;$W_1 - W_3$ 为接枝上聚合物的淀粉量(纯淀粉);$\dfrac{W_1 - W_3}{162}$ 为接枝上聚合物的淀粉具有的葡萄糖剩基数;$\dfrac{W_3}{W_\eta}$ 为接枝支链的平均数量。

$$C = \frac{W_2 - W_0}{W_4} \times 100\% \tag{2-4}$$

式中:C 为单体转化率;W_4 为加入单体的质量;$W_2 - W_0$ 为转化为聚合物的质量。

接枝淀粉的结构分析方法,是将索氏萃取器中获得的没有均聚物的剩余物,在 Nicolet FTIR 红外吸收光谱仪上测定它们的红外光谱图(图 2-24),证明淀粉上是否已接枝上合成物支链,图中各曲线所代表的试样如下:

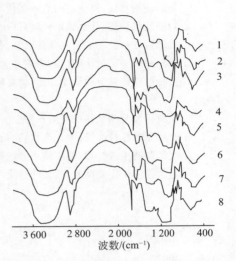

图 2-24 几种接枝淀粉的红外吸收光谱

曲线 1:用引发剂处理过的原淀粉(即不加接枝单体,按接枝工艺流程处理)。

曲线 2:将曲线 1 的原淀粉与聚甲基丙烯酸甲酯按 10∶1 混合,再用溶剂萃取得到的共混试样。

曲线 3:聚甲基丙烯酸甲酯的接枝淀粉。

曲线 4:聚醋酸乙烯酯的接枝淀粉。

曲线 5:聚丙烯酸乙酯的接枝淀粉。

曲线 6:聚丙烯酸丁酯的接枝淀粉。

曲线 7:聚丙烯酸甲酯的接枝淀粉。

曲线 8:聚甲基丙烯酸丁酯的接枝淀粉。

由图 2-24 可知:比较曲线 1 与曲线 2,共混物经溶剂萃取后,红外光谱与原淀粉完全类似。这说明所用的溶剂萃取能完全除去均聚物。

曲线 3~曲线 8 为 6 种已知的酯类单体接枝得到的接枝淀粉的红外光谱,都用相应的溶剂萃取去除了均聚物。它们除了保留淀粉原有的特征峰,都在 1 730 cm^{-1} 附近出现一个新的尖锐的特征峰,这是 $\diagdown$C=O 的伸缩振动特征峰,表明确实有酯基存在,从而证实了化学接枝共聚物的存在。

也可用另一种证明法:用酸水解除去淀粉组分,若为共混物,则剩余物中应不存在多糖化合物的尾端基;若存在接枝共聚物,则剩余物的红外光谱上会呈现多糖化合物尾端基的特征峰。

思 考 题

1. 天然淀粉属于多糖类高分子化合物,在自然界中的储量很大,主要存在于某些植物的哪些部位?

2. 由于 α-葡萄糖缩聚成淀粉时大分子的缩聚方式不同,所以淀粉可分离出两种不同结构的组分——直链淀粉与支链淀粉。试说明这两种结构的淀粉的差异和性质的明显区别,以及它们的聚合度范围。

3. 天然淀粉大分子结构中有许多羟基及糖苷键,这也是淀粉能变性的根源。淀粉大分子上能发生哪些反应?

4. 随着温度的升高,淀粉在水中的状态会变化,达到一定温度时就发生糊化,通常怎样测定淀粉的糊化温度?

5. 淀粉是一种最古老、最常用的纺织浆料。针对纺织纱线上浆,天然淀粉变性的主要目的是什么?

6. 氧化淀粉是浆纱工艺中较早使用的变性淀粉。工业上大量制取氧化淀粉,常用的是哪种氧化剂?

7. 淀粉分子结构单元葡萄糖剩基含有多个羟基,但原淀粉不能溶于冷水,其主要原因是什么?

8. 淀粉与碘生成络合物产生显色反应,显色的淀粉最低分子链长度是多少?呈蓝色的淀粉最低分子链长度是多少?

9. 国际上通用流度值表示酸解淀粉产品的规格。试说明流度的定义。

10. 与原淀粉相比,醚化淀粉有哪些优异性能?

11. 对于醚化淀粉,什么是取代度(DS)? 取代度的取值范围是多少? 为什么?

12. 制取羟乙基淀粉的原料是什么? 羟乙基淀粉有怎样的性能和应用?

13. 淀粉醋酸酯的糊化温度和黏度有怎样的变化?

14. 接枝淀粉通常是由游离基引发实现的。常用哪些引发剂在淀粉分子链上产生游离基来制备接枝淀粉?

15. 制备接枝淀粉浆料应考虑哪四个关键因素?

16. 干法制备接枝淀粉,为什么丙烯酸、甲基丙烯酸、丙烯酰胺不能单独或大比例混合作为接枝单体?

17. 湿法制备接枝淀粉,如果使用非选择性引发剂,容易出现什么样的不利结果?

18. 通常原淀粉经变性后,其某些性质可能会发生变化。与原淀粉相比,接枝淀粉有哪些特殊性能?

第三章　聚乙烯醇浆料

第一节　概　述

一、发展简史

聚乙烯醇是一种典型的水溶性高分子化合物,英文名称为 Polyvinyl Alcohol,常简称为 PVA。德国化学家赫尔曼(W.O.Herrmann)等人于 1925 年在研究聚醋酸乙烯的碱水解时,发现玻璃状的透明溶液几分钟后分离出黄色粉末,这就是世界上最早发现的聚乙烯醇。1938 年日本仓敷公司(可乐丽)、钟纺公司,1939 年美国杜邦公司开始聚乙烯醇试生产。日本仓敷公司于 1950 年投产建成了第一家以电石为原料,初具工业规模,并用以生产维纶的聚乙烯醇工厂。我国聚乙烯醇的生产始于 20 世纪 60 年代初,主要从日本引进技术和装置,1965 年在吉林四平联合化工厂建成千吨级生产线。此后,在北京有机化工厂建成万吨级生产装置。70 年代初在各地共建成九套万吨级生产装置,这些装置的原料路线皆为电石法生产路线。1976 年在上海金山石油化工总厂(年产 3.3 万 t),1980 年在四川维尼纶厂(年产 4.5 万 t),又分别建成乙烯和天然气路线的 PVA 生产装置。从 1996 年起,我国聚乙烯醇产量超过日本,居世界首位。

自聚乙烯醇于 1940 年第一次用于经纱上浆后,很快就被纺织工业采用,作为锦纶丝及黏胶丝上浆的浆料。由于聚乙烯醇具有优良的成膜性、良好的黏附性及与其他浆料相容性等特点,一度被认为是"理想"的纺织浆料。20 世纪 50 年代,合成纤维混纺纱(涤/棉)问世时,PVA 基本上解决了混纺纱的上浆问题。1968 年,据美国统计,用于经纱上浆的聚乙烯醇,其中有 80%用于涤/棉混纺纱。当时由于价格关系,PVA 还未能在棉纱上浆中广泛使用。70 年代初期,国际市场上聚乙烯醇价格曾与变性淀粉相近,开始在世界范围内迅速发展成为三大浆料(淀粉、聚乙烯醇及丙烯酸类)之一。

二、生产现状

目前,全球范围内,PVA 生产能力前四的国家依次是中国、日本、美国、朝鲜,其生产能力占全球产量的 85%~90%,总装置产能约 195 万 t,2018 年实际产量 139 万 t 左右。其中,亚太地区是 PVA 主要生产地区,占世界总产量的 85%以上。全球具有代表性的 PVA 生产企业主要是日本可乐丽株式会社、日本积水化学工业株式会社、日本合成化学工业株式会社、安徽皖维高新材料股份有限公司、中国石油化工集团公司、台湾长春集团和内蒙古双兴资源集团有限公司等。

2018 年,我国(含台湾地区)PVA 产量为 74.6 万 t,产能 120.6 万 t,是全球最大的 PVA 生产国。

表 3-1　2018 年中国以外的主要 PVA 生产企业

企业名称	年产能/万 t	生产工艺
日本可乐丽株式会社	25.8	乙烯法
朝鲜顺川工厂	1	电石乙炔法
朝鲜"二八"维尼纶厂	0.5	电石乙炔法
日本积水化学工业株式会社	15	乙烯法
日本合成化学工业株式会社	7	乙烯法
日本 DK(DSPoval)株式会社	3	乙烯法
日本尤尼吉卡(JVP)	7	乙烯法
美国杜邦公司	6.5	乙烯法
美国首诺公司	2.8	乙烯法
英国辛塞默	1.2	乙烯法
德国瓦克	1.5	乙烯法
KAP(新加坡)	4	乙烯法

表 3-2　2018 年中国主要 PVA 生产企业

企业名称	年产能/万 t	生产工艺	运转状况
上海石化股份有限公司事业部	4.6	石油乙烯法	部分运行
中国石化集团重庆川维化工有限公司	16	天然气乙炔法	运行
安徽皖维高新材料股份有限公司	7	电石乙炔法	运行
广西广维化工有限责任公司(皖维子公司)	5	生物乙烯法	部分运行
内蒙古蒙维科技有限公司(皖维子公司)	20	电石乙炔法	运行
山西三维集团股份有限公司	10	电石乙炔法	停运
台湾长春集团	22	电石乙炔法	运行
宁夏大地循环发展股份有限公司	13	电石乙炔法	运行
内蒙古双欣环保材料股份有限公司	13	电石乙炔法	运行
中国石化长城能源化工(宁夏)有限公司	10	电石乙炔法	运行

　　近几年,国内的 PVA 产能有小幅下降,行业经过多年洗牌,弱势企业不断退出。PVA 行业目前向市场占有率高、研发能力强、技术先进、产业链长、成本低、效益好的优势企业不断集中。

三、应用领域

　　聚乙烯醇开始是用作维纶原料发展起来的。但是,维纶作为合成纤维的品种之一,存在弹性较低、染色性能不够好、尺寸稳定性差等缺点,逐渐被涤纶、锦纶、腈纶等其他合成纤维所取代,导致了聚乙烯醇产品滞销。因此,各国都加强了聚乙烯醇非纤维用途的研究。

　　作为水溶性高分子化合物,聚乙烯醇分子链上有大量的亲水性羟基,而且相对分子质量可以根据需要调节,易改性。这使得聚乙烯醇具有许多优良性能,如良好的水溶性、黏合性、成膜性、成胶性、乳化性、润滑性、减磨性等,因而其可广泛用作各种工业黏合剂、纸张涂饰剂和施胶剂,以及薄膜和土壤改良剂、纺织浆料、乳化剂、分散剂、钢铁工业的淬火剂、化妆品、油田化学品等方面。目前,在美国和西欧,聚乙烯醇大多用于非纤维领域,几乎不再用于生产维纶;在日本,70%的聚乙烯醇已用于非纤维方面。

我国在 20 世纪 60 年代试制涤/棉混纺织物(商品名"的确凉")时,将聚乙烯醇成功地用于涤/棉经纱的上浆,为混纺织物的正常生产做出过重大贡献。自此以后,它一直被作为主体浆料应用于纺织经纱上浆,年使用量达 5 万~7 万 t。然而,曾作为理想浆料的 PVA,由于退浆不易完全退净,且它本身是很难分解的物质,在环保问题上受到了较大的限制。90 年代以后,它已被一些国家列为禁止使用的浆料。这些因素阻碍了它的使用。

第二节 制取方法

一、制取工艺

从化学结构来看,聚乙烯醇似乎是由乙烯醇单体聚合而成的。由于乙烯醇分子中同一个碳原子上既有双键,又有羟基,很快会自行发生分子重排转化为乙醛,没有游离的乙烯醇单体。因此,聚乙烯醇通常由聚醋酸乙烯醇解而得。

聚乙烯醇是由醋酸乙烯经聚合、醇解而制成的一种白色、稳定、无毒的水溶性高分子聚合物,能快速溶解于水中形成稳定胶体,性能介于塑料和橡胶之间。它的用途可分为纤维和非纤维两个方面。它的制取工艺根据生产原料的不同可分为乙炔法和乙烯法,而乙炔法又可分为电石乙炔法和天然气乙炔法,乙烯法通常为石油乙烯法,其流程如图 3-1 所示。

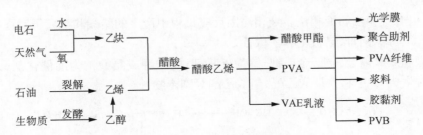

图 3-1 聚乙烯醇的制取工艺流程

电石乙炔法是最早实现工业化生产的工艺,它利用电石产生的乙炔与醋酸加成得到原料醋酸乙烯,再由醋酸乙烯聚合并醇解,得到 PVA 产品。此方法操作简单,副产物易于分离,但也容易产生大量废渣、废气等污染物。目前,在我国的 12 家主要 PVA 生产企业中,有 9 家采用电石乙炔法,占总生产能力的 77%。

天然气乙炔法的乙炔主要通过天然气部分氧化获得。目前,国内重庆川维化工采用此方法。它的优点是热能利用充分,催化剂廉价易得,副反应较少,单程转化率较高,但原材料乙炔的成本较高。

石油乙烯法由日本可乐丽首次开发成功,目前是国际上主要的 PVA 生产工艺,利用乙烯与醋酸和氧反应,再经金属催化制得 PVA。此方法的优点是副产物少,设备腐蚀性小,产品质量好,缺点是催化剂较为贵重,单程转化率低。

二、醋酸乙烯制备

醋酸乙烯的合成主要有两种方法:一是乙炔法;二是乙烯法。

1. 乙炔法

由石灰石与焦炭在高温电炉中作用,制得碳化钙(俗称电石),再与水作用则生成乙炔。

$$CaO + 3C \xrightarrow{2\,500 \sim 3\,000\ ℃} CaC_2 + CO\uparrow$$

$$CaC_2 + {}_2H_2O \longrightarrow HC\equiv CH + Ca(OH)_2$$

工业生产中,乙炔法合成醋酸乙烯有液相法和气相法。液相法因催化剂的毒性和耗量大,反应介质对设备的腐蚀性大等,已很少采用。

气相法是将乙炔和醋酸蒸气在 200 ℃左右和常压条件下,以活性炭负载醋酸锌催化剂,在气相中合成醋酸乙烯的方法。

$$HC\equiv CH + CH_3COOH \xrightarrow[170 \sim 230\ ℃]{(CH_3COO)_2Zn-C} CH_2\!=\!CH\!-\!O\!-\!\underset{\underset{O}{\|}}{C}\!-\!CH_3$$

气相反应的特点是乙炔可过量(乙炔:醋酸>2.5:1),有利于醋酸乙烯的生成。乙炔与醋酸生成醋酸乙烯的反应是一个放热反应。除了上述反应外,合成中还发生许多副反应,生成乙醛、二乙烯基乙炔、乙烯基乙炔等副产物。因此,反应得到的粗产品还需要精制。催化剂中的活性炭主要作为醋酸锌的载体,同时也具有吸附乙炔的能力。气相法的耗电量大,产品含杂率高(醋酸钠含量可达 7%以上),成本也高。

乙炔法的工艺路线已趋淘汰。

2. 乙烯法

乙烯法也有气相法和液相法。液相法因反应过程中产生的醋酸和氯离子对设备腐蚀严重且副产物较多、分离困难,已被气相法取代。

乙烯、氧和醋酸以金属钯-金或钯-铂为催化剂,醋酸钾或醋酸钠为助催化剂,一步生成醋酸乙烯,同时生成 CO_2 和少量的乙醛、醋酸乙酯等副产物。

$$CH_2\!=\!CH_2 + \tfrac{1}{2}O_2 + CH_3COOH \longrightarrow CH_2\!=\!CH\!-\!O\!-\!\underset{\underset{O}{\|}}{C}\!-\!CH_3 + H_2O$$

乙烯气相法的的优点是选择性高,副产物少,产品质量好,产品精制简单,乙烯成本低,对设备腐蚀少,生产能力高;缺点是设备投资大,催化剂昂贵,反应热不易除去。乙炔气相法的优点是投资小,技术成熟,催化剂易得,醋酸乙烯产率高;缺点是乙炔成本高。

三、聚醋酸乙烯聚合

1. 醋酸乙烯聚合工艺流程

醋酸乙烯的聚合方法取决于聚醋酸乙烯的用途。若作为涂料、黏合剂,特别是直接以聚醋酸乙烯胶乳使用时,应采用乳液聚合法;若作为制取聚乙烯醇的中间体,则采用甲醇为溶剂的溶液聚合工艺。溶液聚合法要求单体纯度在 99.8%以上,不然会影响聚合反应及产品质量。

目前常见的醋酸乙烯聚合生产工艺流程为连续法溶液聚合。经过精制的醋酸乙烯和甲醇按工艺规定的配比,经计量器和换热器进入第一聚合釜。同时,由另一根支管加入规定量的、预先调配好的引发剂偶氮二异丁腈(AIBN)甲醇溶液。聚合时释放的热量使聚合釜中的部分甲醇和单体汽化,混合蒸气在换热器中被冷凝后重新加入聚合釜。物料在第一聚合釜中约完成要求转化率的40%。在第二聚合釜中则要求达到工艺规定的聚合转化率(50%~60%)。醋酸乙烯的聚合反应在氮气中进行,以偶氮二异丁腈为引发剂,在65~68 ℃和常压下进行聚合。它是一个放热反应,温度过高,产品聚合度将下降。聚合时间3~5h,借甲醇蒸发,带走聚合产生的热量,并用甲醇蒸汽将未聚合的单体吹出反应釜。产品的平均聚合度为1 700±50。

完成聚合后的物料,由泵从第二聚合釜中送出,用甲醇稀释后进入脱单体塔。在塔中,吹入甲醇蒸气使未反应的单体与聚合物分离,从塔顶引出醋酸乙烯和甲醇的混合物,全部送去分离,以回收醋酸乙烯和甲醇。由聚合釜流出聚醋酸乙烯的甲醇溶液,经浓度校正后可用于醇解,制备聚乙烯醇。

2. 影响醋酸乙烯聚合反应的因素

影响醋酸乙烯聚合反应的因素有许多,可以归纳如表3-3所示。

表3-3 聚合反应与影响因素

因素	主要作用	对反应产生的影响
引发剂偶氮二异丁腈	影响聚合度和聚合速度	随引发剂用量增加,诱导期缩短,聚合反应活性中心增多,反应速率提高;随引发剂用量增加,平均相对分子质量下降,支化度增加
溶剂甲醇	影响聚合度	随甲醇用量增加,体系溶剂的链转移常数减小,聚合度下降,通过调节甲醇含量可控制聚合度;随甲醇用量增加,聚合速度下降
转化率	影响聚合度和聚合物结构	聚合度随转化率上升而下降;过高的转化率使聚合物支化度增加,相对分子质量分布加宽。转化率一般控制在50%~60%
聚合时间	影响聚合物结构和聚合度	反应时间过短,聚合度低;反应时间过长,相对分子质量分布增宽。AIBN体系的反应时间一般在4~5 h
聚合温度	影响聚合速度、聚合物结构和质量	温度过高,诱导期短,反应速率快,聚合物支化度增加
聚合杂质	影响聚合度和聚合物性能	聚合反应中的杂质发生活性转移,并发生阻聚,使聚合度下降,影响产物的热性能和色相

四、聚乙烯醇制备

聚乙烯醇通常由聚醋酸乙烯醇解而获得。

1. 醇解方法

聚醋酸乙烯的醇解反应与低分子酯化反应一样,可以用酸做催化剂,称为酸法醇解,也可以用碱做催化剂,称为碱法醇解。酸法醇解速度慢,产品不稳定,颜色深。工业上几乎都采用碱法醇解。通常将聚醋酸乙烯在催化作用下进行醇解,分子中醋酸根被羟基取代的程度称为醇解度。

聚醋酸乙烯和甲醇在碱催化作用下发生酯交换反应,生成聚乙烯醇和乙酸乙酯。

$$\left[CH_2-CH\right]_n + nCH_3OH \longrightarrow \left[CH_2-CH\right]_n + nCH_3COOCH_3$$
$$\quad\quad\ OOCCH_3 \quad\quad\quad\quad\quad\quad\quad\quad\quad\ OH$$

在发生上述反应的同时，根据体系中水分含量的多少，伴随有皂化等副反应：

$$\begin{array}{c} -\!\!\!-\!\!\!\!\underset{|}{\overset{}{C}}H_2 - \underset{|}{\overset{}{C}}H \overset{}{-\!\!\!\!-}_n + nNaOH \longrightarrow -\!\!\!\!-\underset{|}{\overset{}{C}}H_2 - \underset{|}{\overset{}{C}}H \overset{}{-\!\!\!\!-}_n + nCH_3COONa \\ OOCCH_3 \qquad\qquad\qquad OH \end{array}$$

$$CH_3COOCH_3 + NaOH \longrightarrow CH_3OH + CH_3COONa$$

当体系中水分含量较高时，副反应明显加速，因此反应所耗用的碱量增加。工业生产中，根据醇解反应体系中所含水分的多少或反应所耗用的碱催化剂量的高低，分为高碱醇解法或湿法醇解，以及低碱醇解法或干法醇解。

高碱醇解法中，体系含水率约 6%，催化剂用量为每摩尔聚醋酸乙烯链节加碱 0.1～0.2 mol，氢氧化钠以其水溶液的形式加入，故又称湿法醇解。该方法的醇解反应速度快，生产能力较大，但副反应较多，耗碱量较大，副产物醋酸钠含量高。

低碱醇解法中，体系含水率必须控制在 0.1% 以下，催化剂用量为每摩尔聚醋酸乙烯链节加碱 0.01～0.02 mol，碱以其甲醇溶液的形式加入，故又称干法醇解。该方法的副反应及副产物少，产品纯度高，醇解残液回收较简单，但反应速度慢，生产能力低。

2. 聚醋酸乙烯醇解工艺流程

采用高碱醇解法时，将用于醇解的聚醋酸乙烯甲醇溶液加热到 45～48 ℃，然后与浓度为 350 g/L 的氢氧化钠水溶液按规定量分别由泵送入混合机，两者充分混合后迅速送入醇解机。醇解完成后，生成块状聚乙烯醇，随后经粉碎和挤压，使聚乙烯醇与醇解残液分离。所得固体物料经粉碎、干燥，即得所需的聚乙烯醇。压榨残液送至专门工段回收甲醇和醋酸。

采用低碱醇解法时，将用于醇解的聚醋酸乙烯甲醇溶液经浓度校正，并预热到 40～45 ℃ 后，与氢氧化钠甲醇溶液按一定配比分别由泵送入混合机。混合后的物料被置于皮带醇解机上，静置一定时间。醇解反应完成后，块状的聚乙烯醇从皮带机的尾部下落，经粉碎后投入洗涤釜，用已脱除醋酸钠的甲醇洗涤，以减少产物中夹带的醋酸钠，然后再投入中间槽，送入分离机进行固液相连续分离。所得固体经干燥后即为所需的聚乙烯醇。残液进行回收。

3. 影响聚醋酸乙烯醇解的因素

（1）碱摩尔比。碱摩尔比是指加入醇解反应的氢氧化钠与聚醋酸乙烯链节的摩尔比。醇解过程中，碱不仅是酯交换反应的催化剂，还直接参与反应和副反应。随碱摩尔比增加，反应速度加快，醇解度提高，但副反应也加速，所得聚乙烯醇中夹带的醋酸钠量增加。所以碱不能过量，过量弊多利少。一般而言，高碱醇解法中，碱与聚醋酸乙烯链节的摩尔比为 0.11∶1～0.12∶1，低碱醇解法中则为 0.012∶1～0.016∶1。

（2）聚醋酸乙烯的浓度。醇解过程中，聚醋酸乙烯浓度较高时，醇解反应初期速度可以提高，但醇解后期将较早出现反应速度自动减慢的现象，使所得聚乙烯醇的醇解度减小。这一现象在含水的醇解过程中更为明显。因此，一般在带有少量水的高碱醇解过程中，醇解液中聚醋酸乙烯的含量控制在 22%～23%；在不含水的低碱醇解过程中，醇解液中聚醋酸乙烯的含量提高到 33%～35%。

（3）醇解介质的含水率。醇解液中含水量增加，对主反应、酯交换反应有加速作用，但同时也使副反应的发生量增加，消耗于副反应的碱量增加，使产品醇解度下降，醋酸钠含量增加，因此，生产中一般趋向于采用低含水醇解法。

（4）醇解温度。醇解温度主要依据进入混合机的物料的预热温度而定。同时醇解机本身亦需保温。反应温度提高，主反应速度加快，但副反应速度也加快，而且副反应加快的速度为主反应的 2 倍多。因此,醇解温度提高,碱耗量大,从而在规定碱摩尔比下,醇解度下降,醋酸钠含量增加。

(5) 醇解时间。醇解时间是指在规定条件下达到要求的醇解度时,物料在醇解机中应停留的时间,它取决于反应速度。高碱醇解法,体系含碱量高,同时有水,醇解反应速度快,醇解时间短,大约只需要 1 min。低碱醇解法,由于反应速度大大减少,一般约需 10～20 min,反应才能完成。

五、聚乙烯醇的化学结构

醇解程度的不同导致聚乙烯醇具有不同的化学结构,也使聚乙烯醇具有不同的应用。纺丝用(纤维级)聚乙烯醇,其醇解度为 99.6%(摩尔分数,下文同)以上,为均聚物;上浆用聚乙烯醇的醇解度为(98±1)%,工业上亦视为均聚物。上述两种视为均聚物的聚乙烯醇(PVA)称为完全醇解 PVA,而醇解度更低的 PVA 相当于乙烯醇与醋酸乙烯的共聚物,其结构式可表示如下:

$$\displaystyle \left[\begin{array}{c} \mathrm{CH_2-CH} \\ | \\ \mathrm{OH} \end{array} \right]_n \quad \text{完全醇解PVA}$$

$$\displaystyle \left[\begin{array}{c} \mathrm{CH_2-CH} \\ | \\ \mathrm{OH} \end{array} \right]_x \left[\begin{array}{c} \mathrm{CH_2-CH} \\ | \\ \mathrm{OOCCH_3} \end{array} \right]_y \quad \text{部分醇解PVA} \quad (n=x+y)$$

从分子结构可以看出,完全醇解 PVA 大分子侧基绝大部分为羟基,而部分醇解 PVA 侧基中既有羟基,又有相当数量的酯基。

由于聚乙烯醇规整的分子结构,因此它是一种结晶性高分子化合物,又由于其相对分子质量的多分散性,它没有一定的熔点。用差热分析法(DTA)测定,PVA 的熔点在 230 ℃左右,加热到 65～85 ℃时软化,经拉伸则重新结晶。用 X 射线衍射法分析 PVA 的结晶构造得到,PVA 完全结晶时的密度应为 1.31 g/cm³,完全无定形产品的密度为 0.94 g/cm³。根据 PVA 的密度可以推算其结晶程度。

PVA 大分子链上有大量的羟基侧基。对羟基位置的测试证实,PVA 大分子主要呈"头—尾"相连的 1,3-乙二醇结构,含有约 2%"头—头"相连的 1,2-乙二醇结构。

$$\mathrm{-CH_2-CH-CH_2-CH-} \quad \text{头—尾结构}$$
$$\qquad\quad | \qquad\qquad |$$
$$\qquad\ \ \mathrm{OH} \qquad\ \ \mathrm{OH}$$

$$\mathrm{-CH_2-CH-CH-CH_2-} \quad \text{头—头结构}$$
$$\qquad\qquad\ \ | \ \ |$$
$$\qquad\qquad\ \ \mathrm{OH}\ \mathrm{OH}$$

通常每 100 个链节含有 1～2 个 1,2-乙二醇结构,其含量随聚合强度升高而增加。聚乙烯醇的溶胀度随分子中 1,2-乙二醇结构含量增加而增大。实际上,聚乙烯醇中还含有少量支链结构的聚乙烯醇分子。

$$\begin{array}{c} \qquad\quad \mathrm{OH}\ \ \mathrm{OH} \\ \qquad\quad |\qquad | \\ \qquad \mathrm{CH_2-CH-CH} \\ \qquad | \\ \mathrm{-CH_2-C-CH_2-CH-CH_2-CH-} \\ \qquad | \qquad\qquad | \qquad\qquad | \\ \ \ \mathrm{OH} \qquad\quad \mathrm{OH} \qquad\quad \mathrm{OH} \end{array}$$

另外,聚乙烯醇分子中还含有约 0.01%～0.03%(摩尔分数)的羰基。当有微量酸存在时,这些羰基生成缩酮键,从而使聚乙烯醇水溶液的黏度急剧上升。羰基也是聚乙烯醇经热处理后引起着色的主要原因。

PVA 中的羟基存在有两种形式。用红外吸收光谱分析,其微分曲线分别在波长约 3.16 μm 及 2.79 μm 处存在极大值。波长约 3.16 μm 区域相当于氢键缔合的—O—H 振动,波长约 2.79 μm 区域相当于游离的—O—H 振动。据测定在室温下,PVA 分子中约有 70%的—O—H 处于缔合状态,加热到软化点时(65～85 ℃)氢键开始被拆散,缔合数减少。温度继续升高,"游离"—O—H 数继续增加,150 ℃时达最大值。冷却时,"游离"—O—H 能重新缔合。因此,上浆时适当提高 PVA 浆液温度,可使更多的羟基对纤维产生亲和性。PVA 大分子主链是碳-碳单键均链,其柔顺性理论上应很好,但由于羟基的极性强,柔顺性受到一定影响。

第三节　物理性质

聚乙烯醇为白色或微黄色粉末或颗粒状物质,表观密度约 0.20～0.48 g/cm³,折射率为 1.51～1.53,比热容为 1.6～2.1 kJ/(g·K)。

PVA 聚合度有高聚合度、中聚合度与低聚合度之分。在纺织经纱上浆中,以 1 700 为高聚合度、1 000 左右为中聚合度、500 左右为低聚合度。PVA 的聚合度决定着它的许多物理性能(表 3-4)。在合成纤维生产和其他工业部门应用中,也有使用 2 000 以上的高聚合度 PVA。

通常,用作黏合剂及上浆剂的 PVA 醇解度规格:

$x:y=98:2$,称为完全醇解型,醇解度为 98%～100%。

$x:y=95:5$,称为中等醇解型,醇解度为 94%～96%。

$x:y=88:12$,称为部分醇解型,醇解度为 87%～89%。

还有低醇解度的 PVA,醇解度为 50%～80%。

在市场上,常以聚合度与醇解度这两个质量指标作为 PVA 的商品"代码"。在我国,把 PVA 的聚合度的千、百位上的数字放在前面,把醇解度的摩尔分数放在后面。例如:1799PVA,即聚合度为 1 700、醇解度为(98±1)%的完全醇解 PVA;1788PVA,即聚合度为 1 700、醇解度为(88±1)%的部分醇解 PVA。其他国家生产的 PVA 商品的表达方式原则上也是如此。例如:日本的 PVA 有 K-17、H-17、117 及 205 等,其前面的一个字母或数字表示醇解度,而后面两个数字表示聚合度的千、百位数。如 117 即 1799,205 即 0588 等。

一、溶解性

聚乙烯醇在大多数有机溶液(如酯、醚、酮、烃及高级醇)中难溶甚至不溶解,在加热条件下可溶于多元醇(如甘油、乙二醇、低相对分子质量的聚乙二醇)、酰胺(如甲酰胺、甲基甲酰胺、羟乙基甲酰胺)、三乙醇胺、乙醇胺和二甲基亚砜,在室温下可溶于二乙烯三胺和三乙烯四胺。所有的聚乙烯醇都不与动植物油和石油烃发生作用。

聚乙烯醇在水中的溶解性及其水溶液的黏度,随其聚合度大小、醇解度高低而变化,如表 3-4 所示。

表 3-4　PVA 聚合度、醇解度对其性能的影响

一般性质	聚合度 小——大	醇解度 小——大
水溶液黏度	小——大	小——中
在冷水中的溶解性	大——小	大——小
在热水中的溶解性	大——小	小——大
薄膜强度	小——大	小——大
薄膜伸长率	大——小	大——小
薄膜耐溶剂性	小——大	小——大
水溶液起泡倾向	与聚合度关系不大	大——小

　　PVA 聚合度越高,溶解速率越低。聚合度为 500 的 PVA 在室温下即可溶解,而聚合度为 1 700 的 PVA 在 80 ℃以上才能溶解。这与一般高分子化合物溶解性能的变化相一致。由于聚合度高,分子间引力大,要克服分子间力,均匀地分散在水分子之间,就显得更困难。

　　PVA 醇解度对其水溶性的影响较复杂。完全醇解聚乙烯醇在冷水中发生膨润现象,但不溶解,需加热至 80 ℃以上才能溶解。部分醇解聚乙烯醇能溶于冷水。聚合度低的聚乙烯醇溶于冷水可制成 20%～30% 的溶液,聚合度高的聚乙烯醇只能溶于热水制成 10%～15% 的溶液,但冷却后即凝结。完全醇解的聚乙烯醇水溶液 pH 值为 6～8,部分醇解型的 pH 值为 5.5～7.5。聚合度为 1 700 的 PVA 的溶解度与醇解度的关系如图 3-2 所示。

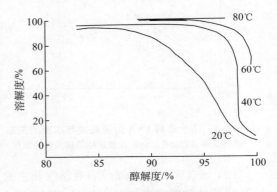

图 3-2　PVA 溶解度与醇解度关系

　　醇解度大于 99% 的纤维级 PVA,在冷水中不溶,仅溶胀,加热到 95 ℃以上才开始溶解,接近沸点时才能完全溶解,静置时易形成凝胶体。醇解度为 85%～88% 的 PVA,在冷水或热水的所有条件下都能顺利溶解。工业生产部门使用的部分醇解 PVA 之所以选用 88% 醇解度规格,就在于其水溶性最好,加热时溶液最稳定。醇解度为 89%～95% 的 PVA,一般需加热到 70～80 ℃才溶解于水。如果疏水性醋酸残基含量过多,显然会降低 PVA 的亲水性。醇解度为 70%～80% 的 PVA,虽可溶解于冷水,但在热水中有析出沉淀的倾向;醇解度小于 65% 的 PVA,由于疏水性的乙酰基含量增大,水溶性下降。醇解度小于 60% 的 PVA,已不是水溶性产品。

　　PVA 分子中含有大量的亲水性羟基,多数在 PVA 大分子内及分子间形成氢键缔合在一起。因此,对于完全醇解型 PVA,醇解度越高,水溶性反而降低。部分醇解 PVA 中含有少量的疏水性醋酸残基,一方面降低了 PVA 分子的结晶度,另一方面削弱了羟基间的缔合作用。

　　试验表明,一般 PVA 的溶解时间为 1～2h,过多延长溶解时间是不必要的。溶解速率受搅拌速度及搅拌器类型的影响,以螺旋型搅拌器的效率为最高。

　　PVA 水溶液对醋酸及大多数的无机酸(如盐酸、硝酸和磷酸)都表现出很高的容忍度。但氢氧化钠溶液,即使浓度相当低,也会使 PVA 从溶液中沉淀析出。PVA 溶液对氢氧化铵、硝酸钠、氯化铵、氯化钙、碘化钾和硫氰酸钾等大多数无机盐类也有很高的容忍度。但有些盐(如碳酸钙、硫酸钠和硫酸钾)能使 PVA 从溶液中沉淀出来。这类盐常作为 PVA 溶液的沉淀剂,

可以将溶液中 PVA 絮凝沉淀,通过过滤除去。

二、水溶液黏度

PVA 是一种典型的水溶性高分子化合物,除独特的性能外,具有一般水溶性高分子化合物的通性。PVA 水溶液黏度的变化规律与一般水溶性高分子化合物相似,随聚合度、浓度升高而升高,随温度升高而降低。

PVA 溶液黏度与聚合度、醇解度、温度、浓度等影响因素的关系如下:

(1)浓度。图 3-4 与图 3-4 分别表示完全醇解 PVA 溶液黏度与浓度和温度的关系。黏度随浓度的增加而快速增大,低浓度时随温度变化小,高浓度时对温度更敏感。

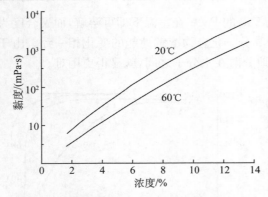

图 3-3　完全醇解 PVA 溶液黏度与浓度的关系
(回转式黏度计,60 r/min,曲线所标数值为浆液温度)

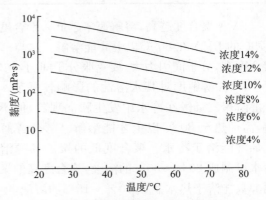

图 3-4　完全醇解 PVA 溶液黏度与
温度的关系

(2)聚合度。聚乙烯醇溶液黏度和它的聚合度近似呈正比例关系,如表 3-5 所示。聚乙烯醇溶液的黏度有高、中、低三种,PVA 聚合度在 1 500 以上属高黏度,在 1 000~1 500 属中黏度,在 1 000 以下属低黏度。

表 3-5　聚合度对 PVA 溶液黏度的影响

聚合度等级	相对分子质量/万	4%溶液黏度/(mPa·s)	聚合度等级	相对分子质量/万	4%溶液黏度/(mPa·s)
超高聚合度	25~30	70.06	中聚合度	12~15	0.016~0.035
高聚合度	17~22	0.036~0.060	低聚合度	2.5~3.5	0.005~0.015

(3)醇解度。PVA 醇解度对其溶液黏度也有影响。测定 4%PVA 溶液 25 ℃时的黏度(这是工业上检验 PVA 黏度等级的测定条件),结果如图 3-5 所示:醇解度为 87%时溶液黏度达到最小值,此种 PVA 的溶解性最好,与水的溶剂化作用最强;醇解度为 75%的 PVA 溶液经玻璃纤维过滤,可检测到 PVA 大分子呈螺旋状,即没有充分溶解,表现为其溶液黏度较高。一般来说,醇解度低于 87%、4%PVA 溶液的黏度,随着醇解

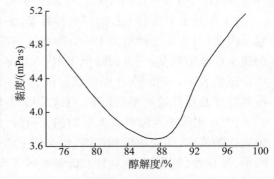

图 3-5　PVA 醇解度与其溶液黏度 (浓度 4%,25 ℃)

度降低而增加；在高醇解度区间，随着醇解度升高，由于结晶度升高、氢键缔合增强，溶液黏度升高。

（4）经时影响。高醇解度 PVA 经长时间放置，大分子发生定向排列，使分子间的交联点增加，其水溶液黏度随时间延长而上升，最终甚至可成为凝胶状。浓度越高、放置温度越低，黏度增加速率就越大[图 3-6（a）]。部分醇解 PVA 中，由于醋酸残基的空间障碍，大分子重排受到抑制，因此黏度很稳定，长时间放置黏度变化很小[图 3-6（b）]。

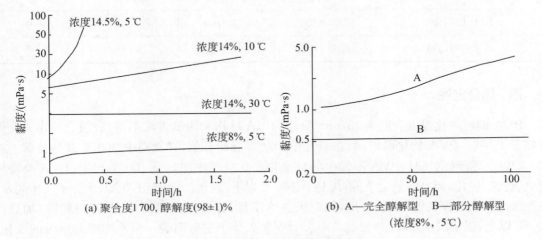

(a) 聚合度1 700，醇解度(98±1)%　　(b) A—完全醇解型　B—部分醇解型
（浓度8%，5℃）

图 3-6　PVA 黏度的经时变化

（5）热处理。溶解前热处理等因素会对 PVA 溶液黏度的稳定性产生影响。由图 3-7 可见，热处理条件越强，黏度上升越显著。黏度稳定性与 PVA 分子的起始分散状态及大分子的定向排列有着密切关系。浓溶液与稀溶液相比较，溶解时分子间的氢键缔合更难完全拆散，氢键拆散也更不完全，黏度稳定性越差。

三、吸湿性

PVA 分子上有大量亲水性的羟基，具有吸湿性，又由于分子中的羟基形成氢键，其吸湿性比较弱，如表 3-6 所示。增塑剂的加入通常使 PVA 的吸湿性增加，未加增塑剂的 PVA 膜在高温下仍保持不黏和干燥。

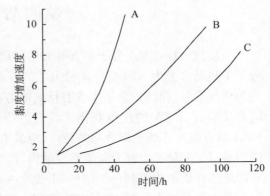

A—105 ℃，热处理 4 h　B—105 ℃，热处理 1.5 h
C—不经热处理

图 3-7　热处理条件与 PVA 溶液黏度稳定性

表 3-6　未增塑 PVA 膜的吸湿率

相对湿度/%	增重率/%	相对湿度/%	增重率/%
35	1～2	80	7～10
55	3～5	100	25～30

注：PVA 膜在实验前先在 100 ℃下干燥 10 min。

PVA 的介电常数和功率因素比一般绝缘材料高。PVA 的电性能随湿度变化而变化,如表3-7所示。因 PVA 有一定的吸湿性,故极少因摩擦引起静电,由于静电弱,空气中尘埃附着很少。

表 3-7 湿度对 PVA 电性能的影响

电性能 湿度条件	介质损耗角正切		介电常数	
	60 Hz	1.6×10^6 Hz	60 Hz	1.6×10^6 Hz
用 P_2O_5 干燥	0.07～0.02	0.03～0.09	5～10	3～4
50%相对湿度	0.20～0.60	0.07～0.20	8～25	4～7

四、热稳定性

PVA 的玻璃化温度一般为 75～85 ℃,因 PVA 结构和测试方法不同,数值会有出入。温度高于 150 ℃,PVA 软化而熔融,在氧气中 180 ℃ 开始分解,在真空中 200 ℃ 开始分解。在 140 ℃ 以下,隔绝空气时,PVA 不发生明显变化。在空气中加热至 100 ℃ 以上,PVA 会慢慢变色、泛黄、脆化,而且溶解度下降;加热至 160 ℃ 以上,颜色加深;至 170 ℃,大分子发生脱水,在长链上形成共轭双键,颜色发黑,同时失去水溶性,弹性模量显著增大,变得硬脆;加热到 200 ℃ 以上,很快脱水热裂解;超过 250 ℃,PVA 大分子主链断裂。聚乙烯醇加热时的变化,可以通过加入 0.5%～3% 的硼酸加以改善。

第四节　化学性质

与淀粉一样,PVA 分子中含有大量的羟基,化学性质在一定程度上也类似于淀粉。PVA 分子中羟基含量为 38.64%(质量分数),淀粉中羟基含量为 31.48%。PVA 分子中所含羟基均为仲醇羟基,而淀粉分子中含有反应能力有明显差异的伯醇羟基与仲醇羟基。当羟基发生同类反应时,PVA 的性质变化比淀粉更明显,反应也更规则,这与其相对规整的结构有关。PVA 具有线型乙烯类聚合物的特点,也具有立体结构和分支结构,构象较为复杂。与淀粉不同的是,PVA 分子主链为高柔顺性结构,具有更大的反应自由,同时,相邻羟基均可参与反应。它的化学性质取决于其化学结构,主要取决于仲醇羟基的存在。PVA 可看作交替相隔的碳原子上带有羟基的多元醇,能够进行酯化、醚化、缩醛化等反应,也能与碱、氧化剂及无机盐等反应。

一、与碱作用

PVA 与碱作用,会发生结构和性能变化。这种变化受碱的浓度、温度、作用时间及 PVA 本身类型的影响。

1. 部分醇解 PVA 的作用

部分醇解 PVA 相当于乙烯醇与醋酸乙烯的共聚物,分子链上除羟基外,还含有大量的醋酸酯基,摩尔百分比约 12%,在 80 ℃ 的碱液作用下,酯基被水解成羟基,使得 PVA 的醇解度提高。当用碱量达到 PVA 质量的 9% 时,醇解度将由 88.10% 上升到 99.66%(表 3-8),部分醇解 PVA 成为完全醇解 PVA,到达纤维等级。

表 3-8　碱对 PVA 醇解度的影响

PVA 质量/g	NaOH 用量/%（对 PVA 质量）	醇解度/%	PVA 质量/g	NaOH 用量/%（对 PVA 质量）	醇解度/%
2.358	0.00	88.10	1.990	4.53	93.76
2.552	0.48	88.81	1.900	5.61	95.13
3.080	0.91	89.32	2.280	5.98	96.00
2.528	1.36	90.23	2.295	7.02	97.28
2.598	2.14	91.75	2.595	8.01	98.41
2.900	2.97	92.99	3.380	8.99	99.66
2.394	3.65	92.61	——	——	——

注：碱处理温度 80 ℃，时间 1 h。

其反应式：

$$—CH_2—CH—CH_2—CH—CH_2—CH— \quad +mNaOH \longrightarrow$$
$$\qquad\quad OH \qquad\qquad OOCCH_3 \qquad\quad OH$$

$$—CH_2—CH—CH_2—CH—CH_2—CH— \quad +mCH_3COONa$$
$$\qquad\quad OH \qquad\qquad OH \qquad\quad OH$$

图 3-8 中曲线 a 为部分醇解 PVA 与碱反应前后的红外光谱。由此可知，部分醇解 PVA 具有波数为 1 730 cm^{-1} 与 1 245 cm^{-1} 的强特征峰，而 1 730 cm^{-1} 是酯基中 $\diagdown C\!\!=\!\!O$（羰基）的对称伸缩振动吸收峰，1 245 cm^{-1} 是酯基中—C—O—C—的反对称伸缩振动吸收峰，均为酯基的特征峰，是部分醇解 PVA 所特有的。当碱量逐渐增加到 5%（对 PVA 质量）时，上述两个特征峰逐渐削弱；碱量达到 9% 时，两峰消失，呈现完全醇解 PVA 的红外光谱（图 3-8 中曲线 b）。

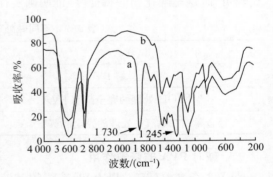

图 3-8　碱处理前后部分醇解 PVA 红外光谱

2. 完全醇解 PVA 的作用

在完全醇解 PVA 溶液中加入碱，会发现游离碱的含量减少，说明碱与完全醇解 PVA 也有一定作用。碱被完全醇解 PVA 吸收，可生成醇化物。

$$—CH_2—CH—CH_2—CH—CH_2—CH— \quad +mNaOH \longrightarrow$$
$$\qquad\quad OH \qquad\qquad OH \qquad\quad OH$$

$$—CH_2—CH—CH_2—CH—CH_2—CH— \quad +m'H_2O$$
$$\qquad\quad OH \qquad\qquad ONa \qquad\quad ONa$$

试验证明，完全醇解 PVA 的结合碱量和碱浓度有关，有一个极限值。完全醇解 PVA 的结合碱量最大可达 9%（图 3-9），而对浓碱的结合量可降低到零。温度对 PVA 的结合碱量没有显著影响，只是平衡时间不同，一般最长的平衡时间为 10 h。

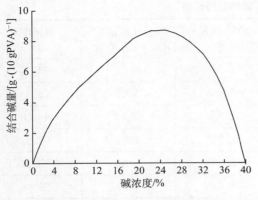

图 3-9 完全醇解 PVA 的结合碱量

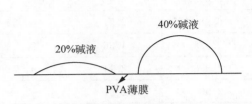

图 3-10 碱浓度对 PVA 薄膜润湿性的影响

完全醇解 PVA 的结合碱量变化,可用 PVA 与 NaOH 的界面性质解释。在界面反应中,相互作用只发生在表面分子,不同浓度的 NaOH 溶液对 PVA 膜的润湿性不同。如图 3-10 所示,浓度为 20% 的碱液滴到 PVA 薄膜上,液滴流散,膜被润湿;而浓度为 40% 的碱液滴在薄膜上呈球状,不润湿膜,两者的界面上不发生作用,因此结合的碱量很低。完全醇解 PVA 吸收碱会形成醇化物,可由红外吸收特征证实(表 3-9)。完全醇解 PVA 经碱处理后,其红外光谱中产生了两个特征峰 $1\,430\ cm^{-1}$ 及 $1\,320\ cm^{-1}$。将其与金属钠处理后、含醇钠基团的 PVA 比较可知,这是醇化物的特征峰,证明确实存在—ONa 键。

表 3-9 不同碱处理后 PVA 的红外吸收特征

试样名称	红外吸收特征峰/(cm^{-1})
完全醇解 PVA	3 330,2 940,1 230,1 140,1 090
经 NaOH 处理的完全醇解 PVA	3 330,2 940,1 430,1 320,1 230,1 140,1 090
经金属钠在氨液中处理的完全醇解 PVA	3 330,2 940,1 430,1 320,1 230,1 140,1 090

3. 碱对 PVA 的降解作用

PVA 在高温(85 ℃以上)及较浓的碱液(5%NaOH 溶液)条件下处理时,色泽会泛黄,甚至变为棕色,也会呈凝胶状并析出絮状沉淀物。长时间加热,可使 PVA 大分子氧化而断裂,聚合度下降。3h 后,PVA 的聚合度可由 1 250 降低到 450。因此,纺织厂使用 NaOH 来消除部分醇解 PVA 浆液中的泡沫,或用来调整 pH 值(因部分醇解 PVA 的 pH=6.5),都是不妥当的。调浆过程中,所用的碱量虽不足以使 PVA 发生降解,但使部分醇解 PVA 转化成完全醇解 PVA 是完全可能的。部分醇解 PVA 对合成纤维的上浆性能比完全醇解 PVA 好,但价格也比完全醇解 PVA 高很多。若在调浆过程中不能适当控制碱量,使部分醇解 PVA 转化成完全醇解 PVA,不但增加了成本,还将价格高的部分醇解 PVA 转变成价格低的完全醇解 PVA。

二、醚化反应

PVA 分子上的羟基可与环氧化合物、含双键结构的有机化合物及有机卤代化合物发生醚化反应。在同一大分子内,去除水分子即可形成内醚。用无机酸或碱做催化剂,可生成不溶性醚。这也是制取变性 PVA 的重要方法。

$$—CH_2—CH—CH_2—CH—CH_2—CH— \quad \xrightarrow[H^+或OH^-]{-H_2O}$$
（OH，OH，OH）

$$—CH_2—CH—CH_2—CH—CH_2—CH— \quad +m'\,H_2O$$

PVA 与丙烯腈反应得到氰乙基醚化物。随取代基数量的不同，所得产物可以溶于水，或可溶于丙酮等，是稳定的化合物。最重要的醚化物，是 PVA 与氧化乙烷生成的醚，羟乙基含量可高达原羟基量的 75％。当羟乙基含量较少时，成为可溶性凝胶。这类衍生物的水溶液稳定性高，已用于制造冷水可溶性的薄膜。

$$n CH_2—CH_2 + (CH_2—CH)_n \longrightarrow (CH_2—CH)_n$$
（O，OH，OCH_2CH_2OH）

羧甲基化的 PVA 可溶于水，当加热到 120～125 ℃时，会发生脱水反应或生成内醚，或大分子间生成醚键或酯键，变成不溶性树脂。PVA 与丙烯酰胺反应得到胺基甲酰化产物，可溶于水，水溶液稳定。由于酰胺基团破坏了 PVA 的规整性，反应产物分子间的氢键被削弱，水溶液不易形成凝胶。

$$CH_2=CH—C—NH_2 + (CH_2—CH)_n \longrightarrow (CH_2—CH)_n \quad O$$
（O，OH，OCH_2CH_2—C—NH_2）

PVA 的醚化反应较酯化反应容易进行，取代基化学稳定性也较酯化产物好。PVA 醚化后，分子间的作用力有所减弱，产物的强度、密度、软化点等有所下降，亲水性也下降。醚化取代基的相对分子质量越大，这种影响越明显。

三、酯化反应

PVA 能与有机酸如甲酸、乙二酸等反应生成相应的聚乙烯醇有机酯，也可以与硝酸、磷酸等反应生成相应的无机酯。PVA 还可与酰氯或酸酐发生酰化反应生成酯。在无水醋酸及四氯化碳混合溶剂中，PVA 也可与硝酸作用，制得具有爆炸性的硝酸酯。但 PVA 反应能力比一般低分子醇类低。

$$(CH_2—CH)_n + n HNO_3 \longrightarrow (CH_2—CH)_n + n H_2O$$
（OH，ONO_2）

PVA 在甲酰胺或二甲基甲酰胺（DMF）参与的条件下，与异氰酸盐或尿素反应，能生成尿烷类的特殊酯——氨基甲酸酯：

$$(CH_2—CH)_n + n H_2N—C—NH_2 \xrightarrow[150\,℃]{DMF} (CH_2—CH)_n + n NH_3$$
（OH，O，O—CONH_2）

这种部分氨基甲酸酯化的 PVA 是冷水可溶的 PVA 衍生物，已成功地用于合成纤维纱及特种纤维纱的上浆。

用二元酸或二元酸酐在适当条件下与 PVA 反应,可生成有一定横向交联度的聚乙烯醇酯,该产物在水中的溶胀性和溶解度都比 PVA 低,耐热性稍有提高,但耐酸、碱稳定性差,遇酸、碱水溶液即水解,重新生成原来的 PVA。

四、缩醛化反应

PVA 在酸催化剂的作用下能与各种醛进行缩醛反应。这也是维纶生产过程中的化学反应。能反应的醛类有饱和醛(甲醛、乙醛、丁醛等)、不饱和醛(丙烯醛、2-丁烯醛等)、芳香醛、二元醛(乙二醛或戊二醛、苯二醛等)。

缩醛化可以发生在分子内相邻羟基之间,形成一种六元环的分子内缩醛,也可以发生在相邻分子的羟基间,形成一种分子间缩醛,产生分子间的交联。一般情况下,以一元醛进行缩醛化只是在分子内进行,分子间的反应较少。

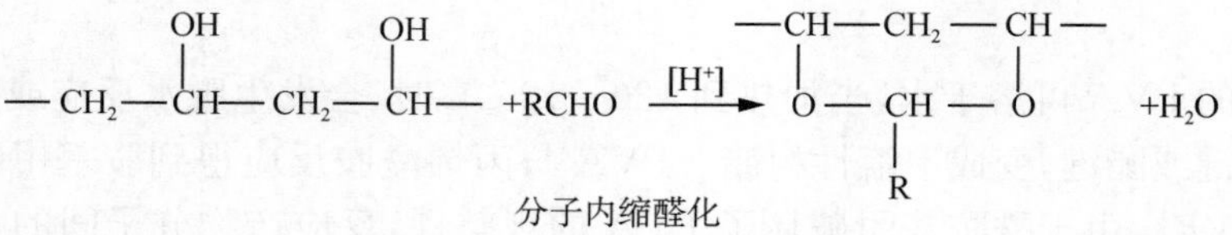

分子内缩醛化

如果以二元醛进行缩醛化,则以分子间缩合为主,分子内缩合物较少。

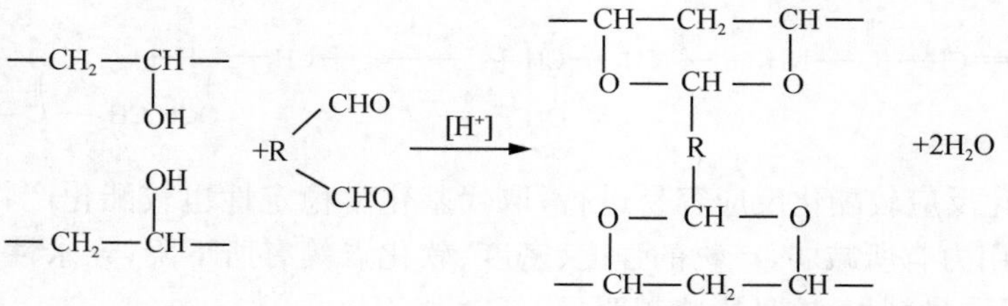

分子间缩醛化

聚乙烯醇缩醛化反应可采用沉淀法、溶解法、均相体系法、非均相体系法等,其中:均相体系法的缩醛化程度最高,分子间缩醛化反应少,分子内的缩醛基分布均匀性最好;沉淀法产物易于精制;溶解法产物质量均匀性好。

聚乙烯醇经缩醛化后,在水中的溶胀、溶解性能降低,耐热水性提高,其皮膜的强度、弹性模量和断裂伸长率及热性能均会发生变化。

五、氧化反应

聚乙烯醇在空气中可燃,生成二氧化碳和水,并伴随产生一种特别的刺激性气味。PVA 与强氧化剂作用时,分子中的羟基被氧化,致使大分子链断裂。在空气存在的条件下,温度略高时,硝酸也能因氧化作用而破坏 PVA 大分子结构。空气中的氧、臭氧或过氧化氢对 PVA 的氧化作用,首先是沿主链形成羰基($C=O$)、羧基(—COOH)的混合物;其次,在酸或碱存在的条件下,使 PVA 的主链裂解,从而降低 PVA 溶液的黏度、黏附性及薄膜强度。加热能使 PVA 主链迅速断裂。印染厂用双氧水对 PVA 退浆就是采用了这一基本原理。重铬酸钾($K_2Cr_2O_7$)在温热的酸性溶液中,也能使 PVA 发生类似的氧化裂解反应。

$$-CH_2-CH-CH_2-CH-CH_2-CH-CH_2-CH-CH_2-CH-CH_2-CH-$$
$$\quad\ \ |\ \qquad\qquad |\ \qquad\qquad |\ \qquad\qquad |\ \qquad\qquad |\ \qquad\qquad |$$
$$\quad\ \ OH\qquad\quad\ OH\qquad\quad\ OH\qquad\quad\ OH\qquad\quad\ OH\qquad\quad\ OH$$

$$\Big\downarrow H_2O_2$$

$$-CH_2-CH-CH_2-CH\ +\ CH_3-CH-CH_2-\qquad\qquad-CH_2-CH-$$
$$\quad\ \ |\ \qquad\qquad |\ \qquad\qquad\quad |\ \qquad\qquad\qquad\qquad\qquad\qquad |$$
$$\quad\ \ OH\qquad\quad\ OH\qquad\qquad\ OH\qquad\qquad\qquad\qquad\qquad OH$$

$$\Big\downarrow H_2O_2$$

$$CH_3-CH-CH_2-CH-CH_3\ +\ HO-CH-CH_2-CH-$$
$$\qquad\quad \|\qquad\qquad\ |\qquad\qquad\qquad\qquad\ |\qquad\qquad \|$$
$$\qquad\quad O\qquad\qquad OH\qquad\qquad\qquad\qquad\ OH\qquad\quad O$$

六、与溴、碘作用

PVA 水溶液与溴反应生成黄色絮状沉淀。浓度为 54.2% 的溴水与 PVA 水溶液煮沸时，发生溴代氧化反应，变为黑色不溶性物质。

与淀粉一样，PVA 可以与碘络合产生颜色，完全醇解的聚乙烯醇与碘作用呈蓝色，部分醇解的呈红色。除醇解度外，反应受 PVA 制备条件及其他物质的影响，与溶液浓度也有密切关系。PVA 溶液浓度较高时，加入碘液就能看到明显的颜色。对于低浓度 PVA 溶液，必须在碘液中加入碘化钾溶液；在含少量或微量 PVA 的溶液中，则需要在硼酸存在的条件下显色。例如将含有较浓碘液的碘化钾溶液用硼酸饱和后作为试液，可使聚合度 500 以上的 PVA 立即生成蓝色或黑蓝色纤维状沉淀；用水稀释，沉淀物可被溶解成蓝色溶液；加热到 50 ℃，络合物被破坏，蓝色消失，碘化钾-碘试液呈棕色；如再冷却，颜色不会立即出现，需经数小时才能再出现蓝色。这一现象被用于检验 PVA。利用 PVA 与碘反应的性质，可以测定浆纱织物退浆精练后织物上聚乙烯醇的残留量。如将退浆精练后的织物放入由 50 g/L 的硼酸饱和溶液 40 mL 和浓度为 0.1 mol/L 的碘溶液 10 mL 组成的碘浓度为 0.02 mol/L 溶液中 1～2 min，取出后在硼酸饱和溶液中洗净 1 min，用滤纸吸去织物中的水分，并显色。0.4% 聚乙烯醇为蓝色，0.001% 时为微黄绿色。

鉴于 PVA 分子中含有不同基团，其着色程度有差别，还可用碘鉴别 PVA 的醇解程度。试验表明，完全醇解 PVA 与碘化钾-碘试液呈蓝色反应，部分醇解 PVA 与碘化钾-碘试液呈紫红色反应。醇解度为 80% 时，紫红色最深；醇解度为 94～95% 时，为蓝色到红色的转折点。

七、凝胶化作用

把能够与 PVA 发生凝胶化反应的物质称为凝胶剂。凝胶剂有两类：一类是染料和芳香族羟基化合物，如刚果红、苯并红紫、苯二酚、苯三酚类、水杨酰替苯胺、没食子酸、2,4-二羟基甲酸等，它们与 PVA 形成热可逆的凝胶；另一类是无机络合物，如硼酸、硼砂、硫酸钛、硫酸铜等，它们与 PVA 形成的凝胶是加热不可逆的。PVA 与某些无机盐类产生凝胶作用，其变化较复杂，但在工业上具有重要的意义。

PVA 对微量含硼化合物，特别是硼酸、硼砂或过硼酸盐很敏感。硼酸是非常有效的 PVA 凝胶剂，碱性条件下，它们一接触就会出现凝胶。pH 值低时在 PVA 溶液中加入硼酸，随着加入量的增大，溶液黏度增大，但 PVA 溶液仍是均匀的，此时硼酸与 PVA 的作用只是在分子内发生,形成可溶性络合物。因为硼酸的凝胶化作用不那么强,只要注意使用量,就可用于 PVA 的增黏。增黏后的 PVA 水溶液,湿黏性强,渗透性小。但向这种络合物中加碱,使其 pH 值偏于碱性时,硼酸与 PVA 发生的反应会使溶液黏度陡然上升,以致形成凝胶。如果用硼砂取代硼酸,由于硼砂本身有碱性,两者将直接发生分子间反应生成凝胶,这是线型 PVA 被硼化物交联的结果。这一凝胶过程和结构大致如下:

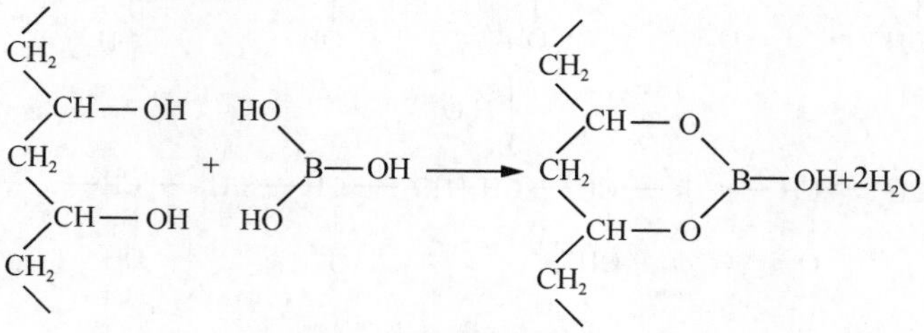

PVA与硼酸反应

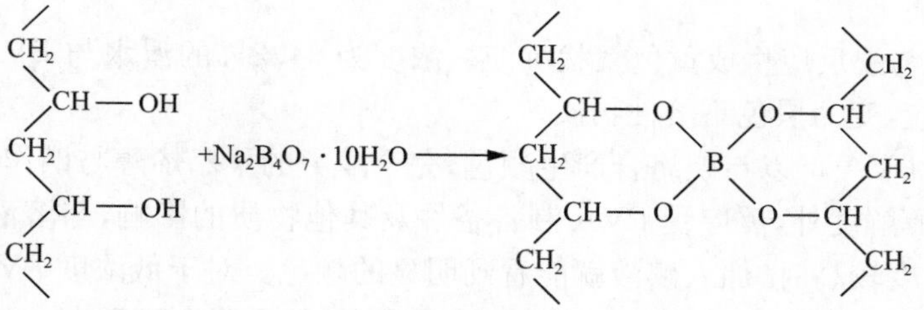

PVA与硼砂反应

PVA 水溶液凝胶化所需要的硼砂和硼酸的最低用量,随 PVA 醇解度升高而降低。溶液浓度为 5% 时,完全醇解 PVA 水溶液凝胶化只需溶液质量 0.1% 的硼砂就可以达到,而部分醇解 PVA 水溶液则需要加入溶液质量 1% 的硼砂才会出现凝胶化。温度越高,凝胶化所需的硼砂或硼酸的量越大。

铬盐、钒盐、钛盐、铜盐及高锰酸钾等也能与 PVA 作用形成凝胶状络合物,但溶液的 pH 值会对凝胶作用产生影响。通常,只有在 pH>5.0 时,才发生凝胶反应;当 pH<4.5 时,凝胶可再溶于水。这一原理已被用于处理含有 PVA 的污水(例如印染厂的退浆污水),并可得到再生的 PVA,甚至再用于上浆。

某些盐类,如 Na_2SO_4、$(NH_4)_2SO_4$、$MgSO_4$ 等,可使 PVA 从溶液中沉淀析出。维纶的湿法纺丝及薄膜制造就利用 PVA 的这一性质,采用这些盐溶液做凝固浴。

PVA 溶于水,不溶于一般的有机溶剂。但在醋酸、丙酸及乙二醇、苯酚中,加热后,PVA 可溶解,冷却时又会生成沉淀或凝胶化。PVA 与碳氢化合物或油脂等均不发生化学反应。PVA 不耐辐射,用 β-射线对 PVA 辐照,最明显的结果是大分子链断裂、聚合度降低。干燥 PVA 薄膜经 γ-射线辐照也能发生降解,但被水溶胀的 PVA 薄膜在辐照后会发生交联,交联后的 PVA 再溶性变差。

第五节　浆纱性能

一、表面活性与浸透性

PVA 分子链节一端具亲水性,一端具疏水性,有一定的表面活性,因此,PVA 水溶液被用作醋酸乙烯乳液聚合的乳化剂和保护胶体、氯乙烯悬浮聚合的分散剂等。PVA 属被覆性浆料,其表面活性较低。不同醇解度 PVA,其表面活性有一定差异。室温下,聚乙烯醇与水的接触角在 22°～54°。25 ℃下达到平衡时,聚乙烯醇 1% 水溶液的气/液表面张力为 50 mN/m。如图 3-11所示,聚乙烯醇的表面张力随其醇解度减小而降低。造成这种现象的原因是部分醇解聚乙烯醇中含有疏水性的乙酰基侧基。乙酰基在分子内分布越不均匀,聚乙烯醇水溶液的表面张力越低。在一定范围内,聚乙烯醇的醇解度越低,残存乙酰基含量越多,在分子内分布越不均匀,与单体颗粒的相互作用就越强,单体混合体系的稳定性越好,聚合度越大,其保护胶体能力越大。

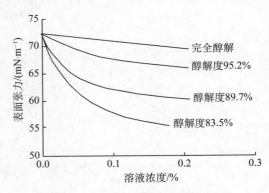

图 3-11　PVA 溶液的表面活性

溶液的浸透速率可用下式表示:

$$\frac{\mathrm{d}h}{\mathrm{d}t} = \frac{m}{k} \cdot \frac{\gamma\cos\theta}{\eta} \cdot \frac{1}{h} \tag{3-1}$$

式中:h——被浆液浸透的距离(深度);

　　　γ——浆液的表面张力;

　　　θ——浆液对纱的接触角;

　　　$\gamma\cos\theta$——润湿能;

　　　η——浆液黏度;

　　　m、k——由纱的多孔结构决定的系数。

将式(3-1)积分得:

$$h^2 = \frac{A\gamma\cos\theta}{\eta} \cdot t + C \tag{3-2}$$

式中:$A = \dfrac{2m}{k}$,为多孔材料常数。

　　令:

$$\alpha = \frac{A\gamma\cos\theta}{\eta} \tag{3-3}$$

　　则:

$$h^2 = \alpha t + C \tag{3-4}$$

式中:α——浸透速率的标准值。

　　α 值与溶液的黏度、表面张力、接触角及材料表面的多孔结构有关。

　　浸透速率的标准值(α)可按上式测定。用色层分析滤纸作为试验的多孔材料,可测得时间 t (s)与高度 h (cm)的关系。图 3-12 展示了水的 h^2 与 t 的关系,其斜率即为浸透速率标准

值 α(0.129 cm²/s)。图 3-13 所示为以同样方法测定的四种不同规格、浓度为 0.5%～4%的 PVA 浆液的 α 值。

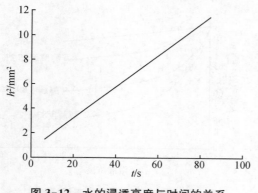

图 3-12　水的浸透高度与时间的关系　　　　图 3-13　PVA 浆液的浸透速率与浓度的关系

如用水的物理常数，$\eta=1$ mPa·s，$\gamma=72.8$ mN/m，$\cos\theta=0.952$，代入式(3-3)，可计算出所用的多孔材料系数 A：

$$A=1.865\times10^5$$

以上述 A 值及所测得的 α 值，根据式(3-3)，可分别计算出浓度为 0.5%～4%的四种 PVA 浆液与多孔材料的接触角，见表 3-10 及表 3-11。由两表可见，PVA 浆液的浸透速率随浓度增加而下降，但浓度达到 2%以上，其下降程度变得相当缓慢。同时可发现，PVA 的聚合度越高，其浸透速率越低；部分醇解 PVA 的浸透速率比完全醇解 PVA 高。由式(3-3)可知，表观的浸透速率受溶液黏度、表面张力及接触角的影响。由表 3-10 及表 3-11 可知，当 PVA 浆液浓度为 2%以上时，接触角基本上是一个定值，表面张力的变化也极其微小。可以认为，对于浓度大于 2%的 PVA 浆液，其浸透速率的变化主要受黏度的影响。

表 3-10　完全醇解 PVA 浆液的浓度和 γ、α、θ 的关系

PVA 浆液浓度/%	聚合度 500			聚合度 1 700		
	$\gamma/$ (mN·m^{-1})	$\alpha/$ (cm²·s^{-1})	$\theta/$ (°)	$\gamma/$ (mN·m^{-1})	$\alpha/$ (cm²·s^{-1})	$\theta/$ (°)
0.5	—	—	—	64.1	0.052 2	38.0
1.0	61.5	0.051 0	36.0	63.5	0.032 1	37.9
1.5	60.8	0.040 0	40.3	63.2	0.021 6	44.6
2.0	60.3	0.027 7	50.1	62.8	0.014 8	43.9
2.5	59.8	0.021 5	53.6	62.7	0.009 6	48.8
3.0	59.6	0.018 0	53.7	62.5	0.007 6	41.7
3.5	59.3	0.015 6	51.6	62.4	0.005 0	44.8
4.0	59.0	0.012 5	53.7	62.3	0.003 5	43.5

表 3-11　部分醇解 PVA 浆液的浓度和 γ、α、θ 的关系

PVA 浆液浓度/%	聚合度 500			聚合度 1 700		
	$\gamma/(mN \cdot m^{-1})$	$\alpha/(cm^2 \cdot s^{-1})$	$\theta/(°)$	$\gamma/(mN \cdot m^{-1})$	$\alpha/(cm^2 \cdot s^{-1})$	$\theta/(°)$
0.5	48.5	0.062 5	21.2	52.4	0.047 5	34.2
1.0	47.6	0.047 0	24.2	51.8	0.030 0	39.0
1.5	47.1	0.038 5	28.6	51.2	0.019 3	46.1
2.0	46.7	0.030 0	34.1	51.0	0.013 0	48.2
2.5	46.4	0.022 3	43.7	50.8	0.010 0	42.7
3.0	46.2	0.017 6	47.8	50.4	0.006 8	44.1
3.5	46.0	0.014 4	48.6	—	—	—
4.0	45.8	0.011 7	50.7	50.1	0.003 4	42.9

　　表观浸透速率受聚乙烯醇水溶液的黏度、表面张力、接触角的影响。由图 3-14 和图 3-15 可以更直观地看出，在任何情况下，当聚乙烯醇溶液浓度达到 2%～3% 时，接触角和表面张力几乎为定值，这时聚乙烯醇溶液的浸透速率仅受黏度的影响。部分醇解聚乙烯醇与完全醇解型相比，虽然润湿力相当小，但聚合度相同时，部分醇解聚乙烯醇溶液的黏度低，润湿力和黏度对表观浸透速率的影响相互抵消，所以两者浸透速率大致相同。

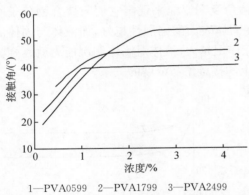

1—PVA0599　2—PVA1799　3—PVA2499
图 3-14　浓度和接触角的关系(完全醇解 PVA)

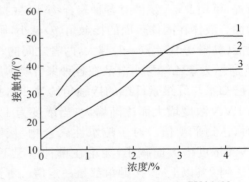

1—PVA0588　2—PVA1788　3—PVA2488
图 3-15　浓度和接触角的关系(部分醇解 PVA)

　　上浆用的 PVA 浆液浓度均在 4% 以上，其浸透速率主要受黏度影响。分别将 10% 硼酸、3%CMC 加入 PVA 溶液，使其黏度增加，测得其浸透速率降低；再将 10% 六偏磷酸钠加入 PVA，使其黏度降低，测得其浸透速率升高(表 3-12)。在试验中，PVA 聚合度、醇解度对浸透速率的影响均不显著(表 3-13)。

表 3-12　PVA 浆液的浸透度与添加剂

添加剂	添加量/% (对 PVA 质量)	浸透度/ (枚数)[1]	添加剂	添加量/% (对 PVA 质量)	浸透度/ 枚数[1]
纯 PVA	0	63.5	CMC	3	26.5
硼酸	10	54.7	六偏磷酸钠	10	82.8

注：[1]浆液在一定时间内透过一叠"定性滤纸"的层数。

表 3-13　PVA 浆液的浸透度

聚合度	浓度/%	黏度/(mPa·s)	浸透度/枚数
2 400 完全醇解型	4.5	11.2	54.5
	5.5	21.5	44.3
	6.5	44.5	36.3
	8.2	77.7	23.4
500 完全醇解型	12.5	9	58.7
	16.5	20	48.3
	21.0	44	39.0
	25.0	88	29.7
500 部分醇解型	13.5	10.5	59.5
	18.5	19.0	48.0
	23.5	41.5	33.7
	29.0	87.5	24.7

二、黏附性

作为纺织浆料,黏附性是一项主要指标。PVA 对各种纤维的黏附性较天然浆料好,但不同型号的 PVA 对不同纤维的黏附性也有显著差异,这与其化学结构密切相关。润湿是黏附的前提,可用 PVA 溶液对各种聚合物薄膜的接触角及润湿能来评定它们与聚合物分子间的亲和性。液体在固体表面的接触角(θ)越小,则在固体表面的铺展性越好,而液体与固体之间湿润能(黏附功 $W = \gamma \cos\theta$)越大,两者之间的相互作用越大,液体对固体润湿能力就越强。图3-16 所示为聚乙烯醇水溶液在各种聚合物薄膜上的接触角与浓度的关系。

已知水与纤维素纤维的接触角约为 30°,接触角随 PVA 浓度增大而逐渐增大,当浓度为 1%～3% 时,达到平衡值。对于疏水性聚合物,接触角随 PVA 浓度增大而减小,无论在哪种情况下,当浓度达到 2% 以上时,接触角都是一定值。不论在哪种聚合物上,只要聚合度相同,当 PVA 浓度达到某一定值时,固/液界面上排列的 PVA 分子达到平衡,PVA 在聚合物上的接触角也达到一定值。聚合度为 1 700,醇解度分别为 98.5%(PVA1799)和 88.0%(PVA1788)的聚乙烯醇,在纤维素纤维上的接触角几乎一样。但是在其他聚合物上,聚合物疏水性越大,完全醇解和部分醇解的 PVA 与聚合物的接触角差值就越大,而且部分醇解的PVA 在聚合物上的接触角减小越明显。3%PVA

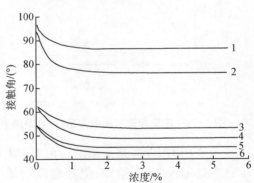

1—PVA1799,聚苯乙烯　　2—PVA1788,聚苯乙烯
3—PVA1799,醋酸纤维素　4—PVA1788,醋酸纤维素
5—PVA1799,锦纶　　　　6—PVA1788,锦纶

图 3-16　PVA 溶液在聚合物薄膜上的接触角

浆液滴在各种聚合物薄膜上,其接触角数值列于表 3-14。从表 3-14 可知,随聚合物疏水性增加,水与它们的接触角增大,完全醇解和部分醇解的聚乙烯醇水溶液与它们的接触角之间的差值增大。

表 3-14 PVA 溶液在聚合物薄膜上的接触角

聚合物薄膜	水的接触角 $\theta/(°)$	3%PVA 溶液的接触角 $\theta/(°)$		润湿能 $\gamma\cos\theta/(mN \cdot m^{-1})$	
		PVA1799	PVA1788	PVA1799	PVA1788
聚四氟乙烯	109.2	104.5	95.0	−15.1	−4.4
聚丙烯	102.2	95.0	89.5	−5.5	0.5
聚乙烯	96.8	93.2	84.8	−2.4	4.5
聚苯乙烯	96.1	86.5	76.2	3.8	12.1
聚氯乙烯	84.6	78.8	69.9	12.1	17.2
聚酯	83.7	78.5	69.9	12.4	17.2
酚醛树脂	77.3	71.0	62.2	20.4	23.0
聚甲基丙烯酸甲酯	74.2	68.6	62.0	22.8	23.5
聚醋酸乙烯	65.5	53.3	47.0	35.4	34.0
蜜胺塑料	65.3	60.6	58.6	30.5	26.2
醋酸纤维素	63.6	53.1	49.0	37.5	32.3
锦纶	54.6	44.3	42.4	44.5	37.4

注:3%PVA 溶液表面张力 γ,PVA1799 为 62.4 mN/m,PVA1788 为 49.9 mN/m。

将表 3-14 中的数据绘成润湿能-水接触角曲线(图 3-17),可以看到,完全醇解 PVA 的润湿能下降幅度更大。对于亲水性强的聚合物的润湿能力,完全醇解 PVA 要比部分醇解 PVA 高;而对于疏水性强的聚合物的润湿能力,大分子内有疏水性醋酸基存在的部分醇解 PVA 要比完全醇解 PVA 高。因此,对疏水性强的合成纤维上浆,应采用部分醇解 PVA。

测定 PVA 浆液对各种薄膜黏合后的剥离强度,证实部分醇解 PVA 有较好的黏附力,完全醇解 PVA 就较差,尤其是对疏水性强的聚酯及醋酸纤维,两者差异更显著(表 3-15)。

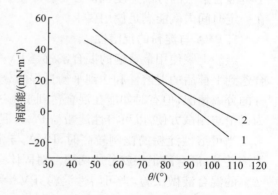

1—PVA1799 2—PVA1788

图 3-17 PVA 溶液对不同聚合物薄膜的润湿能-水接触角曲线

表 3-15 PVA 与各种纤维的亲和性对比

纤维	完全醇解 DP=1 700	部分醇解 DP=1 700	完全醇解 DP=500	部分醇解 DP=500
棉	1	0.90	0.95	1.15
黏胶丝	1	0.95	0.95	0.99
铜氨丝	1	1.30	0.90	1.1
维纶	1	1.05	1.00	1.3

（续表）

纤维	完全醇解 DP=1 700	部分醇解 DP=1 700	完全醇解 DP=500	部分醇解 DP=500
醋酯纤维	1	3.00	1.20	3.0
锦纶	1	1.50	0.70	1.2
涤纶	1	1.90	1.50	2.5

三、混溶性

PVA 如果与其他水溶性高分子化合物混合使用，混合后的溶液具有单独浆料没有的一些性能，大大扩展了 PVA 的使用范围。PVA 经常与淀粉、羧甲基纤维素、丙烯酸酯等混合用作经纱浆料及纸张表面施胶剂。混合溶液中两种高分子物之间的相平衡和互容性对溶液的稳定性、使用性，以及生成的薄膜的物性都有重要影响。在这种情况下，水是两种聚合物的溶媒，各组分之间的混溶性，以及生成薄膜的力学性能都至关重要。

混溶性是指两种组分的溶液能互相均匀地混合，即使静置一定时间也不会分层的性能。常把分层脱混的时间称为分离速度。分离速度与聚合物的物理化学性能有关，也受聚合物各组分的混合比率、聚合度和化学结构的影响。评价混溶性一般涉及两个问题：一是混合液达到平衡后的均匀性；二是达到平衡后的分离速度。显然，主要问题是达到平衡后的均匀性，但是了解混合溶液的分离速度也很必要。即使不能从本质上防止混合物分离，若能延缓分离速度，在一定时间内就能满足使用要求。

1. PVA 与淀粉的混溶性

经纱上浆使用最普遍的混合浆就是 PVA 与淀粉混合。它们之间的相容性主要取决于混合达到平衡后的混溶性和达到平衡过程的分离速度。虽然相容性主要取决于混合平衡后两组分的分离情况，但有时如能在混合达到平衡过程中迟缓两组分的分离，也能达到使用的目的。为讨论与测试方便，以可溶性淀粉与 PVA 混合作为分析对象。

当可溶性淀粉的比例较高时，PVA 与淀粉的混溶性差，混合液很快就分成两层。对固体含量为 20% 的混合液做试验，当可溶性淀粉：PVA＝9：1 时，混合液不到 1h 就分层。随着 PVA 比例增加，混合液的分离速度显著下降，当可溶性淀粉：PVA＞3：7 时，数日之后才出现分离现象（图 3-18）。

PVA 聚合度越高，分离极限浓度越低，聚合度低，混合液黏度降低，会使分离加速，但影响的程度有限（图 3-19）。可溶性淀粉：PVA 在 7：3～6：4 附近有最低的分离极限浓度，比例偏向于任一端，分离极限浓度均升高。PVA 比例高时（70% 以上），即使浓度在 30% 以上，混合液也不分层。在选用混合比时，淀粉比例过高（＞70%），混合液就容易分离，不宜选用。一般选择以 PVA 比例高于 50% 为宜。

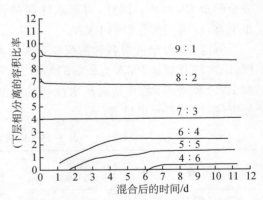

图 3-18　可溶性淀粉与 PVA 混合比与分离
速度的关系（30 ℃，含固率 20%）

2. PVA与其他水溶性聚合物的混溶性

PVA与CMC、羟乙基纤维素、甲基纤维素、聚丙烯酸酯、骨胶、褐藻酸钠等浆料都有较好的混溶性，浆纱中也经常使用。但其混溶程度及影响因素各有不同。同与可溶性淀粉混溶一样，分离极限浓度与PVA的聚合度及另一组分的聚合度有依赖关系，即两者聚合度越低，分离极限浓度越高。对于某些组分，PVA醇解度也是影响混溶性的因素，如与聚丙烯酸酯混溶时。

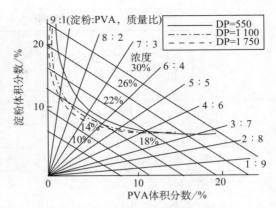

图3-19 PVA-可溶性淀粉混合液的分离极限浓度曲线

（1）与CMC混溶。只是在接近1:1的比例混溶时，才看到有分离情况；在其他混合比时，混溶性非常好，几乎不分离。PVA的醇解度及CMC的取代度对混溶性无影响。

（2）与聚丙烯酸酯部分皂化物混溶。丙烯酸酯类浆料与完全醇解PVA的混溶性较差，易分离。随着PVA醇解度降低，混溶性显著增加，醇解度为88%时，基本上不分离。聚丙烯酸酯的侧链酯基团的碳原子数越低，其混溶性越好。聚丙烯酸钠盐与PVA的混溶性很好，完全不分离，与完全醇解PVA也能很好混溶。

（3）与骨胶、褐藻酸钠等混溶。PVA与这些浆料有良好的混溶性，没有看到分离现象。PVA与酪素、藻蛋白酸钠等天然高分子化合物，都有很好的混溶性。

（4）与羟乙基纤维素、甲基纤维素混溶。PVA与这两种高分子化合物的混溶性较差，分离速度比较快。两者的聚合度较高时，有较好的混溶性。聚乙烯醇的醇解度越高，混溶性越好。

PVA与一些常用浆料也有一定的混溶性。有时为了比较、衡量两种高分子化合物的混溶程度，可根据热力学计算相平衡时两个聚合物系统的相互作用参数（α_{23}），作为评价混溶性的量度。PVA与另一种浆料间的相互作用参数越小（表3-16），两者的混溶性越好。与PVA的混溶性顺序大致是聚丙烯酸甲酯＞CMC＞聚丙烯酸乙酯＞甲基纤维素＞羟乙基纤维素＞可溶性淀粉。

表3-16 PVA与其他水溶性高分子化合物的相互作用参数

化合物名称	α_{23} /(mL^{-1})	化合物名称	α_{23} /(mL^{-1})
羧甲基纤维素	0.059	聚丙烯酸甲酯(20%皂化度)	0.006
甲基纤维素	0.128	聚丙烯酸乙酯(20%皂化度)	0.074
可溶性淀粉	0.290	羟乙基纤维素	0.177

表3-17给出了聚合度为1800、浓度为10%、完全醇解的聚乙烯醇与水溶性高分子物的相容性。

混溶性是影响混合浆液的膜性能的关键因素，浆液的成膜性和成膜均匀性对浆纱质量至关重要。对大部分聚合物来说，在一定的分离极限浓度以上时，会发生分层脱混现象。在浆纱烘燥过程中，浆液经水分蒸发形成浆膜时，浓度必然上升，超过分离极限浓度，经过脱混区域后才形成浆膜。其脱混程度视烘燥速度、分离速度而异。因此，混合浆的浆膜是非均匀性的，形成"海岛结构"。这种薄膜的力学性能并不是两者特征值的加和，而是比低者更低。由图3-20可见，与PVA的相互作用参数大的羟乙基纤维素（HEC）的混溶性差，其混合浆膜的强度远比

表 3-17   PVA 与水溶性高分子物的相容性

高分子物名称	水溶性高分子物浓度/%	高分子水溶液的黏度/(Pa·s)	聚乙烯醇和水溶性高分子物质量比					
			8：2		5：5		2：8	
			2 h	24 h	2 h	24 h	2 h	24 h
氧化淀粉	50	3	○	○	×	×	○	○
醋酸淀粉	20	27	×	×	○	○	○	○
磷酸淀粉	5	2.8	○	○	○	○	○	○
醚化淀粉	10	5.2	×	×	○	○	○	○
阳离子淀粉	20	2.6	○	×	○	○	○	○
黄蓍胶	5	5.1	△	△	○	○	○	○
阿拉伯树脂	20	0.045	△	△	×	×	×	×
藻蛋白酸钠	5	6.4	○	○	○	○	○	○
聚氧乙烯	10	2.28	○	○	○	○	○	○
羧甲基纤维素	1.5	1.8	○	○	○	○	○	○
甲基纤维素	1.5	1.0	○	○	○	○	○	○
羟乙基纤维素	10	3.4	○	○	○	○	○	○
聚乙烯吡咯烷酮	10	0.02	○	○	○	○	○	○
聚丙烯酸钠 A20(P)	1	1.84	○	○	○	○	○	○
聚丙烯酸钠 A20(LL)	20	0.36	×	×	×	×	×	×

注：○相容；△有分离倾向；×分离(PVA 溶液黏度为 1.0 Pa·s)。

各自单独使用时低；与 PVA 的 α_{23} 值小的 CMC 的混溶性好，其混合浆膜的强度降低程度小。图 3-21 说明了混合浆膜中"海岛结构"的颗粒直径与混合比的关系。粒径最大的混合比，分别是 PVA 对 CMC 为 5：5、对甲基纤维素为 6：4、对羟乙基纤维素为 3：7。这些都是分离极限浓度最低、混溶性最差的混合比。很明显，与 PVA 之间的 α_{23} 越小的高分子化合物，"岛"的粒径越小，浆膜越均匀。

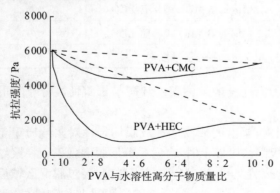

图 3-20   混合浆膜的强度

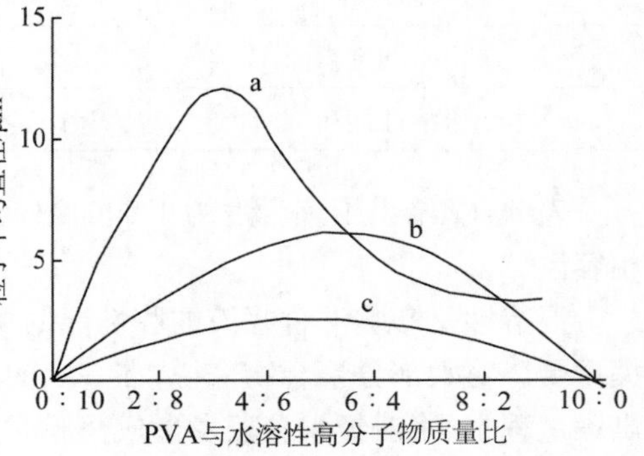

a—PVA＋羟乙基纤维素   b—PVA＋甲基纤维素
c—PVA＋CMC

图 3-21   混合浆膜中颗粒尺寸与混合比的关系

混合浆在上浆工程中使用很普遍。各组分之间的混溶性应密切注意,不然会引起分层、上浮或下沉现象,恶化浆液均匀性。从图 3-20、图 3-21 的试验结果可以获得,混合浆膜的性能不如单一浆液的浆膜好。因此,从浆膜力学性能来看,浆液的混合组分越少越好,相互之间的混溶性越高越好。

第六节　PVA 浆膜

PVA 是一种成膜性优良的水溶性高分子化合物,它是迄今常用浆料中浆膜力学性能最好的一种浆料,浆膜具有坚而韧的性质。PVA 薄膜的力学性能、吸湿性及再溶性等,受 PVA 大分子结构中的羟基缔合状况、相对分子质量分布状况及聚合度、醇解度等因素的影响,环境状况也是影响因素之一。

一、力学性能

PVA 能形成非常强韧、耐撕裂的膜,膜的耐磨性也很好,其拉伸强度比一般的塑料高。PVA 膜或模塑制品的拉伸强度、伸长率、撕裂强度、硬度等,都可用增塑剂或水的含量及聚乙烯醇的聚合度、醇解度调节。

醇解度相同的 PVA 的拉伸强度随聚合度增大而增大,而相同聚合度的 PVA 的拉伸强度随醇解度增加而提高。醇解度相同的情况下,低黏度和中黏度的 PVA 的强度差比中、高黏度的 PVA 的强度差大。PVA 膜经拉伸取向后,拉伸强度增大。

未经拉伸的 PVA 膜的断裂伸长率差异很大,在 $10\% \sim 600\%$ 或更大。一般聚合度越高,增塑剂含量越大,相对湿度越高,PVA 膜的断裂伸长率越大。

PVA 膜的撕裂强度随醇解度和聚合度增大而增大。PVA 中含少量增塑剂,可以明显改善 PVA 膜的撕裂强度。

PVA 薄膜具有强度高、弹性好、耐磨等特点。由图 3-22～图 3-24 可见,随着 PVA 聚合度增加,薄膜强伸度增大。醇解度在 $85\% \sim 95\%$ 时,薄膜强度基本上没有变化,醇解度在 95% 以上,才急剧增加。这种情况下,由于醋酸基含量减少,PVA 大分子定向度提高,羟基的氢键缔合率增加。

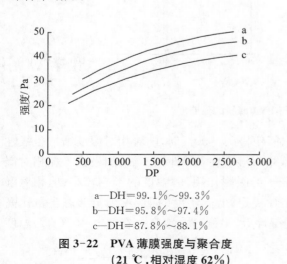

a—DH=99.1%～99.3%
b—DH=95.8%～97.4%
c—DH=87.8%～88.1%

图 3-22　PVA 薄膜强度与聚合度
(21 ℃,相对湿度 62%)

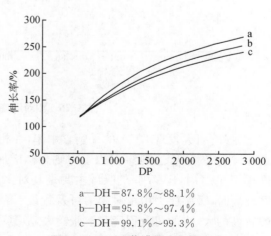

a—DH=87.8%～88.1%
b—DH=95.8%～97.4%
c—DH=99.1%～99.3%

图 3-23　PVA 薄膜伸度与聚合度
(21 ℃,相对湿度 62%)

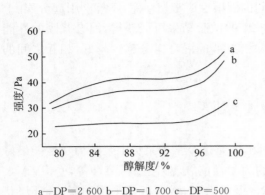

a—DP=2 600 b—DP=1 700 c—DP=500

图 3-24 PVA 薄膜强度与醇解度
（21 ℃，相对湿度 62%）

图 3-25 PVA 薄膜的吸湿情况
（21 ℃，相对湿度 81%）

二、吸湿性能

PVA 分子中含有大量羟基，薄膜有较好的吸湿性，但吸湿程度随醇解度增加而降低，这是由于羟基的氢键缔合作用。低聚合度 PVA（DP=500）的吸湿性比高聚合度 PVA（DP=1 700）的吸湿性强，如图 3-25 所示。一般情况下，要求 PVA 浆膜有亲水性的场合，使用部分醇解 PVA；要求皮膜耐水性高时，使用完全醇解 PVA。另外，由图 3-26 可以看出，PVA 薄膜在相对湿度 65% 以上时才能充分显示出它的优异性能，若相对湿度在 40% 以下，薄膜硬而脆（PVA 的 T_g 是 85 ℃），不具备上浆工艺要求的性能。在纺织厂织造车间的环境条件下，PVA 浆膜的吸湿性属于较适中，一般不会出现再黏现象。

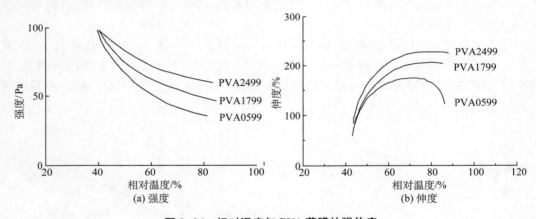

图 3-26 相对湿度与 PVA 薄膜的强伸度

另外，研究发现 PVA 的平衡含水率，在相对湿度为 0~50% 时，随着相对湿度增加呈线性增加，当相对湿度达到 60% 以上时则急剧增加，相对湿度在 90% 以上时增加极快。在相对湿度小于 50% 时，PVA 膜的吸湿主要是其对水分子的吸附作用，醇解度的影响较小；但相对湿度较高时，吸湿能力由水对膜的可及程度、溶胀性决定，低醇解度的 PVA 无定形态含量比高醇解度的大，水的可及程度和溶胀性大，故其吸湿性大，平衡含水率高。在 20~40 ℃时，温度对 PVA 的吸湿性影响不大。

三、再溶性

PVA 浆膜的水溶解性一般较好。部分醇解 PVA 皮膜的溶解性优于完全醇解型的。但经过溶解、烘燥、成膜,PVA 的再溶性发生了一定的变化。薄膜状 PVA 的溶解性较原来的粉末状 PVA 差。这不仅是因为薄膜的表面积比粉末状 PVA 的表面积大大减少,更重要的是经过烘燥、热处理等,化学结构发生了变化(例如醚键增加),这会导致溶解性恶化。试验表明,PVA 薄膜在 100 ℃左右的温度下热处理 60 min,其水溶性几乎没有变化。部分醇解 PVA 薄膜经过上述热处理,仍能 100%地溶解在 40 ℃水中。

图 3-27 展示了醇解度为 97%的 PVA 薄膜的差热分析曲线。将薄膜加热至 250 ℃,得到曲线 1,冷却后再加热至 250 ℃,得到曲线 2。可以看出,这个过程是不重复的。曲线 1 上的第一个凹峰出现在 135～140 ℃,第二个凹峰约在 230 ℃附近;而经过一次热处理的曲线 2 上,第一个凹峰消失了。这表示高分子化合物呈结晶化,使溶解性显著降低。第二个凹峰表示物质熔融。当热处理温度上升到 140 ℃时,如只保持 5 min,PVA 薄膜的溶解度下降;如保持 60 min,则溶解性显著降低,已无法在 40 ℃水中溶解。

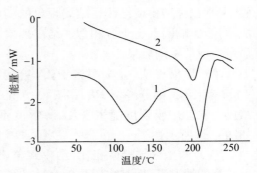

图 3-27　PVA 薄膜的差热分析曲线
(醇解度为 97%)

上浆的烘燥条件一般在 110 ℃左右,烘燥时间也不会很长,因此对浆膜再溶性不会产生显著的影响。但在染整加工工序进行热处理就不同,一般希望在 180 ℃以下热定形,如超过 200 ℃,会使 PVA 发生脱水及热分解,恶化浆膜再溶性,而且也会恶化浆膜的力学性能,浆膜变得硬而脆。印染前处理的烧毛工序也会影响浆膜再溶性,最好采用先退浆、再烧毛的工艺。

四、浆膜的增塑

PVA 浆膜在较高湿度下柔软、强韧,在相对湿度 40%以下则变得脆硬,水分对浆膜起到增塑作用。在浆纱工序中,为解决低湿度时 PVA 薄膜的硬脆性问题,通常使用乙二醇型增塑剂,使浆膜获得良好的增塑效果。增塑后,薄膜的断裂伸长率显著增加,但强度大幅降低(表 3-18)。因此,必须根据实际情况对增塑剂种类及其使用量做合理选用。

表 3-18　甘油对 PVA 薄膜的影响

指标	添加甘油	相对湿度		
		40%	65%	90%
断裂强度/ (N·mm^{-2})	有	51	50	40
	无	111	94	76
断裂伸长率/%	有	263	261	245
	无	67	101	199

因 PVA 为水溶性高分子化合物,最有效的增塑剂应是高沸点,含有羟基、酰胺基或胺基

的水溶性有机化合物。因此,常用于塑料的酯型、不溶于水的增塑剂,都不宜用于 PVA。甘油是最常用的 PVA 增塑剂,乙二醇及低聚乙二醇也是很有效的增塑剂。乙醇胺盐或异氰酸盐对 PVA 也有一定增塑效果,后者还有吸湿性能。甲酰胺可与 PVA 互溶,有较高的柔软效果,但因其挥发性太强,不宜作为上浆用增塑剂。

五、PVA 浆液结皮问题

易结皮是 PVA 是作为浆料使用时的一个严重缺陷。成膜性聚合物,特别是低温下水溶性差的聚合物溶液在静置时,由于表面水分挥发,易溶解的聚合物在溶液表面容易形成一层薄膜,通常也称结皮或结膜。结皮现象的实质是表面成膜性,影响因素也十分相似。结皮现象会给上浆质量造成严重的后果。

测定结果表明,完全醇解 PVA 溶液静置 1～2 min 就结皮,部分醇解 PVA 需 4～5 min 才出现结皮现象。皮膜强度随聚合度、醇解度不同而异,如图3-28所示。

PVA 与玉米淀粉浆相比,结皮现象严重,在温度较高的情况下,而且皮膜强度高。在各种型号的 PVA 中,随着醇解度、聚合度降低,其浆液结皮程度变轻。PVA 的水溶性越好,结皮现象越轻。实践表明,浆液温度高,由于水分蒸发快,表面容易结皮,因此低温上浆有利于结皮现象的减轻。结皮与再溶解处于一个动态平衡过程中,因此,浆液表面不易结成厚实的皮膜,只是薄薄的一层。

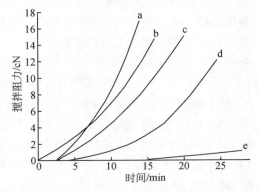

a—DP＝2 600,DH＝99.3%   b—DP＝500,DH＝99.1%
c—DP＝2 600,DH＝88.4%   d—DP＝500,DH＝88.4%
e—玉米淀粉

图 3-28   静置后 PVA 浆液表面皮膜强度(90 ℃)

第七节   上浆选用原则

作为纺织经纱上浆使用的浆料,PVA 有许多优点。浆纱是一个综合性工艺,涉及浆料和经纱等多种因素。就 PVA 本身而言,上浆性能受许多因素影响,其中最主要的因素是聚合度与醇解度。在选用 PVA 时,这是必须考虑的两个主要因素。

把经纱通过浆液后,吸着于经纱上的浆液量与经纱质量之比称为吸浆率(也称为湿加重率)。在一定条件下,测定经纱对 PVA 浆的吸浆率与黏度之间的关系,如图 6-29 所示。图中三种不同醇解度的 PVA 浆液,其黏度值是根据聚合度与浓度调整的。当黏度增加时,吸浆率的变化可分成Ⅰ、Ⅱ、Ⅲ三个区域。

区域Ⅰ:吸浆降低区,主要是浆液向经纱内部浸透的削弱,此时,黏度的影响是明显的。区域Ⅱ:内部浸透的降低及表面被覆的增加,两者互相补偿而近乎平衡。区域Ⅲ:由于黏度较高,表面被覆为主,内部浸透大为减少,甚至可忽略不计。以醇解度87%～88%的部分醇解、聚合度500～2 600、浓度4%～12%的 PVA 浆液为例,在 PVA 浆液浓度低于4%时,纱对 PVA 浆的吸浆率落在图 3-29 的区域Ⅰ;浓度在12%以上,则吸浆率落在区域Ⅲ;过渡的浓度是4%～12%,它们的吸浆特点属于区域Ⅱ。

PVA 的聚合度规格有多种,对不同聚合度的 PVA 进行上浆对比试验。在图 3-29 的上浆条件下,浆纱耐磨性如表 3-19 所示。N_w 表示烘燥前湿分纱的浆纱耐磨次数,N_d 表示烘燥后干分纱的浆纱耐磨次数,$N_w - N_d$ 表示分纱作用导致的耐磨性破坏。聚合度为 1 700 的 PVA 具有最好的浆纱效果,$N_w - N_d$ 值最小,因而作为浆料用的 PVA 的最高聚合度以 1 700 为宜。对短纤维纱上浆,要求浆液既能浸透到纱线内部,使纤维间黏合在一起,增强抱合力,又能形成完整的浆膜,被覆于纱的表面,以贴伏毛羽及承受摩擦,因此宜用高聚合度(1 700)的 PVA 浆料。对长丝上浆,则要求浆液能浸入到单纤之间,将它们黏合起来,需要浸透性好、集束性强的浆料,一般使用低聚合度(500~300)的 PVA 浆料。

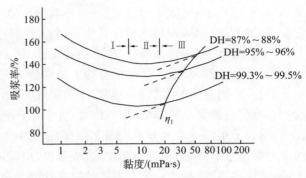

条件:热风式干燥,温度为 115~120 ℃,压浆辊质量 68 kg,轻轴单纱张力 15 cN,经纱规格为 13 tex 涤/棉(65/35),浆纱密度为 27 根/cm,浆液温度为 88~90 ℃,上浆速度为 15 m/min,浆纱根数为 400

图 3-29　纱线吸浆率与 PVA 浆液黏度的关系

对于 PVA 醇解度的选择,由表 3-19 及图 3-18 的润湿能测定表明,对亲水性强的棉、麻、黏胶等纤维,用含有多量羟基的完全醇解 PVA 为宜,它们之间的亲和性及黏附力大。对疏水性强的涤纶、锦纶、腈纶或醋酯纤维等,宜用部分醇解 PVA。

表 3-19　不同聚合度 PVA 上浆的浆纱耐磨性

聚合度	醇解度/%	分离阻力/(cN·纱$^{-1}$)	N_w	N_d	$N_w - N_d$
500	87.3	0.87	6 870	2 800	4 070
500	96.0	0.76	5 590	2 310	3 280
500	99.3	0.72	3 240	1 920	1 320
1 700	87.6	0.99	10 050	7 230	2 820
1 700	95.8	0.89	8 110	6 650	1 460
1 700	99.3	0.82	4 660	4 150	510
2 600	87.1	1.12	11 370	7 080	4 290
2 600	95.6	0.96	9 050	5 330	3 720
2 600	99.5	0.86	4 850	4 050	800

依据众多试验研究和生产实践经验,对短纤纱上浆,推荐选用的 PVA 规格应是 1099、1199、1092、1192,或 195、1095 等;对合成纤维长丝上浆,推荐选用的 PVA 规格应是 0588、0388 等;对再生纤维素纤维长丝上浆,推荐使用 PVA0599 或 PVA0399。

第八节　聚乙烯醇改性

PVA 作为经纱浆料具有许多优点,如毒性小、浆液黏度稳定、浆膜坚而韧、浆膜强度高、耐磨性好、抗屈曲强度大、纱的抱合力大、对纱线的保护性好、织造效率高、无落浆现象、上浆条件易掌握、上浆稳定、浆液化学稳定性好、不腐败变质、易保存等，而且聚乙烯醇可以做成不同聚合度、醇解度的产品，并与大多数其他浆料的混溶性良好，因此适应性好。PVA用于纺织经纱上浆，一度被认为是对浆纱的一次革命，广泛应用于各种织物的经纱上浆，尤其是对细特高密织物的纯棉、化纤混纺纱，具有优良的上浆性能。

但是，随着社会的发展和长期以来的浆纱实践，人们发现PVA也存在许多不足。高聚合度和高醇解度的聚乙烯醇如PVA1799，由于高分子链间羟基的氢键缔合，分子排列整齐，取向度高，水分子难以进入大分子之间，溶剂化作用困难，水溶性变差，溶解困难，需要2~3 h高温沸煮才能完全溶解，而且容易结皮，造成浆斑，退浆时不易退除干净。由于聚乙烯醇浆料黏度大，流动性和渗透性较差，加上聚乙烯醇膜的强度高，分子之间的内聚力超过黏附力几个数量级，造成分纱阻力大，干分绞困难，造成倒并绞，产生二次毛羽明显增加，尤其是在无梭织机上，"跳花纱"及"阻断"增加。部分醇解的聚乙烯醇如PVA1788，对疏水性纤维具有更强的黏附性，易溶解，但起泡十分严重，给调浆带来困难。另外，与其他浆料相比，PVA最大的问题在于其难以生物降解而造成的环境污染。

为了改善聚乙烯醇浆料的缺点，长期以来，化学工作者和浆纱工作者开展了聚乙烯醇的改性研究，其目的是在保持聚乙烯醇原有的物理化学性质基本不变的基础上，力求改进其不足。

聚乙烯醇改性原理是利用醋酸乙烯的双键、酯基及醇解后羟基的化学反应性，引入其他单体成为以聚乙烯醇为主的共聚物，或引入其他官能团，改变聚乙烯醇大分子的化学结构，或改变侧基结构，从而改变其分子的规整性，减少分子间氢键的形成，降低结晶度，提高其溶解速度，降低溶解温度，增加对疏水性纤维的黏附性。常用的改性方法有下面几种：

一、用淀粉接枝改性

用原淀粉或淀粉衍生物及降解淀粉与聚合度为300~700的聚乙烯醇以磷酸为催化剂进行缩醛化反应，得到淀粉-聚乙烯醇的接枝共聚物，产品不仅具有足够的相对分子质量，生物可降解性好，又具有良好的浆纱效果。通过交联或酯化方法，制备淀粉-聚乙烯醇接枝共聚物，是在淀粉和聚乙烯醇浆液中加入酸类和引发剂、交联剂及酯化剂，在煮浆时，酸催化淀粉分子中α-1,4糖苷键水解，淀粉发生降解，同时，交联剂使降解淀粉分子产生轻度交联，而引发剂存在下产生的淀粉分子自由基与酯化剂和聚乙烯醇发生接枝反应，得到的是结构复杂的多重改性产物。这种改性聚乙烯醇的水溶性好，所得浆纱易于分绞，减少了浆斑，简化了调浆操作，与其他浆料的混溶性好，降低了织机断头，提高了布机效率和布的质量。

二、与丙烯酰胺共聚变性

这种变性方法以醋酸乙烯为主体，与少量丙烯酰胺单体共聚，并对共聚物进行部分皂化形成改性PVA产品。所得产物是多种单体的共聚物，以醋酸乙烯及乙烯醇单元为主体，其他单元在共聚物中的摩尔分数应不超过15%。其结构式如下：

$$
\begin{array}{cccc}
-CH_2-CH-CH_2-CH-CH_2-CH-CH_2 & \text{摩尔分数不小于85\%}\\
\quad\quad\quad | \quad\quad\quad\quad | \quad\quad\quad | \\
\quad\quad\quad OH \quad\quad\quad OOCCH_3 \quad OH
\end{array}
$$

$$
\begin{array}{cccc}
-CH_2-CH-CH_2-CH-CH_2-CH- & \text{摩尔分数不大于15\%}\\
\quad\quad\quad | \quad\quad\quad\quad | \quad\quad\quad | \\
\quad\quad\quad CONH_2 \quad\quad COOH \quad\quad COOMe
\end{array}
$$

式中：Me——金属离子（Na$^+$、K$^+$、NH$_4$$^+$等）。

这种改性 PVA 产品与 PVA 具有相同的分子主链，保持了 PVA 薄膜原有的强伸度，对湿度的敏感性更大，在同一相对湿度下（60％以上），比 PVA 浆膜更柔软，再黏性较低，分纱时的阻力小，浆膜完整度高，对合成纤维有更好的黏附性。这种变性物的水溶性好，在室温的水中能溶胀，加热到 40～50 ℃，1 h 后能全部溶解，溶液均匀稳定，适宜于低温上浆。若温度超过95 ℃，黏度与黏附性有下降趋势。高温条件下，这种变性物的黏度持续下降，黏附性相应变差。因此，上浆温度不宜过高。由于水溶性好，浆液表面不易结皮，即使因为表面水分蒸发形成浆皮，也能被反复溶解掉。退浆性能也较好，用 95 ℃热水几乎可全部退净，用 H$_2$O$_2$ 退浆的效果更好。此种变性物适用于涤/棉混纺纱上浆。

日本合成化学公司生产的 GOHSENOL"T"型浆料产品，就属于 PVA - 丙烯酰胺共聚浆料，其中 T-330 产品适用于合成纤维混纺纱上浆，T-130 产品适用于合成纤维长丝上浆。

三、内酯化改性

以醋酸乙烯为主体（摩尔分数为 87％～99％），与摩尔分数 1％～13％的不饱和羧酸酯（例如丙烯酸酯）共聚；共聚产物再经皂化，使羧酸盐与羟基转化成内酯，得到乙烯醇摩尔分数为93.5％、醋酸乙烯摩尔分数 2.0％、内酯环摩尔分数 4.5％的白色粉末状改性聚乙烯醇。其反应式如下：

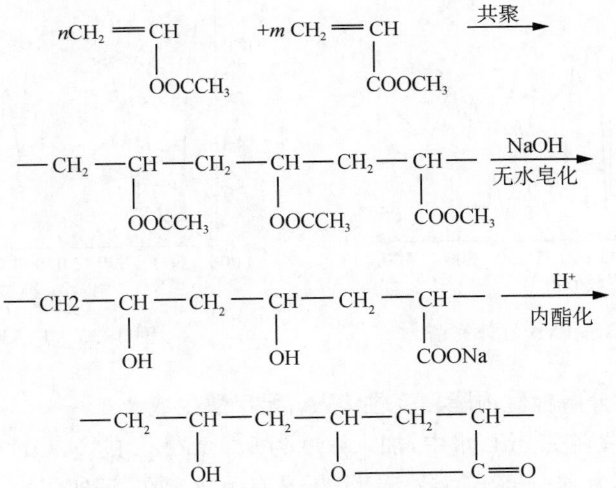

内酯化改性工艺过程：将 26 000 份（质量）醋酸乙烯溶解在 12 000 份甲醇中，并加入 50 份丙烯酸甲酯，将混合物加热到沸点（59.5 ℃），脱气 30 min 后，加入 2,2′-偶氮双异丁腈 13.2份作催化剂，在 3.5 h 内均匀地滴入另外 900 份丙烯酸甲酯。滴完后，使聚合反应继续45 min，可制得为丙烯酸甲酯摩尔分数为 4.5％的共聚物。用无水甲醇调整所得的共聚物溶液至浓度为 40％，在氮气介质中，加入 0.01 mol 浓度为 2 mol/L 的 NaOH—CH$_3$OH 溶液，在40 ℃下使皂化反应进行 3 h，然后以醋酸中和。反应停止后，过滤，用甲醇漂洗，在 100 ℃下烘燥 1 h，即得内酯化变性 PVA，其外观为白色粉末，其单元组分为乙烯醇摩尔分数 93.5％、醋酸乙烯摩尔分数 2.0％、内酯环摩尔分数 4.5％。

内酯结构的存在可由下列试验证实：

1. 内酯结构的红外光谱既不同于 PVA，也不同于聚丙烯酸盐。

丙烯酸盐中位于 1 570 cm^{-1}的羧酸盐（图 3-30）特征峰，在内酯化变性 PVA 的红外光谱中消失了，同时出现了酯基中 C＝O 位于 1 745 cm^{-1}的特征峰。与完全醇解 PVA 相比，内酯化变性 PVA 有 1 745 cm^{-1}特征峰（图 3-31）；与部分醇解 PVA 及"T"型 PVA 的红外光谱（图 3-32、图 3-33）相比，内酯化变性 PVA 既有 1 745 cm^{-1}特征峰，又有 1 570 cm^{-1}特征峰。由此可见，经过内酯化变性所得到的 PVA，其分子结构发生了变化。

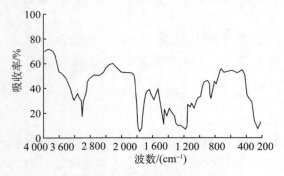

图 3-30　聚丙烯酸酯红外光谱

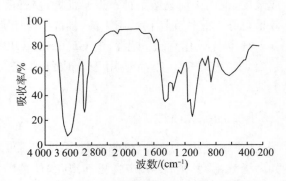

图 3-31　完全醇解 PVA 红外光谱

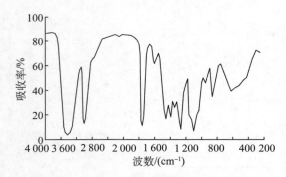

图 3-32　部分醇解 PVA 红外光谱

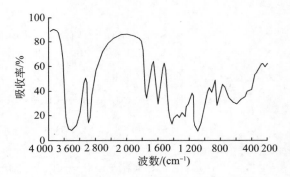

图 3-33　T-330 红外光谱

2. 用 NaOH 加水分解检验内酯化变性 PVA，无甲醇生成。

取制成品 3 g 溶解在 75 mL 水中，加入浓度为 0.5 mol/L 的 NaOH 25 mL，在 70 ℃下反应 5 h 后，使用常压蒸发器分馏出馏液。经分析没有甲醇存在，证实了大分子中没有丙烯酸甲酯的单元存在，从而说明了内酯结构的存在。

改性反应中，皂化条件对内酯化非常重要，如果处理不妥当，几乎不可能生成内酯，即使生成，其含量也是极少的，产物与未变性 PVA 几乎没有什么差别。

内酯化改性 PVA 具有良好的溶解性，可与水以任何比例混合，常温下能溶解，适合低温上浆（40 ℃），具有良好分散性与流动性，对纱线的浸透性较强，与合成纤维黏附性的优良。上浆后的经纱光洁，毛羽少，织造效果好，退浆容易，适用于涤纶/纤维素纤维混纺纱上浆。表 3-20所列数据可充分说明。除了可利用丙烯酸甲酯可对 PVA 进行内酯化变性，使用马来酸酯、巴豆酸酯、甲基丙烯酸酯及衣康酸酯等，也可得到类似的内酯结构与效果。内酯化变性 PVA 的最大优点是不易起泡。

表 3-20　内酯化变性 PVA 的性能

PVA 种类	醇解度/%	内酯结构摩尔分数/%	黏度/(mPa·s)	发泡量/mL	发泡时间/s	精练后的退浆率/%
未变性 PVA	93.3	—	19	50	600	0.15
丙烯酸甲酯变性 PVA	93.3	4.7	21	22	17	0.03
丙烯酸乙酯变性 PVA	95.9	2.1	21	49	26	0.06
马来酸单甲酯变性 PVA	86.4	4.7	19	31	18	0.07
巴豆酸乙酯变性 PVA	94.3	2.1	21	21	14	0.09

四、磺化改性

以醋酸乙烯为主体，与丙烯基磺酸共聚，再经皂化可得到 PVA 的磺化变性聚合物：

$$
\begin{array}{c}
n\,CH_2=CH \quad +m\,CH_2=CH \quad \xrightarrow[60\sim65\,^\circ C]{\text{引发共聚}} \\
\quad | \qquad\qquad\quad | \\
OOCCH_3 \qquad\quad CH_2SO_3H
\end{array}
$$

$$
\begin{array}{c}
-CH_2-CH-CH_2-CH-CH_2-CH- \quad \xrightarrow{NaOH} \\
\quad | \qquad\qquad | \qquad\qquad\quad | \\
OOCCH_3 \qquad OOCCH_3 \qquad CH_2SO_3H
\end{array}
$$

$$
\begin{array}{c}
-CH_2-CH-CH_2-CH-CH_2-CH- \\
\quad | \qquad\qquad | \qquad\qquad\quad | \\
OOCCH_3 \qquad\quad OH \qquad\qquad CH_2SO_3Na
\end{array}
$$

单体在甲醇介质中，以偶氮异丁腈作为引发剂（其摩尔分数相对于醋酸乙烯为 0.23%），在 60～65 ℃温度条件下聚合 8 h，经皂化即得丙烯基磺酸钠共聚物。引入的磺酸基团摩尔分数一般为 0.5%～7%，共聚物的醇解度为 58%～78%。该产品对合成纤维有良好的黏附性，溶解性好，与未变性 PVA 相比，吸湿性及再黏性都没有增加，上浆效果较好，落浆少，但起泡倾向较严重，调浆时常需加消泡剂。

五、与乙烯基羟酸类共聚改性

以醋酸乙烯为主体，与质量分数为 7%～15% 的甲基丙烯酸、顺丁烯二酸或丁烯二酸共聚后再经皂化，得到改性 PVA。这类产物具有很好的水溶性和退浆性，上浆后纱线具有很高的织造效率。如用顺丁烯二酸改性得到的皂化度为 94.5%、羟基含量 0.5%（摩尔分数）的改性 PVA 对棉纱上浆，浆纱的动摩擦系数为 0.22，耐磨性达 5 780 次，在 650 r/min 的喷气织机上织造时，断头率仅为 0.4 次/h，织机效率达 95.4%。此改性产物结构：

$$
\begin{array}{c}
n\,CH_2=CH \quad +m\,CH=CH \quad \xrightarrow[\triangle]{\text{引发剂}} \\
\quad | \qquad\qquad | \qquad\quad | \\
OOCCH_3 \qquad COOH \quad COOH
\end{array}
$$

$$
\begin{array}{c}
-CH_2-CH- \qquad CH- \quad CH- \quad \xrightarrow[\text{乙醇}]{NaOH} \\
\quad | \qquad\qquad\quad | \qquad\quad | \\
OOCCH_3 \qquad COOH \quad COOH
\end{array}
$$

$$
\begin{array}{c}
-CH_2-CH-CH-CH- \\
\quad | \qquad\quad | \qquad | \\
OH \quad COONa \quad COONa
\end{array}
$$

六、接枝变性

接枝变性目的是提高 PVA 的水溶性,消除结皮倾向,增加浆纱性能。在 PVA 大分子的侧链羟基中引入丙烯酰胺单体,得到一种接枝共聚物,制成薄膜冷水可溶的变性 PVA。

制取方法是将醇解度为 $88\%\sim98\%$ 部分醇解或完全醇解的 PVA,溶解在 $50\sim100$ ℃水中,制成浓度为 $5\%\sim30\%$ 的溶液。在溶液中加入 NaOH 或 KOH(用量为 PVA 质量的 $2\%\sim10\%$),75 ℃时加入丙烯酰胺单体(用量可为 PVA 质量的 $10\%\sim20\%$),在上述温度下维持一定时间,以达到所希望的取代度(一般需 $1.5\sim3$ h)。冷却至室温,用甲醇沉淀后,可得到丙烯酰胺摩尔分数为 $0.4\%\sim6\%$ 的变性 PVA。

这种变性物的水溶性很好,在冷水中可很快溶解,制成薄膜后仍可在冷水中迅速溶解。在 23 ℃水中,变性 PVA 薄膜在 1 min 内可全部溶解,同时,其机械强度和黏附性并没有显著降低,但吸湿性增加,织造车间温湿度应妥善控制。经引入丙烯酰胺变性的 PVA,除用于纺织上浆外,还可用于其他行业,如水溶性包装材料。

思 考 题

1. 工业上使用的聚乙烯醇是由乙烯醇单体聚合而成的吗？为什么？

2. 试简述制备纺织上浆用聚乙烯醇浆料时聚醋酸乙烯的醇解条件及步骤。

3. 国内通常用数字表示聚乙烯醇浆料的规格,PVA1799 表示什么？我国聚乙烯醇生产线最早始于日本,日本如何表示聚乙烯醇的规格？

4. PVA 的上浆性能受许多因素的影响,其中最主要的因素是聚合度与醇解度。PVA 浆料的一般选用原则是什么？

5. 高醇解度 PVA 水溶液的黏度随时间延长而上升,甚至成为凝胶;部分醇解 PVA 水溶液长时间放置,其黏度稳定,变化很小。造成这种结果的原因是什么？

6. 普通的 PVA 用于经纱上浆已是性能优良的浆料,为何把 PVA 作为浆料时还要对其进行变性？

7. PVA 浆料可以进行哪些种类的变性？

8. 聚乙烯醇与其他水溶性高分子化合物混合使用,在上浆工艺中很普遍,如与淀粉等混合使用。由于它们都属于含多羟基的高分子化合物,因此 PVA 和淀粉可以任意比例混合成均匀的浆液,静置时不会出现分层现象。这种说法是否正确？为什么？

9. 20 世纪 90 年代,PVA 为什么被欧美一些国家列为禁用浆料？

10. 为什么说上浆时适当提高 PVA 浆液的温度,有利于 PVA 羟基对纤维的亲和力？

11. 聚乙烯醇(Polyvinyl Alcohol)简写为 PVA,是一种水溶性高分子化合物,具有优良的浆纱性能,曾被认为是理想的浆料。由于有好的水溶性,因此 PVA 废液排放后,不会对自然环境造成较大的污染。这种说法是否正确,为什么？

12. 日本合成化学公司生产的 GOHSENOL"T",即"高塞诺 T"型浆料,属于什么类型？与普通 PVA 相比有何优点？

第四章　聚丙烯酸类浆料

聚丙烯酸类浆料是以丙烯酸类化学试剂为单体，通过加成聚合反应得到的大分子主链组成为碳原子的均聚物、共聚物或共混物的总称。因单体种类繁多，形成类似的聚合物很多，也简称为丙烯酸类浆料、丙烯酸浆料，行业内有时直接称为丙烯。由于其诸多的优异性能，如水溶性优良、对各种纤维的黏附能力好、生物降解相对容易等，与淀粉、聚乙烯醇共同形成三大纺织浆料。

丙烯酸是聚丙烯酸类浆料最简单、最基本的单体，是最简单的不饱和羧酸，由1个乙烯基和1个羧基组成。纯的丙烯酸是无色澄清液体，带有特征的刺激性气味，可与水、醇、醚和氯仿互溶，可用以制造丙烯酸甲酯、乙酯、丁酯、羟乙酯等丙烯酸酯类单体。1843年，德国化学家拉滕巴歇(Radtenbacher)首先用丙烯醛氧化制得丙烯酸。1873年，托伦兹(Tollens)等制得丙烯酸甲酯、乙酯等各种酯。1880年，卡尔鲍姆(Kahlbaum)报道了丙烯酸甲酯的聚合反应。1893年，莫罗伊(Moureu)制得聚丙烯酰胺。丙烯酸类聚合物的大量使用出现在第二次世界大战之后。1946年，美国情报部图书馆公开发表了德国丙烯酸酯乳液研制及生产的资料，许多国家的科学家开始进行深入的研究，发现了新原料，改良了制造方法，降低了价格，这使其得到了迅速发展。

据统计，2017年全球丙烯酸产能规模为788.1万t。丙烯酸主要应用领域和产能分布如表4-1所示。

表4-1　丙烯酸应用领域和全球产能分布(总产能788.1万t)

应用领域分布	胶黏剂	30.0%
	涂料	24.2%
	超吸水性树脂	22.2%
	纺织行业	12.8%
	其他	10.8%
全球产能分布	中国	36.4%
	西欧	16.7%
	东北亚	19.2%
	南亚与东南亚	4.4%
	中东和非洲	3.0%
	东欧	1.7%
	南美	2.5%
	北美	16.1%

由表 4-1 可见,其中:30％的丙烯酸用于生产丙烯酸丁酯(80％用作涂料);20％用于生产丙烯酸乙酯(65％用作涂料);10％用于生产丙烯酸甲酯和 2-乙己酯(50％用作涂料);20％用于生产高吸水性树脂(SAP);7.5％用于生产丙烯酸类助洗剂;5.5％用于生产特种丙烯酸酯;4.5％用于生产水处理剂;2.5％用于生产其他产品。

中国于 20 世纪 60 年代开始研究和生产丙烯酸及其酯类产品,起步较晚,生产能力、产量都较小。1984 年,北京东方化工厂引进日本技术,建成年产 4.5 万 t 丙烯酸装置。从此,中国丙烯酸酯工业有了长足发展。截至 2014 年底,我国共有丙烯酸生产企业 16 家,总产能 266.8 万 t。前三大丙烯酸生产企业为江苏裕廊化工、浙江卫星石化和扬子巴斯夫,产能占比分别为 19.7％、18.0％、13.1％,合计产能占比为 50.8％,占我国总产能的半壁江山;另外,上海华谊和宁波台塑的产能也较大,占全国总产能的比例分别为 8.6％和 6.0％。

在浆料应用方面,德国 BASF 公司集中力量,用 6 年时间,制得了专用于涤/棉混纺纱的高效能浆料——Size-CB,已成为该公司的专利产品,在欧洲市场上有一定影响。聚丙烯酸类浆料的价格比 PVA 贵一倍多,这是其在使用上受到限制的原因之一。聚丙烯酸类浆料用于经纱上浆试验始于 1930 年,用于长丝上浆,较大规模应用始于 20 世纪 50 年代。

聚丙烯酸是锦纶丝的优良上浆剂。国内丝绸行业于 20 世纪 60 年代中期,将溶液聚合的聚丙烯酸酯类浆料用于合成纤维无捻丝上浆。70 年代,棉纺织行业有不少工厂将以丙烯酸甲酯为主体的乳液浆料用于涤/棉纱的上浆,同时也使用聚丙烯酰胺作为辅助黏合性浆料用于棉纺织行业。90 年代末,这类浆料在我国已是品种繁多、形态多样、规格各异,处于数量上趋于供大于求、质量上差异悬殊、价格上变化无常的境况。由于丙烯酸及其酯聚合操作简单,设备投资低廉,国内生产这类浆料的几乎都是一些设备简陋、技术薄弱、开发能力低的小型化工厂。

聚丙烯酸类浆料的应用潜力十分巨大,已用于喷水织机织造、特殊织物的织造,而且通过不同单体组合和适当聚合方法,能够得到所期望性能的丙烯酸类浆料。它们不仅可取代聚乙烯醇(PVA)在涤/棉混纺纱上浆料中与变性淀粉浆料并用,还有利于织造高速高效化。

第一节　聚合单体

聚丙烯酸类浆料的主要单体为丙烯酸及甲基丙烯酸系单体。已知的丙烯酸和甲基丙烯酸系单体约上千种,其中工业价值重大的有数十种。丙烯酸和甲基丙烯酸都是具有刺激性气味的无色液体,可与水互溶,也可与乙醇、乙醚等混溶。其制法有下列几种:

(1) 以乙炔、一氧化碳、醇为原料的高压雷普法(此法当前已基本不用):

$$CH \equiv CH + CO + H_2O\ (ROH) \xrightarrow[\text{触媒}]{150\sim180\ ℃,\ 3\ MPa} CH_2 = CH - COOH\ (R)$$

(2) 以石油化工产品丙烯为原料的丙烯氧化法:

$$CH_2 = CH - CH_3 + O_2 \xrightarrow{\text{磷钼酸}} CH_2 = CH - CHO$$

$$CH_2 = CH - CHO + O_2 \longrightarrow CH_2 = CH - COOH$$

$$CH_2 = CH - COOH + ROH \longrightarrow CH_2 = CH - COOR$$

（3）以丙烯腈为原料的皂化法：

$$CH_2 = \underset{CN}{\overset{|}{CH}} + H_2O + ROH + H_2SO_4 \longrightarrow CH_2 = \underset{COOR}{\overset{|}{CH}} + NH_4HSO_4$$

（4）以丙酮、氢氰酸为原料的酸化法制取甲基丙烯酸：

$$CH_3 - \underset{CH_3}{\overset{O}{\overset{||}{C}}} + HCN + H_2SO_4 \longrightarrow CH_3 - \underset{CH_3}{\overset{OH}{\overset{|}{C}}} - CN \cdot H_2SO_4$$

$$CH_3 - \underset{CH_3}{\overset{OH}{\overset{|}{C}}} - CN \cdot H_2SO_4 \xrightarrow{125\ ℃} CH_2 = \underset{CH_3}{\overset{|}{C}} - CONH_2 \cdot H_2SO_4$$

$$CH_2 = \underset{CONH_2 \cdot H2SO_4}{\overset{\overset{CH_3}{|}}{C}} + H_2O\,(ROH) \longrightarrow CH_2 = \underset{COOH}{\overset{\overset{CH_3}{|}}{C}}\ (CH_2 = \underset{COOR}{\overset{\overset{CH_3}{|}}{C}}\ ) + NH_4HSO_4$$

丙烯酸类衍生物的基本性能受到分子中烃基 R 尺寸的影响，烷基的碳原子数越多，则其沸点越高，密度越低，机械强度低，柔软。丙烯酸类衍生物在碱中加热易被皂化成盐，能与卤素发生加成反应，与醇发生酯交换反应。丙烯酸类单体对人体皮肤有刺激性，如丙烯腈是一种有毒物质，可溶解于许多有机溶剂。

丙烯酸类单体结构可用下式表示：

$$CH_2 = \underset{COOR}{\overset{|}{C}} - R'$$

式中：R——烃基；

　　R'——氢或烃基。

根据 R 与 R' 的不同，可得到一系列不同的单体。合成聚丙烯酸类浆料的常用单体的化学结构式和它们的主要物理性能列于表 4-2、表 4-3。可以看出，单体结构稍有变化，它们的性能就有明显差异。

根据均聚物玻璃化温度（T_g）的高低，合成聚丙烯酸类浆料的常用单体可分为软单体和硬单体，根据单体能否溶于水可分成水溶性单体和非水溶性单体。软单体一般都是丙烯酸酯类，且酯基碳链越长，均聚物的玻璃化温度越低，水中的溶解度越低。

表 4-2　丙烯酸类浆料的常用单体

按软硬分类	按水溶性分类	单体名称	单体结构	$T_g/℃$	功能
软单体	非水溶性单体	丙烯酸甲酯	$CH_2=\underset{COOCH_3}{\overset{\|}{CH}}$	10	含有酯基，对纤维的黏附作用，特别是对疏水性纤维的黏附作用好 降低浆料的玻璃化温度，提高浆膜柔顺性
		丙烯酸乙酯	$CH_2=\underset{COOC_2H_5}{\overset{\|}{CH}}$	−30	
		丙烯酸丙酯	$CH_2=\underset{COOC_3H_7}{\overset{\|}{CH}}$	−51	
		丙烯酸丁酯	$CH_2=\underset{COOC_4H_9}{\overset{\|}{CH}}$	−70	

（续表）

按软硬分类	按水溶性分类	单体名称	单体结构	$T_g/℃$	功能
硬单体	非水溶性单体	甲基丙烯酸甲酯	$CH_2=C-CH_3$ $\mid$ $COOCH_3$	58	对纤维的黏附作用，特别是对疏水性纤维的黏附作用好 提高浆料的玻璃化温度 提高浆膜强度，减少浆膜热再黏性 可增加浆膜的耐磨性 丙烯腈单体可赋予浆料防霉、防腐性，水解后具有水溶性
		甲基丙烯酸乙酯	$H_2C=C-CH_3$ $\mid$ $COOC_2H_5$	50	
		甲基丙烯酸丙酯	$H_2C=C-CH_3$ $\mid$ $COOC_3H_7$	38	
		甲基丙烯酸丁酯	$H_2C=C-CH_3$ $\mid$ $COOC_4H_9$	30	
		丙烯腈	$CH_2=CH$ $\mid$ CN	101	
	水溶性单体	丙烯酸	$H_2C=CH$ $\mid$ $COOH$	87	成盐后浆料呈水溶性，易于退浆 对亲水性纤维的黏附作用好 可提高浆料的吸湿性，但吸湿性过高时易再黏 增加共聚物的水溶性
		甲基丙烯酸	$CH_2=C-CH_3$ $\mid$ $COOH$	185	
		丙烯酰胺	$H_2C=CH$ $\mid$ $CONH_2$	165	
其他单体	水溶性单体	顺丁烯二酸	$HOOC \quad COOH$ $\diagdown \quad \diagup$ $C=C$ $\diagup \quad \diagdown$ $H \quad H$	131	为浆料的共聚单体，制备有特殊性能的浆料 用于调节共聚物的玻璃化温度和黏附性能
	非水溶性单体	醋酸乙烯酯	$CH_2=CH$ $\mid$ $OOCCH_3$	28	
		乙烯	$CH_2=CH_2$	−78	
		1,3-丁二烯	$H \\ \mid \\ H_2C=C-C=CH_2 \\ \quad\quad\quad \mid \\ \quad\quad\quad H$	−106	
		苯乙烯	$CH=CH_2$	100	
		α-甲基苯乙烯	$H_3C-C=CH_2$	180	

表 4-3 常用单体的物理性能

项目	丙烯酸	甲基丙烯酸	丙烯酸甲酯	丙烯酸乙酯	丙烯酸丁酯	甲基丙烯酸甲酯
外观	无色液体	无色液体	无色液体	无色液体	无色液体	无色液体
气味	似醋酸	似醋酸	大蒜味	大蒜味	—	—
相对分子质量	72.07	86.1	86.09	100.12	128.17	100.12
沸点/℃	141.6	160	80	100	147	101
闪点/℃	68	76	10	10	49	13
玻璃化温度/℃	87	185	10	−30	−70	57
脆化温度/℃	—		3	−23	−45	92
密度(20 ℃)/(g·cm⁻³)	1.051	1.051	0.950	0.917	0.894	0.940
水中溶解度/[g·(100 g)⁻¹]	100	100	5	1.5	0.2	1.5
聚合热/(J·mol⁻¹)	4 400	3 800	4 500	4 450	4 400	3 300

第二节 自由基聚合反应

丙烯酸类单体及其共聚单体的分子结构中都有化学活泼性高的双键,具有相似的化学结构,通常称为烯类单体。烯类单体很易发生均聚合或共聚合反应。烯类单体聚合的方法很多。用作纺织浆料时,由于对单体的排列和结构没有特别的要求,因此通常采用发生热裂解或氧化还原反应产生自由基的引发剂引发单体聚合的自由基聚合法。

一、自由基聚合反应机理

自由基聚合法中常用的引发剂有无机过氧化物如 $K_2S_2O_8$、$(NH_4)_2S_2O_8$、H_2O_2,有机过氧化物如过氧化苯甲酰等,以及偶氮化合物如偶氮二异丁腈类等。自由基聚合反应主要包括链引发、链增长、链终止等过程。

1. 链引发

以常用的引发剂 $(NH_4)S_2O_8$ 为例说明引发过程。首先发生热裂解产生可引发聚合反应的自由基 $SO_4^- \cdot$,然后自由基 $SO_4^- \cdot$ 引发单体,形成单体自由基。这一过程称为链引发,有两个反应:

(1)引发剂裂解形成初级自由基:

$$S_2O_4^{2-} \longrightarrow 2SO_4^- \cdot$$

可产生 2 个自由基,其分解活化能为 140 kJ/mol,比较高,温度低时不能引发反应。

(2)初级自由基引发单体形成单体自由基:

$$M + SO_4^- \cdot \longrightarrow M \cdot + SO_4^{2-}$$

此反应为放热反应,活化能低,约为 21~33 kJ/mol,反应速率高。

2. 链增长

链引发产生的单体自由基不断地和单体分子结合生成链自由基,如此反复的过程称为链增长:

$$M_{n-1} \cdot + M \longrightarrow M_n \cdot$$

链增长为放热反应,活化能低,约为 21～33 kJ/mol,增长速率高,单体自由基在瞬间可结合成千上万个单体分子,生成聚合物链自由基。

3. 链终止

链自由基失去活性形成稳定聚合物分子的过程,称为链终止。具有未成对电子的链自由基非常活泼。当 2 个链自由基相遇时,它们极易反应而失去活性,形成稳定分子。这个过程为双基终止,是链增长终止的一种形式:

$$M_n \cdot + M_m \cdot \longrightarrow M_n —M_m$$

链自由基夺取另一链自由基相邻碳原子上的氢原子而互相终止的反应为链终止的另一种形式,称为双基歧化。

终止活化能很低,只有 8.4～21.1 kJ/mol 或接近于零,因此链终止速率常数极大,终止反应很快。

如果贮存不当,丙烯酸类单体会自发聚合。通常需在单体液中加入阻聚剂以防止自聚。

二、单体竞聚率及共聚方程

高分子化学中,把由一种单体进行聚合反应得到的聚合物称为均聚物,由两种(或多种)单体进行共聚合反应得到的产物称为二元(或多元)共聚物,都简称共聚物。由两种或两种以上单体共聚产生与这些单体的均聚物具有完全不同化学结构和性能的高聚物,是聚合物改性或制备高聚物新材料普遍而最有效的方法,效果类似于金属合金,可制得优于均聚物性能的高聚物。通过共聚可以引入极性、离子性或非极性侧基,或在高聚物主链上引入双键;可以调节共聚单体的比例,改变共聚物的玻璃化温度、软化点、熔点、溶解度、物理力学性能或其他性能。在纺织浆料产品中,除了聚醋酸乙烯酯醇解得到的完全醇解聚乙烯醇和聚丙烯酰胺以外,其他丙烯酸系浆料基本都是共聚物。因含有醋酸乙烯酯和乙烯醇两种链节,部分醇解聚乙烯醇也可认为是共聚物。

在高分子共聚化合物中,最简单的共聚物是二元共聚物。按照两种单体链节在共聚物中的序列排布,可分为交替共聚、无规共聚、嵌段共聚、嵌均共聚和接枝共聚几种形式。由自由基引发的共聚反应一般只能得到无规共聚物。无规共聚时,两种单体的活性大小通常是不同的,一般用竞聚率 r_1、r_2 表示。共聚物组成由单体的竞聚率、单体混合物的组成、共聚机理和聚合条件支配。

1. 竞聚率及影响因素

进行共聚反应的不同单体之间的相对活性称为竞聚率,即单体均聚物链和共聚物链增长速率常数之比:

$$RM_1 \cdot \begin{cases} + M_1 \xrightarrow{k_{11}} RM_1 M_1 \cdot & \text{(均聚反应)} \\ + M_2 \xrightarrow{k_{12}} RM_1 M_2 \cdot & \text{(共聚反应)} \end{cases}$$

$$r_1 = \frac{k_{11}}{k_{12}} \tag{4-1}$$

竞聚率表明单体自聚或共聚的倾向程度。若共聚反应的能力大于均聚能力,则 $r_1 < 1$;反之, $r_1 > 1$,单体1的均聚能力大于与其单体2的共聚能力。对 r_2 的分析与此相同,有:

$$r_2 = \frac{k_{22}}{k_{21}} \tag{4-2}$$

竞聚率用于分析和计算共聚物组成、序列排布等。丙烯酸系浆料常用单体的竞聚率见表4-4。竞聚率的测定方法均以共聚物组成微分方程为依据,主要有曲线拟合法、直线交点法、截距法、积分法。

表 4-4　丙烯酸系浆料常用单体二元共聚反应的竞聚率

单体1	单体2	r_1	r_2	温度/℃
丙烯酸	丙烯酸钠	0.878	0.569	45
	丙烯酸钾	0.798	0.544	60
	醋酸乙烯酯	2.6±0.5	0.04±0.01	75
醋酸乙烯酯	顺丁烯二酸酐	0.296±0.07	0.008	75
	丙烯酸甲酯	0.12	4.4±0.5	50
	丙烯酸丁酯	0.037	6.35	—
甲基丙烯酸甲酯	丙烯酸	1.13	0.29	65
	甲基丙烯酸	0.345±0.005	0.956±0.02	65
		0.9	0.7	80(异丙醇)
	丙烯酰胺	2.6	0.44	70(乙醇)
	甲基丙烯酰胺	1.68±0.07	0.43±0.04	70(乙醇)
	丁二烯	0.25±0.03	0.53±0.05	90
	顺丁烯二酸酐	3.50	0.03	60
	丙烯酸甲酯	1.99	0.33	65
	丙烯酸正丁酯	1.18	0.54	80
	丙烯腈	1.2±0.14	0.15±0.07	60
	醋酸乙烯酯	26	0.03	60
丙烯腈	丙烯酸	0.35	1.15	50
	丙烯酸钠	0.21	0.77	50
	丙烯酰胺	1.19	0.55	20(水)
		1.13	0.33	20(甲醇)
	顺丁烯二酸酐	6	0	60
	丙烯酸甲酯	1.4±0.1	0.95±0.05	60
	丙烯酸乙酯	1.12	0.93	70

（续表）

单体 1	单体 2	r_1	r_2	温度/℃
丙烯腈	丙烯酸丁酯	1.2 ± 0.1	0.89 ± 0.08	60
	丁二烯	0.04 ± 0.01	0.40 ± 0.02	50
	醋酸乙烯酯	6 ± 2	0.02 ± 0.02	60
	苯乙烯	0.04 ± 0.04	0.41 ± 0.08	60
丙烯酰胺	丙烯酸	0.60	1.43	水
	丙烯酸钠	1.00	0.35	水
	顺丁烯二酸酐	18.4	0.035	50
苯乙烯	丙烯酸	0.29 ± 0.002	0.075 ± 0.02	65
		0.15 ± 0.01	0.25 ± 0.02	50
	甲基丙烯酸	0.15	0.37	65
	丙烯酰胺	1.44	0.30	60（乙醇）
	顺丁烯二酸酐	0.01	0	60
	丙烯酸甲酯	0.75 ± 0.03	0.18 ± 0.02	60
	丙烯酸乙酯	0.77	0.17	60
	丙烯酸丁酯	0.738 ± 0.169	0.174 ± 0.067	80
	甲基丙烯酸甲酯	0.52 ± 0.02	0.46 ± 0.02	60
	甲基丙烯酸乙酯	0.53 ± 0.03	0.41 ± 0.04	60
	甲基丙烯酸正丁酯	0.56 ± 0.03	0.43 ± 0.03	60
	丁二烯	0.78 ± 0.01	1.39 ± 0.03	60
	醋酸乙烯酯	55 ± 10	0.01 ± 0.01	60

（1）单体双键或链自由基与取代基的共轭作用影响竞聚率。反应物的共轭作用强，则稳定性好，或者说反应活性小。单体和链自由基可表示如下：

$$CH_2{=}CH \qquad R{-}CH_2{-}\overset{\cdot}{C}H$$
$$\quad | \qquad\qquad\qquad\quad |$$
$$\quad X \qquad\qquad\qquad\quad X$$
$$\text{单体} \qquad\qquad \text{链自由基}$$

其中的基团 X 对其母体自由基稳定性的影响次序如下：

$$-C_6H_5>-CH{=}CH_2>-CN>-COOR>$$
$$-Cl>-CH_2Y>-OCOCH_3>-OR$$

排列在左边的自由基稳定性大，反应活性小，而相应单体的活性大，如苯乙烯；排列在右边的自由基稳定性差，反应活性大，而相应单体的活性小，不易引发，如醋酸乙烯酯。当活性大的自由基（如醋酸乙烯酯自由基）与活性大的单体（如苯乙烯）反应，则共聚反应速率常数很高，反之（如苯乙烯自由基与醋酸乙烯酯单体反应）则很低。表 4-5 中的数据可以表明，苯乙烯-醋酸乙烯酯自由基的反应速率常数在醋酸乙烯酯-苯乙烯自由基反应速率常数的十万倍以上。

表 4-5　几种单体及其自由基的反应速率常数(60 ℃)

单体＼自由基	苯乙烯	甲基丙烯酸甲酯	丙烯酸甲酯	醋酸乙烯酯
苯乙烯	176	798	116 000	370 000
甲基丙烯酸甲酯	359	367		250 000
丙烯酸甲酯	235		2 090	37 000
醋酸乙烯酯	3.2	18.3	232	3 700

（2）单体极性影响竞聚率。具有供电子基的大分子自由基容易与具有吸电子基的单体共聚,反过来也一样。例如,顺丁烯二酸酐由于空间位阻较大,不能自聚,但它能与苯乙烯形成交替共聚,因为顺丁烯二酸酐有强烈的吸电子基团,带正极性,而苯乙烯因苯环的共轭效应具有负极性,容易形成过渡状态而反应。

为了定量说明单体极性对竞聚率的影响,引入下面的经验公式：

$$r_1 = \frac{Q_1}{Q_2} e^{-e_1(e_1-e_2)} \qquad (4-3)$$

$$r_2 = \frac{Q_2}{Q_1} e^{-e_2(e_2-e_1)} \qquad (4-4)$$

式中：Q_1、Q_2 分别为单体 1 和单体 2 的相对反应活性数值；e_1、e_2 分别为单体 1 和单体 2 的相对极性因素值。

规定苯乙烯单体 $Q_1=1.00$,$e=-0.8$,通过苯乙烯与另一单体共聚反应,测得竞聚率后解联立方程即式(4-3)、式(4-4),得到另一单体的 Q、e 值。常见单体的 Q、e 值见表 4-6。通过此表 4-6 和式(4-3)、式(4-4),还可以计算出表 4-6 中任何一对单体共聚反应的竞聚率,尽管可能与试验的测定值有偏差,但对估计反应物共聚行为和产物结构及产物的性能仍有一定参考价值。

表 4-6　几种单体的 Q、e 值(60 ℃)

单体	e	Q	单体	e	Q
α-甲基苯乙烯	−1.27	0.98	丁二烯	−1.05	2.39
乙基乙烯基醚	−1.17	0.032	苯乙烯	−0.80	1.00
醋酸乙烯酯	−0.22	0.026	丙烯酸正丁酯	0.53	0.43
乙烯	−0.20	0.015	丙烯酸甲酯	0.60	0.42
丙烯酸钠	−0.12	0.71	丙烯酸乙酯	0.62	0.42
N-羟甲基丙烯酰胺	0.30	0.31	甲基丙烯酸	0.65	2.34
丙烯酸 2-乙基己酯	0.39	0.41	丙烯酸	0.77	1.15
甲基丙烯酸甲酯	0.40	0.74	丙烯腈	1.20	0.60
甲基丙烯酸正丁酯	0.43	0.67	丙烯酰胺	1.30	1.18
甲基丙烯酸乙酯	0.44	0.70	顺丁烯二酸酐	2.25	0.23

2. 共聚物方程

这里将共聚物组成方程简称共聚物方程,是表示共聚反应中某时刻共聚物组成与对应时刻单体混合物组成之间的关系式。在两种单体共聚时,可用两种单体单元在共聚物中浓度之比或摩尔分数这两种方式表示瞬间共聚物组成。与此对应的有两个表达式。

(1)微分方程:

$$\frac{d[M_1^0]}{d[M_2^0]} = \frac{[M_1^0]}{[M_2^0]} \cdot \frac{r_1[M_1^0] + [M_2^0]}{[M_1^0] + r_2[M_2^0]} \qquad (4-5)$$

式中: $\dfrac{d[M_1^0]}{d[M_2^0]}$ 为共聚反应初期(一般转化率≤10%)所生成共聚物中单体单元 M_1 与 M_2 之比; $[M_1^0]$、$[M_2^0]$ 分别为单体1和单体2的初始浓度; r_1、r_2 分别为单体1和单体2的竞聚率。

式(4-5)主要用于由单体预测聚合初期生成的共聚物的组成,它也是通过试验测定 r_1 和 r_2 的基本方程式。微分方程仅适用于低转化率,不适用于存在解聚、前末端效应或多活性的二元共聚反应。

(2)用摩尔分数表示的共聚物组成方程,这是常用的一种方法。

$$F_1 = \frac{r_1 f_1^2 + f_1 f_2}{r_1 f_1^2 + 2 f_1 f_2 + r_2 f_2^2} \qquad (4-6)$$

式中: F_1 为某瞬间形成的共聚物中单体1所占的摩尔分数。

$$F_1 = \frac{d[M_1]}{d[M_1] + d[M_2]} \qquad (4-7)$$

f_1 和 f_2 分别为某瞬间单体混合物中单体1和单体2的摩尔分数,它们之间的关系如下:

$$f_1 = 1 - f_2 = \frac{[M_1]}{[M_1] + [M_2]} \qquad (4-8)$$

式中: $[M_1]$、$[M_2]$ 为任一时刻体系中单体1和单体2的浓度。

(3)利用摩尔分数表示的共聚物组成方程,绘制共聚物组成曲线。两种单体共聚时,以共聚物中单体1的摩尔分数 F_1 为纵坐标,以原料混合物中单体1的摩尔分数 f_1 为横坐标,绘制共聚物组成曲线,如图4-1所示。曲线上的某一点为某瞬间形成的共聚物中单体1的摩尔分数与对应时刻原料混合物中单体1的摩尔分数。

如图4-1所示,共聚物组成曲线可分为4类:曲线 A 为恒比共聚线, $r_1 = r_2 = 1$,表示两种单体各自均聚和共聚的能力相等,可看成一种单体,在所有的单体比例时均有 $F_1 = f_1$,如醋酸乙烯酯-乙烯共聚物(EVA 树脂);曲线 B 为嵌均共聚曲线,即共聚物以某种单体为主嵌入另一种单体的极短链段,接近理想共聚,处于恒比共聚线上方, $r_1 > 1$, $r_2 \leqslant 1$,这种情况下,单体1的均聚活性较大,转化较快,随着单体1的消耗, f_1 降低,共聚物组成中 F_1 也下降,苯乙烯-醋酸乙烯酯和丙烯腈-醋酸乙烯酯的共聚都属于这种情

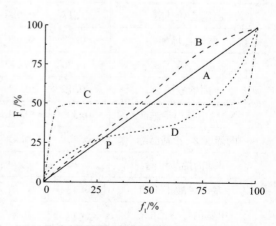

图 4-1　共聚物组成曲线

况;曲线 C,为交替共聚线,$r_1 \approx 0$,$r_2 \approx 0$,$r_1 \cdot r_2 = 0$,两种单体都不能均聚,只能共聚,因此在很大的单体比例范围内,所得到的共聚物链节比都是 $F_1 = 0.5$,苯乙烯-顺丁烯二酸酐共聚近似于这种情况($r_1 = 0.01$,$r_2 = 0$);曲线 D 具有恒比共聚点 P 的共聚线,$r_1 < 1$,$r_2 < 1$,每种单体的均聚能力都小于共聚能力,两种链节单元都较短,产物为无规共聚物,在自由基共聚反应中大量为这种类型,竞聚率相差越大,曲线凹凸程度越大,但都具有某一个恒比点符合 $F_1 = f_1$。此外,还有一种情况,两种单体的均聚能力均大于共聚能力,$r_1 > 1$,$r_2 > 1$,形成混均共聚物,如丙烯腈-丙烯酸癸酯共聚时,$r_1 = 3.2$,$r_2 = 1.3$,但是如果 r_1 和 r_2 都远大于 1,只能得到两种均聚物的混合物。

三、反应速率及相对分子质量的影响因素

影响聚合反应速率和产物相对分子质量的因素有多种,如反应形式、单体配比、搅拌速率等,其主要的影响因素是温度、引发剂、阻聚剂和杂质等。

1. 温度

温度 T 与反应速率常数 k 有下列关系:

$$k = A \mathrm{e}^{\frac{-E}{RT}} \tag{4-9}$$

在不同的温度 T_1 与 T_2 下,有:

$$\ln \frac{k_{T_2}}{k_{T_1}} = \frac{E}{R} \left(\frac{1}{T_1} - \frac{1}{T_2} \right) \tag{4-10}$$

上式表明,反应能量 E 越大,则温度对反应速率常数的影响越大。一般在室温附近的范围内,温度升高 10 ℃,聚合速度增加 2～3 倍。

一般链增长活化能约 16～30 kJ/mol,链转移活化能约 63 kJ/mol,引发剂分解活化能约 125 kJ/mol。升高温度,有利于活化能高的基元反应。因此,提高温度后,一方面引发剂分解速率加快,产生更多的自由基,继而产生更多的链自由基,导致链引发速率及链终止速率增大,故聚合物的相对分子质量变小;另一方面,也有利于链转移反应,导致相对分子质量变小,并且使聚合物产生支链,链增长时按首-首或尾-尾排列的概率增大,其结果是产物的相对分子质量和密度都降低,力学性能下降。

2. 引发剂用量

在生产中自由基聚合应用最广泛的是用引发剂引发反应。在一定温度下,引发剂分解活化能高,速度慢,可认为聚合速率主要取决于引发速率,聚合速率一般随引发剂浓度增加而增加。例如采用几种油溶性引发剂的实验表明,60 ℃时苯乙烯的聚合速率与引发剂浓度的平方根成正比。但另一方面,与温度的影响一样,增加引发剂的浓度,也会导致产物的聚合度下降。

3. 阻聚剂和杂质

丙烯酸类单体在储藏、运输过程中都加入少量阻聚剂以防止其自聚,阻聚剂能迅速地与初级自由基或链自由基作用,导致链终止。若聚合体系中有阻聚剂存在,必定出现诱导期,待活性中心将阻聚剂消耗完,聚合才会以正常速度进行。

阻聚剂使反应形成诱导期的机理是它与活性链反应形成稳定的自由基或化合物:

$$\mathrm{R}_n \cdot + \mathrm{A} \xrightarrow{k_{\mathrm{A}}} \mathrm{R}_n \mathrm{A} \cdot \qquad k_{\mathrm{A}} \gg k_{\mathrm{p}}$$

$$\mathrm{R}_n \mathrm{A} \cdot + \mathrm{M} \xrightarrow{k_{\mathrm{M}}} \mathrm{R}_n \mathrm{A} \mathrm{M} \cdot \qquad k_{\mathrm{M}} \doteq 0$$

以上反应式中,A 是阻聚剂,M 是单体,k_{A} 是阻聚剂与链自由基结合的反应速率常数,k_{M}

是阻聚剂和链结合物自由基与单体的反应速率常数，k_p为增长反应速率常数。很明显，阻聚剂容易捕捉自由基，比链增长速率常数大得多，但是阻聚剂与自由基结合后极难与单体反应进行链增长。若k_A比较小，或$k_M \neq 0$，则这种物质为缓聚剂，在聚合反应中通常不出现诱导期，但是会使聚合速度减慢。

氧气是聚合反应中常见的阻聚剂，它与活性中心形成低温下稳定的自由基，不能引发单体聚合，只能与另一自由基结合形成过氧化物：

$$R_n \cdot + O_2 \longrightarrow R_n—O—O \cdot \xrightarrow{R \cdot} R_n—O—O—R$$

在高温下，其过氧键断裂分解出活泼的自由基，可引发单体聚合。

单体中许多杂质的作用与阻聚剂、缓聚剂、链转移剂或相对分子质量调节剂的作用相似，对聚合速率及产物相对分子质量均有影响。对于合成高分子聚合物，应该对单体纯化，去除这些杂质。例如合成高效增稠剂，要求丙烯酸的含量在99.9%以上。一般的阻聚剂能溶于稀碱液，且沸点很高。对于溶解度小的单体，除去阻聚剂，就用碱液洗涤法，而对于溶于水的单体如丙烯酸，要用减压蒸馏的方法提纯。

四、丙烯酸类浆料的分子设计

大多数丙烯酸类浆料属于共聚产品，根据浆料的使用要求，可以合成出黏附性、成膜性、水溶性、吸湿性、黏度和降解性等符合要求的产品。研发首先从分子结构设计入手，选择采用什么单体、哪几种单体或单体的比例，还考虑合成工艺，在理论指导下合成出满足浆纱要求的具有一定分子链序列排布、相对分子质量及其分布的浆料高分子。

高分子结构的特点具有多层次，包括分子结构、聚集态结构和形态结构。

在分子结构中，链节的化学结构、结构异构体、分子链序列排布和空间构型属于近程结构（一级结构），相对分子质量及其分布、高分子链的统计构象属于远程结构（二级结构）。

高聚物的聚集态结构主要指非晶态结构、晶态结构和多相结构，这些结构也称为高聚物的超分子结构。

高聚物的形态结构是由光学显微镜观察到的宏观形态结构，以及由电子显微镜观察到的亚微观形态或多相形态结构。

其中每一结构层次都会对高聚物的性质产生影响，而基本的化学结构对高聚物的聚集态和形态结构也会产生影响。例如，均聚物由于具有单一的链节，其链段间结构较为规整紧密，结晶度较高；而共聚物中因为有两种或多种链节交错排列，结构规整性降低，结晶度较低。如果两种不同单体的均聚物具有类似的晶型、相似的晶格常数及相同的螺旋类型，则在它们的共聚物中，不同单体在晶格中能相互取代形成类质或异质同晶体，也能形成较为致密的超分子结构。

随着高分子科学的发展，对丙烯酸系浆料的物理化学理论方面的研究越来越深入，各种产品不断涌现，为浆料高分子的设计提供了理论指导和生产实例。

1. 共聚链分布控制

在二元共聚物中，除了完全不能共聚反应成为两种均聚物的混合物外，两种链节的各种序列排布可能具有各自独特的结构和性能，不同序列组成的共聚物具有不同的溶解性、强度或耐磨性。根据共聚反应规律可以控制反应条件，生产出符合应用要求的共聚产品。

交替共聚物具有规整的化学结构，具有较好的力学性能，可以通过选择给电子单体和吸电子单体配合成为电荷转移络合物进行交替共聚。例如顺丁烯二酸酐很不容易均聚，但它是强吸电子单体,可以与强的给电子单体(如苯乙烯)结合,很快形成有色的电荷转移络合物,甚至不需加入引发剂就可以进行交替共聚。

顺丁烯二酸酐　　苯乙烯

共聚物中的链节分布均匀与否将影响共聚物的力学性能。如苯乙烯-丙烯腈(质量比为20:80)的共聚物,其均匀链节分布产物要比分散分布产物的冲击强度大9倍。生产中要控制链节分布均匀,有多种方法。

一种方法是,对 $r_1 < 1$、$r_2 < 1$ 的反应体系,自由基聚合一般得到无规共聚物(图4-1中曲线D),选择在恒比共聚点P附近投料,可以得到结构比较均匀的共聚物。

另一种方法是采用不断补加转化较快的单体,保持单体比 f_1 基本不变,使生成的共聚物比较均匀。例如丙烯酸-醋酸乙烯酯共聚时,由于 r_1 和 r_2 分别为2.6和0.04,丙烯酸转化较快,在生产上控制丙烯酸/醋酸乙烯酯初始单体比大大低于目标链节比,在合成过程中不断补加丙烯酸,可以得到结构比较均匀的丙烯酸-醋酸乙烯酯嵌均共聚物。

2. 浆料性能设计

丙烯酸酯共聚物具有优异的成膜性、黏附性、透明度、耐光性和物理力学性能,广泛用于各行各业,在纺织行业中大量用于浆料、印花黏合剂和后整理剂。作为浆料,主要解决以下问题:

(1) 水溶性。由于浆料一般以水为介质进行上浆和退浆,要求丙烯酸系浆料易溶于水,在共聚单体组分中的水溶性链节组分必须在一定的量以上,这个量随浆料组成中其他单体组分的水溶性而定。

例如,丙烯酸酯中的酯基以甲酯的极性为最强,在水中的溶解性最大(表4-7),在甲酯浆料中含丙烯酸甲酯链节85%左右,只需要约8%的丙烯酸阴离子链节就可以使甲酯浆料具有较好的水溶性;而在含丙烯酸酯、丙烯腈和醋酸乙烯酯单体的共聚浆料中,丙烯酸的含量要达到40%(质量分数)才能得到透明的丙烯酸系水溶液浆料,其中丙烯腈单体的水溶性较好,但由于聚丙烯腈单元具有高度极性,结构紧密,不能被水溶解,也被视同于疏水性链段。

表4-7　单体在水中的溶解度

单体	温度/℃	溶解度/g	单体	温度/℃	溶解度/g
丙烯酸甲酯	20	6	苯乙烯	40	0.05
丙烯酸乙酯	20	2.4	醋酸乙烯酯	20	2.5
丙烯酸丁酯	20	0.14	丙烯腈	—	溶解
甲基丙烯酸甲酯	30	1.5	丙烯酸		任意比例互溶
甲基丙烯酸乙酯	—	极难溶	甲基丙烯酸		热溶液中溶解
甲基丙烯酸正丁酯		不溶	丙烯酰胺		216

(2) 渗透性。浆料作为纤维黏合剂和纱线保护剂应该具有较高的本体强度,因而应有较高的相对分子质量。然而,丙烯酸系浆料中的聚丙烯酸链节在中性介质或乙醇中都有极强的离子化倾向,尤其在利用碱金属或铵离子化后,分子链充分伸展,呈现出很高的溶液黏度,作为浆料使用时,不易渗透进入纱线内部,造成不均匀的表面上浆。因此,常常牺牲浆料的强度而

降低浆料的相对分子质量,以得到高浓低粘的浆料产品。但是,如果浆料的相对分子质量太低,将失去浆纱的保护作用,所以设计丙烯酸系浆料时,一般采用相对分子质量调节剂或链转移剂使产物的相对分子质量处于一定范围。

(3)黏附性。对用于合成纤维的丙烯酸系浆料,为了保证对合成纤维有足够的黏附性,应该尽量多地使用对合成纤维黏附性良好的单体。有两个途径:一是增加含酯基取代基的单体,如(甲基)丙烯酸酯、醋酸乙烯酯等;二是加入(甲基)丙烯酸、丙烯酰胺、丙烯腈等单体,增加可形成氢键的羧基、酰胺基、氰基(以—CN形式,C原子上电荷密度大,也可以发生弱的氢键),氢键对于浆料与天然纤维和涤纶、锦纶等化学纤维的黏附力均有利。

(4)再黏性。再黏性是丙烯酸类浆料一个不可忽视的问题,影响其上浆性能和使用,在进行丙烯酸系浆料分子设计时,是必须考虑的重要因素。浆料的再黏性是浆料大分子之间内聚力的宏观表现,与聚合物分子之间的范德华力和氢键有关。浆料的再黏性有两种形式,也就是由两种因素湿和热造成的"吸湿再黏性"和"热再黏性"。

① 吸湿再黏。含有较多强吸湿性组分(如丙烯酸盐、丙烯酰胺单体)的浆料,在高湿度下达到吸湿平衡后,聚合物的玻璃化温度大幅度下降,分子之间活动能力增强,造成吸湿再黏性。若采用氨水中和丙烯酸组分,在浆料烘干后,氨气挥发,丙烯酸组分失去离子性,可以大幅降低其吸湿再黏性;或者将羧基钠盐或铵盐用碱土金属(如 Mg^{2+}、Ca^{2+})部分或全部代替,使丙烯酸浆料对水分的敏感性减小。此外,在保证水溶解或分散的前提下,尽量减少水溶性基团的含量,也是降低浆料再黏性的有效方法。

② 热再黏。以丙烯酸酯作为共聚组分时,丙烯酸酯的烷基长链侧基对所有物质都具有普适的范德华色散力而具有黏附性,当聚丙烯酸酯玻璃化温度低于常温时,大分子之间堆积密度较低,容易发生浆料的质量转移,吸附于其他材料上,或黏附灰尘、杂物等。在浆料分子设计时,考虑到织造车间的温度为 20~37 ℃,只要加入足够量的硬单体使共聚物的玻璃化温度在40 ℃以上,就可以有效解决丙烯酸浆料的热再黏问题。

第三节　丙烯酸类浆料聚合方法

丙烯酸类浆料的聚合方法有好多种,常用的是乳液聚合法与溶液聚合法,另外还有反相微悬浮聚合法。

一、乳液聚合法

丙烯酸类单体被乳化剂以单体珠滴和增溶胶束的状态分散在水介质中的聚合反应,称为乳液聚合。乳液聚合反应体系的主要组成是单体、水、引发剂和乳化剂,为常用的高分子聚合方法之一。

1. 乳液聚合特点

乳液聚合的特点:①乳液聚合反应中聚合物颗粒的粒径比较小,约 0.1~1 μm,比一般的悬浮聚合反应粒径(0.5~2 mm)小很多;②乳液聚合用水溶性引发剂,如 $K_2S_2O_8$、$(NH_4)_2S_2O_8$、H_2O_2 等;③乳液聚合的产物为稳定的分散液,通常不会分层;④乳液聚合反应可在较低的温度下进行;⑤以水为介质,水的比热容大,体系黏度较小,有利于散热;⑥乳液聚合产品作为浆料,不需要特殊加工可直接使用,没有易燃和污染环境等问题。

2. 乳液聚合过程

丙烯酸乳液聚合法是将丙烯酸酯单体与水混合,加入少量乳化剂,在装有回流冷凝器的反应器中,用高速搅拌器剧烈搅拌,使单体乳化,然后加入能生成游离基的水溶性引发剂;或在反应器中,乳化剂和水先形成乳化剂溶液,再将单体和引发剂同时缓慢滴入,在搅拌下形成单体珠滴和胶束。将乳液在搅拌下加热到聚合反应温度(70～85 ℃),聚合反应主要在胶束中发生。聚合反应发生时,会放出大量的热(属放热型聚合反应,聚合热为 4 800 J/mol),应小心冷却,防止温度超过单体的逃逸温度,使反应温度保持在约 80 ℃。只要有游离基存在,聚合反应几乎可以进行到底(可达 99%)。所得产品可用碱液调整 pH 值,一般用氨水中和。产品是低黏度的聚丙烯酸酯水分散液:

$$nCH_2 = \overset{\displaystyle |}{\underset{\displaystyle COOR}{CH}} \xrightarrow[80\ ℃]{(NH_4)_2S_2O_8} + CH_2 - \overset{\displaystyle |}{\underset{\displaystyle COOR}{CH_2}}_n$$

3. 引发剂

引发剂是乳液聚合配方的重要组成部分。引发剂的种类和用量直接影响聚合反应速率、聚合物乳液的稳定性、聚合反应进行及产品质量,因此正确选择引发剂是进行乳液聚合配方设计的重要工作。合成浆料的引发剂通常选用热分解的水溶性产生自由基引发剂,如 $K_2S_2O_8$、$(NH_4)_2S_2O_8$、H_2O_2 等。若用氧化还原体系的引发剂[如$(NH_4)_2S_2O_8$、$NaHSO_3$],反应温度可为室温,但需要通入氮气以驱除空气。引发剂的用量一般为单体总量的 0.1%～2%。乳液聚合反应过程中搅拌只是为了均匀混合反应物与散发热量,不需要剧烈搅拌,否则会造成聚合速度下降或延长聚合诱导期,甚至产生破乳,致使反应不能正常进行。

4. 乳化剂

乳液聚合所用的乳化剂对最终产品的性能影响十分明显。常用乳化剂主要由阴离子型和非离子型表面活性剂组成。非离子表面活性剂能形成稳定的乳液,阴离子表面活性剂能提高非离子表面活性剂的浊点,非离子表面活性剂与阴离子表面活性剂配合使用能产生良好的稳定性。在聚丙烯酸类浆料合成中,最常用的乳化剂是十二烷基磺酸钠、十二烷基硫酸钠、平平加 O、磺化月桂酸钠等。乳化剂的用量一般为单体总量的 2%～5%。

5. 乳液聚合优缺点

乳液聚合的优点:①以水为介质,比热容大,体系黏度小,有利于散热;②乳液产品可以直接使用,无易燃和污染问题;③聚合速度快,聚合反应平稳,聚合物相对分子质量高,产物相对分子质量又取决于所用引发剂的浓度与聚合反应温度。缺点:①产品的有效成分含量较低,杂质含量较高,贮存稳定性差,薄膜要有较长的干燥时间,而且吸湿性及再黏性强;②制成固体需要破乳,会产生大量废水等,成本比悬浮聚合高。

6. 生产工艺流程及配方举例

工业规模乳液聚合法生产丙烯酸类浆料的流程大致如图 4-2 所示(以聚丙烯酸甲酯为例)

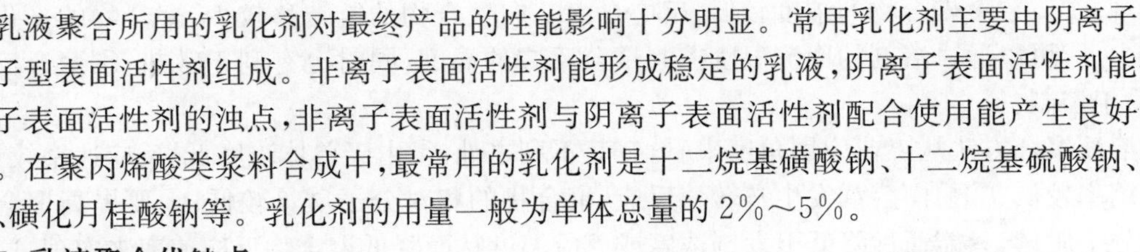

图 4-2　乳液法合成丙烯酸类浆料流程

以制取丙烯酸类共聚物的乳液聚合为例,配方举例(按质量分数):

丙烯酸(AA)	8	丙烯酸甲酯(MA)	17
甲基丙烯酸甲酯(MMA)	10	丙烯酸丁酯(BA)	15
壬基酚聚氧乙烯醚(TX-10)	0.9	十二烷基硫酸钠(SDS)	0.3
过硫酸铵(APS)	0.4	氨水	8
水	100		

按配方给反应釜中加水,开动搅拌器搅拌,加入 TX-10 和 SDS,搅拌 30 min,升温,控制温度稳定在(80±2) ℃时,开始滴加单体混合液和引发剂溶液(2%),保持温度 80～85 ℃,单体滴加 3 h,引发剂滴加 3.5 h,加完引发剂继续保温 2～3 h,降温至 60 ℃左右时缓慢加入氨水。有必要时,在加入氨水之前进行特殊的未反应单体的除去工作。降温过滤,包装成品。

二、溶液聚合法

溶液聚合法是将引发剂和单体溶于溶剂,成为均相溶液,然后加热聚合。最简便的方法是将单体与溶剂等量混合溶解,放入一个有冷凝回流装置的反应锅内,加入少量的油溶性过氧化物引发剂(如过氧化苯甲酰、偶氮二异丁腈等)。加热溶液,通入惰性气体,在搅拌下达到规定的温度(90 ℃左右),维持一定时间(约 1 h)直到聚合完全。所得产物几乎是无色的黏稠溶液,产品中含有溶剂。

1. 溶液聚合优缺点

溶液聚合的优点:①物料混合和传热都比较容易,聚合热容易通过溶剂导出,凝胶效应不易出现;②体系中聚合物的浓度较低,反应自由基向聚合物的链转移较少,聚合物的支化和交联较少;③可以通过溶剂的回流温度控制聚合反应的温度,同时也有利于散热;④聚合反应平稳,易于控制。

溶液聚合方法从工业应用角度来看,有其不利之处:①由于单体浓度低,反应速率较慢,设备利用率较低;②易向溶剂发生链转移反应,聚合物的相对分子质量较低;③要提高聚合物的相对分子质量,只能通过降低引发剂浓度或反应温度从而降低聚合物反应速率来实现,这就更降低了设备的生产能力;④溶剂往往易燃,回收既费时,又增加成本,并造成环境污染。

由于丙烯酸类单体的化学结构相似性,以及侧基的化学活泼性,在制造过程中要得到单一的均聚物较为困难。一般的工业用产品往往是其共聚物,这也是常称为"丙烯酸类"的原因。鉴于这一特点,可根据聚合产物各个组分的结构与性质选择与控制每一组分的比例,使产品能满足不同的上浆要求,故也有"裁缝"浆料之称。但另一方面,也要求浆料制造者严格掌握各种单体的配比、各种辅助料的用量、聚合工艺及条件,不然会引起各批产品间的性能差异与质量波动。

2. 溶液聚合举例

以制取丙烯酰胺、丙烯酸和丙烯腈共聚物的溶液聚合为例,配方如下(按质量分数):

丙烯酰胺	5	丙烯腈	10
丙烯酸	15	过硫酸铵(APS)	0.2
氨水	10	水	90

按配方给反应釜中加水,开动搅拌器搅拌,加入单体和引发剂,搅拌 30 min,升温,温度升到 60 ℃时,关闭加热,根据升温情况加热或冷却,温度稳定在 80～85 ℃,保温 2～3 h,降温至 60 ℃左右时缓慢加入氨水。降温过滤,包装成品。

三、反相微悬浮聚合法

反相微悬浮聚合单体为水溶性单体。首先将水溶性单体(如丙烯酸、丙烯酰胺)配制成水溶液,然后加入油溶性乳化剂,进行搅拌,使水溶性单体在非极性有机介质中分散成微小液滴,形成油包水(W/O)型乳液,这与水包油型乳液恰好相反。因此,常称之为反相乳液。这种聚合的液滴和最终颗粒很微小($0.1\sim0.2~\mu m$),与常规乳液聚合的粒径相近,但液滴是聚合的场所,在机理上更接近悬浮聚合,因此可称作反相微悬浮聚合。

反相微悬浮聚合体系主要包括水溶性单体、水、油溶性乳化剂、非极性有机溶剂、水溶性或油溶性引发剂等。

1. 单体、引发剂、溶剂

常用的水溶性单体是丙烯酰胺、丙烯酸、甲基丙烯酸及其钠盐、丙烯腈、N-乙烯基吡咯烷酮等。

油溶性乳化剂的亲水亲油值(HLB)一般在 5 以下,山梨糖醇脂肪酸酯(Span 类)及其环氧乙烷加成物(Tween 类)最常用。如 Span60、Span 80 或 Span 80/Tween 80 的混合物等。

用得较多的连续介质是芳香族溶剂,例如甲苯、二甲苯、环己烷、庚烷等;异链烷烃等烷烃溶剂也可使用。

反相微悬浮聚合的引发剂,可以是油溶性的引发剂,如过氧化二苯甲酰、偶氮二异丁腈等;也可以是水溶性的,如过硫酸钾等。

2. 反相微悬浮聚合举例

以制取丙烯酰胺共聚物的反相微悬浮聚合为例,配方如下(按质量分数):

丙烯酰胺	100	环己烷	150
丙烯酸	48	甲苯	4
水	25	山梨糖醇单硬酸酯	9
氢氧化钠	210		

按配方将溶有山梨糖醇单硬酸酯的环己烷、甲苯加入装有通氮的带回流冷凝器的反应釜内,再加入丙烯酰胺和丙烯酸单体的水溶液,搅拌一定时间使之分散。引发剂根据是油溶性或水溶性的,可事先加到油相或水相中,将乳液加热到 $50\sim60~℃$,聚合热借有机溶剂回流来散热。聚合一定时间后(使反应完全),将乳液加热,使油水共沸,蒸出水分,聚合物则沉淀析出。聚合后的颗粒用丙酮洗涤,然后干燥,便可制得粉状产品。

第四节　常用丙烯酸类浆料

丙烯酸及其酯的聚合比较容易、简单,设备要求不高,且单体种类较多。以丙烯酸及其盐类为主体的浆料就有许多制法,产品质量差别较大。这种浆料的主要缺点是吸湿性强,再黏性大,黏附性及成膜性不及以酯类为主体的浆料。上浆效果不够令人满意。

以丙烯酸酯为主体的浆料是丙烯酸类浆料中的主要类别,品种很多。纯粹的酯型均聚物在经纱上浆中使用得不多。为了赋予这类浆料所要求的上浆工艺性,常常要和其非酯类的丙烯酸类单体,甚至其他种类单体共聚。例如在丙烯酸酯分子链上引入羧基,可赋予聚合物水溶性、稳定性、碱增稠性,并可提供交联点,以得到其他方面性能。因此,单一组分的酯型均聚物在经纱上浆中已很少使用,主要使用其二元或二元以上的共聚物。因为在纺织工业生产实际应用中,不仅需要有与疏水性纤维相似的酯型单体,同时需要含有一定量的亲水性组分,以使浆料能具有水溶性或水分散性。

(1)通过单体种类和用量的选用,改变浆料的玻璃化温度。

聚合物若有一定硬度值,就不会因太软而发黏。合成工艺上,能制成很硬脆的浆料,也可制成非常柔韧的浆料,关键是充分运用高分子设计原理进行组分配合。单体的选择在很大程度上与它们的玻璃化温度(T_g)有关。例如在共聚过程中,选择 T_g 较高的单体(如甲基丙烯酸酯或甲基丙烯酸),可使浆料的 T_g 升高,这对克服再黏性有一定效果。显然,这也会促使浆膜硬度增加,对疏水性纤维的黏附力有一定影响。

(2)在保证实用要求的水溶性前提下,尽可能减少极性基团含量,使浆料的吸湿性降低到最小值。通常要求含羧基的单体比例在 15%～20%。

丙烯酸酯类浆料制取时的高分子设计颇为重要,它们的分子链侧基的功能可归结如表 4-8 所示。

表 4-8 丙烯酸类单体分类和在浆纱中的功能

第一类 (软单体)	T_g/℃	第二类 (硬单体)	T_g/℃	第三类 (水溶单体)	T_g/℃
丙烯酸甲酯	10	甲基丙烯酸甲酯	58	丙烯酸	87
丙烯酸乙酯	−30	甲基丙烯酸乙酯	50	甲基丙烯酸	185
丙烯酸丙酯	−51	甲基丙烯酸丙酯	38	丙烯酰胺	165
丙烯酸丁酯	−70	甲基丙烯酸丁酯	30	丙烯腈(水解后)	101
黏附作用 成膜柔韧		黏附作用 增强浆膜 减少再黏		成盐后呈水溶性 (钠盐吸湿较大) 退浆性好	

注:侧链上的酯基尺寸可调节分子链的柔性。

一、聚丙烯酸浆料

纯聚丙烯酸是坚硬透明的固体,由于吸湿性强及易于聚合,常制成浓度 25% 的液体供应市场。聚丙烯酸液体呈无色透明的黏滞状,可以任何比例与水混溶,pH 值在 2～3,对金属机件有腐蚀作用,需用不锈钢的机件及容器。

聚丙烯酸浆料与聚酰胺纤维之间能形成强有力的氢键缔合,具有优异的黏附性。

聚丙烯酸浆料是锦纶纱线的适用浆料。可以说,如果没有聚丙烯酸浆料,许多锦纶织物是难以织造的。由于聚丙烯酸的吸湿性强、热稳定性差,现已很少单独使用。丙烯酸作为共聚物浆料中的单体之一,担任亲水性的角色。

$$
\begin{array}{ccccc}
R_1 & & & & \\
| & & & & \\
N & - H \cdots O & - & C & - R_3 \\
| & & & \| & \\
C = O & & & O & \\
| & & & | & \\
R_2 & & & H & \\
\end{array}
$$

二、聚丙烯腈部分水解浆料

这种浆料是以聚丙烯腈为原料,经不完全水解反应而制得的。这类浆料的代表是德国巴斯夫公司的 CB 浆料(Size CB),它的组分及其配比一直作为专利保密。红外光谱及理化分析表明,CB 浆料具有独特的腈基特征峰(2 250 cm^{-1}),说明丙烯腈单元没有全部水解;也具有羧酸盐特征峰(3 160 cm^{-1}、1 405 cm^{-1})及羧酸特征峰(1 570 cm^{-1}、1 450 cm^{-1})。有机元素分析表明,CB 浆料还含有氮(N)。由此可确认,CB 浆料是由丙烯腈、丙烯酰胺、丙烯酸及其铵盐组成的共聚物。

$$—CH_2—CH—CH_2—CH—CH_2—CH—CH_2—CH—$$
$$\begin{array}{cccc} CN & CONH_2 & COOH & COONH_4 \end{array}$$

质量分数：20%　　　　25%　　　5%　　　50%

CB 浆料为淡黄色的黏滞状液体,含固率为 25% 左右,能完全溶于水,可与淀粉等天然浆料很好地混溶;对涤纶具有较高的黏附性,有良好的成膜能力,浆膜柔软,强度较低。CB 浆料溶液的黏度较低,可与淀粉浆混合使用,是涤/棉混纺纱的专用浆料。近年来,为了改进 CB 浆料吸湿性太大的缺陷,又制造了 CR 浆料(Size CR),是钙盐及镁盐皂化的产品,但仍未解决吸湿及再黏问题。CR 浆料不能单独使用,也难以作为主体浆料,一般只能与淀粉或 PVA 混合使用。这类浆料,我国已能作为商品生产。

三、聚丙烯腈完全水解浆料

聚丙烯腈加压水解可制得丙烯酸盐浆料。将洁净的聚丙烯腈颗粒或片剂放入水中(浴比可为 1∶5～1∶6),在高压釜内,在 12～15 MPa、175～190 ℃条件下,水解反应 6 h,冷却后即得橘黄色的黏稠状水溶液。若用减压干燥,还可制得淡黄色粉状产品。如果在碱性或酸性条件下水解,则反应条件可缓和些,反应时间更短些。水解后的聚丙烯腈经红外光谱分析,2 250 cm^{-1} 的腈基特征峰消失,表明聚丙烯腈已完全水解。产品的组分如下:

$$—CH_2—CH—CH_2—CH—CH_2—CH—CH_2—CH—CH_2—CH—$$
$$\begin{array}{ccccc} COOH & CONH_2 & COONH_4 & C=O & C=O \end{array}$$
$$NH$$

质量分数：15%　　　40%　　　15%　　　30%

水解后的产品,相对分子质量有明显下降,由原来的 4 万左右下降到 0.5 万。这种浆料对涤纶的黏附性不及丙烯酸酯类浆料。吸湿性及再黏性大,使它不能单独使用,只能作为混合浆料的组分之一。

四、腈纶皂化浆料

将腈纶的纺丝原料经漂洗,除去硫氰酸盐后,在碱性条件下水解,再用氨水中和、增稠,得到黏稠状液体,含固率为 12%～20%,色泽视原料质量而异。产品的组分更复杂,常规生产的腈纶原料,其组分是以丙烯腈为第一单体,加入丙烯酸甲酯及甲叉丁二酸钠盐为第二单体和第三单体:

$$\begin{array}{c} COONa \\ —CH_2—CH—CH_2—CH—CH_2—C— \\ CN \quad COOCH_3 \quad CH_2COONa \end{array}$$

质量分数：91.7%　　　6.6%　　　1.7%

以 NaOH(用量为原料干重的 40%)在 80～100 ℃下使腈纶原料皂化,在搅拌下生成均匀、黏滞状的微黄色（肉桂色）透明物质。图4-3所示为腈纶皂化浆料薄膜的吸湿性曲线，可以看出，这种浆料的吸湿性特别强，相对湿度在55%时，吸湿率已超过40%，发软、发黏，无法单独使用，因此只能作为混合浆的辅助黏合剂使用。若用化纤厂的腈纶下脚为原料，则质量波动更大。

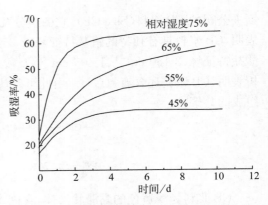

图4-3 腈纶皂化浆料薄膜的吸湿性

五、甲酯浆料

丙烯酸酯型浆料中，以丙烯酸甲酯单体用得最多。作为浆料，应具有水溶性或水分散性，还必须含有亲水性的组分。具代表性的浆料是已广泛用于涤/棉混纺纱上浆的甲酯浆料，其单体组成的质量分数为丙烯酸甲酯85%、丙烯酸8%、丙烯腈7%。单体在阴离子乳化剂存在下制成乳液，以过硫酸钾（或铵）为引发剂，80℃下聚合，用氨水中和、增稠，得到乳白色黏稠状胶体，含固率为（14±1）%。红外光谱及理化分析表明，产物的组分已不同于原料，发生了显著的变化，其中丙烯腈被完全水解，主要组分是丙烯酸甲酯、丙烯酸及其铵盐，相对分子质量一般在4万左右。

$$-CH_2-CH-CH_2-CH-CH_2-CH-$$

质量分数：80%　　　　20%

（下方结构式：COOCH₃　COOH　COONH₄）

聚合反应理论转化率可达99%以上，但实际生产过程中，共聚物中常含有一定量未反应的单体，使产品带有一股游离单体的大蒜味。用氧化-还原法或通入蒸气沸腾挥发法，可除去游离单体，消除气味。聚合工艺的各个参数对成品质量影响很大，参数稍有变动，产品组分配比就可能发生变化。

以丙烯酸甲酯为主体的浆料，在60℃以上能迅速地分散于水中，与水混溶。酯基属于低极性基团，大分子链柔顺性好，玻璃化温度低（聚丙烯酸甲酯的T_g为10℃）。其薄膜柔软，延伸性好，强度及弹性较差，具有"柔而不坚"的特色（表4-9）。丙烯酸甲酯单元结构与涤纶相似，都含有酯基，两者有较高的黏附强度。与PVA比较，PVA对涤纶纤维的黏附性差，但浆纱显"硬"；聚丙烯酸甲酯浆料对涤纶纤维的黏附力强，但吸湿再黏性高，如表4-9所示。两者混用可达到较好的效果。

表4-9 浆料黏附性与再黏性比较

浆料	对涤纶薄膜黏附力/（cN·cm⁻¹）	再黏性/（×10⁻⁵ N）	
		相对湿度65%	相对湿度85%
PVA（聚合度500）	60	3.9	9.7
PVA（聚合度1 700）	78	2.6	10.1
丙烯酸类树脂（A）	200	380	555
丙烯酸类树脂（B）	476	130	330
丙烯酸类树脂（C）	565	59.3	108

六、溶液聚合丙烯酸酯类浆料

丝绸行业使用的丙烯酸酯类浆料,主要是丙烯酸甲酯与丙烯酸丁酯共聚物。为了获得水溶性,配以丙烯酸共聚单体,以乙醇为溶剂,过氧化苯甲酰为引发剂,用溶液聚合法合成。于 $80\sim85\ ℃$ 下保温反应 $10\sim15\ h$,冷却,加入氨水中和,即得产品。一般是含固率为 25% 左右的黏滞状液体。红外光谱分析表明,这类产品是丙烯酸甲酯、丙烯酸乙酯(或丁酯)及丙烯酸铵盐的三元共聚物。在不同季节使用时,要求其质量百分比如下:

$$—CH_2—CH—CH_2—CH—CH_2—CH—$$

$$COOCH_3 \qquad COOC_2H_5 \qquad COONH_4$$

5—10月使用	40%~45%	40%~45%	10%~15%
11月—次年4月使用	20%~30%	60%~70%	10%~15%

长丝上浆需要有优异的集束性,要求浆料具有高的黏附性与较好的流动性,要求浆料中的酯基含量高,相对分子质量不能太大。这些都与短纱上浆的要求有所不同。

溶液聚合的酯类浆料的问题仍是吸湿性与再黏性较强。为了克服这些缺点,虽可用交联、接枝等方法,但在浆料制造中常选用与 T_g 高的单体共聚的方法来解决(如甲基丙烯酸类单体),目的是既保持高的黏附性,又能克服再黏性。可用于涤纶变形丝上浆的是丙烯酸、甲基丙烯酸、丙烯酸甲酯及甲基丙烯酸甲酯的四元共聚物,与低聚合度的部分醇解 PVA 混用,也可取得好的效果。

七、喷水织机浆料

喷水织机利用高压水流引纬,水不可避免地会洒在经纱上,这就要求用于喷水织机的经纱用浆料的耐水性好,黏附性强,渗透性好,浆膜光滑有弹性,玻璃化温度 $25\sim40\ ℃$,避免再黏性或者使浆丝过于僵硬导致浆膜龟裂和落浆。这种浆料可制成以亲水基团为铵盐的共聚物。在浆纱机上,浸有浆液的经纱烘燥时,浆膜中的丙烯酸酯铵盐侧链分解成氨气挥发变成羧酸,而这种酸的水溶性极低,使浆膜呈非水溶性,从而能承受喷水织机投纬时水滴的侵扰,浆纱的力学性能保持良好,能顺利地进行织造。织造后的织物可用碱退浆工艺(例如氢氧化钠),使丙烯酸酯的羧酸侧基又成为盐类(钠盐),再次呈水溶性而完成退浆。这一点是淀粉浆料或聚乙烯醇浆料无法完成的。一般采用耐水性较好的甲基丙烯酸作为水溶组分(质量分数 10%~25%),以少量丙烯酸调节水溶性,聚合完成后以氨水中和;在黏附组分方面,对于涤纶长丝采用甲基丙烯酸酯和丙烯酸酯(摩尔比 1∶1.15~1∶1.25),对于锦纶长丝也可加入少量丙烯酰胺或丙烯腈。一般不采用乳液聚合,因为乳液聚合会将乳化剂引入高聚物,使后者耐水性下降,并且乳液聚合的浆料相对分子质量较大,不利于浆液渗透,在上浆干燥中出现浆膜热收缩性过大、浆膜不平整现象。采用低碳醇做溶剂的溶液聚合方法,工艺稳定,含杂少,溶剂的链转移作用可使浆料的相对分子质量降低,必要时加入少量相对分子质量调节剂。

合成实例:以 $C_1\sim C_4$ 脂肪醇为溶剂,以过氧化苯甲酰为引发剂,在单体和溶剂的共沸温度下($60\sim80\ ℃$)进行溶液聚合,待聚合完成,降温至 $50\ ℃$,用氨水中和至 pH=6~8,最后加水稀释至要求的浓度。

$$—CH_2—CH—CH_2—CH—CH_2—CH— \xrightarrow[\text{增加黏度}]{\substack{+NH_4OH \\ \text{增加水溶性}}}$$

$$COOCH_3 \qquad COOC_2H_5 \qquad COOH$$

$$
\begin{array}{c}
-CH_2-CH-CH_2-CH-CH_2-CH- \xrightarrow[\text{烘燥}]{NH_3\uparrow} \\
\qquad\quad\ \ COOCH_3 \quad\ \ COOC_2H_5 \quad\ \ COONH_4
\end{array}
$$

水溶性浆料(上浆)

$$
\begin{array}{c}
-CH_2-CH-CH_2-CH-CH_2-CH- \xrightarrow[\text{退浆}]{NaOH} \\
\qquad\quad\ \ COOCH_3 \quad\ \ COOC_2H_5 \quad\ \ COOH
\end{array}
$$

耐水性浆料(织造)

$$
\begin{array}{c}
-CH_2-CH-CH_2-CH-CH_2-CH- \\
\qquad\quad\ \ COONa \quad\ \ COOC_2H_5 \quad\ \ COONa
\end{array}
$$

水溶性浆料(退浆后)

丙烯酸酯类浆料的使用形态:含固率在 $15\%\sim40\%$ 的液体,含固率大于 40% 的黏流体,以及固态的丙烯酸酯浆料。

纯粹的固态丙烯酸酯浆料,通常要用溶剂法聚合后沉淀析出。这种产品质地纯粹,性能较易控制。另一种方法是乳液聚合或反相悬浮聚合后的破乳析出法,但制造成本高,价格贵,而且在纺织经纱上浆时,上浆工艺性并没有独特的优点。

第五节　聚丙烯酰胺浆料

聚丙烯酰胺(英文名 Polyacrylamide,缩写 PAM)是具有基本链节 $\begin{array}{c}-CH_2-CH-\\ \ \ \ \ CONH_2\end{array}$ 的白色粉末,为线型水溶性高分子化合物,是水溶性聚合物中应用最广泛的品种之一。由丙烯酰胺单体直接聚合而成,不溶于乙醇、乙醚、酯、碳氢化合物、二甲基甲酰胺、四氢呋喃等溶剂。工业上常将丙烯酰胺及其衍生物的均聚物,以及含有 50% 以上丙烯酰胺单体的丙烯酰胺共聚物,泛称为聚丙烯酰胺。

聚丙烯酰胺于 1893 年首次制取,但直到 1950 年之后才大量工业化生产。据 1980 年统计,全球总产量只有 5 万 t,而目前年产量已超过 40 万 t,约有 20 家大公司生产,其中美国约占 40%、日本占 20%。聚丙烯酰胺及其衍生物用途非常广泛,可用作有效的絮凝剂、增稠剂、增强剂及表面活性剂等,广泛应用于水处理、造纸、石油、矿冶、地质、纺织和轻工业等方面。聚丙烯酰胺产品形式主要有水溶液、粉状固态和胶乳状三种,并可以是非离子、阴离子和阳离子等类型。

我国于 20 世纪 60 年代初开始生产,生产规模很小,主要用作净化电解用的食盐水。1977~1979 年,由于石油开采工业的需要,其产量才有大幅度增长(90 年代初,我国的聚丙烯酰胺产量只有近 5 000 t),并在许多工业部门得到应用,都达到了良好的效果。

20 世纪 70 年代将聚丙烯酰胺用于经纱上浆,尤其是成功地用于细支高密的全棉织物的经纱上浆(如羽绒布)。但由于它的暴聚性和高黏度,当时只能以含固率 $8\%\sim10\%$ 的胶体供应给纺织厂。

纯粹的丙烯酰胺单体是一种白色薄片状(或鳞片状)的结晶物质,相对分子质量为 71.08,熔点 $(84.5\pm0.7)\ ℃$,密度 $1.107\ g/cm^3 (25\ ℃)$,可溶解于水及二噁烷、乙醇、甲醇或醋酸乙酯等有机溶剂,但在碳氢类有机溶剂中不溶解或略微溶解。可用各种方法使丙烯酰胺聚合与共聚。

$$nCH_2 = CH \quad \xrightarrow{\text{过硫酸铵}} \quad \left[CH_2 - CH \right]_n$$
$$\hspace{1.2cm} | \hspace{4.5cm} |$$
$$\hspace{1.2cm} CONH_2 \hspace{3.5cm} CONH_2$$

聚丙烯酰胺大分子主链上带有大量侧基——酰胺基。酰胺基的化学活性大,可和多种化合物反应而产生许多聚丙烯酰胺的衍生物,还能与多种化合物形成很强的氢键。聚丙烯酰胺的相对分子质量有很宽的调节范围($10^4 \sim 10^7$),其应用主要取决于它在水中的行为。完全干燥的聚丙烯酰胺是脆性的白色固体。商业上使用的聚丙烯酰胺干粉一般含有 5%～15% 的水分。

由于丙烯酰胺及其聚合物都能溶解于水,故使用溶液聚合法较为方便。用非离子水溶解丙烯酰胺单体,制成浓度为 8%～50% 的水溶液,pH 值不能太大,否则容易水解。以过硫酸钾或过硫酸铵做引发剂,聚合温度保持在 30 ℃,或者从室温开始自动升温至 60 ℃,聚合时间约 3～6 h,转化率＞90%。也可以用氧化还原型引发剂。聚合反应结束后,应加入亚硝酸钠或尿素做分子调节剂和稳定剂。产品相对分子质量较高,一般在 150 万～250 万,也可高达 1 000 万以上。一般都是黏滞状胶体产品。也可将制得的黏滞状胶体用鼓式干燥器烘干,或用甲醇沉淀,或经共沸蒸馏制成粉状产品。

聚丙烯酰胺最典型的化学性能是易水解,pH 值为中性时,水解速率最低,一般低于 1%。但在碱性条件下,酰胺基很容易水解成丙烯酸,成为二元共聚物:

$$\cdots - CH_2 - CH - CH_2 - CH - \cdots \quad +NaOH \quad \xrightarrow{H_2O}$$
$$\hspace{2.0cm} | \hspace{1.5cm} |$$
$$\hspace{2.0cm} CONH_2 \hspace{1.0cm} CONH_2$$

$$\cdots - CH_2 - CH - CH_2 - CH - \cdots \quad +NH_3$$
$$\hspace{2.0cm} | \hspace{1.5cm} |$$
$$\hspace{2.0cm} CONH_2 \hspace{1.0cm} COONa$$

工业用聚丙烯酰胺有多种形态。粉末状聚丙烯酰胺溶解成溶液常需几个小时,主要取决于颗粒大小、调和方法及水的温度。有些成品以黏滞状胶体供应市场,浓度低于 30%。常用的液态聚丙烯酰胺,其浓度在 10% 左右。

聚丙烯酰胺是一种可以任何比例溶解于水的聚合物。它的相对分子质量对其水溶性没有显著影响,但高相对分子质量制品在浓度高于 10% 时易形成凝胶状结构(分子间的氢键缔合力所致)。不溶于一般的有机溶剂,可溶于一些极性较强的溶剂,如醋酸、丙烯酸、一氯醋酸、乙二醇、甘油及甲酰胺等。纯粹的聚丙烯酰胺是一种极性较强的非离子型高分子化合物(经部分水解可成为阴离子型),对电解质有较好的耐受力,与一般的表面活性剂都能很好地混溶。遇二价以上的金属离子(Ca^{++},Mg^{++})会形成絮凝状沉淀,聚丙烯酰胺水溶液的黏度下降。聚丙烯酰胺水溶液的黏度随浓度增加而以指数关系增加(图 4-4);温度升高,黏度下降。

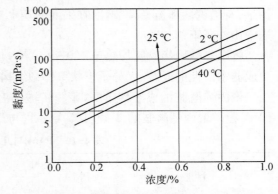

图 4-4　聚丙烯酰胺水溶液的黏度-浓度曲线

高相对分子质量聚丙烯酰胺水溶液的流动曲线呈非牛顿型特征,随着剪切应变速率的增加,表观黏度显著下降(图 4-5)。剪切应变速率降低,黏度值可回复。因此,测量浆液黏度时应按标准条件,不然会产生误差。聚丙烯酰胺的浓度在 0.1%～2.0% 时,浓度与黏度呈线性关系。相对分子质量在 100 万以内的聚丙烯酰胺,其稀溶液仍然属非牛顿型流体,对切变速率十分敏感。使用快速搅拌器时,聚合物出现明显的降解现象。因此,采用高速混合器的快速溶解法时,聚丙烯酰胺水溶液会在短时间内发生黏度下降。

pH 值对聚丙烯酰胺水溶液黏度的影响如图 4-6 所示,黏度随 pH 值增加而增加。

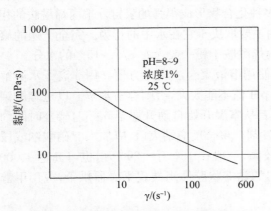

图 4-5　聚丙烯酰胺水溶液的黏度-剪切应变速率曲线

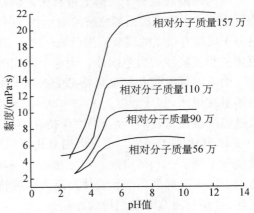

图 4-6　pH 值对聚丙烯酰胺水溶液(浓度 0.5%)黏度的影响

当聚丙烯酰胺的非离子型酰胺基水解成离解度较低的羧酸基,进而转化成阴离子型的羧酸根离子时,大分子刚性增强,柔顺性减弱。在水溶液中添加盐类以后,增加了离子浓度,会导致黏度降低,但对剪切应变速率的影响较平稳。因此,用 NaCl(4%)或 Na_2NO_3(1 mol/L)作为测定粘均相对分子质量的溶剂是很适宜的。由于聚丙烯酰胺分子链上含有酰胺基,并常含有离子基团,它的最显著特点是亲水性高,比其他大多数水溶性高分子化合物的亲水性高得多。它还易吸附水分和保留水分,这使其在干燥时具有强烈的水分保留性和吸水性,且吸水率随衍生物的离子性增加而增大,是一种很好的高吸湿材料。

聚丙烯酰胺及其水解物都是低毒的,大多数商品不刺激皮肤,被美国环境保护局和食品、药品管理局批准可用作饮水处理、糖汁澄清和水果、蔬菜洗涤剂等。可作为凝絮剂,处理各种污水;有增稠性和流变调节性,在采油的注水工艺中得到应用;具有减磨性能,在各种流体的输送中用作减阻剂。

将干态聚丙烯酰胺加热至 130~150 ℃,仍很稳定。但温度再升高,聚丙烯酰胺发生交联,生成非水溶性的亚胺,大分子形状呈体型结构。

聚丙烯酰胺的成膜性较好,浆膜机械强度略高于 PVA,但柔软性、弹性、伸长及耐磨性较PVA 差。聚丙烯酰胺的 T_g 为 165 ℃。它与几种浆料薄膜的性能比较列于表 4-10。

表 4-10　PAM 与几种浆料薄膜的性能比较

性能		PMA	PVA		CMC	PAM
			完全醇解	部分醇解		
断裂强度/(N·mm⁻²)		9.3	39.5	29.2	40.6	45.5
断裂伸长率/%		284	195	124	10.4	3.2
形变/%	急弹	10	66.7	66.0	38.4	66.7
	缓弹	40.3	30.5	33.1	20.8	16.7
	塑性	49.7	2.8	0.9	41.8	16.6

（续表）

性能		PMA	PVA		CMC	PAM
			完全醇解	部分醇解		
吸湿率/%	RH 60%	6.74	9.27	11.04	17.55	18.80
	RH 70%	9.16	12.40	15.09	25.71	21.30
	RH 80%	12.83	15.76	25.79	31.45	30.24

聚丙烯酰胺适用于天然纤维上浆，有良好的黏附性，用于低特高密的棉纱、羊毛单纱、黏胶人造纤维纱等上浆。在变性淀粉浆料中添加小比例的聚丙烯酰胺，就有明显的上浆效果。对疏水性强的合成纤维的黏附性不足，上浆效果不如丙烯酸酯类浆料。单独用于经纱上浆，刚出烘房时的浆纱手感硬挺，放置时间略长后，手感变软。由于聚丙烯酰胺吸湿性强，对周围空气的相对湿度非常敏感，吸湿后会发生再黏现象。因此，织造车间的相对湿度应控制得低一些。聚丙烯酰胺与其他浆料的混溶性较好，一般常以小比例与淀粉或 PVA 混合使用，用于低特高密棉织物的经纱上浆，也可用于涤/棉混纺纱上浆。浆液 pH 值应严格控制在中性。聚丙烯酰胺的水溶性好，易于退浆。

第六节　共聚浆料

共聚浆料主要利用不饱和烃双键的化学活泼性制取，单体种类多，浆料品种多。在制备共聚浆料的单体中，以丙烯酸及其酯单体的应用最为广泛。为了学习方便，把共聚浆料也列于本章中。选用时，首先应针对纺织纤维的化学结构和成纱形态（长丝或短纤纺纱）；其次是共聚浆料中各种单体的化学结构与能赋予浆料的主要性能。表 4-11 所示为常用单体能赋予聚合物（浆料）的主要性能。

表 4-11　常用单体能赋予聚合物的主要性能

赋予聚合物的性能	单体
黏附性	丙烯酸酯、丙烯酰胺、醋酸乙烯酯
拉伸性	丙烯酸酯、丙烯酰胺、醋酸乙烯酯等
硬度	苯乙烯、甲基丙烯酸甲酯、丙烯腈
柔韧性	丙烯酸乙酯、丙烯酸丁酯、丙烯酸-2-乙基己酯、乙烯甲基醚
水溶性	丙烯酸、丙烯酰胺、甲基丙烯酸、顺丁烯二酸酐
耐水性	丙烯酸高级酯、苯乙烯等
耐磨性	丙烯腈、甲基丙烯酰胺等

一、常用单体及共聚浆料

用于共聚浆料合成的主要单体有丙烯酸、丙烯酸酯、丙烯腈、丙烯酰胺、醋酸乙烯、氯乙烯、苯乙烯、马来酸（酐）、丁烯酸及乙烯甲基醚等。

1. 醋酸乙烯

醋酸乙烯是一种产量较高、价格较低、应用较广的化工原料。醋酸乙烯为无色透明液体，沸点 72~73 ℃，双键的化学活泼性强，易与不饱和物质发生共聚而制得一系列共聚物。醋酸乙烯与不饱和酸的共聚物再经皂化的产品，已成为很重要的共聚浆料。

以醋酸乙烯为主体的共聚物浆料，主要用于醋酯丝上浆。醋酸乙烯-丙烯酰胺共聚物，其皂化度为(85±10)％(摩尔分数，下文同)的产品是白色粉末，易溶于水，对合成纤维有良好的黏附性，吸湿性介于 PVA 与聚丙烯酰胺之间，发软、再黏现象较轻微，达到了浆料性能取长补短的效果。共聚物的上浆性能主要取决于两种单体的比例。例如，1∶1 的醋酸乙烯-丙烯酰胺共聚浆料(皂化度为 90％)，其薄膜强度为 48.2 N/mm^2，断裂伸长率只有 2.61％，仍属于"硬而脆"的聚丙烯酰胺类型浆料，主要适用于天然纤维上浆。若丙烯酰胺摩尔分数低至15％~20％，其浆膜特性近似于 PVA。若用铵盐皂化，这类共聚物也可用于喷水织机的经纱上浆。浆纱烘燥后，氨挥发逸出，留在浆纱上的是不溶于水的酸性共聚物，遇水不溶解也不会发黏，可顺利地在喷水织机上制织。退浆可用有机溶剂。醋酸乙烯-丙烯酰胺共聚物与淀粉、变性淀粉有很好的混溶性，主要用于混纺纱上浆。最有代表性的商品是 28♯浆料。

2. 马来酸

马来酸也叫顺式丁烯二酸，是最简单也是最重要的不饱和二元酸。由于顺丁烯二酸在自然界不是天然存在的，工业上主要通过苯经催化、氧化制得丁烯二酐，再与水作用得到顺丁烯二酸。

马来酸易溶于水，单体的活性小，本身不易聚合，但与其他单体(如苯乙烯、烷基乙烯醚、醋酸乙烯、氯乙烯及丁二烯等)有很强的共聚能力，一般生成交替型共聚结构。

(1) 马来酸酐-苯乙烯共聚浆料。斯蒂马(Stymer)浆料就属于这类浆料，采用以苯或丙酮为溶剂的溶液聚合法合成。

这种共聚物的外观呈白色粉末、块状或纤维状固体，不溶解于水，但溶解于稀碱液，大多数以钠盐或铵盐形式用于上浆。浆膜比 PVA 硬，T_g 高，大分子柔顺性差，一般要求加柔软剂以改善性能。多元醇是马来酸酐与苯乙烯共聚浆料的有效增塑剂。这种浆液的黏度容易波动，与中和程度有关。浆膜的吸湿性较强，退浆容易，在低温下用弱碱液浸轧即可退除。马来酸酐与苯乙烯共聚浆料对醋酯纤维及三醋酯纤维有良好的黏附力，可作为这类纤维的浆料。

(2) 马来酸酐-烷基乙烯醚共聚浆料。由于烷基乙烯醚的柔软作用(也称内增塑作用)，可获得较柔软的浆膜，克服了马来酸酐与苯乙烯共聚物硬而脆的缺点。这种共聚物的结构式如下：

式中:R 为烷基。

这类共聚物也是以两种单体交替联结而成的交替型共聚物,以等摩尔比的方式共聚。外形也为白色块状或粉末状固体,浆膜柔软、强度高。水溶液遇到电解质会凝固或沉淀。

（3）马来酸酐-醋酸乙烯共聚浆料。它是马来酸共聚浆料中的一种,有铵盐和钠盐两种类型,薄膜硬而脆。马来酸酐-醋酸乙烯共聚浆料可与淀粉混合使用,作为醋酯纤维、铜氨纤维纱的浆料;也可单独使用,作为涤/棉混纺纱的浆料。

3. 苯乙烯

苯乙烯是苯环侧链上带有双键的芳烃中最简单的一种化合物,工业上是用苯与乙烯在无水三氯化铝的催化作用下制成乙苯,再经去氢而制得的。在实验室里,苯乙烯由肉桂酸（β-苯基丙烯酸）加热制取,较为方便:

$$\bigcirc\!\!-\!CH\!=\!CH\!-\!COOH \xrightarrow{\text{加热}} \bigcirc\!\!-\!CH\!=\!CH_2 + CO_2$$

苯乙烯为无色液体,沸点为 146 ℃,玻璃化温度为 100 ℃,较易聚合。聚苯乙烯是重要塑料之一,在浆料中主要用作共聚浆料的共聚单体组分,以降低再黏性,增加浆纱刚性。

二、共聚单体的选用

关于共聚浆料中的单体,基本上都选用具有双键及侧基活泼性高的化合物,以双键打开的形式共聚。在选用时,除了掌握单体的化学性能外,也应了解其均聚物的力学性能,这样才能按照上浆工艺要求,正确选择共聚浆料的单体种类与配比。以丙烯酸酯为主体,与醋酸乙烯、苯乙烯或甲基丙烯酸甲酯等单体共聚,可得浆膜硬度很高、再黏性小的浆料;如与烷基乙烯醚、丙烯酸或其盐类等单体共聚,可得浆膜柔软的浆料。如欲得到对亲水性纤维有良好黏附性的浆料,可用丙烯酸、甲基丙烯酸或衣康酸等单体共聚;欲得到对疏水性合成纤维有良好黏附性的浆料,则需用丙烯酸丁酯或丙烯酸乙酯等单体共聚。

表 4-12 列出了常用聚合物薄膜的物理性能,可作为选择共聚单体的参考。

表 4-12 常用聚合物薄膜的物理性能

聚合物	成膜性	再黏性	硬度	抗拉强度	伸长率	吸水性
聚丙烯酸甲酯	有	无	稍软	稍高	稍高	中等
聚丙烯酸乙酯	有	有	软	低	很高	低
聚丙烯酸丁酯	有	有	很软	很低	很高	低
聚丙烯酸二乙基己酯	有	有	很软	很低	很高	很低
聚醋酸乙烯	有	有	稍硬	高	低	稍高
聚苯乙烯	无	无	硬	高	低	低
聚甲基丙烯酸甲酯	无	无	硬	高	低	少许
聚氯乙烯	无	无	硬	高	低	低
聚丙酸乙烯	有	有	软	很低	很高	中等
聚丙烯腈	无	无	硬	高	低	中等

三、常用共聚浆料

常用共聚浆料的化学结构、性能与用途列于表 4-13。

表 4-13　常用共聚浆料

名称	化学结构式	主要性能与用途
丙烯酸酯共聚物（局部皂化）	$-CH_2-CH-\ CH_2-CH-$ 　　　　COOR　　　COOMe 　　　　　　　　　　　（H） 　　　　　　　　　　　（Na） 　　　　　　　　　　　（NH$_4$）	按上浆的不同要求，改变 Me 与 R 的比例，可得到所需的黏附性、成膜性及吸湿性等
醋酸乙烯-丁烯酸共聚物（钠盐）	$-CH-CH_2-CH-CH-$ 　COOCH$_3$　　CH$_3$　COOH 　　　　　　　　　　　（Na）	水溶性浆料 浆膜坚牢 黏附性良好 用于涤纶丝、醋酯丝上浆
醋酸乙烯-马来酸酐共聚物（钠盐或铵盐）	$-CH-CH_2-CH-CH-$ 　COOCH$_3$　COOH COOH 　　　　　　　（Na）　（Na） 　　　　　　　（NH$_4$）（NH$_4$）	水溶性浆料 提高对疏水性纤维的黏附性，但不增加吸湿性及再黏性 铵盐可用于喷水织机的经纱上浆
苯乙烯-马来酸酐共聚物（钠盐）	$-CH-CH_2-CH-CH-$ 　⬡　　　　COOH COOH 　　　　　　　（Na）　（Na）	钠盐呈水溶性 浆膜脆硬，需与柔软剂混用 无再黏性，易分纱 主要用于醋酯丝上浆
醋酸乙烯-丙烯酸共聚物（钠盐）	$-CH-CH_2-CH_2-CH-$ 　COOCH$_3$　　　　COOH 　　　　　　　　　　　（Na）	溶解性好，浆膜坚牢 黏附性及柔软性好 适于合成纤维及其混纺纱上浆
乙烯醇-马来酸酐共聚物（钠盐）	$-CH-CH_2-CH-CH-$ 　OH　　　　COOH COOH 　　　　　　　（Na）　（Na）	增加对疏水性纤维的黏附 用于合成纤维及其混纺纱上浆，也可用于长丝上浆

第七节　物理化学性能

丙烯酸类单体品种繁多，性能各异，化学结构上的差异造就了聚丙烯酸类浆料性能的很大变化。由丙烯酸或甲基丙烯酸聚合而成的均聚物是硬而脆的固体材料，具有良好的透明度，其成膜的硬度大于有机玻璃，可以通过引入第二单体加以改善。丙烯酸酯或甲基丙烯酸酯的聚合物和共聚物的硬度就低得多，甚至可得到变形能力很大的极为柔软的产品。

丙烯酸类聚合物有着许多优异的性能，不同相对分子质量的聚合物，其亲水性、黏着力、强度、硬度和吸附力等方面的差别很大。这些差异以及它们本身具有的许多优异的物理和化学性能，使它们在许多领域得到了广泛的应用。丙烯酸类单体非常易于和其他单体共聚，可根据需要进行设计，制得各种各样的产品。

用于纺织行业的丙烯酸类浆料通常是由两个以上单体组成的共聚物，性能变化很复杂。

要了解这类浆料的主要上浆性能,就要求掌握这类单体及其聚合物的化学结构特点。总体来说,这类浆料属于热塑性聚合物,侧链上所含官能团的结构及聚合物的相对分子质量决定着它们的主要理化性能。若严格地控制单体的纯度及聚合工艺,也可制得组分单一的均聚物,但其在浆料方面的用途不大,也没必要。

丙烯酸类浆料对酸较稳定,在低温下与稀酸一般不发生作用,物理力学性能也没有明显的变化。在 40% H_2SO_4 中放置 24 h 后,或在 100 ℃的 H_2SO_4 中,聚合物发生水解,薄膜力学性能下降。

丙烯酸类聚合物的侧基主要是酯基、羧基或酰胺基,对碱很不稳定。各种碱都可以和丙烯酸类聚合物发生中和反应。

一、中和反应

室温下,在含有—COOH 基团的聚丙烯酸类浆料溶液中加入 NaOH 或氨水,碱的浓度较低时就可使聚合物侧链中的羧酸转化成钠盐或铵盐,从而增加了高分子化合物的亲水性、吸湿性及膨胀性。同时,由于含有大量羧酸盐的聚合物分子链表面上堆积的羧基负离子的相互排斥作用,聚合物分子链伸长伸展,溶液黏度显著地增大而发生增稠效应。

铵盐对聚丙烯酸类浆料的增稠作用能力比钠盐强。铵盐增稠的聚丙烯酸类浆料的吸湿性比钠盐增稠的低,因此用铵盐中和有利于降低聚丙烯酸类浆料的吸湿性。铵盐中和的聚丙烯酸类浆料的再黏性也较钠盐增稠的低,这也是生产聚丙烯酸类浆料通常采用氨水中和的原因之一。图 4-7 所示为聚丙烯酸盐浆料的再黏性曲线,图 4-8 所示为聚丙烯酸盐浆料的吸湿性曲线。为了进一步降低聚丙烯酸类浆料的吸湿性,可使用含有钙离子或镁离子的碱性化合物进行增稠,得到钙盐或镁盐。这种制品的吸湿性低,但稳定性差,易分层沉淀。

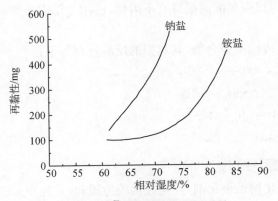

图 4-7　聚丙烯酸盐浆料的再黏性

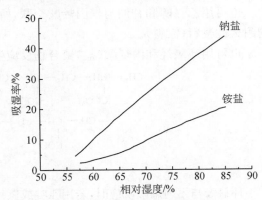

图 4-8　聚丙烯酸盐浆料的吸湿性

由图 4-8 可见,铵盐增稠的浆料的再黏性较钠盐增稠的低。

丙烯酸类聚合物也可通过有机碱发生中和反应,特别是在改进聚合物薄膜性能或改变溶解性能的场合。最典型的中和反应是用胺,如三乙醇胺、三乙胺、羟基四甲胺等。聚丙烯酸的锌-铵盐是水溶性的,这类聚合物形成的浆膜干燥后,氨随着水分蒸发而挥发,留下的聚丙烯酸的二价金属盐是非常耐水的。

二、水解反应

聚丙烯酸类聚合物在较高温度下遇强碱易发生水解皂化反应,分子链上的酯基、酰胺基和氰基等转化成水溶性的—COONa。这会影响聚丙烯酸类浆料的上浆性能,但利用这一机理能提高聚丙烯酸类浆料的退浆性。聚丙烯酸酯、聚丙烯酰胺及聚丙烯腈在 100 ℃下用 NaOH 溶液处理数小时,都可转化成聚丙烯酸钠盐。

$$
\begin{array}{l}
RCOOCH_3 \\
RCONH_2 \\
RCN + H_2O
\end{array}
\xrightarrow{\ NaOH\ }
\begin{array}{l}
RCOONa + CH_3OH \\
RCOONa + NH_3 \\
RCOONa + NH_3
\end{array}
$$

聚丙烯酸甲酯薄膜在 10％NaOH 溶液中,60 ℃时浸渍 15 min,因水解反应,聚合度下降,薄膜遭到破坏。

丙烯酸类浆料对碱的耐受力比聚醋酸乙烯强。在同一类丙烯酸类浆料中,低级酯与高级酯比较,随着碳原子数增加,前者的水解反应能力增强。对于同一种酯,相对分子质量越大,遇碱时水解反应能力越强。

三、酯化反应

利用酸与醇发生的酯化反应,可由丙烯酸类聚合物制得酯类浆料,这在丙烯酸类浆料生产中非常有用。在较高温度下,可将丙烯酸的聚合物与醇反应生成酯类聚合物。按所需的酯基,选择相应的醇。例如欲得丙烯酸甲酯聚合物,则应选用甲醇。

$$
\begin{array}{c}
-CH_2-CH-CH_2-CH-CH_2-CH- \quad +n\,CH_3OH \longrightarrow \\
\qquad\ |\qquad\qquad |\qquad\qquad | \\
\qquad COOH\qquad COOH\qquad COOH
\end{array}
$$

$$
\begin{array}{c}
-CH_2-CH-CH_2-CH-CH_2-CH- \quad +n\,H_2O \\
\qquad\ |\qquad\qquad\quad |\qquad\qquad\quad | \\
\qquad COOCH_3\quad COOCH_3\quad COOCH_3
\end{array}
$$

也可用乙二醇和甘油与聚丙烯酸交联,所得聚丙烯酸薄膜具有不溶性,已用于纺织品加工的耐久性浆料(涂料)。

也可用环氧烃和丙烯酸(盐)聚合物反应生成酯类聚合物,其典型的反应过程如下:

$$
\begin{array}{c}
-CH_2-CH-CH_2-CH-CH_2-CH- \quad +2CH_2\!-\!CH_2 \longrightarrow \\
\qquad\ |\qquad\qquad |\qquad\qquad |\qquad\qquad\ \backslash\!\!\!\diagup \\
\qquad COOH\qquad COOH\qquad COOH\qquad\quad O
\end{array}
$$

$$
\begin{array}{c}
-CH_2-CH-CH_2-CH-CH_2-CH- \\
\qquad\ |\qquad\qquad |\qquad\qquad | \\
\qquad COOH\qquad C\!=\!O\qquad C\!=\!O \\
\qquad\qquad\qquad\ |\qquad\qquad | \\
\qquad\qquad OCH_2CH_2OH\ OCH_2CH_2OH
\end{array}
$$

环氧烃与聚丙烯酸反应时,若用呱啶或氢氧化钠做催化剂,反应过程较为缓和,并且 β-羟乙基可进一步与环氧烷烃反应,生成聚环氧烃的侧基,侧基之间又形成交联,成为不溶于水的聚合物。

四、羧酸根对阳离子的亲和作用

聚丙烯酸盐和聚甲基丙烯酸盐分子链上有许多羧酸根负离子,它们使大分子链附近存在强大的静电力。这种静电力使阳离子与大分子链上羧酸根之间的亲和力比相应单体的羧酸根与同样的阳离子之间的亲和力要大,这是高分子电解质具有的特性。羧酸根对阳离子的束缚作用随聚合程度增大而增强,随阳离子价数增加、离子半径减小而增加。聚丙烯酸对碱金属离子的亲和作用的强弱顺序如下:

$$Li^+ > Na^+ > K^+ > Rb^+$$

同一种聚合物对二价金属离子的亲和作用比其对一价金属离子的亲和作用强。由于聚丙烯酸分子中的羧基比聚甲基丙烯酸分子中的羧基容易离解,因此,在中和程度相同时,聚丙烯酸与阳离子的亲和性比聚甲基丙烯酸的强。

第八节　上浆性能

聚丙烯酸类浆料的上浆性能与单体组成和配比密切相关。

一、黏附性与成膜性

用于合成丙烯酸类浆料的单体较多,这使得丙烯酸类浆料的化学结构具有多样性,浆料的黏附性与成膜性差异十分显著。丙烯酸酯类及盐类浆料的浆膜强度不及 PVA 和淀粉浆料,但它们的浆膜柔韧性好,断裂伸长率最大,黏附性比 PVA 浆料优异(表 4-14),尤其是对疏水性强的合成纤维更为明显。在三大类浆料中,丙烯酸类浆料的主要优势是对大多数纺织纤维具有优异的黏附性,丙烯酸酯类浆料是用于合成纤维纱上浆的很好的浆料。

表 4-14　各种化学浆料的黏附力　　　　　　　　单位:cN/cm²

浆料	涤纶薄膜/涤纶织物	涤纶薄膜/棉织物
部分醇解 PVA	4～6	4～6
丙烯酸共聚物 A	350～460	60～125
丙烯酸共聚物 B	300～420	50～125
聚丙烯酸乙酯皂化物	930～1 200	150～300
醋酸乙烯/马来酸酐共聚物	10～20	4～5

影响丙烯酸类浆料性能的主要因素如下:

1. 相对分子质量

对于一般聚合物而言,相对分子质量显著地影响聚合物的力学性能。表 4-15 所示为聚丙烯酸乙酯的相对分子质量与性能。相对分子质量低时,薄膜的强伸度低,黏附性也差。随着相对分子质量增加,浆膜变得坚韧,黏附性也变好。对上浆剂来说,相对分子质量有一个适当范围。相对分子质量过高,浆液黏滞性太大,在纤维间的扩散速度缓慢,甚至不能渗透,影响上浆性能。通过上浆试验认为,对聚酰胺纤维黏附性最高的丙烯酸类浆料的相对分子质量,聚丙烯酸为 15 000～30 000,聚甲基丙烯酸在 5 000～20 000。

表 4-15　聚丙烯酸乙酯的相对分子质量与性能

相对分子质量	聚合物性能
2 200	无色黏滞油状液体,在苯中可溶解,黏度低
7 800	强韧,稍有流动性的块状物,可用于胶黏玻璃
14 500	较强韧,在苯中膨润后能溶解,对玻璃的胶黏性强
41 000	很强韧,已是非流动性的固状物
175 000	很强韧,弹性胶状块,在苯中膨润后能溶解,黏度高

2. 取代基团

丙烯酸类聚合物的分子结构通式如下：

$$+CH_2-\overset{\overset{\displaystyle R'}{|}}{\underset{\underset{\displaystyle COOR}{|}}{C}}\underset{n}{+}$$

（1）侧链取代基团 R'。侧链取代基团稍有不同，聚合物的性能就有显著差异。如果 R' 是氢原子（H），则是聚丙烯酸类浆料；若 R' 是甲基（—CH_3），则是聚甲基丙烯酸类浆料。具有相同酯基的聚甲基丙烯酸酯浆料比聚丙烯酸酯浆料的薄膜强度增加，弹性降低，变得脆硬，再黏性减小。这是由于甲基的引入使分子链节运动空间障碍增大，同时也使聚合物形成短小分支，减少了大分子的柔顺性，T_g 升高（由聚丙烯酸甲酯的 10 ℃ 上升到聚甲基丙烯酸甲酯的 57 ℃），降低了塑性。当引入柔顺性更低的苯环基团时，则脆硬性更显著（T_g 为 90 ℃）。为使浆纱在浆纱机上容易通过分纱棒，应合理选用丙烯酸与甲基丙烯酸的共聚配比，得到所需性能的浆料。

取代基团对聚合物链节所造成的空间障碍还与其所在位置有关。例如，对于巴豆酸（β-甲基丙烯酸）与甲基丙烯酸（α-甲基丙烯酸）：

$$\underset{巴豆酸}{CH_3-CH=CH}\atop{\underset{|}{COOH}} \qquad \underset{\alpha\text{-甲基丙烯酸}}{CH_2=\overset{|}{\underset{|}{C}}-CH_3}\atop{COOH}$$

在主链侧位同样引进 1 个甲基，巴豆酸上的甲基对浆料性能的影响比甲基丙烯酸上的甲基小。这是因为甲基丙烯酸的甲基与羧基处于同一个碳原子上，造成局部原子密集，空间障碍效果大。因此，选用巴豆酸所得的浆料，其塑性更大，水溶性更好。

（2）酯基中的 R。丙烯酸类聚合物通式酯基中 R 的尺寸对薄膜性能的影响也有其独特之处。R 一般为甲基、乙基或丁基，这些都是非极性烃基，柔顺性强，呈线型伸展，对主链运动的空间障碍不大。这些酯类聚合物的玻璃化温度随着 R 的碳链增长而降低，说明分子链段运动的能力随着 R 增长而加强。聚丙烯酸甲酯薄膜的断裂伸长率大，柔软可弯，室温时不发黏。聚丙烯酸乙酯薄膜更柔软，伸长率更大，呈树胶状，强度低。聚丙烯酸丁酯薄膜非常软，室温时发黏。图 4-9 所示为丙烯酸类单体的酯基尺寸对聚合物脆化点的影响，证明了常用丙烯酸类浆料的柔软性与黏附力随取代基中 R 的碳链增长而增加。

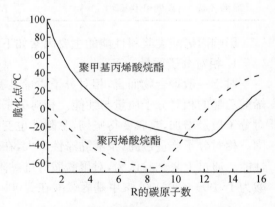

图 4-9　丙烯酸类单体的酯基尺寸对聚合物脆化点的影响

（3）取代基的极性和数量。取代基的极性和数量对浆料性能也有影响。如酯基中的 R 为非极性烷基，则聚合物为非水溶性；如引入极性基团，除了力学性能受到影响外，浆料的水溶性也受到明显的影响；若酯基变为—$COONa$、—$COONH_4$ 或—$CONH_2$ 等，则丙烯酸类浆料可溶解于水。

由上述可知，合理选择含各种取代基的单体配比，可能得到预期性能的各种浆料。在合成丙烯酸类浆料时,为了得到水溶性丙烯酸类共聚浆料,一般要求—COOH 基团的配比在 10%～15%,过低会影响水溶性,过高则会显著降低浆膜强度及黏附性,并增加再黏性。在试验中发现,对于合成纤维上浆的理想浆料——均聚型的丙烯酸酯类浆料,往往由于其为非水溶性,不能作为经纱上浆剂。

二、溶解性与混溶性

在溶剂上浆法普遍使用之前,浆料的水溶性是经纱上浆工艺的要求之一。浆液配方中一般使用两种以上的材料,因此,各组分间的混溶性要好。鉴于丙烯酸类浆料化学结构的复杂性,其溶解性非常复杂,在配合时必须注意它们之间的相容性。

聚丙烯酸与聚甲基丙烯酸是酸性较强的有机酸聚合物,对金属机件有腐蚀作用。它们可溶解于水,溶解度随溶液 pH 值的升高而增加。其一价金属盐及铵盐均可溶解于水。

纯粹的聚丙烯酸酯与聚甲基丙烯酸酯不溶于水,也不溶解于醇及脂肪烃,在醚中只能膨润,在芳烃、酯、醚、高级醇等非极性溶剂中能膨润或溶解。这种酯类物质在上浆中的应用只可能有两种方法:一是制成分散性乳液;二是用碱皂化,制成部分皂化物,使它们成为水溶性或水分散性物质,这实际上已使聚合物中一部分单元环节皂化成丙烯酸及其盐。

含有极性基团的非离子型聚丙烯酰胺是水溶性物质,易溶于冷水,加热对溶解速率没有显著影响,在一般有机溶剂中不溶解,在甲醇或乙醇中会析出沉淀。

丙烯酸类浆料可与动物胶均匀混合,也可与淀粉浆或变性淀粉浆混溶,这些混合浆已用于混纺纱上浆。丙烯酸类浆料与部分醇解型 PVA 有良好的混溶性,而与完全醇解型 PVA 的混溶性稍差,容易发生分层。提高聚丙烯酸酯的皂化值,可增进其与 PVA 的混溶性。聚丙烯酸钠盐浆料可与完全醇解型 PVA 良好地混溶。

三、黏度

无论是采用溶液聚合法还是乳液聚合法得到的丙烯酸类浆液产品,都有比较好的的黏度稳定性,室温下贮存一个月,或 50 ℃下经历数十小时,黏度均无变化。它与淀粉浆混合使用时,可起到稳定浆黏度的作用。与一般高分子化合物相同,丙烯酸类浆液属切力变稀的非牛顿型流体,在较低的剪切速率下,黏度随浓度成指数关系增加。图 4-10 及图 4-11 所示分别为聚丙烯酸铵盐及聚丙烯酸酯浆料的浓度-黏度曲线。

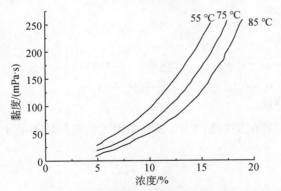

图 4-10 聚丙烯酸铵盐的浓度-黏度曲线
($\gamma = 507$ s^{-1})

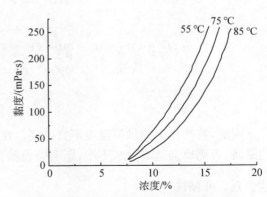

图 4-11 聚丙烯酸酯的浓度-黏度曲线
($\gamma = 507$ s^{-1})

聚丙烯酸及聚甲基丙烯酸溶液,在室温下,当浓度达到 8%~15% 时,已呈胶体状。由于碱对这类浆料既有增稠作用,又有水解作用,故 pH 值对黏度的影响较复杂。pH 值在一定范围内,浆液黏度随 pH 值增加而增加,这主要是引入 Na^+(或 NH_4^+)增加了对水的亲和性,使高分子化合物发生膨润,而导致其黏度增加,故显现增稠作用。pH 值超过一定范围后,黏度因水解而下降(图 4-12)。

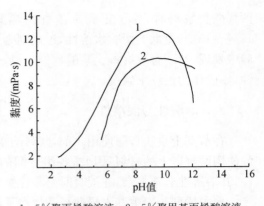

1—5% 聚丙烯酸溶液　2—5% 聚甲基丙烯酸溶液

图 4-12　丙烯酸类浆料黏度与 pH 值

四、热稳定性

丙烯酸类浆料对热比较敏感,特别是在较高的温度时。制造聚丙烯酸或聚甲基丙烯酸若在低温条件下完成,可防止交联,即使相对分子质量达到 100 万以上,也能溶解于水。如果聚合物经较高温烘燥,其溶解度则大大降低。红外光谱及拉曼光谱表明,聚丙烯酸水溶液中存在双联体,遇高温可脱水生成酸酐,这降低了水溶性。试验表明,将聚甲基丙烯酸在真空中加热到 200 ℃,会出现两种情况:一是解聚成单体,放出少量的水;二是形成酸酐。当加热到 350 ℃,迅速分解成 CO_2 及烃的挥发物。将聚丙烯酸在氮气中加热到 250~260 ℃,开始生成酸酐而变成不溶性物质,继续升高温度,则酸酐迅速分解。

经纱浸浆后在烘房内烘燥时,会经历高温的环境;在染整前处理织物退浆前的烧毛工序,也会经历高温。因此,浆料在高温时的变化也是选择浆料所必须关心的。聚丙烯酸在 150 ℃ 或更高温度下,会发生失水现象及产生其他挥发物。首先是生成聚丙烯酸酐,主要是分子内两个羧基作用生成的戊酐及分子间两个羧基作用缩合形成的交联状异丁酐,都是非水溶性的物质,这会给织物退浆带来困难;在更高温度下,可进一步反应,随着二氧化碳的逸出而形成降解结构。聚甲基丙烯酸类在 200 ℃ 以上也会发生失水和二氧化碳逸出现象,生成不溶性的聚酐。

$$
\begin{array}{c}
-CH_2-CH-CH_2-CH-CH_2-CH- \xrightarrow{-H_2O} \\
\quad\quad\quad |\quad\quad\quad\quad |\quad\quad\quad\quad | \\
\quad\quad\quad COOH\quad\quad COOH\quad\quad COOH
\end{array}
$$

$$
-CH_2-CH-CH_2-CH-CH_2-CH-
$$
$$
O=C-O-C=O \qquad COOH
$$

戊酐

$$
-CH_2-CH-CH_2-CH-CH_2-CH-
$$
$$
COOH \quad COOH \quad O=C-O-C=O \quad COOH \quad COOH
$$
$$
-CH_2-CH-CH_2-CH-
$$

异丁酐

因此,浆纱机上的烘筒温度不宜过高。在织物的染整加工中,最好采用先退浆后烧毛的工艺路线,否则也会造成退浆不净,影响染色质量。

五、再黏性

为了实现丙烯酸类浆料的溶解性,在聚合物中引入了亲水性单体,这导致了另一个问题——再黏性。再黏性强是丙烯酸类浆料的主要缺点,比 PVA 浆料严重得多,使它的应用受到了一定的限制,这也是丙烯酸类浆料不常作为主浆料的一个主要原因。这类聚合物由于玻璃化温度(T_g)低,在室温时已处于很高的塑性状态。吸湿后,T_g 更低,造成许多浆纱缺陷,如浆膜容易粘贴在机件上,或纱线之间发生粘并。再黏现象破坏了浆膜的完整性,浆纱毛羽、浆斑疵点增多,使浆纱质量受到很大影响。

改善这种浆料再黏性的途径主要有两条:提高聚合物的玻璃化温度(T_g)及降低吸湿性。

1. 降低吸湿性

精确单体的配比,在保证水溶性或水分散性的条件下,减少聚合物分子中亲水性极性基团的含量,使用量要恰到好处。例如将含羧基的单体含量控制在 5%～15%,尤其要控制羧酸盐的含量,因为羧酸盐对水敏感。羧酸本身的离解度不高,聚丙烯酸的水溶性相对要小很多。但羧酸与碱金属离子形成有机盐时,其稀溶液有较高的离解度。因此,在最低的含羧基量前提下,限制羧基的中和量,以减少离子化基团数,也可改善丙烯酸类浆料的再黏性。最有效的途径就是使用挥发性碱(氨水)中和羧基,使浆料在烘燥时分解成氨气挥发,成为不离解或离解度很低的羧酸。

2. 改变 T_g

在以丙烯酸酯为主体的基础上,添加适量 T_g 较高的单体进行共聚,提高共聚物的 T_g,以降低高分子化合物主链的柔顺性,这对克服浆料的再黏性有一定效果。但是,硬单体的加入会使浆膜硬度增加,也会减弱浆料对疏水性纤维的黏附力。因此,T_g 较高的单体含量一般不宜超过 20%。

第九节　降解性与生理毒性

纺织工业是用水大户,也是环境污染的主要来源。污染主要是由湿加工排放的污水造成的。这些湿加工主要包括织物的退浆、煮练、漂白、染色、印花及后整理等。据统计,印染厂每生产千米棉印染织物,耗水量近 20 t,其中由退浆造成的污染超过 50%,而造成退浆污染的根源是浆纱过程中使用的浆料。国内纺织浆料的年使用量已超过 30 万 t,淀粉类、PVA(聚乙烯醇)和丙烯酸类浆料的使用比例大约是 70∶20∶10。

针对纺织品的生态性,1992 年 4 月,奥地利纺织研究院和德国海恩斯坦研究院联合颁布了世界上第一部生态纺织品标准 Eco-Tex Standard 100。2002 年 5 月 15 日,欧盟发布了 Eco‐Label,它的评价涵盖了一个产品的整个生命周期对环境可能产生的影响,如纺织产品从纤维种植或制造、纺纱织造、前处理、染整、成衣制作至废弃处理的整个过程中可能对环境、生态和人类健康产生的危害。该标准的目的主要在于促进纺织生产全过程中减少废水、污染物的产生和排放。

一、生物降解性

生物降解是聚合物在真菌、细菌等自然界微生物的作用下,其分子链断裂而分解的过程。任何高聚物在热力学上都具有不稳定性而趋于自行降解,也就是说,高聚物降解是一种自发过程。但在动力学上,如果聚合物自行降解速度很慢,通常被称为不可降解高聚物。

可生物降解高聚物的定义是,在自然条件下,在一定时间内可以被微生物降解,最终生成二氧化碳和水的一类高聚物;它们被降解后不产生对自然环境有害的物质。从这个定义出发,可生物降解高聚物只有三类:由微生物产生的聚酯;天然聚糖类和其他生物高分子;合成高分子,特别是脂肪族聚酯。生物来源的聚酯源于生物有机化学反应,如淀粉与脂肪在微生物作用下生成的聚酯;可生物降解的天然聚糖,特别是淀粉,可以通过植物的光合作用大规模再生。它们可以在泥土、河流和大海中完全被生物降解。

主链为碳链结构的乙烯基高分子较难生物降解,高相对分子质量的乙烯基高聚物一般具有抗生物降解性。高相对分子质量的聚乙烯非常稳定,几乎不被生物降解;直链聚乙烯相对分子质量小于 500,就可以被生物降解。在高聚物生物降解中,水和微生物具有协同效应,细菌和某些低级菌的生长需要有水的环境,较高级的真菌通常要在 95% 或更高的相对湿度下才能生长发育。因此,属于乙烯基高分子物的丙烯酸系浆料,若其侧基为疏水基,或高聚物链段疏水,如聚苯乙烯、聚丙烯腈、聚氯乙烯等,都不能被生物降解;若其侧基为亲水基,如酰胺基、羧基、羟基等,则高聚物或其链段具有亲水性,能为微生物提供潮湿环境,就有较好的生物降解性;有一定亲水性的侧基,如烷基酯基或乙酸酯基,生物降解性介于疏水高聚物和亲水高聚物之间,烷基链越长,疏水性越强,越不容易被生物降解。

聚丙烯酰胺的生物降解产物可作为细菌生命活动的营养物质,反过来,营养物质又会促进聚丙烯酰胺的降解。研究表明,硫酸盐还原菌和腐生菌都是聚丙烯酰胺的有效降解菌。例如,从油田取样的污水中培养出的硫酸盐还原菌,可在聚合物驱油中生长繁殖并使聚丙烯酰胺发生降解,当接种的菌量为 $3.6×10^4$ 个和温度为 30 ℃时,恒温 7 天,浓度为 1 000 mg/L 的高相对分子质量聚丙烯酰胺溶液的黏度损失达 19.6%。

有机化合物的生物降解性通常用 BOD_5/COD_{Cr} 值判别,其值越大,越易降解。由丙烯酸系浆料的 BOD_5/COD_{Cr} 值比较,聚丙烯酸及其酯的生物降解性与其组成有关,一般比聚丙烯酰胺低得多。若丙烯酸系浆料中含有 PVA,则更不易被生物降解。对聚丙烯酸钠的生物降解性研究表明,相对分子质量小于 500 可被生物降解,否则较难降解。在可溶性乙烯基浆料中,PVA 最不易降解。

可生物降解浆料可通过两种方法获得:一是将可生物降解的单体或链段联结在高分子主链中;二是将合成高分子与可生物降解的天然浆料接枝共聚,例如接枝淀粉。

二、单体生理毒性

聚丙烯酰胺本身基本无毒,进入人体后很少被消化道吸收,绝大部分在短期内被排出体外。美国食品及药品管理局认为,聚丙烯酰胺及其水解物属低毒或无毒品。但单体丙烯酰胺为神经性致毒剂,对神经系统有损伤作用。欧美主要国家规定,在饮用水及食品工业用 PAM 中,残留单体含量应在 0.05% 以下。

苯乙烯会刺激皮肤和黏膜,有麻醉作用,对血液和肝有轻度损害作用。动物吸入 1% 的苯乙烯蒸气,数分钟即失去知觉,但不会发生慢性中毒。大鼠经口 LD_{50}(半数致死剂量)为 4 920 mg/kg,车间内空气中苯乙烯最高允许浓度为 40 mg/m^3。

丙烯腈单体属高毒性,是已知的致癌物。侵害部位是心血管系统、肝、肾、中枢神经系统和皮肤(引起疱疹),吸入和经皮肤吸收,均会引起中毒反应。丙烯腈蒸气有燃烧危险,与空气混合形成爆炸性混合物,爆炸极限为 3%～17%。我国卫生标准规定空气中允许浓度为 2 mg/m^3。

聚丙烯酸无毒,安全,可用于婴儿尿布、妇女卫生巾等与人体紧密接触的用品;对植物、土壤有机质和地表水均无毒,因此也大量用于保持水分和营养物质的土壤添加剂;聚丙烯酸钠如果不含重金属、残留单体<1%、低聚物<5%,甚至可加入到食品中,起到延缓食品风化、保留

食品风格的作用。单体丙烯酸和所有的丙烯酸酯都不会在泥土、沉积物或水生物体内累积。如果释放进入地表水,丙烯酸及其酯都能迅速地被生物降解,其中一部分挥发进入空气。在泥土中,丙烯酸显示出快速需氧生物降解(半衰期<1 天)性,挥发的丙烯酸及其酯在大气中自动进行光氧化作用,其半衰期约 2～24 h。生物毒性试验表明,按美国环保署(US EPA)制定的分类,丙烯酸对鱼类和无脊椎动物的急性毒性在"轻微毒性"和"几乎无毒"的范围。丙烯酸酯的急性毒性"中等"。MATC 值(Maximum Acceptable Toxicant Concentration)是代表化学品对生物体产生影响的近似阈值。对于水蚤类动物,丙烯酸和丙烯酸乙酯的 MATC 值分别为27 mg/L 和 0.29 mg/L。

思 考 题

1. 纺织三大浆料之一的丙烯酸类浆料的发展很快。这类浆料有什么特点?
2. 丙烯酸类浆料是由丙烯酸及其酯为单体聚合而成的高聚物。这类单体的主要制取方法有哪些?
3. 制备丙烯酸类浆料的常用单体有哪些?哪些是软单体?哪些是硬单体?是根据什么划分的?
4. 简单说明丙烯酸类浆料的聚合机理。
5. 乳液聚合法有什么特点?乳化剂是一类什么样的物质?在乳液聚合反应中,乳化剂起什么作用?
6. 溶液聚合法有什么优点?又有哪些不足?
7. 影响自由基共聚速率及相对分子质量的因素有哪些?
8. 聚丙烯酸类浆料具有怎样的物理化学性能?
9. 丙烯酸类浆料的黏附性与成膜性如何?
10. 丙烯酸类浆料的黏度及稳定性如何?
11. 有哪些常用的丙烯酸及其酯类浆料?各自的性能特点如何?
12. 试说明丙烯酸共聚浆料常用的单体及选用。
13. 丙烯酸类浆料及其共聚浆料的生物降解性如何?

第五章 聚酯浆料

在我国,淀粉浆料约占 69％,PVA 浆料约占 20％,丙烯酸类浆料约占 9％,其他浆料约占 2％。淀粉浆料的浆液黏度波动大,对涤纶等合成纤维的黏附力差。PVA 浆料难以生物降解,会造成较大的环境污染,正在被逐渐取代。传统的丙烯酸类浆料的吸湿再黏性严重,造成分绞困难。因此,迫切需要开发价格低廉、可生物降解、能满足合成纤维经纱上浆的浆料,以适应浆料市场的发展。

研究工作者已合成出与涤纶纤维具有相似结构的浆料——聚酯浆料。水溶性或水分散性聚酯浆料(以下简称"聚酯浆料")是采用与合成涤纶纤维相同或相似的原料二元酸(如对苯二甲酸)和二元醇(如乙二醇),通过缩聚反应合成大分子结构中含有酯基(—COO—)和水溶性基团的新型纺织浆料,在其大分子结构中,分子链以刚性的苯环和柔性的脂肪烃基为主,并通过—COO—联结,溶解在水中后,粒径为 $0.05 \sim 0.1 \mu m$。聚酯浆料对涤纶纤维具有优异的黏附性能,其中的酯基易水解,退浆性能优良,浆液黏度、表面张力都较低,对纱线的润湿性、渗透性较好,还具有易被微生物分解、环保性能好等特点。

第一节 聚酯浆料的发展

随着纺织工业的快速发展,涤纶、锦纶、腈纶等化学纤维日益深入到人们的生活之中。涤纶以其独特优异的性能,成为化纤中最重要的一个品种。目前,涤纶纤维的主要品种是聚对苯二甲酸乙二醇酯纤维,其结晶度、取向度高,但缺少极性基团,疏水性强,造成上浆困难。水溶性聚酯(WSP)浆料正是针对这一问题而研发出来的品种。

一、第一代聚酯浆料

聚酯浆料的研究始于 20 世纪 60 年代末,着重要解决的是聚酯浆料的水溶性问题。最初由美国 Eastman Kodak 公司研制出第一代聚酯浆料如 Eastman WD(30％左右的水分散性聚酯),它是以聚乙二醇或三元醇为亲水单体聚合成的一种相对分子质量较高的能分散于水中的聚酯浆料。这类浆料对聚酯纤维有很高的黏附力和优异的浆纱性能,但至少存在三种缺陷:

第一,与纤维基质的相似度太高,因此对上浆织物进行加热或任何老化加工过程,都会使浆料与纤维紧密结合,这使得不容易彻底退浆,导致带有浆料的纤维和织物染色时产生染整不匀和色差。

第二,退浆时需要准确控制退浆浴的 pH 值和电解质,因为 Eastman WD 浆料对电解质很敏感,会在强电解质溶液(如氯化钠、氢氧化钠等)中沉淀或不溶解,或被高浓度的弱电解质沉淀。

第三,主要合成单体是对苯二甲酸二甲酯和聚乙二醇,为了使这类浆料具有水分散性,聚乙二醇的配比较高,使浆料的吸湿性大,再黏性严重。

法国 Rhone Poulenc 公司于 20 世纪 70 年代以对苯二甲酸二甲酯和聚乙二醇缩聚制备了性能较好的聚酯浆料,并于 1973 年取得专利。同样地,这类浆料的吸湿性大,再黏性严重,难以满足纺织浆纱的实际应用。

二、第二代聚酯浆料

20 世纪 80 年代,国外浆料专家通过对聚酯浆料的缩聚单体进行了大量筛选研究,以顺丁烯二酸酐与亚硫酸钠为单体,合成了水溶性好、吸湿性适中的第二代聚酯浆料。第二代聚酯浆料的代表产品是美国西达公司的 CD-850,含固率可达 50%～60%,可与水以任意比例混溶,价格便宜,并应用在涤纶长丝上,但吸湿性大的问题未彻底解决。

三、第三代聚酯浆料

20 世纪末,美国 Standard Oil 公司和 Eastman Kodak 公司、法国 Rhone Poulenc 公司及德国 BASF 和日本的一些公司,相继推出了以间苯二甲酸二甲酯-5-磺酸钠(SIPM)为单体合成的聚酯浆料,业界称其为第三代聚酯浆料。经过长期的试验和使用证明,第三代聚酯浆料的浆纱性能良好,生产工艺较为成熟。韩国 SK 化学有限公司随后也研发生产了用于涤纶长丝和涤/棉短纤纱的聚酯浆料 EW-100 系列(如 EW-100D),与德国 BASF 公司生产的 P-28,成为我国进口的主要聚酯浆料产品。

四、国内研究状况

国内一些高校和企业针对水溶性聚酯浆料的研究已进行 20 多年,已有性能相当好的产品推出,如青岛纺联集团、济南化纤集团、上海西达实业等。据报道,青岛纺联集团生产的 KD 聚酯浆料,其调浆工艺简单,浆液流动性好,渗透性强,黏度稳定,对各种合成纤维均有很好的黏着力,改善了浆纱的伸长率与减伸率,浆膜柔软且牢固,毛羽贴伏好。采用 KD 聚酯浆料,可大大减少 PVA 浆料用量,且退浆容易,成本也降低。采用酯交换直接酯化缩聚工艺合成的可用于聚酯经纱上浆的水溶性聚酯浆料,其主要单体组成与最佳用量为:水溶性单体质量分数为 15%～18%,酸组分采用对苯二甲酸和间苯二甲酸(IPA),其中 IPA 质量分数≤3%;醇组分采用二乙二醇和聚乙二醇(PEG600),其中 PEG600 质量分数为 5%～15%。与其他通用浆料比较,聚酯浆料对涤纶短纤维具有较好的黏附性,更适宜于涤纶短纤维纱的上浆。将改性淀粉、乳液共聚丙烯酸和聚酯浆料进行组合得到不含 PVA、价格低廉的组合浆料,能取代 PVA 浆料用于涤棉纱上浆。聚酯浆料的合成单体醇类和苯二甲酸酯类的配比对浆料黏附性有直接的影响,当单体配比为 n[对苯二甲酸二甲酯(DMT)]∶n[间苯二甲酸二甲酯(DMI)]∶n[间苯二甲酸二甲酯-5-磺酸钠(SIPM)]＝64∶11∶25 时,所得浆料的黏附性最好,其与聚丙烯酸酯浆料的黏附性大致相当,比 PVA 浆料好。

第二节　聚酯浆料的制备

一、单体

通常,水溶性聚酯浆料含有对苯二甲酸酯、柔性基团和水溶性基团。对苯二甲酸酯可赋予浆料黏附性及浆膜强韧性,用量不能低于 20%,否则浆膜强度太低,黏附力太弱,若用量超过

94%，则无法得到具有水分散性或水溶性的聚酯浆料。柔性基团用来破坏分子的规整度，从而降低玻璃化温度至合适的值。带柔性基团的常用单体是长链的脂肪二元酸或者二元醇，如丁二酸、己二酸（AA）、聚乙二醇（PEG）、一缩二乙二醇（DEG）等。一般选用相对分子质量为 600 或 4 000 的 PEG。水溶性基团作为亲水单元，是制备水溶性聚酯浆料的重要改性剂。水溶性基团常采用间苯二甲酸结构的磺酸盐（如间苯二甲酸-5-磺酸钠或间苯二甲酸二甲酯-5-磺酸钠），因为磺酸基是极性亲水基团，具有很强的吸电子效应，有利于水的渗入，同时降低了聚酯大分子链段的规整度，使大分子间的非结晶区增多，也便于水分子的浸润。

常用单体的结构式和它们的物理性质分别列于表 5-1 和表 5-2。

表 5-1　常用单体的结构式

名称	结构式	名称	结构式
1,2-丙二醇（PDO）	HO—CH₂—CH₂—CH₃ (OH)	聚乙二醇（PEG）	HO—(CH₂—CH₂—O)ₙ—H
对苯二甲酸二甲酯（DMT）	H₃C—O—C(=O)—⬡—C(=O)—O—CH₃	一缩二乙二醇（DEG）	HO—CH₂—CH₂—O—CH₂—CH₂—OH
对苯二甲酸	HO—C(=O)—⬡—C(=O)—OH	间苯二甲酸二甲酯-5-磺酸钠（SIPM）	结构式
丁二酸	HO—C(=O)—(CH₂)₂—C(=O)—OH	间苯二甲酸-5-磺酸钠	结构式
己二酸	HO—C(=O)—(CH₂)₄—C(=O)—OH		

表 5-2　常用单体的物理性质

项目	1,2-丙二醇	对苯二甲酸二甲酯	对苯二甲酸	丁二酸	己二酸	一缩二乙二醇	间苯二甲酸二甲酯-5-磺酸钠	间苯二甲酸-5-磺酸钠
外观	无色黏稠稳定吸水性液体	无色斜方晶体	白色晶体或粉末	无色晶体	白色结晶	无色黏稠液体	—	—
气味	几乎无味无臭	—	—	无臭，有酸性	有骨头烧焦气味	—	—	—
相对分子质量	76.09	194.18	166.13	118.09	146.14	106.12	296.23	243.17
熔点/℃	−59	140.6	300(升华)	185	152	−10.5	>300	373～375

（续表）

项目	1,2-丙二醇	对苯二甲酸二甲酯	对苯二甲酸	丁二酸	己二酸	一缩二乙二醇	间苯二甲酸二甲酯-5-磺酸钠	间苯二甲酸-5-磺酸钠
沸点/℃	188.2	283	—	235（分解）	—	245		
闪点/℃	99（闭杯），107（开杯）				231.85（开杯）	143（闭杯）		
密度/(g·cm⁻³)	1.04	—	1.55	1.57	—	1.118	1.458	
溶解性	与水、乙醇等混溶	不溶于水，溶于乙醚、热乙醇	不溶于水、乙醚，溶于碱，微溶于热乙醇	溶于水，微溶于乙醇、乙醚等	微溶于水，易溶于乙醇	与水、乙醇等混溶	—	—

二、合成方法

1. 合成机理

水溶性聚酯的合成工艺路线为酯交换→直接酯化→缩聚→溶解→成品。一般先将合成原料和催化剂加入到三口烧瓶中，通 N_2 保护，搅拌并加热熔融，进行酯交换反应。当醇蒸馏出 90％时，酯交换反应结束，再抽真空升温进行缩聚反应，直至停止。具体反应过程如下：

（1）酯交换反应是二元羧酸的低烷基酯与二元醇作用的过程：

$$H_3COOC \overline{} COOCH_3 + 2HOCH_2CH_2OH \longrightarrow$$

$$HOH_2CH_2COOC \overline{} COOCH_2CH_2OH$$

（2）酯化反应是二元羧酸直接与二元醇作用的过程：

$$HOOC \overline{} COOH + 2HOCH_2CH_2OH \longrightarrow$$

$$HOH_2CH_2COOC \overline{} COOCH_2CH_2OH$$

（3）缩聚反应是二羧酸二醇酯进行共缩聚，生成大分子聚酯的过程：

$$m\, HOH_2CH_2COOC \overline{} COOCH_2CH_2OH \longrightarrow$$

$$HOH_2CH_2COOC \overline{} CO \overline{} OH_2CH_2COOC \overline{} CO \overline{}_{m-1} OCH_2CH_2OH$$

2. 合成过程

采用酯交换缩聚反应机理合成制备水溶性聚酯浆料，并控制总酯（DMT 和 SIPM 的摩尔数之和）与总醇（PDO 和 DEG 的摩尔数之和）的摩尔比为 1:2。具体合成过程：将一定比例的对苯二甲酸二甲酯（DMT）、间苯二甲酸二甲酯-5-磺酸钠（SIPM）、1,2 丙二醇（PDO）、一缩二乙二醇（DEG）四种单体和少量催化剂，加入配有分水器和回流装置的干燥聚合釜中，加热至熔融，开动搅拌机，在 160 ℃下搅拌 1 h，有甲醇馏出，然后在 5 h 内缓慢升温到 190 ℃，直至无甲醇溜出为止，酯交换反应结束。开动真空设备，进入缩聚反应过程，在 1 h 内使反应器内压力逐步降到 1.01×10^4 Pa，并开始收集馏出的二元醇，同时将反应温度缓慢升到 200 ℃，保温1h后,压力降至$1.01×10^3$ Pa(开始计时至试验终止时间t),继续缓慢升高温度,保证二元醇稳定馏出,使缩聚反应顺利进行,直至二元醇馏出量一定时,反应停止,即得水溶性聚酯浆料。所制备的水溶性聚酯浆料的单体摩尔比DMT∶SIPM∶PDO∶DEG为8.5∶1.5∶16∶4。

第三节　聚酯浆料的表征

一、结构表征

通常利用红外光谱分析确定聚酯浆料是否为各种单体的共聚物,利用核磁共振法确定聚酯浆料的分子结构,利用X射线衍射法评价聚酯浆料的结晶性能。

1. 红外光谱(FT-IR)分析

使用Nicolet公司的MAGNA-IR550型红外光谱仪,采用KBr压片法制样,将水溶性聚酯浆料干燥至恒重后,进行红外光谱分析,得到的谱图如图5-1所示。

图5-1(a)所示为SIPM的红外光谱,可以看出分子中酯基C═O的伸缩振动特征峰($1\,736$ cm^{-1}、$1\,452$ cm^{-1})、芳环上相邻氢的面外弯曲振动特征峰(763 cm^{-1}),还可以看出—SO$_3^-$基团的S═O在$1\,252$ cm^{-1}、$1\,147$ cm^{-1}和$1\,052$ cm^{-1}处都有较强的振动特征峰,$3\,442$ cm^{-1}的特征峰可能是磺酸基团上的羟基或未完全酯化的羧基上的羟基特征峰。

图5-1(b)所示为水溶性聚酯浆料的红外光谱,其中$3\,534$ cm^{-1}、$3\,436$ cm^{-1}为醇羟基或游离的酸基上的羟基特征峰,$1\,726$ cm^{-1}、$1\,454$ cm^{-1}为芳基上羧酸酯的羰基C═O的伸缩振动特征峰,$2\,960$ cm^{-1}为甲基特征峰,$2\,883$ cm^{-1}为仲烷和叔烷基特征峰,$1\,644$ cm^{-1}为芳环上的C═C伸缩振动特征峰,727 cm^{-1}是由芳环上四个相邻氢的面外弯曲振动特征峰。从图5-1(b)还可以看出$1\,275$ cm^{-1}、$1\,106$ cm^{-1}和$1\,024$ cm^{-1}处都有较强的谱带,这是—SO$_3^-$基团的S═O振动特征峰,这也可以从SIPM的红外光谱得到证实,同时可以看到,相比于SIPM在$1\,106$ cm^{-1}处的特征峰,水溶性聚酯浆料有更高的特征峰,说明此处为包含醚键C—O和S═O伸缩振动特征特征峰的复合峰。

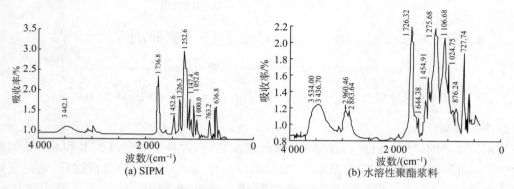

图5-1　SIPM和水溶性聚酯浆料的红外光谱

2. 核磁共振(^{1}H NMR)分析

图5-2呈现了采用Varian Mercury-VX300型傅里叶变换核磁共振仪谱测定的核磁共振分析结果,测试条件:分辨率300 MHz,内标氘代氯仿(CDCl$_3$,化学位移δ为$7.26×10^{-6}$)。

从图 5-2 可以看出，$\delta=8.049\times10^{-6}$、$\delta=8.017\times10^{-6}$ 代表对位双取代和间位三取代苯环上氢的共振重叠峰；$\delta=5.54\times10^{-6}$ 代表 1,2-丙二醇上与酯键联结的次甲基碳上的氢；$\delta=4.50\times10^{-6}$ 代表 1,2-丙二醇和一缩二乙二醇上近羰基的氢；$\delta=3.877\times10^{-6}$，$\delta=3.744\times10^{-6}$ 代表一缩二乙二醇上与醚键联结的亚甲基碳上的氢；$\delta=1.479\times10^{-6}$，$\delta=1.362\times10^{-6}$，$\delta=1.287\times10^{-6}$ 代表 1,2-丙二醇上甲基碳上的氢。

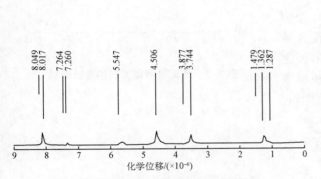

图 5-2　水溶性聚酯浆料的核磁共振谱图

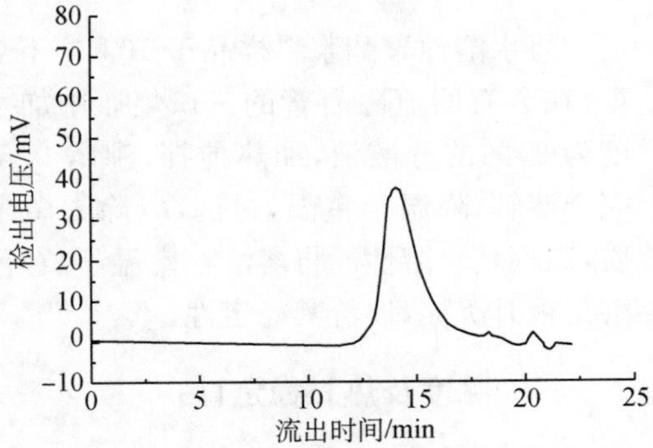

图 5-3　水溶性聚酯浆料的凝胶色谱图

3. 凝胶色谱分析

相对分子质量和相对分子质量分布测定采用凝胶渗透色谱仪（GPC）。测试条件：柱温（凝胶色谱柱的温度）35 ℃，注射温度 25 ℃，溶剂四氢呋喃（色谱纯），样品浓度约 1%，进样量 50 μL（手动进样）。

图 5-3 所示为水溶性聚酯浆料的凝胶色谱图。检测仪器可自动出具分析报告。由报告中数据可以看出，水溶性聚酯的相对分子质量为 5 876，分布系数为 3.44。分析报告如下：

质均相对分子质量＝5 876

数均相对分子质量＝1 708

M10 相对分子质量＝11 954

分布系数＝3.44

黏均相对分子质量＝5 876

Z 均相对分子质量＝10 643

M90 相对分子质量＝899

特性黏度＝5 875.64 dL/g

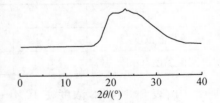

图 5-4　水溶性聚酯浆料的 X 射线衍射谱图

4. 广角 X 射线衍射分析（WAXD）

图 5-4 所示为采用日本理学 D/max-ⅢA 型 X 射线衍射分析仪测定的水溶性聚酯浆料的 X 射线衍射谱图，用来分析聚合物的结晶性能。测定条件：扫描速度为 4°/min，扫描范围为 5°～40°，工作电压为 37.5 kV，工作电流为 30 mA，CuKα 靶，Ni 滤波。

图 5-4 中，横坐标 2θ 的物理含义是衍射线与非偏转入射线之间的夹角。可以看出，X 射线衍射曲线比较平坦，这说明水溶性聚酯浆料的结构规整性较差，为非晶态聚合物。

二、聚酯浆料的热性能

取 4.5000 mg 的样品制成试样，用 METERL-ER TOLEDO 公司的 DSC 分析仪绘制热量-温度图谱。从 0 ℃ 开始升温，升温速度为 10 ℃/min，升温到 140 ℃，热量-温度曲线（差热曲线)如图 5-5 所示。在 38.63 ℃时发生玻璃化转变,两个温度转变可以推断为链段的伸直链与折叠链的结晶与熔融。

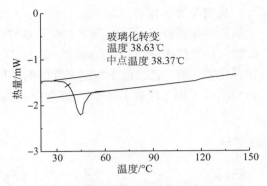

图 5-5　水溶性聚酯浆料的差热曲线

第四节　水溶性及溶液性能

将水溶性聚酯浆料样品于 105 ℃下烘干至恒重,在装有回流冷凝管的三口烧瓶中加水配成浓度为 25%的分散液,加热搅拌,沸腾 0.5 h,使之完全溶解,降温至室温,过滤,以除去微量机械杂质,观察其水溶性。将溶液在室温下放置 1 周,观察是否有沉淀,评价其稳定性。

一、黏度及热黏稳定性

1. 黏度

水溶性聚酯浆料的外观呈透明固体,比较脆,轻敲可成粉末状。产品出料时可采用干式或水下切粒方式,形成规则的固体颗粒,含固率在 99.0%以上,pH 值为 7±0.5。

水溶性聚酯浆料的溶解性能测试:取样品 25.0 g,加入 75 mL 蒸馏水,放于磁力搅拌器上,边加热边搅拌,样品不断溶解,90 ℃左右就可以全部溶解。溶液呈浅白色,其水溶液静置 48 h 不分层。溶液有轻微芳香味,可能与未反应的单体有关。黏度测试:取少许样品溶解,在 20 ℃下,用 NDJ-79 型黏度计测定不同浓度浆液的黏度,结果见表 5-3。

表 5-3　不同浓度水溶性聚酯浆液的黏度

项目	参数					
浆液浓度/%	5	10	15	20	25	30
浆液黏度/(mPa·s)	0	0	2.0	5.0	20	极高

由表 5-3 可知,浓度在 10%～15%时,浆液黏度很低,对涤纶的浸润性较好。较低的浆液黏度为适应两高一低的浆纱工艺路线提供了可能。低浓度(小于 20%)时,浆液黏度随温度的变化较小,而浓度较高(大于 20%)时,浆液黏度对温度的依赖性强。图 5-6 展示了浓度分别为 15%和 20%时,浆液黏度随温度变化的情况。

根据浆液黏度随时间变化的情况,可评价浆液的热稳定性,若黏度变化不大,说明浆料热黏稳定性良好。

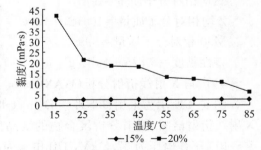

图 5-6　浆液黏度随温度变化的情况

2. 热黏稳定性

热黏稳定性的表征是采用 NDJ-79 型旋转黏度计,在温度 90 ℃时,测定质量分数为 5%的水溶性聚酯浆料溶液保温 30 min、60 min、90 min、120 min、150 min、180 min 时的浆液黏度,结果如表 5-4 所示。

表 5-4　5%水溶性聚酯浆料在 90 ℃下的热黏稳定性

项目	参数					
保温时间/min	30	60	90	120	150	180
黏度/(mPa·s)	2.5	2.4	3.0	2.5	2.8	2.6

从表 5-4 可以看出,5%水溶性聚酯浆料的溶液黏度约为 2.5 mPa·s,黏度较低,可以满足两高一低的上浆工艺要求,并且在 90 ℃下保温 180 min,其黏度值变化不大,表明其热黏稳定性优良。

3. 混合浆的黏度热稳定性

聚酯浆料及与酸变性淀粉混合浆的浆液黏度热稳定性见表 5-5。

表 5-5　聚酯浆料与酸变性淀粉混合浆的浆液黏度热稳定性(95 ℃)

时间/min	30	60	90	120	150	180
20%聚酯浆料黏度/(mPa·s)	2.5	2.5	2.5	2.5	2.5	2.5
6%酸变性淀粉黏度/(mPa·s)	18.0	17.0	16.5	16.2	16.0	15.5
混合浆*黏度/(mPa·s)	13.5	13.2	13.2	13.2	13.2	13.0

注:* 两者按质量比 1∶9 混合配成 6%浓度的混合浆。

由表 5-4、表 5-5 可知,聚酯浆料具有较低的黏度,符合当前浆料高浓低黏的要求,其黏度热稳定性极佳。将聚酯浆料与变性淀粉混用,能显著提高变性淀粉的黏度热稳定性,且无增稠现象,这在生产中是极为有利的,能保证经纱上浆率均匀一致。

二、表面张力

现在的观点普遍认为:浆液黏度低,对纱线渗透性好。但实际上,浆液对纱线的渗透能力还与其表面张力密切相关。同样黏度条件下,表面张力越低,渗透性越好。因此,表面张力也是评价浆料性能的重要指标。表 5-6 列出了采用吊环法测定的几种常用浆料浆液的表面张力。

由表 5-6 可见,在相同浓度条件下,聚酯浆料的表面张力最低。由于聚酯浆料具有较低的表面张力和极低的黏度,所以其对含疏水性纤维(临界表面张力低、难润湿)纱线的润湿渗透性非常好,可提高对这类纱线的上浆效果。

表 5-6　几种常用浆料浆液的表面张力(25 ℃,浓度 0.5%)

浆料	表面张力/(mN·m^{-1})	浆料	表面张力/(mN·m^{-1})
CMC	67.3	FG-1 聚丙烯酸酯	63.5
PVA	68.4	聚酯	52.7

第五节　聚酯浆料的膜性能

将水溶性聚酯浆料样品烘干至恒重,在装有回流冷凝管的三口烧瓶中加水配成 6%的浆液,将其均匀涂覆在塑料薄膜上晾干,若能够剥离浆膜,表明浆液膜性良好。

一、浆膜制备

水溶性聚酯浆料的理化指标：

外观：淡黄色固体；熔点：82 ℃；离子性：阴离子；水溶性：溶解；吸湿性（$RH=75\%$）：6.4％；成膜性：成膜；溶液稳定性：放置不析出。

根据聚酯浆料的理化指标可知，水溶性聚酯浆料是熔点为82 ℃的淡黄色固体，具有适宜的吸湿性、良好的水溶性和成膜性。

吸湿性的测定是将水性聚酯浆料的5％水溶液铺制成薄膜，置于烘箱内干燥至恒重，在室温条件下，测量其相对湿度为75％时的吸湿率。

二、浆膜性能

聚酯浆料形成的浆膜较脆硬，故适宜作为辅助浆料，与其他浆料配合使用，以发挥各自的优点，提高上浆效果。聚酯浆料与其他浆料的混合浆液的浆膜性能见表5-7和表5-8。

表 5-7　混合浆料浆膜的力学性能

混合浆组成	淀粉/PVA(70/30)	淀粉/PVA/聚酯浆料(63/27/10)
断裂强度/(N·mm^{-2})	25.50	20.21
断裂伸长率/%	17.35	16.93
磨耗/(mg·cm^{-2})	0.668 8	0.708 2

表 5-8　混合浆料浆膜的吸湿率和水溶速率

混合浆组成	淀粉/PVA(50/50)	淀粉/PVA/聚酯浆料(45/45/10)
吸湿率*/%	15.87	14.73
水溶速率/s	114	80
再黏性	无	无

注：* 25 ℃，相对湿度75％。

由表5-7可知，加入聚酯浆料的混合浆液浆膜的断裂强度有所下降，断裂伸长率略有降低，这主要与聚酯浆料的相对分子质量低有关，但适当降低浆膜强度，有利于改善浆膜的干分绞性能。表5-8表明，加入聚酯浆料后混合浆液浆膜的吸湿性有所降低，适中的吸湿性既可改善浆膜的柔韧性又可避免再黏现象，而浆膜的水溶速率提高有利于退浆。

第六节　浆纱性能

一、聚酯浆料与淀粉、PVA的混溶性

将醋酸酯淀粉、PVA、聚酯浆料分别煮浆后按一定比例混合，制取聚酯与醋酸酯淀粉、PVA与醋酸酯淀粉的混合浆，其初显相分离时间见图5-7。混合浆的相分离速度是浆液稳定

性的重要指标,检测混合浆的浓度为 2‰～3‰。检测结果表明,聚酯与醋酸酯淀粉的混溶性比PVA 与醋酸酯淀粉的好。

二、聚酯浆料与纯涤纶粗纱的黏附力

目前,浆液的黏着力多采用粗纱法测定。但粗纱法测得的浆液黏着力既包括浆液对纤维的黏附,又受到粗纱内浆膜连续体断裂强度的影响,是浆料与纤维之间真实黏附力和浆料自身内聚力的综合反映,不能独立反映浆液对纤维的黏附情况。涤纶薄膜点滴法测试浆液对涤

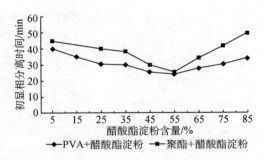

图 5-7 聚酯与醋酸酯淀粉、PVA 与醋酸酯淀粉的初显相分离时间

纶的黏附性,其测试结果不受浆膜内聚力等因素的影响,可以较真实地反映浆料对涤纶的黏附情况。

1. 粗纱法

取粗纱试样 40 g 左右,配制成 1‰浓度的浆液 3 000～3 500 mL,置于 4 000 mL 的容器中,加盖后磁力搅拌,加热升温至 95 ℃,保温 30 min,倒入恒温的搪瓷盆中。将粗纱预先绕在试样架上,把试样架上的粗纱浸入浆料中,浸渍 5 min 后将纱框提出,剪开框架上的粗纱,挂起自然晾干。在恒温恒湿条件下放置 24 h,然后在织物强力仪上测试粗纱的断裂强力。测试条件:温度 18 ℃,相对湿度 75%,XL-1B 型强力仪,夹距 100 mm,拉伸速度 100 mm/min,试样数为 30 根。聚酯浆料、丙烯酸类浆料、醋酸酯淀粉、PVA 1799 与粗纱的黏附力试验结果列于表 5-9,由此可知,聚酯浆料和丙烯酸类浆料的黏附力相当,但和 PVA 1799 的黏附力相差较多。

表 5-9 几种浆料对涤纶粗纱的黏附力

项目	聚酯 1 浆料	聚酯 2 浆料	丙烯酸类浆料	醋酸酯淀粉	PVA1799
断裂强力/N	131.8	130.6	130.4	107.2	152.2
断裂强力 CV/%	6.1	5.7	6.9	8.2	7.7

2. 涤纶薄膜点滴法

几种常用浆料对涤纶的黏着力如表 5-10 所示。

表 5-10 几种常用浆料对涤纶的黏着力

浆料	TB-225 酸变性淀粉	PVA1799	FG-1 聚丙烯酸酯	聚酯
黏附力/N	0	0	26	100

由表 5-10 可见,几种浆料中,聚酯浆料对涤纶的黏着力最大。这一结果主要与浆料的分子结构有关:聚酯浆料具有与涤纶非常相似的分子结构,根据相似相容原理,其对涤纶应有非常好的黏附性;聚丙烯酸酯浆料分子结构中含有一定比例的酯基,但分子结构与涤纶相差甚远,故对涤纶的黏着力一般;PVA1799 和 TB-225 酸变性淀粉分子结构中含有大量的羟基,不含酯基,故对涤纶的黏着力最差。

在实际生产中,一般采用混合浆料,以发挥各种浆料的优势。常用混合浆料对涤纶的黏附情况见表 5-11。

表 5-11　常用混合浆料对涤纶的黏附力

浆料组成	黏着力/N
100％淀粉/PVA(50/50)	0
93％淀粉/PVA(50/50)＋7％CMS	0～5
93％淀粉/PVA(50/50)＋7％聚丙烯酸类	35～45
93％淀粉/PVA(50/50)＋7％聚酯	55～65

由表 5-11 可见,加入聚酯浆料的混合浆料比加入等量其他浆料的混合浆料对涤纶具有更好的黏附性,这进一步说明聚酯浆料对涤纶的黏着能力是目前所用浆料中最好的。

三、聚酯浆料的浆纱性能

采用 5％的水溶性聚酯浆料进行经纱上浆,再对原纱及浆纱毛羽进行测定,对原纱和浆纱分别进行耐摩擦试验及强伸性能测定,最后统计得到纱线的断裂强度、断裂伸长率、增强率、减伸率、2 mm 及以下毛羽数、毛羽降低率、摩擦次数、增磨率等。

涤棉纱采用水溶性聚酯浆料的浆纱性能列于表 5-12。

表 5-12　聚酯浆料用于涤棉纱的浆纱性能

指标	原纱	浆纱
断裂强度/(cN·mm^{-2})	242.1	301.5
断裂伸长率/mm	12.83	12.60
增强率/％	—	24.54
减伸率/％	—	1.79
2 mm 及以下毛羽数/根	32.1	19.6
毛羽降低率/％	—	38.9
摩擦次数	157.8	425.4
增磨率/％	—	170

由表 5-12 可见,水溶性聚酯浆料对涤棉纱上浆具有良好的增强减伸效果,贴伏毛羽效果也好,并且提高了纱线的耐摩擦性能。

第七节　聚酯浆料的生物降解性

生物降解性可通过 BOD 值和 COD 值衡量。BOD_5 值高,说明被测物易被微生物分解;BOD_5/COD_{Cr} 值大,说明聚合物的生物降解性好,对环境污染小。

一、聚酯的生物降解过程

聚酯的生物降解过程主要分为三个阶段:

①高分子材料的表面被微生物黏附,黏附方式受高分子表面张力、表面结构、多孔性、环境温度和湿度等的影响;②在微生物所分泌的酶作用下,通过水解和氧化等反应,高分子断裂成

低相对分子质量的碎片；③微生物吸收或消耗低相对分子质量的碎片（一般相对分子质量低于500），经过代谢最终形成 CO_2、H_2O 及能量。

可生物降解高分子材料是指在一定时间和一定条件下，能被微生物或其分泌物在酶或化学分解作用下发生降解的高分子材料。

生物降解的机理大致有三种方式：生物细胞增长，使物质发生机械性破坏；微生物对聚合物作用，产生新物质；酶的直接作用，即微生物侵蚀高聚物，导致裂解。一般认为，高分子材料的生物降解是经过两个过程进行的。首先，微生物向体外分泌水解酶和材料表面结合，通过水解切断高分子链，生成相对分子质量小于500的小分子化合物（有机酸、酯等）；然后，降解的生成物被微生物摄入体内，经过种种代谢路线，合成微生物或转化为微生物活动的能量，最终都转化为水和二氧化碳。除了以上生物化学作用，还有生物物理作用，即微生物侵蚀聚合物后，由于细胞增大，高分子材料发生机械性破坏。因此，生物降解并非单一机理，而是一个复杂的生物、物理、化学协同作用是相互促进的物理化学过程。至今，有关生物降解的机理尚未完全清楚。

深入研究不同生物可降解高分子材料的生物降解性，发现与其结构有很大关系，包括化学结构、物理结构、表面结构、高分子的形态、相对分子质量、氢键、取代基、分子链刚性、对称性等。高分子材料的化学结构直接影响生物可降解能力，一般为脂肪族酯键、肽键＞氨基甲酸酯＞脂肪族醚键＞亚甲基。当同种材料固态结构不同时，不同聚集态的降解速度顺序为橡胶态＞玻璃态＞结晶态。一般极性大的高分子材料才能与酶黏附并很好地亲和，微生物黏附表面的方式受塑料表面张力、表面结构、多孔性、被搅动程度及可侵占表面的影响。生物可降解高分子材料的降解性能还与温度、酶、pH 值、微生物等外部环境有关。高分子材料具有极性是其生物降解的必要条件。

二、聚酯浆料的环境安全性和生物降解性

1. 环境安全性

浆料作为纺织工业中大规模应用的化学品，要求其对环境的危害较小。环境友好材料是维护和改善生态环境的产物，它不仅要具有良好的生物降解性，而且其降解的中间产物和最终产物没有严重的生态毒性，不会对环境造成危害。聚酯浆料通常为脂肪–芳香族共聚酯，其分子链中含有苯环，对其降解产物的环境安全性仍存在疑虑。1999 年，Witt 和 Muller 等依照德国评价环境友好材料的标准（DIN 38412），采用水蚤和含磷发光细菌对聚酯浆料降解产物的环境安全性进行了详细研究。在试验过程中，没有观察到芳环降解产物的积累，而且降解产物在释放过程中没有呈现出严重的生态毒性。该研究工作证明了聚酯浆料的降解产物具有安全性。

2. 聚酯浆料的水解机理

在湿热条件下，聚酯材料易降解成低分子物。作为纤维材料使用的聚酯，为了防止降解而恶化材料的力学性能，在聚合结束常加入封端剂；而作为浆料使用的水溶性聚酯，不加任何封端剂，这使得聚酯浆料在退浆后能够尽快分解。

聚酯浆料的水解是酯化反应的逆反应，一般以酸或碱做水解催化剂：

$$—\!\!\bigcirc\!\!— COOR + H_2O \Longleftrightarrow —\!\!\bigcirc\!\!— COOH + ROH$$

聚酯浆料在酸性介质中的水解方程：

这是一种自动催化反应。这种性能有利于聚酯浆料退浆废液的生化降解。

3. 需氧量（COD_{Cr}）和 5 天生化需氧量（BOD_5）

重铬酸钾在强酸性溶液中是强氧化剂，加热煮沸时能较完全地氧化废水中的有机物及其他还原物质。如存在过量的重铬酸钾，以试亚铁灵做指示剂，用硫酸亚铁铵进行滴定。由消耗的重铬酸钾量，可计算出被测水溶液所耗的氧的数量（mg/L）。

将被测水溶液用水适当稀释，使其中含有足够的溶解氧，能满足培养 5 d 微生物需氧量的要求。将经过稀释的被测水溶液分别置于两个测氧瓶中，一瓶用于测定当天的溶解氧，另一瓶密封后于20 ℃下培养 5 d 再测定溶解氧，两者之差即生化过程所消耗的氧。表 5-13 列出了几种常用浆料的 BOD_5、COD_{Cr} 及 BOD_5/COD_{Cr}。

表 5-13　几种常用浆料的 BOD_5、COD_{Cr} 及 BOD_5/COD_{Cr}

浆料	酸变性淀粉	CMC	PVA1788	PVA1799	聚酯浆料
$BOD_5/$（mg·L^{-1}）	38 000	2 770	1 630	800	6 030
$COD_{Cr}/$（mg·L^{-1}）	124 000	94 900	181 000	182 000	111 000
BOD_5/COD_{Cr}	0.306	0.029	0.009	0.004	0.054

由表 5-13 可知，聚酯浆料的 BOD_5 和 BOD_5/COD_{Cr} 值仅次于酸变性淀粉，较 CMC、PVA 大，可被微生物降解，环境污染性低。

思 考 题

1. 传统的三大浆料为淀粉、PVA 和丙烯酸类浆料，为何还要发展聚酯浆料？

2. 制备水溶性聚酯浆料的常用单体有哪些？

3. 聚酯浆料合成单体中的间苯二甲酸二甲酯-5-磺酸钠（SIPM）在聚合物中起什么作用？其使用量在什么范围？为什么？

4. 聚酯合成采用什么合成方法？能否采用丙烯酸类浆料的合成方法？为什么？

5. 用凝胶色谱可以测量水溶性聚酯浆料的哪几项物理指标？

6. 黏度稳定性是影响纺织浆料上浆结果的一个重要指标，水溶性聚酯浆料的热稳定性如何？

7. 成膜性好是纺织浆料的必要条件，聚酯浆料的膜有何特点？

8. 从结构、物理化学性能等方面说明水溶性聚酯浆料的浆纱性能。

9. 高聚物的生物降解一般是一个漫长而复杂的过程。聚酯浆料的生物降解过程分为哪几个阶段？

10. 聚酯浆料的环境安全性和生物降解性如何？其排放是否不会对环境造成不良影响？并比较说明。

第六章　辅助浆料

作为纺织经纱上浆的浆料,必须满足以下基本条件:在一定的条件下能溶于水,与纤维有一定的亲和性,容易获得且成本低廉,容易退浆,退浆废液对环境的污染小。除了常用的淀粉、聚乙烯醇、聚丙烯酸及其酯、聚酯外,还有很多高分子化合物都能符合这些基本条件,但并非这些高分子化合物都可以作为纺织浆料使用。其中有少部分经常在浆纱时使用,但往往是作为辅助浆料应用。经纱上浆用的浆液一般都不是单独一种物质的溶液,除了主浆料、辅助浆料,还需要加入浆纱助剂,以尽量满足浆纱的要求。

第一节　纤维素衍生物

纤维素是自然界中分布最广、含量最多的大分子多糖,有与淀粉相似的化学结构,是由β-D-葡萄糖缩合而成的天然聚合物。纤维素的聚合度高,分子取向度大,化学稳定性较淀粉强。纤维素在水中不溶解,只是略微膨胀,也不溶于一般有机溶剂。棉花中的纤维素含量接近100%。一般木材中,纤维素占40%～50%,还有10%～30%的半纤维素和20%～30%的木质素。纤维素是植物细胞壁的主要结构成分,通常与半纤维素、果胶和木质素结合在一起。

虽然纤维素不溶于水,但可利用葡萄糖基环中羟基的化学特性,使纤维素发生酯化或醚化反应,形成一系列纤维素衍生物,作为黏合剂应用,特别是作为纺织工业经纱上浆或印染糊料应用。能转化成水溶性物质的纤维素衍生物只有纤维素醚。纤维素醚是以天然纤维素为原料,经化学改性制得的一类半合成型高分子聚合物,鉴于其资源丰富、性能优良、改性方便等特点,在水溶性聚合物中占有极其重要的地位。

一、纤维素醚的取代度

纤维素分子的化学结构:

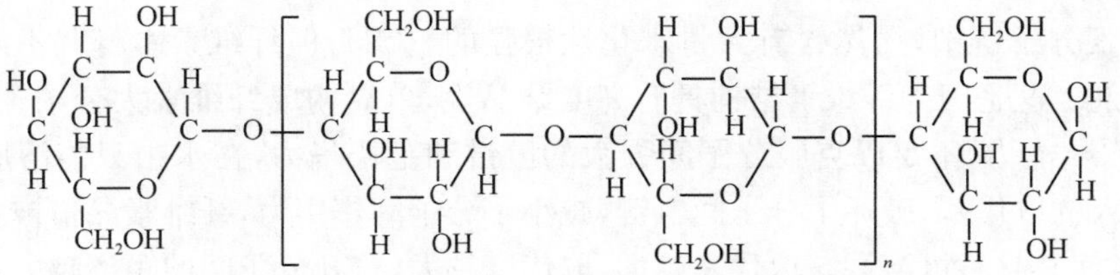

纤维素大分子是由β-葡萄糖缩合而成的,每个葡萄糖基环中含有3个羟基(第6碳原子上的伯羟基,第2、3碳原子上的仲羟基)。从有机化学角度来说,纤维素实质上是多元醇。

纤维素分子链上的羟基具有一般羟基的性能,在碱存在的条件下,能与醚化剂发生醚化反应,使—OH转变成—OR,得到纤维素醚。纤维素醚的性质取决于取代基的种类、数量和分布。通常用取代度(DS)或摩尔取代度(MS)表示纤维素分子中平均每个葡萄糖剩基上取代基的数量,即醚化反应程度。与淀粉醚相同,纤维素大分子中,每个葡萄糖剩基上有 3 个自由羟基可发生取代反应,DS 值可在 0~3。但也有例外,如果使用羟烷基醚化剂,由于其本身带有能继续反应的羟基,需用摩尔取代度(MS)表示醚化反应程度,其定义为平均每个葡萄糖剩基所结合的取代试剂的摩尔数,理论上,MS 值是无限的($0 \leqslant MS \leqslant \infty$)。因此,纤维素烷基醚的 DS 和 MS 值相同,而对于纤维素羟烷基醚,DS<MS,MS/DS 表示侧链的长度。

DS=MS=2

DS=1   MS=2

二、纤维素醚的性质

纤维素醚的性质取决于纤维素链和取代基的物理化学性质,其中最重要的性质是溶解性和溶液的各种特性。溶解性主要决定于取代基的物理和化学性质、数量、分布。通常,引入的基团越大,形成的醚溶解度越低。纤维素与低级脂肪族烷基所生成的醚,如甲基纤维素、乙基纤维素等,都能溶解于水。溶解性也与所引入的基团极性有关,基团极性越强,纤维素醚越易溶于水,如羧甲基纤维素、羟乙基纤维素等。纤维素醚的溶解性也取决于取代度,只有达到一定取代度,纤维素醚才能溶解,因此取代度是纤维素醚的重要指标之一。纤维素醚的增稠性和流变学特性,在很大程度上依赖于 DS 或 MS。纤维素醚溶液的耐盐性、热稳定性、表面活性及胶体的稳定作用等,基本上取决于取代基的性质。溶液的黏度主要由链长和链的形态决定,也与取代基的种类、数量及分布有关。

在纤维素分子链中,虽然含有大量水化性很强的—OH,但纤维素本身并不溶于水,也不溶于一般溶剂。这是因为纤维素结构具有高度结晶性,单靠构成纤维素大分子葡萄糖剩基上 3 个羟基的水化能力,不足以克服分子间强大的氢键和范德华力,在水中只能溶胀不能溶解。分子链间引入的取代基,破坏了分子间氢键,减小了分子间作用力,纤维素晶格被膨化破坏,溶剂易于渗入,使其具有可溶性。取代基越大,取代度越大,拉开分子间的距离越大,破坏氢键效应越大。取代度低,残存的羟基较多,分子间还存在较强氢键,可以用 NaOH 溶液破坏残留的氢键。因此,取代度低的纤维素醚可溶于 4%~8% 的 NaOH 溶液,且温度越低,越有利于羟基水化作用,溶解度越大。当取代度增加时,晶格进一步膨化,余下的分子间氢键可以被羟基的水化作用克服,这时纤维素醚呈现水溶性,而开始呈现水溶性的取代度取决于取代基的大小和极性。一般甲基纤维素获得水溶性的条件为 DS=1.3,羧甲基纤维素为 DS=0.5,羟乙基纤维素为 DS=0.8 或 MS=1.4。尽管不同取代基出现水溶性的取代度差别很大,但取代基的质量分数大致相同。随着取代度进一步增大,分子链上残留—OH 数量减少,取代基—OR 数量增多,水溶性减小,醇溶性增大,直至转向非极性有机溶剂可溶,如溶于醇-烃混合物或烃类,而完全失去水溶性。表 6-1 列出了几种纤维素醚的溶解性与取代度。

表 6-1 几种纤维素醚的溶解性能与取代度

溶剂	甲基纤维素 DS	乙基纤维素 DS	羧甲基纤维素 DS	羟乙基纤维素 DS
4%～8%NaOH 溶液	0.2～0.4	0.5～0.7	0.05～0.25	0.25
冷水	1.3～2.6	0.8～1.3	0.3～0.8	1.5～2.5
水-醇混合物	2.1～2.6	1.4～1.8	2.0～2.8	1.6～2.6
烃-醇混合物	2.4～2.7	1.8～2.2	—	—
芳烃	2.6～2.8	2.7～2.9	—	—

纤维素醚与一般高分子化合物的特性相似,聚合度越高,则越不容易溶解;聚合度越低,能溶于水的取代度范围越广。水溶性纤维素醚具有典型的高聚物溶解特性,高离子强度或多价金属离子的存在影响溶解性能或溶液黏度。离子强度对离子型羧甲基纤维素的影响比对非离子型羟乙基纤维素更大。高相对分子质量纤维素稀溶液具有较高黏度,在一定温度条件下,溶液黏度随浓度变化呈指数关系。溶液具有非牛顿流体的流动特性,假塑性的程度主要取决于取代基的分布。取代基分布越均匀,即分子链上不存在未取代或取代不充分的链段,触变性越小,假塑性越高。

纤维素醚对酸、碱的作用较稳定,仅在浓酸作用下发生大分子的水解作用,但不会引起醚化基团的皂化。利用纤维素醚的这一特点,将纤维素醚用浓酸水解,可得到所需聚合度的产品,但产品的黏度与黏附性会有很大损失。

纤维素醚品种很多,因取代基团不同,其结构、性质及用途各异,在纺织工业中应用较多的是羧甲基纤维素、甲基纤维素及羟乙基纤维素。

三、羧甲基纤维素

羧甲基纤维素(Carboxyl Methyl Cellulose),是一种阴离子型聚合物,有酸型和盐型两种。酸型在水中不溶解。工业生产中使用的商品都是盐型,有良好的水溶性,正确的名称应该是羧甲基纤维素钠(Na - CMC),但工业界都把它简称为 CMC。

1. CMC 的制取

经过脱脂、漂白的纤维素与氢氧化钠作用生成的碱纤维素,再与氯乙酸钠进行醚化反应,制成 CMC。反应完成后,如用酸中和,并以大量的乙醇漂洗,可得到真正的 CMC,而非钠盐。

$$R_{cell} — OH + NaOH \longrightarrow R_{cell} — ONa + H_2O$$

$$R_{cell} — ONa + ClCH_2COOH \xrightarrow{+NaOH} R_{cell} — OCH_2COONa + NaCl + H_2O$$

在醚化反应过程中,不可避免地同时发生一定程度的醚化剂水解副反应:

$$ClCH_2COOH + 2NaOH \longrightarrow OHCH_2COONa + NaCl + H_2O$$

副反应会消耗部分醚化剂,反应程度取决于碱纤维素中游离碱含量和水的比例。羧甲基纤维素产品中常含有一定量的 NaCl,就是源于此副反应,其含量随生产方式、制造工艺路线、控制条件等因素不同而有很大差别。作为纺织经纱上浆用的浆料,要求 NaCl 的含量越少越好。

2. CMC 的溶解性及黏度

CMC 的外观根据纯度不同成为白色或灰白色粉末,其性能随取代度不同而不同。取代度在 1.2 以上为高取代度 CMC,溶于有机溶剂;取代度在 0.4~1.2 的为中取代度 CMC,溶于水;取代度在 0.4 以下的为低取代度 CMC,溶于碱溶液。

溶于溶剂中的高分子,形成有一定黏度的溶液。工业用 CMC 溶于水所形成的溶液具有较广的黏度范围,从 1% 的高黏度(4 500 mPa·s 以上)到 2% 的中黏度和低黏度(10 mPa·s 以下),相应的相对分子质量为 4 万~100 万。CMC 产品的分类还没有统一的规定,我国按照 2% 水溶液黏度(25 ℃)将 CMC 分为五个等级:超高、高、中、低和超低黏度。每个黏度等级又包含若干不同取代度和纯度的品种。上浆用的 CMC 主要是中(或低)黏度产品,聚合度 7 200 左右,取代度为 0.7~0.8,外观为白色粉末状或絮状,无味,无毒,易溶于水和含水 60% 以上的乙醇或丙酮溶液,具有良好的分散能力和一定的乳化能力。CMC 溶液具有假塑性,DS 较低(0.4~0.7)的溶液常有触变性,对溶液施加或去除剪切作用,表观黏度发生变化。低浓度或低黏度型溶液,在低剪切速率时非常接近牛顿流体。

羧甲基纤维素水溶液属于低浓高粘型,在室温下黏度的稳定性好,加热时,黏度随温度升高而降低,只要温度不超过 50 ℃,这种效应是可逆的,但长时间处于较高温度下,如 80 ℃ 以上,溶液中的碱性物质会引起 CMC 降解,黏度会逐渐降低。图 6-1 所示为 CMC 的黏度与温度的关系。

羧甲基纤维素溶液的黏度受 pH 值的影响,最稳定范围在 pH 值为 7~9。随 pH 值减小,溶液酸化,CMC 由盐型转变为不溶于水的酸型,从溶液中析出。pH 值在 4 以下时,大部分盐型转变为酸型,并形成三维网状结构沉淀出来。酸化

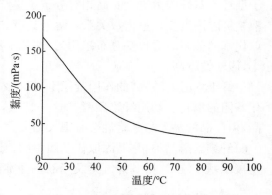

图 6-1 CMC 黏度与温度的关系(浓度 1%)

所需的 pH 值与 CMC 取代度有关:低取代度的,如 DS<0.5,pH 值在 3 以下就可使盐型完全转变成酸型;高取代度的,如 DS>0.9,发生这种转变的 pH 值必须在 1 以下。当 pH 值>10 时,CMC 溶液的黏度略有降低。

金属离子对 CMC 的影响主要取决于金属离子的类型。CMC 能与一价金属离子形成水溶性盐。一价金属离子的存在不影响水溶液黏度、透明度和其他性质。但 Ag^+ 例外,它可使溶液产生沉淀。二价金属离子,如 Ca^{2+}、Mg^{2+}、Mn^{2+} 等,对溶液不产生影响,但 Ba^{2+}、Fe^{2+}、Pb^{2+}、Sn^{2+} 会使溶液产生沉淀。多价金属盐类(Al^{3+}、Fe^{3+})能使 CMC 形成沉淀及固体凝胶。CMC 溶液的盐效应与金属盐的类型、溶液 pH 值和 CMC 的 DS 及 CMC 溶液与盐的混合顺序、方式均有关。一般来说,高 DS 的 CMC 与盐类相容性较好,将盐加入 CMC 溶液中比在盐水中溶解 CMC 时的相容性更好。

CMC 溶液在一定条件下会受到微生物侵蚀,表现为溶液黏度明显下降。

3. CMC 的混溶性

CMC 与其他水溶性高分子化合物均有良好的相容性和混溶成膜性。它与动物胶、聚乙烯醇、阿拉伯树胶、甘油、可溶性淀粉等均相容,其成膜性介于聚乙烯醇和淀粉之间。CMC 对亲水性纤维有较好的黏附性,是天然纤维的常用浆料。CMC 由于具有混溶性好的特点,多用于混合浆,可使混合浆调制容易均匀,较长时间使用不分层。CMC 对疏水性纤维的黏着性较差,不如聚乙烯醇。CMC 膜在紫外光下照射 100 h,无色变、变脆等现象。CMC 浆料带有负电荷,浆纱后的纱线之间由于电荷斥力不易粘并,其最大的优点是在提高浆液黏度的情况下不会引起浆纱干分绞困难。

CMC 浆料中钠盐含量对浆纱本身影响不大,但钠盐含量较多时,织造时的落浆会对织机产生一定的锈蚀。在相对湿度较高时,CMC 浆膜会变得过于柔软,产生再黏现象。通常,CMC 在浆料配方中只作为辅助浆料使用,一般用量为浆料总量的 10%～15%。经纱上浆用 CMC 的主要规格与性能列于表 6-2。

表 6-2 上浆用 CMC 的主要规格与性能

项目	性能	项目	性能
外观	白色粉状或短纤维状	黏度/(mPa·s)(2%,25 ℃)	400～600
取代度	0.7～0.8	pH 值(1%,25 ℃)	6.5～7.5
有效成分/%	≥90	密度/(g·cm^{-3})	1.59
氯化物含量/%	≤7	断裂强度/(N·mm^{-2})	30～50
乙醇酸钠含量/%	≤3	断裂伸长率/%	10～20

CMC 溶液在浓度较低时黏度就很高。图 6-2 所示为 CMC 与 PVA 的浆液黏度。高黏度在上浆工程中要求达到一定上浆率时,会发生困难,尤其难以适应"二高一低"的上浆工艺。

4. CMC 的浆膜性能

CMC 很容易制成柔软、均匀、透明的浆膜,浆膜的性能较淀粉好,但比 PVA 等合成浆料差。CMC 取代度极大地影响浆膜性能(图 6-3～图 6-5)。随着取代度升高,浆膜断裂强度下降,断裂伸长率增加,吸湿率也逐渐升高。DS＝0.7～0.8 的 CMC 产品较适宜用作经纱上浆浆料。

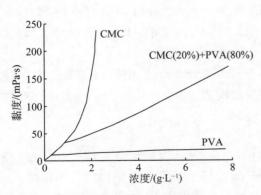

图 6-2 CMC、PVA 的浆液黏度

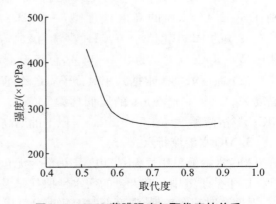

图 6-3 CMC 薄膜强度与取代度的关系

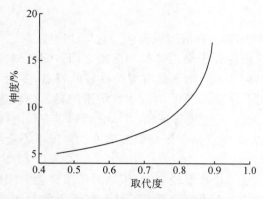

图 6-4 CMC 薄膜伸度与取代度的关系

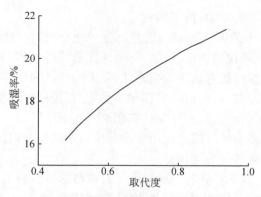

图 6-5 CMC 薄膜吸湿率与取代度的关系

CMC 作为纺织浆料存在的不足：黏度高，黏度变化较大，不易控制；含盐量高的制品对机件有很强的腐蚀性；吸湿性强，浆膜易发软、发黏；对合成纤维的黏附性差。

四、甲基纤维素

纤维素羟基中的氢被甲基取代而形成的纤维素醚叫甲基纤维素（Methyl Cellulose，简写为 MC），为最简单的纤维素醚。甲基纤维素属于非离子型纤维素醚。干态的甲基纤维素呈白色或淡黄色粒状、纤絮状或片状固体。加热到 200 ℃以上，熔化并分解，230 ℃炭化，含灰分约 0.5%，其耐热、耐盐性能比离子型纤维素醚（如 CMC）好，其水溶液具有表面活性，烷基醚还有独特的热凝胶化作用，即在一定温度下能溶解于水，超过这一温度会成为凝胶体，甚至析出。

1. MC 的制备

甲基纤维素是通过纤维素与氢氧化钠反应生成的碱纤维素与硫酸二甲酯进行醚化反应而制得的，也可用甲基氯（氯代甲烷）做醚化剂制取。以甲基氯为醚化剂的制备反应式如下：

$$R_{cell} — OH + NaOH \longrightarrow R_{cell} — ONa + H_2O$$

$$R_{cell} — ONa + CH_3Cl \longrightarrow R_{cell} — OCH_3 + NaCl$$

2. MC 的分类

（1）取代度分类。甲基纤维素根据甲氧基的取代情况及溶解性不同，分为几种取代度类别：DS＝2.4～2.8 的高取代度型，—OCH_3 含量为 38%～43%，可溶于有机溶剂；DS＝1.6～2.0 的中取代度型，—OCH_3 含量为 26.5%～32.6%，可溶于水；DS＝0.1～0.92 的低取代度型，—OCH_3 含量为 2%～16%，可溶于 4%～16% 的碱溶液。

（2）黏度分类。根据其相对分子质量不同，甲基纤维素分为高粘、中粘、低粘型。2%溶液黏度为 15～100 mPa·s 的属低粘型 MC；2%溶液黏度为 400～1 500 mPa·s 的属中粘型 MC；2%溶液黏度为 1 500 mPa·s 以上的属高粘型 MC。

3. MC 水溶液特点

MC 水溶液呈中性，不带电荷，几乎为无色，但不完全透明，含有少量碱溶解的极细的絮纤。由于分子链中含有大量的憎水性取代基及分子间的相互作用，MC 的溶解度与温度成反比，温度高时溶解度低，温度低时溶解度高。甲基纤维素在热水中不溶解，水溶液加热到 50～55 ℃即形成凝胶。这与淀粉或其他树胶等冷却形成凝胶的现象不同。MC 水溶液加热后，在特定温度以下冷却,凝胶消失,恢复溶液状态,这一过程是可逆的。在较低温度下,MC 大分子被水化分散而成为溶液状态,当温度升高,大分子的水化作用减弱,分子链间的水被逐渐排除,反映出来的现象是溶液黏度随温度升高而下降。当到达一定温度后,去水化作用足够充分时,出现大分子聚集体,最终形成结构胶体,黏度急剧增大,这时的温度叫凝胶温度。MC 溶液的温度-黏度曲线如图 6-6 所示,加热曲线上黏度极小值出现时的温度称为初期凝胶温度。

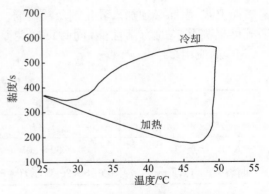

图 6-6　MC 水溶液的温度-黏度曲线

4. 影响凝胶温度的因素

凝胶温度与取代基含量有关,也受溶液黏度的影响。一般来说,DS 越大,凝胶温度越低。盐的存在会降低凝胶温度,加入乙醇或丙醇可升高凝胶温度。甲基纤维素溶液黏度在凝胶点以下,随温度升高而降低,呈线性关系,温度每升高 1 ℃,黏度约下降 3%;但接近凝胶点时,线性关系破坏,直到凝胶点,黏度急剧增大。

凝胶温度以下,MC 溶液凝胶化特性主要取决于取代度、溶液浓度和添加剂,而与聚合物相对分子质量的关系不大。初期凝胶温度随浓度增加而降低,呈线性关系,MC 溶液浓度达到 12% 左右时,室温下已凝胶化。烷基取代度越高,凝胶温度越低,取代基分布越均匀,凝胶温度越高。存在水溶性无机盐等电解质时,由于其较强的亲水性与 MC 竞争,MC 的水化作用减弱,一般应降低其溶液的凝胶温度,高浓度的盐可使 MC 水溶液在室温下凝胶化。不同盐的影响顺序为磷酸盐＞硫酸盐＞酒石酸盐＞乙酸盐＞氯化物＞亚硝酸盐＞硝酸盐。溶液中存在的可溶性硫代氰酸盐和碘盐会使凝胶温度升高。有些化合物(如乙醇、丙二醇、尿素等)也能使凝胶温度提高。因此配制 MC 类水溶液时,应避免电解质的存在,否则很难获得透明、均匀的溶液。MC 溶液黏度依赖于聚合物的相对分子质量和溶液浓度。

MC 溶液黏度在 pH＝3～11 时通常是稳定的,超出此范围长期贮存,会因醇水解或碱催化氧化降解,黏度逐渐降低。溶液中存在少量的某些离子型和非离子型表面活性剂,黏度会增大,但高浓度的表面活性剂可能导致凝胶化而析出。MC 水溶液在其凝胶温度以下通常具有假塑性非触变流动特性,但在低剪切速率时呈牛顿型流动性质。假塑性随 MC 的相对分子质量或浓度增加而增大,与取代基种类或取代度无关。只要温度和浓度保持恒定,MC 溶液总表现出相同的流变性质。当溶液加热时形成体型结构的凝胶,出现高触变性流动,高浓度时,低黏度类型的 MC 即使在凝胶温度下,亦表现为触变性。MC 能溶于水和甲醇、乙醇、乙二醇、甘油、丙酮等的混合溶液。较高取代度的 MC 类聚合物一般对微生物侵蚀不敏感,无需防腐。

5. MC 的浆膜性能

MC 溶液可以形成透明、坚韧、具有一定弹性的薄膜,能耐各种有机溶剂、脂肪类及油类,暴露在空气中不泛黄,不会起毛状裂缝,能溶于水。MC 浆薄膜力学性能(表 6-3)较淀粉薄膜好,与 CMC 相近。甲基纤维素溶液具有良好的乳化性及胶体保护性。

甲基纤维素主要作为化妆品工业的增稠剂及乳化剂,在皮革工业、制药工业中也有应用。在纺织工业中,甲基纤维素可用来代替淀粉,用于经纱上浆。对棉、麻等天然纤维的黏附力较好,但浆纱的手感较软,容易起毛。甲基纤维素的冷水可溶性使它适宜于黏胶纤维纱、黏胶长丝及羊毛单纱等低温上浆。用于棉纱上浆时,由于在低温条件下棉蜡会阻碍浆液的浸入,形成表面上浆,因而必须加入乳化剂及浸透剂。在棉纱上浆中,甲基纤维素一般与淀粉混用,这样既可提高浆膜的力学性能,同时可避免浆纱手感发软。MC可作为辅助浆料应用,但不及CMC的应用多。

表 6-3　MC 浆膜性能

项目	性能	项目	性能
密度/(g·cm^{-3})	1.39	断裂伸长率/%	10～15(20 ℃,RH＝50%)
熔点/℃	290～305	挥发稳定性	好
断裂强度/(N·mm^{-2})	60～80(20 ℃,RH＝50%)	抗溶剂性	好

第二节　动物胶

动物胶是一种用途十分广泛的工业用胶黏剂,主要用于食品、制药及轻纺工业,早期还应用于木材的黏结。据统计,用于食品工业的动物胶约占动物胶总耗费量的75%。动物胶能溶于水,在水中形成黏滞性胶体,对天然纤维有良好的黏附性,是纺织工业最早使用的浆料之一,目前仍作为黏胶丝的主要浆料。动物胶属于硬朊类蛋白质,是由各种氨基酸缩聚而成的天然高分子聚合物,广泛存在于各种动物体内,尤其是哺乳类动物的各个部位。

一、制取

动物胶是从动物身上的皮联结组织、骨、肌腱及其他结缔组织的生胶质(骨胶原)中获取的。根据原料及制造方法不同,动物胶分为骨胶、皮胶及其精制品明胶等。用上等洁净并经挑选的原料制成的动物胶称为明胶,用次等原料及制革厂内生皮、修剪屑物、废渣制成的称为皮胶。也有用优良的原料先煎一次明胶,再熬成皮胶的制取工艺。由动物骨制取的胶,称为骨胶。

动物骨是制取动物胶最适宜的原料,干骨中含有20%的骨胶原,新鲜的骨骼中含骨胶约12%。工业上制取骨胶,先将动物骨洗净,经水、蒸汽或溶液萃取,再以冷水机械冲击脱脂制成骨粉,然后在压力下用蒸汽及热水处理,使骨胶原转化为动物胶。将酸脱脂后的骨胶在 pH 值小于 2.0 的无机酸稀溶液中浸渍几小时,去除骨中矿物盐后经水漂洗,再经萃取、浓缩、烘燥,得到工业明胶。

动物皮(尤其是羊皮、猪皮)也是制取动物胶的主要原料。除去毛、脱脂后的生皮,含有20%～30%的骨胶原。生皮一般用碱熟化法,主要用石灰水浸渍,使骨胶原膨胀蓬松便于熬煮,同时使其他一些蛋白质(如血球蛋白质、清蛋白质等)溶解在石灰水中而被除去。在15～20 ℃下用石灰水处理约30～40 天,然后用水洗涤,除去石灰和溶解物,并用酸中和,再在55～75 ℃下熬煮,使骨胶原水解,得到胶液。经过压滤、浓缩、冷却凝冻、切片、干燥,即得精制的动物胶(明胶)。有的生产者为了缩短制造时间,常在石灰水中加1%苛性钠,以促进原料更快地膨胀与浸透,同时可防止微生物侵蚀,但强碱对骨胶原会产生较大的损伤,影响产品的相对分子质量及某些性能。

二、化学结构

骨胶原是一种不溶性蛋白质,经过酸、碱或热水处理,缓慢转变成可溶性蛋白质。若选用蛋白质的质地纯净,处理条件又非常温和,就能得到相对分子质量较高、含杂质少的明胶。若蛋白质的质地较差,处理条件剧烈,产品的相对分子质量较低,色泽发暗,含杂量高,把这种产品称为动物胶。明胶与动物胶的主要差别在于物理性质不同。

骨胶原经水解可得到动物胶、明胶、膘、胨、多肽等一系列产物,最后变成氨基酸。因此,动物胶是由分子不完全相同、但结构相似的各种氨基酸,通过酰胺键(—CONH—)联结起来的多肽链大分子化合物。

根据元素分析和结构分析,动物胶的分子式可写为以下方式:

$$C_{102}H_{149}O_{35}N_{31}+H_2O \longrightarrow C_{102}H_{151}O_{36}N_{31}$$

骨胶原 　　　　　　　　　动物胶,明胶

在动物胶中,氨基酸成分的一个最显著特征是,甘氨酸、脯氨酸及羟基脯氨酸的分子含量占总相对分子质量的一半以上。其中羟基脯氨酸只是在动物胶中含量较高,而在其他蛋白质中含量极微。动物胶中氨基酸的种类及含量,随骨胶原的来源、制备方法及分析方法不同,有较大差异。动物胶大分子的多肽链很长,其平均相对分子质量为2万~25万,相对分子质量分布很宽,具有多分散性。

虽然动物胶大分子中含有分支结构或环状结构,但主结构是一端为氨基,另一端为羧基的线型大分子,为碳氮单键的杂链高分子。由于这一结构,动物胶分子具有柔顺性好,并受到侧基极性的影响,在溶液中呈不规则的螺旋卷绕形态。动物胶大分子中存在的官能团主要是羟基、羧基及氨基,100 g动物胶中的羟基含量为100 mmol、羧基含量为75 mmol和氨基含量为50 mmol。这些官能团的含量在各种动物胶中基本不变,除非经受过剧烈的水解反应。这些官能团的存在会使动物胶分子链之间出现交联,可能是氢键或共价键交联,甚至是离子键交联。

三、性质

工业用动物胶一般呈块状、粒状或粉状。明胶为无色或淡黄色固体,无臭、无味、无挥发性。皮胶和骨胶色泽比较深暗,呈棕色或红棕色半透明状,有气味,纯度远低于明胶。明胶含水分≤16%,熔点≥30 ℃,灰分≤1.5%,pH=5.5~7.5。牛皮胶含水分≤16%,熔点≥28 ℃,灰分≤2%。骨胶含水分为16%,灰分为2.5%。动物胶的成分为蛋白质,呈中性,在干燥空气中可以久置,但在潮湿空气或水溶液中,易腐败发酸,同时放出氨气。

动物胶约在140 ℃开始分解。动物胶不溶于稀酸、稀碱及大多数有机溶剂,如酒精、氯仿、苯、醚、二硫化碳等。动物胶在冷水中不溶解,只发生膨胀,在40 ℃以上的热水中才溶解,溶解后的胶液为黏滞性液体,较为稳定。胶液冷却至40 ℃以下时,出现凝聚,黏度显著上升,30 ℃以下成为胶冻,再加热,能完全恢复为原来的液态。

动物胶水溶液中加入乙醇、单宁酸、重铬酸钾、硫酸铵或其他电解质,可析出沉淀。硫酸铝或硫酸铁等盐类,可使动物胶溶液增稠、凝聚。

由于基本结构为氨基酸,动物胶与其他蛋白质一样,具有两性性质。在酸性介质中,氨基

与 H^+ 形成—NH_3^+基团,使整个分子带正电荷,而在碱性介质中,羧基(—COOH)电离成羧酸根离子,使整个分子带负电荷。在一定 pH 值溶液中,明胶分子不显电性,此时溶液 pH 值称为明胶的等电点。明胶等电点在 pH 值为 4.5~5.2。在等电点时,明胶大分子间的盐式键、氢键等作用力最强,此时明胶的溶解度、膨胀度、黏度最低。明胶溶液的黏度与 pH 值的关系如图 6-7 所示。

动物胶溶液属于剪切变稀非牛顿流体,其溶液黏度随浓度增大而增加,黏度上升率起初较小,但当浓度达 6%~8%时,黏度急剧上升(图 6-8)。确定动物胶品级的主要依据是,最高至最低黏度值范围及胶冻力学性能。这两种性能随骨胶原的水解程度而异。动物胶也是一种成膜性物质。动物胶液经烘燥,可形成连续无定形态薄膜,薄膜强度高,伸长能力与弹性差,可用甲醇、乙醇、甘油等增塑,改善伸长性。动物胶薄膜有较好的吸湿性,在湿饱和空气中,平衡吸湿率可达 40%。动物胶薄膜可阻隔油脂及蜡,用单宁酸处理后,可制成防水性薄膜。

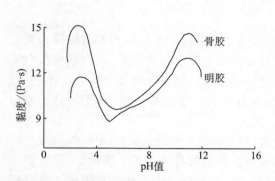

图 6-7　明胶溶液的黏度与 pH 值的关系(35 ℃)

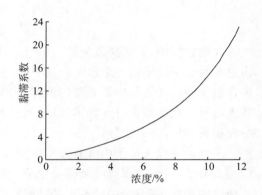

图 6-8　明胶溶液浓度-黏滞系数曲线

在 40 ℃以下,由于大分子间的作用力较强,动物胶液黏度显著增加,成为非流动性的凝胶体。在 40 ℃以上,动物胶液呈均匀的液态,黏度随温度升高而降低。在 65~80 ℃时,黏度变化率极小。超过 85 ℃时,由于动物胶蛋白质大分子水解,黏度急剧下降,黏附性丧失。因此,上浆温度宜在 80 ℃左右。

动物胶易被微生物侵蚀,使蛋白质分解,黏度下降,黏附性丧失。动物胶在 35~45 ℃时,微生物最易繁殖。这在动物胶使用时要予以重视。

四、上浆性能

动物胶对天然纤维等材料的黏附力很强,其中以明胶为最好,皮胶次之,骨胶最差,见表 6-4。动物胶上浆后纱线强力及耐磨性有很大改善,但浆膜粗硬,缺乏弹性,容易脆裂,落浆较多。因此,在动物胶的浆液调配时,应添加柔软剂及浸透剂,以改善浆膜性能与吸浆条件。由于动物胶很易被微生物侵蚀而失去浆纱性能,如使用时间较长或气候潮湿时,应添加防腐剂。

动物胶主要用于黏胶丝上浆,织物不同,对胶液黏度与浓度的要求有所差异。上浆温度在 75 ℃以下,以利于胶液特性及黏胶丝的力学性能。动物胶液易起泡,调浆时升温速度要缓慢一些,搅拌要温和一些,也可加入适量的消泡剂。另外,由于动物胶的质量在很大程度上受原料种类和加工过程的影响,质量波动大,需对原料定期检查分析。

表 6-4　动物胶的上浆性能

性能		骨胶	皮胶	明胶
外观		浅棕色或棕黄色的块、片状	半透明浅棕色或深棕色块、片、粉状	淡黄色半透明片状
成分	明胶蛋白质/%	69～80	74～76	82～89
	水分/%	11～17	13～18	<16
	灰分/%	2～3	1～4	<1.5
黏度(恩氏,°E)(浓度17.75%,40℃)		>1.8～2	>3	>3
pH 值(5%溶液)		5～7	5.5	4.6～4.7
溶解情况		在 80 ℃水中,0.5 h后全部溶解		

思 考 题

1. 上浆用羧甲基纤维素要求有怎样的规格?
2. 金属离子对 CMC 水溶液有怎样的影响?
3. CMC 的膜性能受哪些因素的影响,是如何影响的?
4. 甲基纤维素的水溶液有什么特点? 作为纺织浆料有何性能特点?
5. 动物胶水溶液黏度有什么特点? 作为纺织浆料的应用如何?

第七章　浆纱助剂

对经纱上浆的主要目的在于,提高纱线的耐磨性能、毛羽贴伏性,增加经纱的强度,以及保持纱线良好的弹性与伸长性。单独使用一种或几种黏附性材料,通常难以达到完善的效果,有时需用各种助剂来改善上浆质量。

浆纱助剂的选择、使用与上浆效果有密切关系。有时,浆纱助剂的使用在某一方面获得更好效果的同时,往往会在另一方面带来不利的结果。因此,正确选择和使用浆纱助剂十分重要。除非有特殊要求,浆纱助剂一般应满足具备水溶性及易清除等条件。

浆纱助剂的种类很多,其选用及其用量取决于纤维种类、纱线结构、织物规格、织造条件、浆料的特性等因素。助剂使用和选择总的原则是,在能满足织造条件的情况下,助剂的种类和用量应越少越好。

经纱上浆中常用的助剂主要有浆纱油剂、蜡、防腐剂和抗静电剂等。

第一节　浆纱油剂

在织物织造过程中,经纱在织机上受到反复拉伸、弯曲及各个方向的摩擦等非常复杂的作用。减少纤维或纱线的磨损是提高织造质量和生产效率的重要途径和手段。因此浆料中要添加浆纱膏、牛油、合成油脂等,上浆后要经后上蜡、后上油等。随着高速织造设备和工艺的不断改进,人们对纱线的耐磨性提出了更高的要求,浆纱油剂的使用显得更为重要。

浆纱油剂按应用性能可分为柔软剂和平滑剂。柔软剂的作用是软化浆膜,特别是软化硬脆性浆膜,如淀粉和某些变性淀粉,也可降低纱线的体积电阻,一般与浆料混合使用;平滑剂的作用是降低浆纱的摩擦系数和纱线表面电阻(赋予表面抗静电性),一般施加在纱线表面,如浆纱后上蜡或后上油。实际上,浆纱油剂同时具有柔软和平滑的功能,只是侧重有所差异。

常用油剂有主要起柔软作用的可溶性(包括乳化型)油脂及主要起平滑作用的不溶性油脂。不溶性矿物油或天然油脂的平滑性好,柔软效果不好;可溶性物质如甘油、聚乙二醇等的柔软效果好,平滑性很差。浆纱工艺中合理地选择油剂的品种、用量及使用方式,影响着浆纱的结果和质量。

一、柔软剂

1. 柔软机理

从本质上来说,柔软剂是高分子化合物的增塑剂。对于纺织浆料,柔软剂与浆料混合上浆,浆纱烘干后,柔软剂在浆膜中分散,与纱线中的纤维直接接触。柔软剂可提高聚合物的塑性流动,促进链状分子及其链段的扩散,有利于对纱线较大面积的黏附,并能形成柔韧的、耐冲击的浆膜。增塑后浆膜的抗拉强度、弹性模量、介电性能及玻璃化温度等都有所降低。

(1)润滑理论。非极性柔软剂的柔软作用是以分子的形式穿插在聚合物分子链之间,把高分子链的距离拉开,削弱分子间力,使聚合物的玻璃化温度降低,其降低程度随柔软剂添加量的增加而增大。柔软剂的相对分子质量越大,隔离作用越大。另外,柔软剂对长链型聚合物的增塑作用比其对相同相对分子质量的环型聚合物的增塑作用大,黏度降低显著。因此,可把非极性柔软剂的作用看作在减少聚合物分子间的内摩擦力,起润滑剂作用,使得大分子之间、大分子链段之间能够相对运动。这种柔软作用的力学理论通常称为润滑理论。

(2) 凝胶理论。极性柔软剂对极性聚合物的柔软作用为增塑作用,主要不是由于填充隔离作用,而是柔软剂的极性基团与聚合物的极性基团之间的相互作用。认为这种增塑过程是聚合物分子的分离过程,而分子间的吸引力又力图使其重新聚集在一起,构成一种动态平衡。在一定浓度和温度情况下,聚合物分子之间总是存在一定量的物理交联点。这种交联点不是固定的,而是不断地彼此接触,又不断地分离。柔软剂分子的作用就是对聚合物分子链上的极性侧基加以吸引,并依靠和其他分子的碰撞,使分子链分离。这种观点也叫凝胶理论。这种作用主要是由偶极与偶极的相互作用造成的。

(3) 内增塑作用。在制取共聚物时,某些单体的加入破坏了高分子链的规整性,减少了聚合物分子链的敛集性,使大分子易于流动,这种柔软作用称为内增塑作用。这种情况下不需要另加增塑物质。内增塑的优点是不会因柔软剂挥发或析出而使被增塑物质变硬发脆。含有较多量的这种低级分聚合物,也能对高级分聚合物起到增塑作用。不少柔软剂还有良好的吸湿性,使浆膜水分含量增加,达到间接增塑作用。

2. 柔软剂对浆膜性能的影响

浆纱常用的柔软剂有乳化过油脂,也有未乳化的油脂。乳化油脂与浆料能形成均匀的浆液,一起均匀地分布在纤维束内部及纱线表面。烘燥过程中,水分蒸发,使浆液组分浓度增大,油滴互相凝集。纱线处在一定张力下,油滴易被挤向纱线表面,使浆纱表面的油滴密度更大。由于柔软剂的量小,乳化油在浆液中形成不连续的油滴状,形成的浆膜强度显著下降。浆膜强度随着柔软剂量的增加而下降。表 7-1 所示为脂肪酸对羧甲基淀粉浆膜性能的影响,可以看出,脂肪酸的加入量为 1 g/L 时,薄膜强度下降 22％;加入量为 5 g/L 时,降低 40％以上。因此,柔软剂用量应适当,过多会对浆纱产生负面影响。在以淀粉为主体的浆液中,油脂用量不宜超过 4％～6％(对淀粉质量),对低特高密织物不宜超过 8％;以化学浆料为主体的浆液中,油脂用量一般为 0～2％。

表 7-1 脂肪酸对羧甲基淀粉薄膜性能的影响

薄膜性能	脂肪酸加入量/(g・L^{-1})			
	0	1	3	5
断裂强度/(N・mm^{-2})	31.3	25.0	21.9	19.1
断裂伸长率/％	1.41	1.36	1.31	1.18

3. 油脂的种类与结构

油脂是油与脂的总称,广泛存在于动植物的有机体内。动物油脂主要贮藏在皮下脂肪组织和腹腔内,例如,鲸鱼体内脂肪含量占鱼重的 25％～30％,皮下脂肪组织层的厚度可达 50～60 cm。有机体的其他组织(肌肉、骨髓及鱼的肝脏)内也含有油脂。植物中的脂肪主要聚集在果实和种子中。油料种子脂肪含量很高,如棉籽、花生、向日葵及蓖麻籽等,含油量在 20％～50％。油脂还存在于矿物中,也可通过人工合成制得。

油脂为高级脂肪酸甘油酯,是各种甘油酯的混合物,其结构式可表示如下:

$$
\begin{array}{l}
CH_2-O-\overset{\displaystyle O}{\overset{\displaystyle \|}{C}}-R \\
CH-O-\overset{\displaystyle \|}{C}-R' \\
CH_2-O-\overset{\displaystyle \|}{\underset{\displaystyle O}{C}}-R''
\end{array}
$$

上式中 R、R′、R″代表高级脂肪族的烃基,可以是饱和烃,也可以是不饱和烃。通常,含有较多量不饱和脂肪酸的甘油酯常温下呈液态,称为油;主要含饱和脂肪酸的甘油酯在常温下呈固态,称为脂。常用的油脂种类如下:

(1)天然油脂。

动物油脂,如牛脂、羊脂、猪脂(大油)、鲨油、鲸油及各种鱼油等。

植物油脂,如亚麻仁油、大豆油、棉籽油、花生油、蓖麻油、橄榄油、椰子油及棕榈油等。

矿物油,如锭子油、电机油等。

蜡类,如蜂蜡、白蜡、巴西棕榈蜡及羊毛脂等。

(2)合成油。

合成酯类,如月桂酸或硬脂酸的各类烷基酯、各类脂肪酸的二酯等。

碳氢化合物类(烃类),如聚异丁烯、从蜡分解出来的烯烃聚合物油。

聚烯基氧化物类,如聚氧乙烯、聚氧丙烯。

硅酮油类,如二甲基聚硅氧烷、聚硅氧烷氢甲酯。

氟化氢油、烃油类,如全氟醇、全氟脂肪酸。

合成高级醇类,如壬醇、十三醇等。

4. 浆纱油脂的性能指标

经纱上浆对油脂性能的要求是性能稳定、状态均匀,熔点较高且稳定,水分及灰分含量低,酸值及皂化值不宜过高。油脂的凝固点和熔点与脂肪酸碳链长度、不饱和度和异构化程度有关。天然油脂由于含有少量天然色素(如胡萝卜素、叶黄素、叶绿素等),常带有一定色泽。油脂有特定的气味,长期贮存的油脂有酸败味。

油脂的主要性能指标:

(1)皂化值。1 g 油脂被完全皂化时所需的氢氧化钾(KOH)毫克数,称为油脂的皂化值。油脂的皂化值反映了油脂中脂肪酸碳链的长度,普通脂肪的皂化值在 180~200 mgKOH/g,与成皂能力、退浆难易程度等有密切关系。皂化值在 193~200 mgKOH/g 的油脂,其主要成分应是十六碳链的脂肪酸。

(2)碘值。100 g 油脂所吸收碘的克数,称为油脂的碘值。碘值是衡量油脂饱和程度的一项指标。含有碳-碳双键的不饱和脂肪酸甘油酯,易被卤素加成,储存过程中,易被氧化而品质发生变化。习惯上将碘值低于 100 gI$_2$/(100 g)的油脂称为干性油,碘值在100~130 gI$_2$/(100 g)和高于 130 gI$_2$/(100 g)的分别称为半干性油和不干性油。上浆用油脂中不饱和脂肪酸甘油酯含量不宜太多。

(3)酸值。中和 1 g 油脂中所含游离脂肪酸需要的 KOH 毫克数,叫作油脂的酸值。新鲜油脂中酸分较少,酸败后酸分增多。酸值升高,表明油脂中的甘油酯被部分水解成脂肪酸。因此,酸值代表油脂的新鲜程度,新鲜油脂的酸值在 1 mgKOH/g 以下。

常用油脂的主要性能列于表 7-2。

表 7-2 常用油脂的主要性能

油脂	溶点/ ℃	密度/ (g·cm⁻³)	皂化值/ (mgKOH· g⁻¹)	碘值/ [gI₂· (100 g)⁻¹]	不皂化 物含量/ %	外形	主要成分
牛脂	38～45	0.91～ 0.92	197	40～60	0.3	黄色或褐色细粒脂肪	甘油三油酸酯、甘油三软脂酸酯、甘油三硬脂酸酯
猪脂	36～40	0.914～ 0.916	190～196	60～88	≤0.35	乳白色软脂	
椰子油	20～24	0.917～ 0.919	250～264	8～12	≤0.5	白色,半固体状,似牛脂	脂肪酸甘油酯类
蓖麻油	18～20	0.958～ 0.968	176～187	81～90	≤1.0	很粘的黄油,有特殊气味	甘油三蓖麻酸酯、甘油三硬脂酸酯、三羟基硬脂酸酯
棉籽油	32～36	0.916～ 0.918	190～198	106～113	≤1.5	稀薄的黄色油液,略有气味	甘油三罂酸酯、甘油三软脂酸酯、花生酸
花生油	26～30	0.910～ 0.915	188～195	84～100	≤1.0	淡黄色稀薄油液	甘油三油酸酯、甘油亚油酸酯
大豆油	—	0.917～ 0.921	189～195	120～141	≤1.5	淡黄色稀薄油液	甘油三油酸酯、甘油亚油酸酯、亚麻酸甘油酯
菜籽油	12～15	0.906～ 0.910	170～180	97～108	≤1.5	棕褐色稀薄油液	甘油芥酸酯、甘油亚油酸酯

经纱上浆常用的油脂规格:密度 0.86～0.90 g/cm³,熔点 40 ℃左右,皂化值 190～200 mgKOH/g,碘值 36～48 gI₂/(100 g),酸值<8 mgKOH/g,不皂化物含量<1.5%。

5. 蜡片

经纱上浆用的固体蜡状柔软作用物质,称为蜡片。蜡片实质上是起柔软、增塑作用的浆纱油剂,可用于与其他组分混合制成组合浆料的组分。蜡片主要有以下两类:

(1)以动植物油脂为原料,用一种或几种表面活性剂作乳化剂,将油脂乳化形成乳化液,用硬脂酸酯对其熔点进行调整,使它在室温下呈固体,当温度升高到 60 ℃以上时转变成液体。这类蜡片在上浆过程中主要起柔软作用,增塑效果明显,退浆较容易,但成本和价格都较高。从性能与上浆所要求的作用与效果来看,这类蜡片较好。

(2)以石蜡为原料,用多种表面活性剂进行乳化,形成乳化液,同样制成室温下呈固态的物质。这类蜡片在上浆过程中的主要作用是润滑,容易分层,退浆困难,成本与价格都较低,但作用和效果较差。

二、平滑剂——后上蜡

后上蜡包含两种含义,即后上蜡工序和后上蜡剂。

1. 后上蜡的目的

现代织造的特征之一是织机的高速度。织机速度从 300～400 纬/min 到 700～900 纬/min,甚至可以超过 1 000 纬/min。对于新型多相织造技术来说,速度 2 500～3 500 纬/min 也是可能的。尽管影响织造质量的重要因素,如纱线支数、经线密度、纱中合成纤维的比例、毛羽情况、强力、伸长、卷绕张力,仍然是高性能织造质量的决定性因素,但高速织机上的经纱要经受更高的作用力、更大的摩擦力和由此带来的更高的摩擦生热,依靠油脂赋予浆纱柔软性,对以淀粉为主体、浆膜脆硬的浆料来说,无疑是正确的。如果使用浆膜柔软、具有优良黏附性的合成浆料,柔软剂的使用就没有必要做过多的考虑,但浆纱平滑性是应该考虑的重要性能。后上蜡的使用就可解决平滑性的问题,这种上蜡方式的最大优点是使用少量油剂,在不影响浆液黏附力和浆膜强度的情况下,使浆纱具有较好的平滑性,从而增进经纱的可织性,提高织造效率和产品质量。因此,在新型织机上织造,浆纱的表面后上蜡显得更为重要。

后上蜡剂是经纱上浆后施加在已烘干的浆膜表面上,不影响浆膜的内部特性,因而不影响浆料对纱线的黏附力。后上蜡的目的是增加浆纱平滑性及抗静电性。后上蜡使浆纱手感滑爽,降低浆纱的摩擦系数,减少落物,有利于开口清晰,降低断头,提高织机效率。对于合成纤维、低特高密织物,使用高速织机及无梭织机时,后上蜡尤为重要。根据具体情况,后上蜡的使用量一般在 0.3%～0.9%,以保证纱线表面油层处于流体摩擦的厚度范围。纱线支数越高,比表面积越大,后上蜡剂用量应该越多;织机运行速度越快,后上蜡剂的使用量应该越多;纱线中合成纤维含量越多,要求后上蜡剂的抗静电性越好。无论是高速织机或传统织机的织造,后上蜡都显得举足轻重,尤其是高性能织造工艺中,后上蜡是必不可少的。

使用三种不同类型的蜡对羧甲基淀粉上浆的棉纱进行后上蜡,就后上蜡对浆纱的摩擦系数及带电荷量做对比试验,结果如图 7-1 及图 7-2 所示。

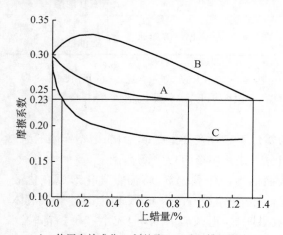

A—使用有效成分 30% 的聚乙二醇上蜡的经纱
B—使用有效成分 100% 的矿物油＋乳化剂上蜡的经纱
C—使用有效成分为 100% 的半乳化型石蜡上蜡的经纱

图 7-1　后上蜡与摩擦系数的关系

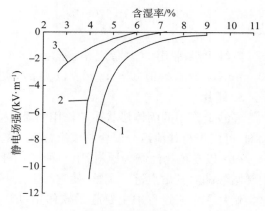

1—无添加物　2—添加消泡剂　3—后上蜡

图 7-2　后上蜡对静电场强的影响

如图 7-1 所示,使用不同种类的后上蜡,对经纱减轻摩擦的效果不同,其中以编号为 C 的经纱的后上蜡效果较明显,编号为 B 的经纱的后上蜡效果最差;随着上蜡量的增加,可降低浆纱的摩擦系数,一般以 0.1%～0.3% 为宜,若太高,反而会使浆纱易积聚飞花,造成落物增加。从图 7-2 也可以看出,使用后上蜡能减少静电荷在浆纱上的积聚。

通过有色蜡及显微镜观察发现,后上蜡在浆纱上的分布情况是以点状或孤立的小片状积聚在纱上,不是形成一个完整的薄层。

2. 蜡剂

浆纱后上蜡助剂分为液体油剂和固体油剂,即后上油剂和后上蜡剂。后上蜡剂在常温下为固体,以熔融态施加于纱线表面,离开上蜡滚筒后,后上蜡剂迅速冷却恢复为固态,可以保证滞留在纱线表面的有效含量;在织造时,纱线因摩擦生热,后上蜡剂熔融,并在所接触的金属导辊或临近纱线上均匀分布。固体油剂由于在边界摩擦时显示出优势,而且对浆膜的柔软性较好,可以增加浆纱的断裂伸长率和耐屈曲疲劳程度。后上油剂的黏度较低,适合流体润滑,对低速织机的平滑效果较好,因为对于流体润滑,摩擦发生在油剂内部,油剂的黏度代表内摩擦力。但是,后上油剂为液状,往纱线内部迁移的趋势强,必影响其在纱线表面的有效含量,同时在高温和高剪切力的作用下,油剂容易被破坏和结焦。因此,从实际平滑效果和织机效率来看,以后上蜡剂的效果较好。除了矿物蜡(石蜡)是高级脂肪族烷烃混合物,一般的蜡都是高级饱和脂肪酸的高级一元醇组成的酯。此外,还有含有游离的高级羧酸、醇及烃类等。

平滑剂分为动植物油、矿物油、合成油和其他添加剂,它们的平滑作用也各不相同。实际使用时一般都是几种物质的混合物,单独使用的情况是极少见的。传统的浆纱油剂是动植物油。常用的蜡有固体蜡,如矿物蜡(石蜡)、植物蜡(巴西棕榈蜡)、动物蜡(蜂蜡、虫蜡、羊毛脂);液体蜡,如鲸蜡油;合成蜡,如聚乙二醇。

(1)动植物油平滑剂。动物油含饱和脂肪酸酯较多,一般为固态。植物油含不饱和脂肪酸酯较多,为液态。经过碱性水解(皂化),动植物油脂部分转变成脂肪酸盐,可以使油脂在水中乳化,或者加入适当的乳化剂或分散剂,使乳化更充分。动植物油脂的脂肪酸主要为 C_{16} 或 C_{18} 长链,容易在纤维或金属表面吸附成为较厚的单分子膜,有利于边界润滑作用,在浆膜和纱线中的柔软作用也比较好,而且生物分解性好,是比较好的纤维或浆纱油剂。研究表明,饱和脂肪酸的润滑性优于同碳链不饱和脂肪酸,但都没有抗极压性。不饱和脂肪酸对纤维的吸附性较强,但容易氧化变色,从而造成贮存织物变黄,或织物在高温处理时变黄,所以常常采取油脂加氢工艺,将其转变为饱和油脂或脂肪酸。单羟基脂肪酸(如蓖麻酸)的抗磨极压性能比较好,这是因为在摩擦表面形成了线状聚酯膜,而二羟基脂肪酸在摩擦表面形成网状聚酯膜,比单羟基脂肪酸的抗磨极压性能更好,能承受更重的载荷和更高的温度。

(2)石蜡和矿物油为主要组分的平滑剂。这类物质的平滑效果好,价格低廉,使用广泛。低黏度矿物油多为石蜡系的碳氢化合物,含有少部分环烷烃;高黏度矿物油含有较多的环烷烃。若相对分子质量增大,动摩擦系数和静摩擦系数都会增大,而且黏度急剧增加,考虑到纱线织造时的摩擦生热,以熔点 $54 \sim 62\ ℃$ 的石蜡为好。矿物油适合于流体润滑,可以与动植物油脂或合成油配合使用。石蜡和矿物油要与具有适当亲疏平衡值(HLB 值)的表面活性剂复配,确保在温水中有良好的可分散性,以免在织物上形成蜡斑或银丝状拒染纱,影响后续染色和后整理加工。实践证明,具有良好水中分散性的石蜡型后上蜡剂是最有效的浆纱平滑剂之一,并且不会造成退除不尽的后果。

(3)合成油平滑剂。合成类油剂种类很多,包括合成的长链脂肪酸及其酯、醇、胺、酰胺、聚醚、聚乙烯蜡、有机硅等。通过脂肪醇、胺在金属铝表面的吸附研究表明,随着碳链增长,吸附能力增加,醇类化合物的吸附强度大于胺类化合物。对聚酯纤维的润湿试验表明,在相同链长情况下,油剂组分的有效润湿作用按酸、醇、胺和烷烃的次序递减,这与它们对聚酯表面吸附能力大小的顺序相一致。

后上蜡剂中，C_{16} 或 C_{18} 醇或酸是常用的组分。化学纤维油剂中一般要求有较好流动性的液态油脂，最常用的是脂肪酸及其与脂肪醇或聚醚的单酯或双酯，以相对分子质量适中、含有不饱和键、带有支链、具有非对称结构的化合物较好。

后上蜡剂中，聚醚也是常见的组分或主要组分之一，包括聚乙二醇、环氧乙烷（EO）与环氧丙烷（PO）无规共聚或嵌段共聚物。分子中聚氧乙烯和聚氧丙烯链段的比例不同，会使聚醚在性能产生较大的变化。通常采用烷氧基化合物对聚醚端羟基封端，未封端的聚醚分子平滑性较差，而且由于端羟基的存在，聚醚的水合度提高，黏度增大；共聚分子中的聚氧乙烯链段提供亲水性和抗静电性，聚氧丙烯链段则提供亲油性；根据两者的比例不同，也可以作为 W/O（油包水）或 O/W（水包油）型乳化剂使用。

同等相对分子质量的矿物油、脂肪酸酯和聚醚比较，黏度次序为矿物油＞脂肪酸酯＞聚醚，摩擦系数顺序为矿物油＞聚醚＞脂肪酸酯，耐热性顺序为聚醚＞脂肪酸酯＞矿物油，抗静电性顺序为聚醚＞脂肪酸酯＞矿物油。

（4）有机硅平滑剂。有机硅平滑剂无毒无味，与天然油脂和合成油相比，在平滑性、扩散性、稳定性、耐热性和耐老化性等方面都更优，尤其是硅油的摩擦系数随着速度增加呈降低趋势，更能适应织机高速化的发展要求。但是，使用于在经纱上浆的硅油，有可能在织物退浆时残留较多，这会引起拒染或染色不匀。采用水溶性硅油就能很好地避免这一问题。

3. 添加剂

（1）抗静电剂。浆纱油剂的抗静电作用与润滑作用是紧密相关的，摩擦产生静电，尤其是含化学纤维经纱，抗静电性组分可快速转移因高速摩擦引起的电荷，使其不会过多积累。抗静电剂有阴离子、阳离子、非离子和两性离子四种类型，阳离子抗静电剂的抗静电效果最好。但是，如果采用阳离子抗静电剂，将与阴离子化合物生成不溶物，破坏浆液稳定性，造成退浆困难。浆纱组分中一般使用阴离子和非离子抗静电剂，因为浆料高分子一般具有非离子或阴离子性。非离子的抗静电机理是源于它的吸湿性，因为水分是有效的静电逸散剂；阴离子的抗静电性来源于吸湿性和电荷转移能力。常用羧酸或酯型阴离子抗静电剂，其共同特点是羧基或酯基的多电子离域 σ-II 共轭结构，使电荷易于流动而消散，其中磺酸盐、硫酸酯盐和磷酸酯盐的共轭键数多，抗静电性更好。

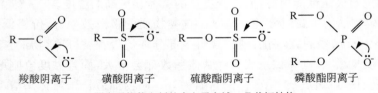

羧酸阴离子　　磺酸阴离子　　硫酸酯阴离子　　磷酸酯阴离子

阴离子抗静电剂的多电子离域 σ-II 共轭结构

（2）其他添加剂。近年来，浆纱平滑剂中出现了一些特殊的添加剂，纳米颗粒是比较重要的一种，通常使用的有二氧化硅、蒙脱土、硫化铅及金属钼、钽、镍、铜的纳米微粉。在润滑的边界摩擦中，将滑动摩擦改为滚动摩擦，并可对凹凸的摩擦表面起到自修复作用，同时具有润滑性和抗极压性。许多稀土元素化合物具有六方晶系层状结构，作为平滑剂和润滑添加剂使用，可以通过在金属表面热扩渗或与其他元素共渗的催渗作用改变金属材料的表面摩擦性能。此外，含磷、硫、氯、氮、硼元素的有机化合物也是抗磨极压添加剂，它们在摩擦、热、外逸电子等作用下在摩擦表面形成极压化学润滑膜，从而起到抗磨减摩作用。

第二节 抗静电剂

一、纤维的静电现象

静电是处于静止状态的电荷或者不流动的电荷。当电荷聚集在某个物体上或表面时，就形成静电。电荷分为正电荷和负电荷两种，静电现象也分为正静电和负静电。任何两种不同材质的物体相互接触或摩擦时，只要其内部结构中电荷载体的能量分布不同，它们各自的表面就会发生电荷的再分配；当它们分离后，每种物体都将带有比两者接触或摩擦前过量的正电荷或负电荷。这种现象称为静电现象。

静电是通过摩擦引起电荷的重新分布或由于电荷的相互吸引引起电荷的重新分布形成的。静电现象是一个动态过程。材料的绝缘性越好，越容易产生静电。金属是电的良导体，电荷极易漏导，不会产生静电荷的积累。高分子材料一般都是绝缘体。由高分子材料制成的纤维，尤其是合成纤维的电绝缘性很高。当纤维本身或与其他物体相互摩擦或受挤压分开后，表面就会产生电荷。由于电荷泄漏的速度比产生的速度慢，电荷易大量积聚，不能很快散逸，便产生了静电。

产生静电的普遍方法，就是摩擦。在合成纤维的制造、纺织加工过程中，由于纤维与纤维、纤维与机件间的接触和摩擦造成带电物体表面间的转移而产生静电。静电会对化学纤维的纺、织、印染加工及使用带来不良的影响。纤维在加工过程中，由于静电使梳棉机成形不良，织物产生破边、破洞，纤维网集合不到喇叭头中去。在并条、粗纱、细纱加工过程中，由于静电产生绕皮辊、缠罗拉等现象，纤维条子起毛，纱线毛羽增多，纱线断头率增加，卷装不良。衣服带静电后大量吸附灰尘，易沾污，而且衣服与衣服、衣服与人体也会产生缠附现象。因此，静电干扰不仅会影响加工过程的顺利进行，而且会影响产品的质量和织物的服用性能。

静电现象严重时，静电压高达数千伏，会因放电而引起电击、燃烧和爆炸，造成严重后果，直接影响到人民的生命财产安全。随着工业技术的迅速发展、生产过程的现代化和高速化，由静电而引起的生产故障已成为非常严重的问题。

二、影响纤维静电现象的因素

考虑纤维材料和纱线比电阻测量的方便，引入质量比电阻（ρ_m）概念，即单位长度 L（cm）上的电压与单位线密度（g/cm）纤维上流过的电流之比，单位为 $\Omega \cdot g/cm^2$。

纤维的质量比电阻大于 10^{12} $\Omega \cdot g/cm^2$ 时，其在纺织加工时会产生困难。不含杂质和油剂、充分干燥的纤维材料，质量比电阻一般都大于 10^{12} $\Omega \cdot g/cm^2$。吸湿性低的合成纤维，如涤纶、腈纶、氯纶等，在一般大气条件下，质量比电阻高达 10^{13} $\Omega \cdot g/cm^2$ 以上，导电性很差。因此，在合成纤维的制造、纺织加工和使用过程中，都极易产生静电。

影响纤维电阻的因素很多，其中纤维的含水率或空气相对湿度的影响最大。

1. 纤维的含水率

纤维含水率（M）对纤维质量比电阻的影响如图 7-3 所示。从图中可以看出，纤维含水率越高，

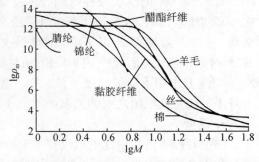

图 7-3　纤维含水率对纤维质量比电阻的影响

质量比电阻越小。

2. 空气相对湿度

对大多数吸湿性较好的纤维来说，在空气相对湿度为 30％～90％时，纤维材料的含水率（M）和质量比电阻（ρ_m）之间有如下近似关系：

$$\rho_m \cdot M^n = K \tag{7-1}$$

$$\lg\rho_m = -n\lg M + \lg K \tag{7-2}$$

式中：n 和 K 为经验常数。

各种纤维及纱线的质量比电阻如表 7-3 所示。

表 7-3　各种纤维及纱线的质量比电阻

纤维	n	$\lg\rho_m$ ($M=10\%$)	$\lg\rho_m$ ($RH=65\%$)	纱线	n	$\lg\rho_m$ ($M=10\%$)	$\lg\rho_m$ ($RH=65\%$)
棉	11.4	5.3	6.8	棉纱	11.4	4.1	5.6
亚麻	10.6	5.8	6.9	洗过的棉纱	10.7	4.8	6.0
苎麻	12.3	6.3	7.5	亚麻纱	10.6	4.6	5.7
羊毛	15.8	10.4	8.4	苎麻纱	12.3	5.1	6.3
蚕丝	17.6	9.0	9.8	毛纱	15.8	9.3	7.3
黏胶纤维	11.6	8.0	7.0	洗过的毛纱	14.7	10.8	8.8
锦纶	—	—	9.0～12.0	蚕丝线	17.6	7.9	8.7
涤纶	—	—	8.0	黏胶纱	11.6	6.8	5.8
涤纶（去油）	—	—	14.0	锦纶纱	—	—	8.0～11.0
腈纶	—	—	8.7	涤纶纱	—	—	7.6
腈纶（去油）	—	—	14.0	腈纶纱	—	—	6.9

从表 7-3 中的数据可以看出，在相对湿度相同的一般大气条件下，各种纤维素纤维的质量比电阻均比较接近。蛋白质纤维的 n 值较大，除了在含水率很低的情况下，一般高于纤维素纤维的质量比电阻。与天然纤维相比，吸湿性低的合成纤维一般具有较高的质量比电阻，尤其是去油以后质量比电阻更高，在相对湿度 80％以下时，相对湿度每增加10％，纤维质量比电阻大约下降 1/10；相对湿度超过80％，质量比电阻下降的速度更快。空气相对湿度与纤维的质量比电阻之间的关系如图 7-4 所示。

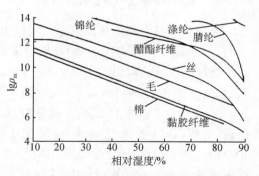

图 7-4　空气相对湿度对纤维质量比电阻的影响

3. 温度

温度对纤维的质量比电阻也有一定的影响，但在有限的变化范围内影响不大，因为环境温度变化不会很大。当温度升高时，纤维的质量比电阻趋于下降，每增加 10 ℃，质量比电阻约下降 1/5。

4. 纤维结构

纤维结构不同,其电阻及摩擦后的带电性不同。纤维的结晶度增大,电阻增大;纤维的取向度增加,电阻下降。纤维带电性与纤维长链分子中所含基团的性质有关。电子容易从官能团中脱离,即给予电子性强的官能团带正电,反之带负电。各种官能团的电子给予性大小顺序如下:

$$\oplus—NH_2 > —OH > —COOH > —OCH_3 > —OC_2H_5 > —COOCH_3 > —Cl > —NO_2\ominus$$

因此,不同纤维摩擦带电时有以下静电电位序列:

$\oplus$玻璃纤维、羊毛、锦纶、黏胶纤维、原棉、生丝、麻、醋酯纤维、维纶、涤纶、腈纶、氯纶、聚乙烯纤维、丙纶、聚四氟乙烯纤维

三、抗静电机理

纺织品抗静电的基本原理和方法是以静电产生的机理和静电泄漏的规律来设计。织物抗静电的基本原理可以概括为减少静电的产生、加快静电的泄漏、造成静电中和的条件等。

根据接触起电原理,在两种材料接触界面上电荷转移量 Q 与它们的功函数差$(\Phi_1 - \Phi_2)$和接触面 A 成正比,在热力学平衡状态下,有下列关系:

$$Q = \alpha A(\Phi_1 - \Phi_2) \tag{7-3}$$

所带静电如果只考虑由材料体内泄漏消除,则相当于电阻电容放电电荷按指数规律衰减。

$$Q = Q_0 e^{-\frac{t}{\tau}} \tag{7-4}$$

式中:Q_0 为起始电量;t 为时间;τ 为静电散逸时间常数,它与材料的介电常数(ρ)和电阻率(ε)有关。

$$\tau = 8.85 \times 10^{-12} \rho\varepsilon \tag{7-5}$$

由此可见,对大多数高聚物来说,静电消失的过程很慢。如果接触和摩擦持续进行,或当接触面分离的时间比放电时间短得多,就会发生静电积聚。如果两个摩擦的物体分离后所带的电荷很快被散逸,就不会产生静电,不同纤维的电荷散逸速度不同,如表 7-4 所示。

表 7-4　几种纤维的静电散逸时间常数(τ)

纤维名称	τ/s	纤维名称	τ/s
棉	2.5×10^{-2}	涤纶	2.5×10^3
羊毛	5×10^{-2}	锦纶	1.2×10^3
丝	3	腈纶	$4 \times 10^2 \sim 6 \times 10^3$
黏胶纤维	6×10^2	—	—

从表 7-4 可以看出,一般合成纤维的电荷不易散逸,而纤维素纤维的电荷散逸较快。

织物的静电消失的快慢,还可用织物上的静电电位衰减至原始数值的一半所需要的时间表示,即半衰期 $t_{1/2}$,单位为 s,与织物的表面电阻关系密切。图 7-5 所示为一些织物的电荷半衰期 $t_{1/2}$ 与表面比电阻 ρ_s 的关系。

从图 7-5 可以看到,各种织物的电荷半衰期 $t_{1/2}$ 与表面比电阻 ρ_s 的对数为直线关系,表面比电阻越大,半衰期越长。

静电的产生一般很难控制,因为它与纤维的结构、接触面的性质、压力、速度等因素都有关,有些规律迄今尚不很清楚。但纤维发生带电现象,本质是由于电荷产生的速度大于消失的速度所造成的。增加纤维的导电性能,即加快静电的泄漏,将纤维的表面比电阻降低到一定程度是防止发生静电的有效措施。通常认为,若将表面比电阻降低至 $10^9 \sim 10^{11}\Omega$,就不产生静电现象。

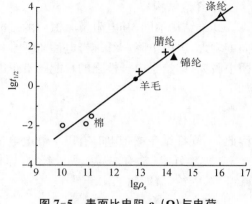

图 7-5　表面比电阻 $\rho_s(\Omega)$ 与电荷半衰期 $t_{1/2}(\mathrm{s})$ 的关系

消除或减轻纤维静电的方法有很多种。电解质水溶液是电的优良导体,因此,提高空气的相对湿度,可使纤维上积聚的电荷量迅速降低,电荷散逸的半衰期也随相对湿度的增加而减小。在纺纱中,将能够形成相反电荷的两种纤维混纺,使产生的静电相互抵消,或将合成纤维与吸湿性强的纤维进行混纺,也可减轻静电现象。在合成纤维聚合或纺丝时,加入亲水性聚合物和导电聚合物,制成抗静电或导电纤维,具有耐久性抗静电性能。在纺织品后整理过程中,通过亲水性树脂整理,使织物获得抗静电性。在纤维和纺纱加工中,为消除静电干扰,常用的方法是在纺丝和纺纱油剂中加入抗静电剂。

纤维用的抗静电剂大多数都是表面活性剂。表面活性剂分子具有两亲结构,由非导电性的烷基长链疏水基和导电性的亲水基,如非离子的聚醚链—(CH_2CH_2O)—n、阴离子的磺酸基—SO_3Na、阳离子的季铵基 R_4N^+ 组成。当使用具有抗静电性能的表面活性剂处理合成纤维时,表面活性剂的疏水长链吸附于纤维表面定向排列,在纤维表面形成一层薄膜,一方面降低纤维的摩擦系数,使其在加工过程中减小摩擦,从而降低因摩擦引起的静电,另一方面增强了纤维表面的吸湿性和降低纤维的表面比电阻,当产生静电时,电荷沿纤维表面散逸,缩短电荷半衰期,减少聚集电荷,从而达到抗静电效果。在表面活性剂中加入吸湿性的无机盐、有机盐、多元醇,可进一步提高导电性,通过合理组合搭配,可以起到优良的抗静电效果。

四、抗静电性能

抗静电剂的抗静电性能主要与抗静电剂的种类和结构有关。

1. 阴离子抗静电剂

阴离子抗静电剂有烷基(苯)磺酸钠、烷基硫酸钠、烷基硫酸酯、烷基苯酚聚氧乙烯醚硫酸酯、烷基磷酸酯和烷基醚磷酸酯等,而以烷基磷酸酯和烷基苯酚聚氧乙烯醚硫酸酯的抗静电效果较好。合成纤维纺丝油剂和经纱浆料常使用烷基磷酸酯,它在浓度低时就有很好的抗静电作用,而磺酸盐、硫酸盐在低浓度时($0.2\% \sim 0.6\%$)无抗静电作用,烷基苯磺酸钠浓度要达到 4% 才有抗静电效果。烷基磷酸酯抗静电剂是单烷基磷酸酯和双烷基磷酸酯的混合物,前者的抗静电性能优于后者,而后者的平滑性优于前者,一般认为作为抗静电剂使用,两者比例以 $1:1$ 较合适。磷酸酯盐的性能与中和剂的品种有一定关系,如磷酸酯钠盐的平滑性比其钾盐好,但抗静电性较差。烷基醚磷酸酯与聚醚的相容性好,可以兼有聚醚和磷酸酯的性质,具有优良的抗静电性和耐热性,随着其分子结构中环氧乙烷单元链节的增加,其平滑性增加,但对抗静电效果的影响不大,而其抗静电性对温度和湿度的敏感性增加。单、双酯的含量对抗静电性和平滑性的影响与烷基磷酸酯相同。烷基磷酸酯和烷基醚磷酸酯按其烷基链长度又可分为C_{12}以下的低碳醇磷酸酯和C_{18}以上的高碳醇磷酸酯两大类。低碳醇磷酸酯盐的抗静电性好，平滑性差，纤维手感发涩，在高湿度时发黏，在低湿度时抗静电性明显下降。高碳醇磷酸酯盐的抗静电性稍差，但平滑性好，纤维手感柔软、滑爽。烷基硫酸酯的原料为月桂醇和$C_{10}\sim C_{14}$脂肪醇，使纤维的平滑性好，烷基链越长，平滑性越好。烷基硫酸酯中若无环氧链节，则不显示抗静电特性，有环氧链节，则表现出良好的抗静电性，特别是对涤纶、丙纶的抗静电效果好，随环氧数增加，抗静电性提高。

2. 阳离子抗静电剂

阳离子抗静电剂有胺盐、季铵盐等，是抗静电剂的大类品种。由于大多数高分子材料都带有负电荷，通过静电引力，阳离子抗静电剂在它们表面的吸附能力大于阴离子抗静电剂，在低浓度时就具有优良的抗静电性，而且在纤维上的耐洗性比阴离子抗静电剂好。因此，阳离子抗静电剂是最有效的抗静电剂。阳离子抗静电剂也具有柔软性、平滑性、防霉、杀菌作用。但是阳离子抗静电剂与阴离子助剂、染料、增白剂起反应，不能同时使用。有些季铵盐化合物热稳定性差，具有一定的毒性和刺激性。阳离子抗静电剂中，以季铵盐化合物抗静电性最好，最为重要。具有两个长链烷基如双（十二烷基）二甲基氯化铵和双（十八酰基）二甲基氯化铵都是很好的抗静电剂，但具有三个以上长链烷基时，则抗静电效果明显减弱。有机酸季铵盐，如三甲基十八烷基乙酸铵、三甲基十八烷基丁酸铵、三甲基十八烷基戊酸铵的抗静电性好。烷基吡啶盐（如 N-十六烷基吡啶硝酸盐）和烷基喹啉盐（如十六烷基喹啉盐酸盐），都具有优良的抗静电性，烷基链越长，抗静电效果越好，若有羟乙基取代基，抗静电作用增大。但引入苯环，或取代基烷链$\leqslant C_8$时，抗静电效果变差。烷基咪唑类抗静电剂也有同样现象。季铵盐的阴离子也影响其抗静电性，如三甲基十八烷基季铵盐的抗静电性按下列阴离子顺序减弱：

$$-(CH_3)_2PO_4^-(10^7\sim10^8\Omega) > -Cl^-、-(C_2H_5O)_2^-、-PO_4^-、-NO_3^-、$$
$$-CH_3SO_4^-(10^8\sim10^9\Omega) > -Br^-(10^{10}\Omega) > -ClO_4^-、-I^-(10^{11}\sim10^{14}\Omega)$$

而 N-十六烷基吡啶盐的抗静电性按下列阴离子顺序减弱：

$$-NO_3^-(10^8\sim10^9\Omega) > -Br^-(10^{10}\Omega) > -I^-(10^{11}\sim10^{11}\Omega)、-ClO_4^-(10^{13}\sim10^{14}\Omega)$$

3. 两性抗静电剂

两性型抗静电剂有烷基甜菜碱、氨基酸、咪唑啉等。它们的阴离子部分可是羟基、磺酸基、硫酸基或磷酸基。这类抗静电剂与高分子材料有良好的相容性、配伍性及较好的耐热性，能吸附于纤维表面，抗静电性较阴离子抗静电剂好，与阴、阳离子抗静电剂一样，由于表面上的抗静电剂能向材料内部迁移，其抗静电性逐渐降低。因此，处理过的材料抗静电性随贮存时间的延长而逐渐降低。同时，这些抗静电剂都是在材料表面形成吸附层，经摩擦也会被破坏，所以耐摩擦性不好。

两性型抗静电剂中，氨基酸型及咪唑啉型在 pH 值低于等电点时呈阳荷性，高于等电点时为阴荷性，而甜菜碱型在 pH 值低于等电点时呈阳荷性，高于等电点时则成内盐而不表现阴离子性。如阴离子为磺酸或硫酸盐时，因季铵的碱强度与阴离子的酸强度相当，其内盐呈中性，在任何 pH 值下，都处于电离状态。两性型抗静电剂的取代基（如烷基）的碳原子数、阴离子基团及其碳原子数都会影响其抗静电性，如咪唑啉型中带磺酸基的效果较好。

4. 非离子型抗静电剂

非离子型抗静电剂有多元醇、聚氧乙烯醚、聚氧乙烯烷基酯、聚氧乙烯烷基胺、聚氧乙烯烷基酰胺。它们可吸附于材料表面并形成吸附层，使材料表面与摩擦物体的表面距离增加，减少材料表面的摩擦,使静电发生量降低,同时非离子抗静电剂中的羟基或氧乙烯基能与水形成氢键,增加了材料的吸湿性和含水量,从而降低材料表面电阻,使静电易于泄漏。这类抗静电剂的抗静电作用比阴、阳、两性抗静电剂的小,并随分子结构中烷基链长增加而减小,随乙氧基或羟基数目增加而增大。要想达到离子型抗静电剂的相同作用,非离子型抗静电剂的用量应较大。非离子型抗静电剂的毒性低,有良好的加工性、热稳定性,同时兼有润湿乳化柔软、平滑作用,但耐洗性和耐摩擦性比离子型抗静电剂更差。因此,非离子型抗静电剂不能作为主要抗静电剂使用,而常常与抗静电性好的阳离子或阴离子抗静电剂拼用。

此外,还有许多种抗静电剂,如有机硅、有机氟类,它们与烃类抗静电剂相比,表面张力低,耐热稳定性好,耐化学药品,憎油、憎水、润滑性好。高分子抗静电剂则具有耐久性、耐洗性好等特点。

5. 常用抗静电剂性能

常用抗静电剂的性能如表 7-5 所示。

表 7-5 常用抗静电剂的性能

类型	名称	结构式	作用
阳离子型	烷基季铵型	$R_1-\overset{\overset{R_2}{\mid}}{\underset{\underset{R_3}{\mid}}{N^+}}-R_4X^-$	具有良好的抗静电性,兼具柔软、平滑、杀菌防霉作用。可用作外部和内部抗静电剂,不能与阴离子型化合物混用,价格较贵
	聚乙烯多胺	$CH_3\!-\!\!\left[\!CH_2-CH_2-NH\!\right]_{\!n}\!\!-\!CH_3$	
	烷基胺	$R\!-\!\!\left(\!CH_2CH_2\!\right)\!\!-\!NH_2 \cdot R_1-\overset{\overset{R_2}{\mid}}{\underset{\underset{R_3}{\mid}}{N}}$	
	氨基脂肪酸	$HO\!-\!\overset{\overset{O}{\parallel}}{C}\!-\!\left(\!CH_2\!\right)_{\!n}\!-\!\overset{\overset{NH_2}{\mid}}{CH}\!-\!\overset{\overset{O}{\parallel}}{C}\!-\!OH$	
阴离子型	脂肪酸铵盐	$R\!-\!COOH \cdot NH_2\!-\!\overset{\overset{NH}{\parallel}}{C}\!-\!NH_2$	抗静电效果好,柔软,无毒,不影响染色。对金属不腐蚀;价廉;多用作外部抗静电剂,不能与阳离子型化合物混用
	烷基磺酸盐	$R\!-\!SO_3Me$	
	烷基硫酸盐	$R\!-\!SO_4Me$	
	烷基磷酸盐	$-\!OPO_3Na \cdot R_2PONa$ $R\!-\!O(CH_2CH_2O)_nPO_3Na$ $R\!-\!O\,(CH_2CH_2O)_n\!\!\diagdown$ $\qquad\qquad\qquad PO_3Na$ $R\!-\!O(CH_2CH_2O)_m\!\!\diagup$	—
两性型	羧基甜菜碱	$R\!-\!\overset{\overset{CH_3}{\diagup}}{\underset{\underset{CH_3}{\diagdown}}{N^+}}\!\!-\!CH_2COO^-$	抗静电效果良好,甜菜碱型,有助染、加柔作用。可与离子型化合物或其他助剂混用,可用作内部或外部抗静电剂
	磺酸基甜菜碱	$R\!-\!\overset{\overset{CH_3}{\diagup}}{\underset{\underset{CH_3}{\diagdown}}{N^+}}\!\!-\!CH_2CH_2CH_2SO_3^-$	
	烷基丙氨酸	$R\!-\!\underset{\underset{NH_2}{\mid}}{CH_2CHCOOH}$	

（续表）

类型	名称	结构式	作用
非离子型	聚氧乙烯烷基酯	$R-\overset{\displaystyle O}{\overset{\|}{C}}-O-(CH_2CH_2O)_{\overline{n}}H$	不电离,耐酸、耐碱,可与阴离子型、阳离子型或其他助剂混用。除抗静电性外,聚醚型能增进洗净、浸透、分散、匀染;酯型能增进分散、平滑性。主要用作内部抗静电剂,也可用于外部抗静电剂
	聚氧乙烯烷基醚	$R-O-(CH_2-CH_2-O)_{\overline{n}}H$	
	聚氧乙烯烷基胺	$R-N\begin{cases}(CH_2CH_2O)_nH\\(CH_2CH_2O)_mH\end{cases}$	
	聚氧乙烯烷基酰胺	$R-CON\begin{cases}(CH_2CH_2O)_nH\\(CH_2CH_2O)_mH\end{cases}$	
	多元醇脂肪酸酯	$R-\overset{\displaystyle O}{\overset{\|}{C}}-O-R'-OH$	
无机盐型		LiCl CaCl₂ MgCl₂ 磷酸酯	与上述几种类型抗静电剂并用,有明显增效作用。单独使用时效果不大,会使金属生锈,影响纤维手感和外观
高分子化合物型	聚氧乙烯多胺	$-[NH(CH_2CH_2O)_mCH_2CH_2NH-R]_{\overline{m}}$	此类抗静电剂的分子结构中含离子基团,能固着于纤维上而不溶于水,是耐久性抗静电剂。耐洗涤性良好,但使用后会使手感发硬
	丙烯酸高分子化合物	$-[CH_2-\underset{\underset{\underset{O-(C_2H_4O)-C_2H_4N^+-CH_3}{\|}}{\underset{\|}{C=O}}}{\overset{\overset{CH_3}{\|}}{C}}-]_{\overline{n}}$ CH₃	

6. 影响抗静电剂的其他因素

抗静电剂的抗静电性,除了与抗静电剂的种类和结构有关外,还与其使用情况有关。

使用抗静电剂减除纤维及其制品上的静电,必须与提高空气相对湿度的措施配合,多数抗静电剂是纤维通过亲水基团吸收空气中较多的水分消除静电的。因此,随着相对湿度下降,抗静电剂的抗静电性降低。目前,在较低相对湿度下(如低于30%)仍能保持优良抗静电效果的抗静电剂还不多见。

选择合适的抗静电剂应针对不同纤维的结构特点,以摩擦时纤维的带电荷及抗静电剂的带电情况、抗静电剂与其他成分的相容性、耐热性、耐磨性、形成抗静电膜的强度等方面综合考虑。同种抗静电剂对不同纤维的抗静电效果有很大的差异。若选用不当,甚至会适得其反,增大纤维的静电效应。如对疏水性合成纤维具有良好抗静电性能的抗静电剂,对涤/棉(65/35)等混纺品则没有抗静电性。因为棉的亲水性强,表面活性剂的亲水基向着棉纤维表面定向排列,阻碍了连续导电层的形成,使抗静电性能降低。极端情况下,用这类抗静电剂处理棉纱,抗静电剂会在棉纤维表面形成不导电的疏水性薄膜,静电现象反而增大。表7-6所示为用0.1%烷基磷酸盐($\begin{smallmatrix}RO\\RO\end{smallmatrix}\overset{OH}{\underset{ONa}{P}}$)溶液处理的涤纶、锦纶、醋酯纤维和棉纱的抗静电效果,可以看出,随着纤维的亲水性增大,抗静电性能变差。

表 7-6　几种纤维的抗静电效果

纤维	含水率/%	表面比电阻/Ω		抗静电剂在纤维表面定向排列状态
		未处理	处理	
涤纶	0.4	$>1.0\times10^{14}$	1.8×10^{9}	
锦纶	4.5	$>1.0\times10^{14}$	1.9×10^{10}	
醋酯纤维	6.5	$>1.0\times10^{14}$	5.0×10^{11}	
棉纱	8.5	$>5.0\times10^{14}$	$>1.0\times10^{14}$	

当涤纶上有矿物油、酯类、醚酯类时,摩擦后带负电荷,此时要求加入的抗静电剂在摩擦时产生正电荷,如聚氧乙烯烷基醚、烷基磺酸钠、油酸胺、烯基琥珀酸钾盐等,而不能加入产生负电荷的抗静电剂,如长链烷基磷酸钠、聚氧乙烯烷基磷酸钾、烷基苯磺酸钠等。因此,抗静电剂的选择、搭配是非常复杂的,往往要通过多次试验才能确定。经纱上浆中常用的抗静电剂主要是抗静电剂 P、抗静电剂 PK、抗静电剂 SN、抗静电剂 TM 等离子型抗静电剂,以及聚氧乙烯类、聚乙二醇类非离子抗静电剂。

抗静电剂的用量要合适。用量低,抗静电剂不能在纤维表面形成完整的定向排列膜,静电的传递泄漏阻断,抗静电性受到影响。随着纤维上抗静电剂含量增加,抗静电效果提高,但浓度过高时,反而会影响抗静电性。其原因在于,抗静电剂分子最初是亲水基指向空气,随着浓度增加,第二层分子是疏水基指向空气,反而使导电性下降。同时抗静电剂含量过高,会在纺织加工中造成粘缠,对纤维的开松、牵伸及织物的后整理都不利,也影响织物的使用性能。一般抗静电剂的用量根据抗静电剂的效果、相对湿度、温度、纤维直径、织物组织结构及对抗静电整理的效果要求而定。作为纤维加工过程中非耐久性处理,其用量为 0.1%～0.6%,而作为织物的耐久性处理时则不低于 3%。

使用抗静电剂时,加入适量降低纤维摩擦系数的平滑剂及少量吸湿剂与抗静电剂配合,可以提高抗静电效果。同时,抗静电剂的使用应方便,适合溶液状态,不影响色泽,不增加沾污性,具有良好的耐磨性,成本适当等。

五、抗静电性能的测试

对于织物抗静电性能的测试,各国制定了不同的测试标准。国际上,织物抗静电性能的测试方法有半衰期测定法、摩擦带电电压测定法、摩擦带电电荷量测定法、静电吸附性测定法、静电衰减时间测定法、行走(模拟步行)测定法、吸灰测定性等。

我国在织物抗静电性能测试方面,也建立了许多与 ISO、AATCC、ASTM、BS、JIS、DN 等标准非常相似的标准,其中 GB/T 12703.1—2008 是我国目前最系统、最完备的纺织品静电测试方法标准。FZ/T 01044—1996 可用于纤维抗静电性能的测试。

GB/T 12703.1—2008 提供了六种测试方法,试验的温湿度条件:温度(20±1)℃、相对温度(32±1)%。在上述试验环境中,试样平衡 24 h 以上,每种织物经、纬方向各取 3 块试样。

A 法(半衰期法):用+10 kV 高压对置于旋转金属平台上的试样放电 30 s,断开高压电源,使其电压通过接地金属自然衰减,测感应电压的衰减为初始值一半所需的时间(s)。该方法操作简便,数据重现性好,被测织物不受破坏,测试电压和极性可人为控制。

B法(摩擦带电电压法):试样(4块,2经2纬,尺寸4 cm×8 cm)夹置于转鼓上,转鼓以400 r/min的转速与标准布(锦纶或丙纶)摩擦,测试1 min内试样带电电压的最大值(V)。此法采用的试样尺寸小,摩擦布的接触压力不充分,测定误差较大。

C法(电荷面密度法):试样在规定条件下以特定方式与锦纶标准面摩擦后投入法拉弟筒,测得电荷量,根据试样尺寸求得电荷面密度。该法的起电方式较好地反映了织物实际穿着时的摩擦起电情况,剥离过程与脱衣过程类似,能反映织物起电的电晕放电能力,但测试结果的准确性和重现性易受操作手法影响,而且受被测织物在静电电位序列中位置的影响。

D法(脱衣时的衣物带电量法):按特定方式将工作服与化纤内衣摩擦后脱下工作服,投入法拉弟筒,求得带电量。此法的测试对象限于服装,且对内衣材质未做规定,摩擦手法难以一致,缺乏可比性。

E法(工作服摩擦带电量法):用内衬锦纶或丙纶标准布的滚筒烘干装置对工作服摩擦起电15 min后投入法拉弟筒,测得工作服带电量。此法适合于服装的摩擦带电量测试,其技术实质与C法一致。

F法(极间等效电阻法):织物试样与接地导电胶板良好接触,按规定的间距和压力将专用的电极夹持于试样,经短路放电后施加电压,根据流过样品的电流值求得极间等效电阻。FZ/T 01044—1996等电阻类测试方法与此原理相似。该方法操作简便,适合成衣、坯布和现场检测,对静电性能均匀的静电泄漏型材料测量效果好。一般织物的表面电阻小于$5×10^{10}$ Ω就有良好的防静电性能。但该法不能反映织物在摩擦剥离过程中的电晕放电特性,因而不能正确评价实际抗静电效果。

以上方法中最常用的是半衰期法、摩擦带电电压法、电荷面密度法、极间等效电阻法。在实际工作中,一般仅采用其中的一两种方法。不同的测试方法对于相同材料仅反映其抗静电机理的某一侧面,不能真正全面反映材料抗静电性能。

我国目前常用的纺织材料静电性能测试仪器主要有YG 321型纤维比电阻仪、LFY-4A型摩擦式织物静电测试仪、YG 342型静电测试仪及法拉弟筒等。此外,还有张帆、吸附等简易测试方法所需的检测装置,以及在线检测所需的直感式、电极层动式、电极回转式静电测量仪。这些仪器与国外的类似仪器基本对应,无本质差异。

第三节　防霉抗菌防腐剂

一、概述

纺织厂用淀粉、动物胶上浆的经纱,很容易出现霉斑,甚至破坏以纤维素为主的纤维结构,使纱线和织物的物理力学性能遭到严重的损坏。造成这种结果的原因是微生物的滋生。

能用光学显微镜观察到的微细生物总称为微生物,分为细菌、真菌和藻类,其中对纺织品影响较大的是细菌和真菌。

细菌为原核单细胞下等微生物,尺寸在几个微米左右或以下,有好气的、绝对嫌气的(如有氧就不能生育的破伤风菌等)。多数以30~70 ℃左右为最佳繁殖温度,快的每数十分钟分裂一次。一般不耐干燥、紫外线和酸浸渍,如枯草芽孢杆菌、金黄色葡萄球菌等。

真菌类是真核的单细胞(孢子)与多细胞(菌系)的高等微生物,俗称霉菌。它是与细菌类完全不同质的微生物,既不属于动物,也不属于植物,可列为真菌界的生物。其尺寸从几个微米到数十厘米,有益的真菌如酵母菌、青霉菌、蘑菇和松蕈,有害的如某些病原体、土曲霉、球毛壳霉、黄曲霉、烟曲霉、黑曲霉等。好气真菌最适宜的育殖温度为 20～30 ℃,育殖速度没有细菌快,以天为单位,一般耐干燥、紫外线、酸等。

淀粉、动物胶及各种多糖类浆料是细菌、霉菌繁殖的营养物质,特别是在纺织厂高湿、30 ℃左右的条件下,极易大量繁殖。需要储存较长时间的织轴和坯布,在空气湿度大且通风条件不良的贮运过程中,更容易产生霉斑。霉斑会破坏纤维结构,使纤维出现着色、变色等现象,外观变差,并有恶臭味产生,使纱线及织物的物理力学性能遭到严重损害。霉斑也会给印染工艺带来困难,并造成疵点。有些能致病的细菌和霉菌(真菌)还会对人体健康造成很大危害,甚至危及生命。因此,浆液中通常都需要加入防霉抗菌剂,以抑制微生物的生长。

二、防霉抗菌剂的发展

防霉抗菌剂通常是指能够抑制细菌和霉菌繁殖,造成其难于生存的环境,而且效果可以持续较长时间的助剂。

1. 早期防霉抗菌剂

纺织厂早期采用的防霉变方法是在浆液中加入适量的水杨酸(邻羟基苯酚)、石炭酸(即苯酚)、氯化锌等。水杨酸和石碳酸的结构式如下:

水杨酸的用量一般为 0.3%～0.5%。氯化锌、水杨酸对淀粉浆的防霉作用不大。石炭酸用量为 0.5%～1%,对皮肤有刺激性,因有公害问题,已很少使用。之后常用 2-萘酚(β-萘酚)作为浆液防腐剂。2-萘酚是由萘与硫酸加热,生成 2-萘磺酸,再与氢氧化钠共热熔融后得到的化合物,其分子式为 $C_{10}H_7OH$,结构式如下:

2-萘酚的相对分子质量为 144.16,密度为 1.27 g/cm³,熔点为 122 ℃。它对大白鼠的半致死剂量 LD_{50} 为 400 mg/kg,属中等毒性,且有致癌作用。2-萘酚不溶于水,但能溶于碱液。使用前,需用氢氧化钠(NaOH)溶液加热溶解。加热时挥发的蒸气有刺鼻气味,且有毒。加热溶解后的 2-萘酚如不及时使用,冷却后会析出结晶物。因此,在调浆过程中,溶解的 2-萘酚溶液一直要处于加热状态。20 世纪 90 年代以后,欧盟国家已严禁含有 2-萘酚的纺织品进口。

2. 五氯酚钠防霉剂

由于早期的防霉剂存在各种各样的问题和缺陷,我国科技人员自 20 世纪 80 年代开始着手寻求毒性小、使用方便的防霉剂。上海市纺织科学研究院、上海第 12 棉纺织厂及上海市工业微生物研究所在对国产 190 种防霉剂经过试用筛选,最后选定并推荐了价格合理、防霉性能好的 MI-197 防霉剂,即五氯酚钠(简称 PCP—Na),分子式为 C_6Cl_5ONa,结构式如下:

PCP 是一种重要的防腐剂,在棉纤维浆料和羊毛的存储、运输时常用,它还用于印花浆的增稠剂,在某些整理乳液中做分散剂等。它具有酚的刺激性气味,易溶于水,防霉效果较好。但 PCP 具有很强的生物毒性,而且往往残留在纺织品上,在人体内产生毒物积累,会危害人体健康。五氯酚的使用逐渐减少。

3. 高效杀菌防霉剂"NL-4"

NL-4 是由南京台硝化工有限公司于 20 世纪 80 年代开发生产的防霉剂,其主要成分的化学名称为 2,2′-二羟基-5,5′-二氯二苯基甲烷,分子式为 $C_{13}H_{10}O_2Cl_2$,结构式如下:

NL-4 的俗名为双氯酚(DDM),商品名称为霉菌净,为白色或淡黄色粉末,无臭,无味,无刺激性,毒性小,对小白鼠的急性口服毒性 $LD_{50}=1.2$ g/kg,属低毒,熔点为 176~178 ℃,不易燃,无腐蚀性,是一种优良的广谱杀菌剂。实践证明,DDM 在工业冷却水中的杀菌率达 80% 以上,而对黑曲霉的杀菌率高达 90% 以上。DDM 单独使用时,效果不甚明显,但与甲醛、戊二醛混合使用时,杀菌能力大大提高。防腐效果比 2-萘酚高 50~60 倍。配浆用量为淀粉质量的 0.2%~0.4%,在梅雨季节或储存较长时间时,可适当增加用量,但不宜超过 0.4%。其性能指标如下:

密度 1.11~1.20 g/cm³(25 ℃),pH 值 11~13,双氯酚含量≥29%,杀菌率≥95%,急性口服毒性 $LD_{50}=1.2$ g/kg(小白鼠)。

4. 有关标准

自从德国实施"蓝色天使"计划、率先采用绿色标志以来,对纺织产品贸易十分重视环保和生态指标,并以此作为绿色贸易壁垒,限制他国产品进入,保护本国公民的身体健康。除在印染加工中禁止使用法规中规定的 MAK(Ⅲ)A1 及 A2 芳香胺中间体生产的染料外,对织物上的游离甲醛、重金属离子、杀虫剂等都做了严格限定,严禁销售含有生物毒性物的纺织品。

我国颁布的国家推荐性标准《生态纺织品技术要求》(GB/T 18885—2002)于 2002 年开始实施,在生态纺织品的技术要求中,对 4 类产品的甲醛、pH 值、可萃取的重金属、杀虫剂、含氯酚、有机氯载体、PVC 增塑剂、有机锡化合物、有害染料、抗菌整理、阻燃整理、色牢度、挥发性物质释放和气味等 14 项分别规定了禁用或限量指标。其分类方法、考核项目和限量值与 Oeko-Tex Standard 100 一致。这既是出口创汇的需要,更是强化环境保护,提高人民健康水平的需要。根据要求,浆纱防霉抗菌剂中不应含有重金属及有毒有害的防霉抗菌助剂。

三、防霉抗菌剂的种类

可选用的防霉抗菌剂有数百种之多,常用的约几十种。其中,有机防霉抗菌剂具有速效、抗菌防霉效果明显等特点,主要品种有双胍类、醇类、酚类、酰基苯胺类、咪唑类、噻唑类、异噻唑酮等衍生物,以及表面活性剂类、有机金属化合物类和有机碘等,具体如表 7-7 所示。

表 7-7　有机防霉抗菌剂的主要品种及其特性

有机抗菌防霉剂的化学名称	特性
2-(4-氰硫基甲硫基)苯并噻唑(TCMTB)	在水中的溶解度大,对皮肤有刺激性,毒性比 TBZ 大
2-苯并咪唑基氨基甲酸甲酯(BCM,多菌灵)	广谱性抗菌防霉剂,对丝状菌有很高的抗菌活性,化学结构稳定
2-正辛基-4-异噻唑-3-酮	对细菌、霉菌均有很高的活性
1,2-苯并异噻唑酮	从弱酸性到弱碱性都有抗菌活性
2,4,5,6-四氯间苯二腈(TPN)	广谱性防霉剂,抗菌活性也高,慢性毒性低,对碱、热条件均稳定
N,N′,N″-三羟乙基六氢三嗪	在水中的溶解度高,从碱性到中性稳定
N-(氟三氯甲硫基)邻苯二甲酰亚胺	毒性低,耐热温度180 ℃,不溶于水,微溶于甲醇、二甲苯,化学结构稳定
N,N＝二甲基-N′-二氯氟甲硫基-N′-苯基砜	对霉菌有很高的抗菌活性,能溶于有机溶剂,毒性低,化学结构稳定
2-吡啶-2-硫代-1-氧钠盐	对细菌、霉菌有广谱活性,能抑制其繁殖,在水中的溶解度高,在酸性中比在中性、碱性中稳定
10,10′-氧双吩恶吡(OBPA,商品名バイナッソ)	耐热性优良,耐热温度300～380 ℃,对酸、碱、光都很稳定,对细菌、霉菌、藻类的抗菌防霉效果好
苄基二甲基十二烷基氯化铵(洁尔灭) 二癸基-二甲基氯化铵 3-(三甲氧基硅烷基)丙基-二甲基-十八烷基氯化铵	此为将阳离子表面活性剂作为抗菌防霉剂的3个例子,使用时不易脱落,药效持续时间长,化学结构稳定
烷基二(氮乙基)甘氨酸(烷基为 $C_{12}H_{25}$,$C_{14}H_{29}$)	两性表面活性剂,抗菌防霉活性比铵盐差,受 pH 值变化和其他共存物影响小
脂肪酸单甘油酯(脂肪酸中烷基碳原子数为 13,15,17)	非离子表面活性剂,只有脂肪酸中烷基的碳原子数是13,15,17时,才有抗菌防霉性,毒性低,可用于食品添加剂
2-溴-2-硝基-1,3-丙二醇	可以用作水的抗菌防霉剂,对真菌的抗菌效果差
3-甲基-4-异丙基苯酚 2-异丙基-5-甲基苯酚	对碱、热、光稳定,对细菌、真菌均有效,具有广谱性
邻苯基苯酸(OPP) 4-氯-3,5-二甲基苯酚(PCMX)	广为人知的防霉剂,对细菌也有效,化学结构稳定,毒性低
3,4,4′-三氯均二苯基脲	毒性低,对革兰氏阳性细菌抗菌性优良
1,1′-六亚甲基双[5-(4-氯苯基)双胍]葡萄糖酸酯 1,1′-六亚甲基双[5-(4-氯苯基)双胍]盐酸盐 聚六亚甲基双胍盐酸盐	双胍类抗菌防霉剂,对细菌有很高的抗菌性,但对真菌效果差,耐洗涤性高

四、防霉抗菌机理

对防霉抗菌剂的机理研究目前还不够透彻,防霉抗菌剂的杀菌机理主要可分以下几类:

1. 细胞壁生物合成的阻断

具有这种机理的防霉抗菌剂,如水杨酸、替苯胺类、季铵类、脂肪胺类、异硫氰酸盐类、咪唑啉类抗菌防霉剂。

一般的细胞由脂质、蛋白质等复合而成,外层被细胞膜包覆。细菌、丝状菌、高等植物等在细胞膜的外侧,还存在具有保护效果的细胞壁,以承受外界和内部的压力,并强化细胞。细胞壁的成分主要有纤维素、甲壳质、聚缩氨酸糖化物等。细胞壁生物合成阻断剂就是阻碍、破坏病原菌细胞壁的生物合成,使细胞产生变形、破裂而导致病原菌死亡。

2. 细胞膜生物合成的阻断及细胞膜构造的破坏

具有这种机理的防霉抗菌剂,如季铵盐类防霉抗菌剂。

细胞膜长于细胞表面,膜层厚约 $7\sim10$ nm。细胞膜具有细胞内外物质选择性渗透的功能,通过酶的作用产生重要生化反应,在细胞分裂时也扮演重要角色。细胞膜的主要成分为蛋白质、脂质(类固醇)、卵磷脂、磷脂糖等。细胞膜生物合成阻断剂,就是阻碍破坏细胞膜的构成成分的生物合成,特别是脂质的生物合成,以阻止细胞膜的生长,导致细胞死亡。

3. DNA 生物合成阻断及细胞分裂的阻断

具有这种机理的防霉抗菌剂,如 2-苯并咪唑氨基甲酸甲脂、1-(丁基胺甲酰)-2-苯并咪唑氨基甲酸甲脂、1,2-双-(3-甲氧基羰基-2-硫代氨基甲酰胺)苯等。

各种生物细胞的染色体中均有脱氧核糖核酸 DNA,这种双螺旋结构担负着传递遗传基因的作用。四种碱基 A、G、T、C 依次排列,影响 DNA 的特性。通常细胞分裂时,以一条 DNA 链节的模板进行复制,从而生成新的 DNA 链节。另外,伴随着复制的过程,细胞质开始变化,从新的细胞膜的形成到完成细胞分裂。DNA 生物合成阻断剂就是要阻止 DNA 的生物合成。例如抗菌剂能亲合 DNA,与复制过程中的合成酶形成复合体,阻止 DNA 的复制;而细胞分裂阻止剂则是阻止细胞分裂,抑制细胞分裂时纺锤体的形成,从而达到阻碍细胞分裂的目的。

4. 蛋白质生物合成的阻断

蛋白质不仅是生物体的主要构成物质,而且还是生物体内促成生化反应的酶的主要成分。构成蛋白质的氨基酸的排列不同,赋予其多样性。在细菌、霉菌中,蛋白质都有一定构造,一旦发生变性,其功能会丧失殆尽。蛋白质生物合成阻断剂就是阻断或破坏蛋白质的合成路径,使生物生存必需的蛋白质无法合成,导致其死亡。

5. 能量代谢的阻断

对于生物体而言,维持生命必需的各种物质的合成、化学反应、运动等,均需要能量的供给,而将糖类、脂类、蛋白质进行生物代谢,能产生能量及 ATP,其中还包括三羧酸循环(TCA)、呼吸链氧化、氧化磷酸化等过程。能量代谢的阻断剂可分为三种:HS 酶的阻断(硫代三氯烷基化合物、四氯异钛菁、二硫代二烷基氨基甲酸盐、三丁基锡化物、硫代异氰酰类、铜化物、砷化合物、10,10′-氧基双酚氧基肿等化合物)、电子传递体系的阻断[硝基呋喃、羧基类、氧羧基类、3-(2,4-二氯苯基)-L-1-二甲基脲、三丁基锡化物、4-氯丙酰替苯胺等]、氧化磷酸化的阻断(卤化酚类、硝基酚类、异硫氰酸盐类、4,5,6,7-四氯-2-三氟甲基苯并咪唑等有机化合物)。

五、防霉抗菌剂的性能评价

1. 防霉抗菌剂的毒性

通常,有机防霉抗菌剂都归属于农药的范畴,用于纺织品防毒抗菌剂的安全性及环境污染问题必须重视。早期广泛使用于纺织界的防霉抗菌剂五氯苯酚(PCP),已被证实对人体有致畸、致癌作用。有些抗菌防霉剂含有多种重金属离子,这些重金属离子在与人体接触时会被人体吸收,并沉积于人体肝脏、骨骼、肾脏、心脏及脑中,累积至一定程度,便会对健康造成严重损害。这种危害性对儿童尤为突出,因为儿童对重金属有较高的吸收能力。在抗菌剂安全性评价中,急性毒性指标是最重要的。

目前国际通行的对物质毒性分级的方法是,按小白鼠急性经口服中毒半数致死量 LD_{50} 判定,判定标准如表7-8所示。

表 7-8　毒性分级标准

分级	剧毒	高毒	中等毒	低毒	实际无毒	基本无害
LD_{50}/(mg·kg)	≤1	1～50	50～500	500～5 000	5 000～15 000	≥15 000

根据毒性分级标准,用于纺织业的抗菌剂大多属于低毒或中等毒。除了关注急性毒性之外,在纺织品上大量使用的部分抗菌防霉剂中,慢性毒性问题很严重,应引起足够的重视。如 THDE(2,4,4′-三氯-2′-羟基二苯醚),商品名为三氯新(Triclosan)、卫生整理剂 SFRI-1、或卫生整理剂 CHA,是具有持久抗菌活性的一种抗菌剂,其本身无毒性,对皮肤也无刺激,但含氯漂白剂能使其生成3种有毒性的氯化衍生物,并在热和紫外光作用下生成四氯二氧杂环己烷,即四氯二噁烷致癌物。又如,很多行业大量使用的防霉抗菌剂 BCA(α-溴代肉桂醛),有很高的致畸性;常用的 TBI[2-(4-噻唑基)苯并咪唑]防霉抗菌剂,对霉菌具有高活性,耐热温度为300 ℃,对酸碱稳定,难溶于水和有机溶剂,具有很强的致畸性;在全球卫生洗涤用品中使用了20多年的著名抗菌剂 Irgasan DP300,也被发现具有某些不良副作用,已在服装纺织品方面遭到禁用。在服装面料上被禁用的防霉抗菌剂还有 2-(3,5-二甲基吡唑基)-4-羟基-6-苯基嘧啶等。这几种防霉抗菌剂的化学结构式如下:

2,4,4′-三氯-2′-羟基二苯醚　　　　α-溴代肉桂醛　　　　2-(3,5-二甲基吡唑基)-4-羟基-6-苯基嘧啶

2. 防霉抗菌剂的效果测试

由于防霉抗菌涉及范围比较广,不同菌种的生物活性各不相同,不同抗菌剂对不同菌类的杀灭作用也千差万别,实际上对不同菌类的杀菌、抑菌或抗菌效果的评价方法五花八门,且各种不同方法的测试结果之间没有可比性。因此,如何根据所选用的抗菌剂类别、抗菌产品的类别和性能要求,合理地选择适应的防霉抗菌效果测试方法,显得尤为重要。

大部分真菌是无法计数菌落数的,因此对于纺织品抗真菌性能的评价,主要通过观察试样接触真菌后,在一定温湿度条件下,经过一定时间以后,真菌在试样上的生长情况来评定。目前,通常采用恒温恒湿悬挂法来评价样品的抗真菌性能。对于真菌生长程度的评定,则采用英国标准 BS 6085—81 进行(0～5 级),其中,0级表示试样在规定条件下,真菌完全不能生长;而5级表示无任何抗真菌效果。一般等级在2级以上时,即被认为具有抗真菌效果。

思　考　题

1. 经纱上浆时,除了浆料外,为什么往往还要使用浆纱助剂? 常用的浆纱助剂有哪些?

2. 柔软剂是生活和生产中常用的一种助剂，特别是在纺织品的制备和加工中。请解释柔软剂的作用机理。

3. 上浆用的油脂，一般要求有怎样的主要性能指标？

4. 浆纱平滑剂——后上蜡剂，使用时与浆纱蜡片有什么不同？它们的作用是否一样？

5. 平滑剂一般分为哪几种类型，它们的平滑作用各有什么特点？

6. 吸湿性低的合成纤维，如涤纶、腈纶、氯纶等，在一般大气条件下，质量比电阻高达 $10^{13}\ \Omega \cdot g/cm^2$ 以上，导电性很差，因此合成纤维在制造、纺织加工和使用过程中都极易产生静电。影响纤维材料电阻的因素主要有哪些？

7. 浆纱工序中，为什么要使用防霉防腐剂？

8. 2-萘酚是纺织厂使用的一种传统防霉抗菌剂，20 世纪 90 年代以后，欧盟国家为什么要严禁含有 2-萘酚的纺织品进口？

9. 如何评价纺织浆纱用防毒抗菌剂的性能？

第八章　浆料选配与配方

经纱上浆的主要目的有几个方面：增强，通过浆液的渗透，纤维之间相互黏结，并防止纤维滑脱，增加经纱的断裂强度；耐磨，通过浆液在纱线表面形成的浆膜，增加经纱的耐摩擦性能，防止毛羽再生；贴伏毛羽，通过浆液的黏合性，将纱线表面的毛羽黏附在纱线上，使纱线表面平滑，防止织造时纱线上的毛羽相互缠结，增加断头；保伸，在增加纱线强度的条件下保持纱线一定的伸长性和回弹性。由于形成纱线的纤维性能相差很大，加上不同的成纱方式，纱线性能也相差很大，上浆的目的会有些不同的侧重点，因此对上浆工艺有不同的要求，对使用的浆料也有不同的要求。

第一节　浆料的选配

单独使用一种浆料，往往难以达到经纱上浆的所有目的，需选用几种浆料相互配合。浆料选择的依据主要有几个方面：纤维种类、纱线线密度、原纱品质、织物结构、上浆及织造工艺条件、织物用途、浆料品质等。此外，还必须考虑浆料成本、劳动保护、能源消耗和环境保护等。由于影响因素多，控制难以面面俱到，浆料的选择与配合难以形成一套系统合理的理论计算方法。在制订新的浆液配方时，一般参照同类型品种的配方，根据浆纱经验做适当的变动，首先进行小批量浆纱试验，再逐步调整，确定实际使用的配方。

一、选配原则

浆料的选择主要有两个原则：

（1）使用的浆料种类尽可能少。即使是同类物质，特别是高分子化合物，其相容性也会有差异。对于不同类型的高分子物，如果使用多种组分配合，对上浆均匀性及上浆效果均有害无益，并会不可避免地增加上浆成本。

（2）浆料组分之间不能发生化学反应。浆料各组分之间的混合应该是物理过程。如果浆料组合之间发生化学反应，往往会产生凝聚、沉淀或降解等现象，使浆料失去原有的性质，达不到上浆的目的，还会造成经轴报废的严重后果。浆液的配制一般是较高的温度下进行，这会使某些在常温下不发生反应的物质之间发生化学反应，应予以注意。

二、选配依据

浆料品质及结构特点是浆料选配的关键因素。关于各种浆料的特点，已在前面各章节做了详细讨论，此处不再赘述。纤维的性质和成纱结构是除浆料之外影响浆料选配的主要因素。

1. 纤维种类

不同种类纤维的性能不同。选用浆料时需考虑纤维的基本特性及纤维与浆料之间的作用特点。从热力学函数角度，可运用"结构相似相容"的原理进行浆料的选择。常见纤维及浆料的化学结构特点如表 8-1 所示。

表 8-1　常见纤维及浆料的化学结构特点

纤维	特征基团	浆料	特征基团
棉纤维	羟基	分解过的淀粉	羟基
麻纤维	羟基	氧化淀粉	羟基、羧基
黏胶纤维	羟基	褐藻酸钠	羟基、羧基
醋酯纤维	羟基、酯基	淀粉醋酸酯	羟基、酯基
羊毛	氨基酸	磷酸酯淀粉	亲水性酯基
蚕丝	酰胺基	羧甲基淀粉	羟基、羧酸盐
涤纶	酯基	CMC	羟基、羧基
锦纶	酰胺基	完全醇解 PVA	羟基
维纶	羟基、缩醛基	部分醇解 PVA	羟基、酯基
腈纶	腈基	聚丙烯酸酯	酯基、羧酸盐
丙纶	烃基	聚丙烯酰胺	酰胺基
芳纶	酰胺基、芳烃	聚丙烯酸盐	羧酸盐

2. 纱线品质

对于同种纤维制成的纱线,线密度越低,断裂强力越低。线密度低的纱线所用的纤维原料品质较好,其弹性及伸长性都较好,毛羽也较少。因此,纱线线密度不同,浆料的选用与配合也不尽相同。线密度低,浆料质量应较好,为了提高增强率,上浆率应较高,浆液应有较好的浸透性,由于纱线细,经受的摩擦强度相对小,被覆量可少一些。

即使纱线的线密度相同,因其原料及纱线结构不同,浆料的选配也不相同。对于捻系数大的纱线,由于纤维抱合紧密,纱线吸浆性较差,应增加浆液的浸透能力。对于强度、条干等有缺陷的纱线,以改善纱线的强度、弥补纱线条干缺陷为目的,对浆料进行选择和配合使用。对于毛羽较多的纱线,应使用黏附力强的浆料。股线和强捻丝一般不上浆,如用于高要求、高性能的织物,可轻上浆,以提高织造效率。

3. 织物结构

织物结构主要指经、纬密及织物组织。

经密高,则经纱之间及其与织机机件的摩擦作用剧烈;纬密高,则一定长度上的经纱承受织机开口、打纬、投梭等运动的次数多,即经纱与机件的摩擦及受到的冲击次数多。因此,经、纬密高的织物,其经纱上浆要求高。

织物组织可反映经纬纱交织点的多寡。平纹织物的经纬纱交织点最多,经纱运动及受到的摩擦次数最多,因此对上浆的要求比斜纹、缎纹织物高。

4. 工艺条件

浆纱及织造的工艺条件与浆料的选配有密切的关系。浆料选配不当会对织造效率及产品质量产生不良影响。织造车间温湿度条件有时会影响浆料的实际使用。在相对湿度较低的环境中,聚丙烯酸盐与淀粉组成的混合浆对涤/棉纱具有良好的浆纱效果。但是在相对湿度大于70%时,由于这种混合浆的吸湿性太强,浆纱过程中会发生严重的吸湿再黏现象而无法使用。

5. 织物用途

浆料的选配还必须考虑织物的后处理与用途。如果织物用于印染加工,则浆料选配不仅要考虑退浆方便、浆料的污染性,还要了解织物的整理工序。对于先烧毛、后退浆的印染前处理工艺,不宜使用氯化锌(防腐剂)、氯化镁(吸湿剂)等助剂及 PVA 浆料。氯化物遇高温会分解出酸根,损伤纤维;而 PVA 经烧毛工序的高温处理,会发生局部过热,易产生脱水交联,溶解性下降,造成退浆困难。

需长时间贮存或运输的坯布,其浆液中应添加防腐剂。对于立即供应染整厂进行后整理的坯布,可不用或少用防腐剂。防腐剂的使用量也应随空气温湿度条件变化而异。

第二节　纤维性能及上浆要求

一、棉纤维

1. 棉纤维的性能特点

棉纤维的主要组成物质为天然纤维素。成熟正常的棉纤维,其纤维素含量约 94%,其他组成物质有蛋白质、脂肪、蜡质、糖类、半纤维素和无机盐等。棉纤维分为长绒棉、细绒棉和粗绒棉三个品种。长绒棉很少,仅占世界棉花总产量的 2%。粗绒棉品质较差,已基本淘汰。长绒棉的长度为 33~39 mm,细度为 1.18~1.43 dtex。细绒棉的长度为 23~33 mm,细度为 1.54~2.00 dtex。成熟正常的棉纤维截面呈腰圆形,有中腔,纵向有天然转曲,抱合性能好,可纺性好。在一般大气条件下,棉纤维的回潮率在 7%~9%,在天然纤维中属于比较小的。棉纤维的断裂强度在纺织纤维中属于中等水平。长绒棉的断裂强度较高,为 3.23~3.92 cN/dtex;细绒棉的断裂强度次之,为 1.96~2.45 cN/dtex;粗绒棉的断裂强度偏低,为 1.47~2.19 cN/dtex。棉纤维的断裂长度约为 20~30 km,断裂伸长率为 6%~11%。棉纤维耐碱不耐酸,在酸中会水解,在较浓的 NaOH 溶液中不溶解,但会横向膨化,截面变圆,天然转曲消失,纤维呈现丝一般的光泽。

2. 棉纤维的上浆要求

(1)上浆目的。棉纤维纱线上浆的重点是增强、减磨和贴伏毛羽,纯棉纱的润湿性好,易形成渗透上浆,有利于增强纤维间的抱合力。

增加强力:棉纤维断裂强度在纺织纤维中属于中等水平,棉纤维纱线的增强是上浆的重点。

减少毛羽:因为棉纤维长度偏短,且离散度高,纱线毛羽多,贴伏毛羽也是其上浆的一个主要目的。

提高耐磨性:提高纱线的耐磨性是浆纱的主要目的之一,对于天然纤维纱线尤为重要。因此要选择与棉纤维有较好黏附力的浆料。变性淀粉均可,含有羟基,还需加入其他浆料和助剂。

保持弹性:棉纤维的断裂伸长率较低,需要注意浆纱的保伸。

(2)浆料选择。根据棉纤维的性能特点和上浆目的,应选择与棉纤维有较好黏附力的浆料。可以采用变性淀粉为主体的混合浆,并根据主浆料的性质,注意浆纱的耐磨性和伸长性保持。

(3)工艺原则。根据棉纤维的上浆目的和浆料的性能特点,其浆纱工艺应以渗透上浆为主而被覆为辅,采用"高浓、低黏、先轻压、后重压、低张力、贴毛羽"的工艺原则。

二、麻纤维

1. 麻纤维的性能特点

自然界中麻纤维的种类很多，根据其从植物上取得的部位不同，分为茎纤维和叶纤维。茎纤维以苎麻和亚麻品质较优，为主要的服用纤维。苎麻纤维长度较长，纤维的平均长度约为60 mm，长度分布范围很广，一般为 20～250 mm，最长可达 550 mm，可以单纤维纺纱；细度较大，线密度为 4.5～9.1 dtex；断裂强度较高，可达 6.7 cN/dtex。亚麻纤维长度很短，仅为17～25 mm，单纤维长度不能满足纺纱工艺要求，多采用由多根纤维黏合在一起形成的束纤维，即"工艺纤维"纺纱；细度一般，线密度为 2.9 dtex。

麻纤维由不同比例的纤维素、半纤维素、木质素、果胶和其他成分构成，纤维素占大部分，耐碱不耐酸。吸湿能力比棉强，在一般大气条件下，回潮率可达 14%。拉伸强度是天然纤维中最大的，苎麻平均单纤维强力约为 20～40 cN，断裂长度可达 40～55 km，但断裂伸长率是天然纤维中最小的，约为 3.8%。

麻纤维比较平直，有横节、竖纹，纤维细度直接影响可纺性和柔软性，纤维越细，可纺支数越高，成纱越柔软。

麻纤维的抱合力差，模量高，纺制的纱线毛羽长而多，且毛羽刚硬，贴伏性差。

2. 麻纤维的上浆要求

（1）上浆目的。麻纤维具有强力高、纤维粗硬、抱合性能差的特点。对麻纤维纱线上浆，既要贴伏其长而硬的毛羽，又要使浆纱柔韧耐磨。

增加强力：麻纤维强度比较大（苎麻 4.9～5.7 cN/dtex），但由于粗硬，容易出现弱环。浆纱时需考虑增加纱线的强力。

减少毛羽：由于麻纤维粗硬，抱合力差，纱线表面有大量的毛羽，因此，麻纱上浆重点要贴伏其长而硬的毛羽（初始模量为 200 cN/dtex 左右，比棉高 2.3 倍）。

提高耐磨性：选择与麻纤维有很好黏附力，能提高浆膜韧性的变性淀粉浆料，就能达到这一目的。

保持弹性：由于麻纤维断裂伸长率只有棉纤维的 1/3，约为 3.8%，因此上浆时需要注意浆纱的保伸性能。

（2）浆料选择。由于麻纤维比较粗硬，抱合力差，其纱线上毛羽多而长，断裂伸长率小，从贴伏纱线毛羽、保伸、增磨等方面考虑，苎麻纱上浆宜采用含变性淀粉、PVA 和聚丙烯酰胺的混合浆。

（3）工艺原则。根据麻纤维的特点和其浆纱要求，麻纱上浆应采用"高浓度、中黏度、双浸浆、重渗透、重加压、低回潮、高上浆、后上油"的工艺。

三、黏胶纤维、天丝和莫代尔

1. 黏胶纤维、天丝和莫代尔的性能特点

（1）黏胶（Viscose）纤维。传统的黏胶纤维由天然纤维素经湿法纺丝而成，较耐碱，不耐酸，耐碱耐酸性比棉差。吸湿能力为所有化学纤维中最高的，在一般大气条件下，回潮率可达13%。强度小于棉，断裂伸长率较棉大。吸湿后强度明显下降，湿态强度是干态强度的 50% 左右。耐磨性、抗皱性及尺寸稳定性差。

（2）天丝（Tencel）。天丝是一种性能良好的绿色环保型纺织纤维，与传统黏胶纤维不同，

它是以新型溶剂纺丝方法生产的再生纤维素纤维。所用溶剂氧化胺（NMMO）是一种无毒、对人体无害、98.5％可循环利用的化学试剂。天丝纤维以针叶树为原料，将木浆溶于 NMMO 溶剂体系，经干喷湿法工艺得到，生产过程绿色环保。与黏胶纤维相比，产量可提高 6 倍。天丝纤维的干、湿强都很大，干强与涤纶接近，远超过其他纤维素纤维，湿强为干强的 85％，比一般黏胶纤维大得多。天丝纤维的吸湿性能大于棉，小于黏胶纤维，具有良好的舒适性。Lyocell 是奥地利兰精公司此类产品的注册商标名称。

（3）莫代尔（Modal）。莫代尔是奥地利兰精公司专利产品，是一种新型纤维素纤维，其原料采用欧洲森林中的山毛榉木浆粕，生产过程对环境无大量污染，采用高湿模量黏胶纤维生产工艺，属于变化型高湿模量纤维，强度与高湿模量黏胶纤维接近，但湿强下降幅度较大（达到40％左右）。莫代尔纤维伸长率接近天丝纤维，湿态伸长率变化较小。耐碱性较强，能与棉纤维一起进行丝光处理。模量比天丝纤维低，手感较柔软。

2. 黏胶纤维、天丝和莫代尔的上浆要求

（1）上浆目的。根据再生纤维素纤维的吸湿性强、湿伸长率大、强度低、弹性回复性差、塑性变形大及纤维间抱合力差等特点，其纱线上浆以贴伏毛羽、增强为主要目的。

① 增加强力。纤维强度低（普通黏胶纤维比棉低，天丝和莫代尔与棉相当），需要通过上浆增强，湿强下降（普通黏胶纤维下降 50％，天丝下降 15％，莫代尔下降 40％），低张力上浆，且浆纱固着率控制很重要。

② 减少毛羽。贴伏毛羽为浆纱的目的之一，再生纤维的初始模量较棉低一些，比较柔软，毛羽相对容易贴伏。

③ 提高耐磨。纤维素纤维的耐磨性较差，需通过浆纱工序提高纱线的耐磨性。选择与再生纤维素纤维有很好黏附力的浆料，以变性淀粉为主体，还要加入其他浆料和助剂，提高浆膜的耐磨性。

④ 保持弹性。再生纤维素纤维的干态断裂伸长率较大，黏胶纤维可达 20％，天丝可达15％左右，选用浆料的浆膜伸长性和回弹率较大。

（2）浆料选择。构成纤维素纤维的大分子链上含有大量的羟基，主浆料选用变性淀粉，加入适量抗静电剂，使毛羽贴伏，减少静电。

（3）工艺原则。根据纱线的性能，浆纱工艺要以被覆为主而浸透为辅，采用"轻张力、小伸长、低上浆、重被覆"的工艺。

四、涤纶

1. 涤纶的性能特点

涤纶纤维由对苯二甲酸乙二醇聚合而成，是一种疏水性纤维，吸湿性差，在一般大气条件下，回潮率为 0.4％左右；结晶度高，分子排列紧密，具有较高的断裂强度和伸长率；耐磨性、抗皱性及尺寸稳定性好；纤维导电能力差，容易静电聚集；抗起毛起球性、抗熔性差。

涤纶刚度较大，表面光滑，极易产生静电，抱合力差，成纱毛羽长而多。

2. 涤纶的上浆要求

（1）上浆目的。解决毛羽和静电问题；上浆时要求浆液黏附性好，浆膜不易脱落，贴伏毛羽，纱体光滑（浆膜完整度好），耐摩擦，减少静电。

增加强力：纤维强度高（约为棉的 2 倍，4.2～6.7 cN/dtex），增强显得不重要，吸湿性低，浆液不易渗透，需要一定的渗透，以改善被覆。

减少毛羽:因表面光滑和静电集聚,纱线毛羽较多,且纤维强度高,毛羽缠结后易造成断头,贴伏毛羽尤为重要。

提高耐磨:选择与聚酯纤维有较好黏附力的酯化淀粉浆料,含有羟基和酯基,加入其他浆料和助剂,提高浆膜的耐磨性。

保持弹性:干态断裂伸长率较高,在 25% 左右,因此要求浆料浆膜的断裂伸长率较大。

(2)浆料选择。以变性淀粉为主浆料,并加入适量的 PVA 和聚丙烯酸,辅以适量的抗静电剂和柔软剂。

(3)工艺原则。采用高浓度、低浓度、高压浆力、重被覆、轻渗透的浆纱工艺,以渗透为基础改善被覆,较好地保持浆膜完整性。

五、锦纶

1. 锦纶的性能特点

锦纶纤维是以聚酰胺-6 和聚酰胺-66 为主的一系列纤维的商品名,是世界上最早投入工业化生产的合成纤维之一,也是合成纤维的一个主要品种。较耐碱而不耐酸;吸湿能力是合成纤维中较好的,在一般大气条件下,回潮率可达 4.5% 左右;其最大的优点是强伸度大,弹性优良;耐磨性居纺织纤维之冠,是棉的 10 倍、毛的 20 倍、黏胶纤维的 50 倍;断裂强度高,回弹性和耐疲劳性优良,耐光性和耐热性较差;抗起毛起球性差;小负荷下容易变形。抱合力差,不易成卷,易断网,易缠绕,易产生静电。

2. 锦纶的上浆要求

(1)上浆目的。以贴伏毛羽为主,同时最大限度地保持经纱的弹性和伸长,减少浆纱因单纤维断裂而产生的起毛现象。

(2)浆料选择。锦纶分子结构含有酰胺基,浆料主体是聚丙烯酰胺。但聚丙烯酰胺的吸湿性大,不宜单独使用,要和变性淀粉、CMC 混用,羟基和酰胺基都是极性基团,互溶性好。

(3)工艺原则。采用高渗透、低张力的浆纱工艺,以增强减磨为主。

六、芳纶

1. 芳纶的性能特点

芳纶为芳香族聚酰胺纤维的中国名,全称为"聚苯二甲酰苯二胺",英文为 Aramid Fiber(帝人的商品名为 Twaron,杜邦公司的商品名为 Kevlar),是一种新型高科技合成纤维,具有超高强度、高模量和耐高温、耐酸耐碱、质量轻等优良性能,其强度是钢丝的 5~6 倍,模量为钢丝或玻璃纤维的 2~3 倍,韧性是钢丝的 2 倍,而质量仅为钢丝的 1/5 左右,在 560 ℃ 的温度下不分解,不融化。它具有良好的绝缘性和抗老化性能,具有很长的生命周期。芳纶的发现被认为是材料界一个非常重要的历史进程。

芳纶纺纱过程中易产生静电,出现纤维漂浮、起毛羽等问题,纱线具有强度高、条干差、刚性大、毛羽长的特点。

2. 芳纶的上浆要求

(1)上浆目的。针对纱线可纺性,应通过上浆充分贴伏芳纶长丝上的毛羽,使浆纱柔韧耐磨。

(2)浆料选择。芳纶纱的浆液配方应以 PVA 为主,以改性酯化淀粉及变性淀粉和丙烯类浆料为辅,但 PVA 用量不宜过高,否则分绞困难,二次毛羽增加。

（3）工艺原则。采用高浓度、中黏度、重加压、贴毛羽、偏高上浆、后上油的浆纱工艺。

根据国内外浆纱研究及生产情况，各种纱线的常用浆料归纳于表8-2。

表8-2　各种纱线的常用浆料

纱线种类	常用浆料	备注
棉纱	各种淀粉与变性淀粉、褐藻酸钠、CMC	高特、中特、中密度
棉纱	变性淀粉、玉米淀粉、小麦淀粉、PVA	低特、高紧密织物
苎麻纱	玉米淀粉或小麦淀粉、变性淀粉	—
亚麻纱	各种淀粉、变性淀粉	—
毛纱	可低温上浆的变性淀粉、PVA、聚丙烯酰胺	—
纳丝	变性淀粉、PVA、聚丙烯酰胺、丙烯酸盐类	—
黏胶丝、铜氨丝	动物胶、PVA、聚丙烯酰胺、丙烯酸盐类	—
醋酯丝	动物胶、PH-PVA、共聚浆料、丙烯酸酯类	—
聚酰胺纱	PVA、聚丙烯酸酯与PVA	—
聚酰胺丝	聚丙烯酸、PVA	—
聚酯纱	接枝淀粉与PVA、聚丙烯酸酯与PVA	—
聚丙烯纱	淀粉醋酸酯、部分醇解PVA、聚丙烯酸酯	—
聚酯丝	部分醇解PVA、聚丙烯酸酯、水分散性聚酯	—
聚酯/纤维素混纺纱	PVA、PVA与淀粉、PVA与褐藻酸钠、PVA与聚丙烯酸酯	—

第三节　纱线结构及上浆要求

一、普通环锭纺纱线

（1）成纱方法。环锭纺纱是由罗拉进行牵伸，通过锭子和钢领、钢丝圈进行加捻成纱的。环锭细纱机的加捻和卷绕作用是同时进行的，钢丝圈绕钢领一周，即在纱线上加一个捻回，同时利用锭子与钢丝圈速度之差，将纱线卷绕到筒管上，所以锭子与钢丝圈既要完成加捻作用，又要完成卷绕作用。实际上，筒管的作用主要是完成卷绕，其转速比锭速慢得多。

（2）纱线结构。纱线呈螺旋线排开，纤维伸度好，结构紧实，长毛羽较多，光洁度较差，单纱强力较低。

（3）上浆要求。需提高经纱强力，贴伏毛羽和提高经纱耐磨性。宜采用低黏度浆液，中高压上浆，毛羽表面易获得均匀的润湿和铺展，能更好地贴伏在纱身表面，达到贴伏毛羽的目的。

二、集聚纺纱线

（1）成纱方法。集聚纺纱技术是在传统环锭纺的基础上发展起来的一种环锭纺纱新技术。在传统环锭纺中，从前罗拉钳口引出的具有一定宽度的纤维须条受到加捻作用时，在前罗拉钳口附近便形成加捻三角区。加捻三角区的外侧纤维承受较大的张力，中间纤维承受的张力小，大部分纤维会加捻成纱，而部分未受控制的边纤维会形成纱线毛羽及飞花。集聚纺纱技术是使从前罗拉钳口引出的纤维束在牵伸区完成牵伸后,在前罗拉钳口下受到气压(负压)或机械装置的集聚作用,在集聚力的作用下,纤维的宽度减小,原有的加捻三角区消除或大大减少,从而使所有纤维被紧密地集聚加捻到纱体中,大大减少了成纱的毛羽,并提高了纱线的强度。

(2)纱线特点。紧密纺纱线中纤维伸直平行度高,纤维所受张力均匀,纱线强度高于同品种环锭纺纱10%～15%,有害毛羽少,比同品种环锭纺纱少60%～80%,结构紧密,耐磨性好,条干均匀度好。

(3)纱线结构。聚集纺纱结构紧密,纱线外观光洁,毛羽少。

(4)上浆要求。相对而言,纱线强力、毛羽已能满足织造的要求,因此增强和贴伏毛羽不是关键,以增加浆纱耐磨性为主要目的。中浓低粘,高压力重渗透,低上浆率,适当提高回潮率,小张力控制,减少伸长。

三、赛络纺纱线

(1)成纱方法。赛络纺纱线是在环锭细纱机上以一定间距同时喂入两根相同原料或不同原料的粗纱,处于平行状态下经牵伸后由前罗拉输出,两根输出须条受到初步加捻后,再以一定间距汇聚加捻而制成的。两束纤维在加捻点之前,受纺纱张力作用,纤维束收缩,并有少量的扭转,两束紧密的纤维束在汇聚点上加捻成纱。成纱具有接近股线的风格和优点。

(2)纱线结构。由于汇聚点两根纤维条的回转,有些纤维端会被抽出,并随纱条旋转,许多纤维端就有可能卷绕到相邻的另外一根纱条上,最后进入股线,使复合纱结构紧密,表面纤维排列整齐,外观光洁,表面毛羽大幅度下降,条干均匀。赛络纺纱结构有股线效应,纱体圆整度高,纤维伸直平行度好,纱体紧密,毛羽少,强力高,两束纤维并合作用,纱线耐磨性好,同捻度工艺下,捻度低于环锭纺纱线,手感柔软。

(3)上浆要求。可参考紧密纺纱线的上浆要求,以提高耐磨为主,同时注意保伸。

四、赛络菲尔纺纱线

赛络菲尔纺纱线与赛络纺纱线类似,只是将赛络纺中的一根粗纱换成长丝。它是在传统环锭细纱机上加装一个长丝喂入装置,使长丝在前罗拉处喂入时与正常牵伸的须条保持一定的距离,并在前罗拉钳口下游汇合加捻而制成的。

由于赛络菲尔纺中引入了长丝,纤维间抱合力增加,且松散纤维得到包缠,因此成纱强力大幅度提高,即使在较低的捻系数下,也能获得较高的成纱强力,但较低的捻系数对成纱的断裂伸长、断裂功有一定的影响。适当增加捻系数,可使纱中纤维排列紧密,减少前罗拉钳口吐出纤维被吸风口吸入的机会,有利于改善成纱条干,减少细节的产生。同时,增大捻系数有利于降低捻度不匀率,这会使纱线的耐磨性能得到提高。

五、转杯纺纱线

(1)成纱方法。转杯纺为自由端纺纱法。棉条从条桶中引出后送入喂给喇叭,依靠喂给罗拉与喂给板将条子握持并积极向前输送,经表面包有金属条的分梳辊高速梳理成单纤维,分梳辊输出纤维并由梳棉通道进入转杯。纺纱杯高速回转产生的离心力或风机的抽气作用,将纺纱杯内的空气排出,在纺纱杯内形成一定的真空度,迫使外界气流从补风口和引纱管中流入。被分梳辊分解后的单纤维,随同这股气流经梳棉通道被吸入纺纱杯,纤维沿纺纱杯壁滑入转杯凝聚槽汇聚,形成凝聚须条。引纱通过引纱管也是被吸入凝聚槽内,通过高速旋转的转杯产生的离心力,引纱纱尾贴附于凝聚槽面与须条联结,并被纺纱杯摩擦握持而加捻成纱。然后,引纱罗拉将纱从纺纱杯中经假捻盘和引纱管引出,依靠卷绕罗拉(槽筒)回转,卷绕成筒子。

(2)纱线结构。转杯纱是皮芯结构,纱芯比较紧密,外包纤维结构松散。纤维伸直平行度差,表面松散。纺棉时,转杯纱的强度比环锭纱低 10%～20%,纺化纤时低 20%～30%。转杯纱利用分梳辊将须条分解成单纤维,若分解作用强,纤维分离度好,成纱条干就比较均匀。若气流对纤维的输送均匀,成纱条干也好。由于在纤维的凝聚过程中具有较大的并合效应,因此转杯纺纱的条干比环锭纱均匀。纺中等线密度的转杯纱,乌氏条干 CV 值平均为 11%～12%,有的甚至低于 10%,而同线密度环锭纱则为 12%～13%;转杯纱的原棉经过前纺设备的强烈开清除杂,再通过带有排杂装置纺纱器的作用,排杂较多。在纺纱杯中,纤维与杂质有分离作用,并在纺纱杯中留下部分尘杂和棉结,故转杯纱比较清洁,纱疵小而少。转杯纱的纱疵数只有环锭纱的 1/3～1/4。因为环锭纱中纤维大多呈规则的螺旋线形态,当受到反复摩擦时,螺旋线纤维逐步变为轴向纤维,整根纱就失捻解体而很快断裂,而转杯纱外层包有不规则的缠绕纤维,故纱不易解体,耐磨度更好,一般转杯纱的耐磨性比环锭纱高 10%～15%。环锭纱张力大,成纱后纤维滑动困难,纱线弹性较差。转杯纱因纺纱张力较环锭纱小,捻度比环锭纱多,故转杯纱弹性比环锭纱略好。由于转杯纱加捻过程与环锭纱不同,一般转杯纱捻度比环锭纱多 15%～30%。由于转杯纱中纤维伸直度及排列较差,在加捻过程中纱条张力较小,外层又包有缠绕纤维,纱的结构蓬松。一般转杯纱的蓬松度比环锭纱高 10%～15%;毛羽少,为环锭纺纱的 80%～85%。

(3)上浆要求。需增强,并改善浆纱柔韧性。为了避免上浆中增强的同时造成较大的减伸,需选用浆膜富有弹性的浆料,以保证纱线的手感柔和。工艺路线为高压、低黏、中速、小伸长、大回潮等。

六、喷气纺纱线

喷气纺中,喂入的纤维条经四罗拉双短胶圈牵伸装置,经约 150 倍的牵伸后由前罗拉输出,依靠加捻器中的负压,须条被吸入加捻器,接受空气流的加捻。加捻器由第一喷嘴和第二喷嘴串联而成,两个喷嘴射出的气流旋转方向相反,须条受这两股反向旋转气流的作用而获得捻度。第一喷嘴气流的旋向起包缠纤维的作用,第二喷嘴气流的旋向决定成纱上包缠纤维的捻向。被加捻后的纱条由引纱罗拉引出,卷绕成筒子纱。

由于喷气纺纱原理和技术的限制,喷气纺主要适宜纺制涤棉混纺纱和纯涤纶纱,纺纱速度可达 250～300 m/min。喷气纺可纺制 29.2～7.3 tex 纱,是目前为数不多的可以纺制细特纱的新型纺纱方法。

七、喷气涡流纺纱线

(1)成纱方法。喷气涡流纺是在喷气纺的基础上发展起来的新型纺纱技术,是针对喷气纺纱体系对纤维长度的适应性差,只能生产涤纶等化纤纱或涤棉等混纺纱,不能生产纯棉纱的不足而研制的。由于其成纱机理有所变化,可以纺制具有较高强度的纯棉纱,具有与环锭纱类似的表面结构,还具有纱线毛羽很少、耐磨性好的特点。

　　喷气涡流纺纱机包括牵伸、涡流加捻、空心锭子、成纱、卷绕等组成部分。纤维条子经罗拉（皮圈）牵伸，从前罗拉钳口输出，立即进入喷嘴并沿着喷嘴内入口处的螺旋形成表面运动。由于针的摩擦，捻度无法传递到前钳口下的纤维须条上，因此须条中的纤维头端以很高的速度由引导针进入空心锭，而尾端则倾倒在空心锭的锥面上，并随着纱条的输出，在螺旋形喷管中高速回转的涡流使纤维束加捻。纱体加捻经过喷嘴后，纤维末端因涡流作用而扩张，经过空心锭子捻搓作用，旋转到纤维纱芯上，加捻作用完成而成纱。

　　（2）纱线特点。喷气涡流纺纱线具有皮芯结构，纤维由纱芯向外层转移，纱芯纤维平行排列，几乎无捻度，外层纤维包覆缠绕于纱芯，纱芯比例约60%，纱线强度约为环锭纺纱线的80%，外层纤维包覆好，毛羽少，最多比环锭纺纱线少90%，耐磨性好，条干均匀度也好。

　　（3）纱线结构。中心部分为无捻或弱捻的芯纤维，表层加捻纤维从内层向外层均具有方向性，毛羽具有很强的方向性，长毛羽少。

　　（4）上浆要求。毛羽少，但强力较低，浆纱时以增强为主，适当保伸。由于纱体内松外紧，上浆率宜偏低掌握，浆纱应以浸透为主，兼顾适当被覆。浆纱时为保证浆液对纱线的渗透，喂入张力要偏小。为减少干分绞断头和撞筘现象，湿区张力和卷绕张力可偏大。

八、强捻纱

　　强捻纱指捻系数比正常纱的捻系数高得多的纱线，有的强捻纱的捻系数比常规纱线高一倍，一般会对管纱进行定捻处理。

　　强捻纱强度较一般常规纱线大，表面3 mm以上有害毛羽较少，耐磨性强。

　　超过临界捻系数后，纱线强度会下降，强力不匀也会增大。

　　适当加大经纱退绕张力，防止扭结。

　　适当增加浆液的黏度，适当减少渗透，降低吸浆多造成的纤维膨胀应力，避免捻缩扭结。

　　上浆率可比相同线密度的普通纱降低一些，重在增强耐磨性。

九、弹力纱

　　弹力纱是具有较大弹性回复性的纱线，通常含有弹性长丝或具有一定弹性的短纤维，纱线弹性回复性好，如棉/氨纶包芯纱、涤纶低弹纱等，织物弹力好，保形性好。

　　包芯弹力纱的皮芯结构纱鞘容易剥离，导致漏芯，弹性短纤维弹力纱的弹性回复有待提高。

　　氨纶包芯纱由于其皮芯结构严重影响了纤维间的抱合力，成纱毛羽较多。

　　纱线弹性较大，需严格控制经纱张力，避免产生小辫子和松紧经。

　　为防止氨纶的损伤和老化，浆纱烘筒温度和浆槽中浆液温度应低于非弹力纱的常用温度。

　　为了贴伏毛羽和增加纱线强力，需要较高的上浆率。

　　宜选择"高浓度、低黏度、中加压、低温上浆、重被覆、低烘燥"的工艺路线。

十、染色纱

　　染色纱是本色纱经过染色工序得到的色纱。纱线在染色过程中会受到机械、化学损伤，结构变得松散，纱线强力降低，强力不匀率增加，断裂伸长率降低，伸长率不匀增加。

　　经过前处理煮漂及染色，棉纱的蜡质被除去，亲水性增加，有利于浆液的渗透。断裂伸长和耐腐蚀性变差，纱线表面毛羽增多。

色纱上浆应提高纱线强力,贴伏毛羽,增加纱线的耐磨性,同时尽量保持纱线的弹性伸长。

色纱不能褪色和沾色,浆槽温度不宜太高,在保证浆液流动性及渗透性的前提下,浆槽温度以偏低为宜,应保持在 90 ℃左右。

色织物浆纱过程中,要求各种色纱排列均匀有序,浆纱时需要排花,在排花过程中,纱线在烘燥区的时间较长,浆纱回潮率不宜过低,否则干分绞阻力增加,浆膜易破碎脱落。

通常有多种颜色,根据产品花色要求,各浆槽内经纱根数有时会差异较大,可通过多浆槽分层浆纱,控制纱线张力和烘筒温度,保证上浆均匀。

色织物的后整理加工比普通印染织物柔和,要求浆料退浆容易,使织物手感柔软,服用性能优良。

第四节　浆纱配方示例

由于影响浆纱结果的因素较多,对于同一种经纱,不同企业采用的浆纱配方都不尽相同,即使同一企业同一品种上浆,由于季节变化,浆纱配方也会有所改变,但总体方向是一致的,只是浆液组成配比稍有差异。

一、纯棉织物

纯棉纱的浆液配方主要以变性淀粉为主浆料,根据纱线线密度和织物紧度,选用含有一定量的 PVA 或丙烯酸类浆料的混合浆。与所用的织机种类密切关联。如细特高密品种(府绸、防羽绒布等)上浆时,为提高经纱可织性,经常采用以淀粉为主的混合浆,混合浆的上浆率比淀粉浆低一些。上浆率较高的淀粉浆配方,需适当增加柔软剂的用量,增加浆膜柔韧性。对于特细纱,由于单强低,纱体纤维排列紧密,纱体内空间较少,上浆时纱线吸浆率小,不容易上浆,宜用高浓低黏浆;对于高密多经根数的织物,由于上浆时覆盖系数大,容易造成上浆不均匀,应选用高浓低黏、黏附性能良好、贴伏毛羽、浆膜性能优良、强度较高、柔软性和吸湿性较好的浆料。几种代表性的纯棉织物经纱上浆配方如表 8-3 和 8-4 所示。

表 8-3　纯棉织物经纱上浆配方 1

浆液配方	C14.6 tex×C14.6 tex 393.7×307 根/(10 cm) 266.7 cm 平纹织物	JC9.7 tex×JC9.7 tex 618×492 根/(10 cm) 152.5 cm 5 枚缎纹织物	JC7.3 tex×JC7.3 tex 826.8×826.8 根/(10 cm) 172.5 cm 直贡织物	C18.2 tex×C44 dtex 512×315 根/(10 cm) 182 cm 4 枚缎纹织物
变性淀粉用量/kg	50	40	50	55
PVA1799 用量/kg	20	20	37.5	
PVA205MB 用量/kg	10	40	50	12
丙烯酸类用量(30%)/kg		20		15
乳化油用量(柔软剂)/kg	3	4	15	4
含固率/%	10	15	12	13
上浆率/%	11	16	14	13

表 8-4　纯棉织物经纱上浆配方 2

浆液配方	C14.6 tex×C14.6 tex 523.5×283 根/(10 cm) 96.5 cm 普梳棉府绸	JC7.3 tex×JC7.3 tex 681×614 根/(10 cm) 160 cm 精梳棉防羽绒布	JC9.7 tex×9.7 tex 787×602 根/(10 cm) 160 cm 精梳棉缎纹织物
变性淀粉用量/kg	32.5	25(磷酸酯淀粉)	30
PVA1799 用量/kg	37.5	35	45
PVA205MB 用量/kg	8	25	25
丙烯酸类用量(30%)/kg	5	12.5	15
乳化油用量(柔软剂)/kg	2	3	3
含固率/%	10	12	13.5
上浆率/%	12	16	14.5

二、涤/棉织物

涤/棉混纺纱最常用的混纺比是 65/35。近年来,由于纤维价格等因素,出现了各种混纺比涤/棉混纺产品,有 80/20、90/10,甚至还有 95/5 的。一般来说,涤纶的比例越高,则疏水性浆料的含量应增加。涤/棉纱上浆可以使用以 PVA 为主的化学浆。因变性淀粉浆料及其丙烯酸类浆料的不断开发、聚酯浆料的成功使用,已实现部分或完全取代 PVA 及传统的甲酯、聚丙烯酰胺用于涤/棉混纺品种的上浆。几种代表性的涤/棉混纺织物经纱上浆配方如表 8-5 和表 8-6 所示。

表 8-5　涤/棉混纺织物经纱上浆配方 1

浆液配方	T65/C35 13.1 tex×13.1 tex 346.5×252 根/(10 cm) 96.5 cm 涤棉细布	T65/C35 13 tex×13 tex 433×299 根/(10 cm) 119.5 cm 涤棉府绸	T65/C35 13 tex×13 tex 433×299 根/(10 cm) 160 cm 涤棉府绸
变性淀粉用量/kg	40	37.5	62.5
PVA1799 用量/kg	37.5	62.5	12.5
丙烯酸类用量(30%)/kg	10	15	4
聚酯用量/kg			10
乳化油用量(柔软剂)/kg	2.5	3	3
含固率/%	10.5	14	13
上浆率/%	10	12	12

表 8-6　涤/棉混纺织物经纱上浆配方 2

浆液配方	T80/C20 13.1 tex×13.1 tex 433.5×299 根/(10 cm) 160 cm 涤棉细布	T90/C10 13 tex×13 tex 433×299 根/(10 cm) 160 cm 涤棉平布
淀粉用量/kg	50(原淀粉酶降黏)	50(磷酸酯)
PVA1799 用量/kg	25	25

（续表）

浆液配方	T80/C20 13.1 tex×13.1 tex 433.5×299 根/(10 cm) 160 cm 涤棉细布	T90/C10 13 tex×13 tex 433×299 根/(10 cm) 160 cm 涤棉平布
PVA205WP 用量/kg	17.5	—
PVA217WP 用量/kg	12.5	—
丙烯酸用量（30%）/kg	—	4
聚酯用量/kg	—	12.5
乳化剂用量（柔软剂）/kg	3	3
抗静电剂用量/kg	—	1
含固率/%	11	11.5
上浆率/%	12	12

三、黏胶织物

1. 黏胶长丝织物

黏胶丝上浆主要使用动物胶等各种胶类和 PVA 等化学浆。动物胶对黏胶丝的黏附性较好，上浆温度可低一些。浆纱配方实例如表 8-7 所示，上浆温度以 50~70 ℃为宜。醋酯丝由于具有疏水性及不耐高温，宜用化学浆料，可采用与合纤丝相似的上浆工艺。

表 8-7 黏胶长丝织物经纱上浆配方

浆液配方	纺、绸、缎类	交织类	色织类	绒类（绒经）
动物胶用量/kg	10	10	8~10	10
PVA 用量/kg	2	3	2~3	2~4
柔软平滑剂用量/kg	0.5~0.7	0.5~0.7	0.5~0.7	—
渗透剂用量/kg	0.1~0.3	0.1~0.3	0.3~0.5	0.1~0.3
吸湿剂用量/kg	0.3~0.5	—	0.3~0.5	—
浆液量/L	300	300	300	300
上浆工艺参数				
浆液黏度/s	55~65	60~68	52~60	58~65
浆液温度/℃	60~70	60~70	60~80	60~80
浆丝速度/(m·min⁻¹)	25~30	25~30	25~30	40~50

黏胶丝的织物品种有很大差异，加之机械设备、各地气候条件等因素，难以有通用的上浆工艺。但有一些原则可供参考：

（1）纺、绸、缎类。对绸缎面要求光滑平整。一般织机速度开得较高，要求浆丝耐磨性好，故应选用优级动物胶，并伴用一定量的 PVA。浆液浓度较低，上浆率一般掌握在 4%~5%。

（2）色织类。由于染色时已含有少量的固色剂等物质，有一定的疏水性，影响浆液对丝的浸透，可适当增加渗透剂用量和提高上浆温度。

（3）绒类。对绒经要求有一定刚性，上浆率应掌握得高一些。对浆丝耐磨性的要求不是很高。可用一般等级的动物胶。

（4）黏胶丝质量较次，织造时易起毛时，可用后上油方式进行弥补。

（5）以动物胶为主的浆液，上浆温度一般控制在 60～65 ℃；若原丝含油量较高，吸浆困难时，可略提高上浆温度（75～80 ℃）。

2. 黏胶短纤织物

黏胶纤维纱的吸湿性强，吸浆能力也大，但易湿伸长和塑性变形，导致力学性能下降，浆纱时浸浆长度要短，浆液温度要低，应采用单浸单压工艺，浸没辊可采用蘸浆工艺，尽量减少湿态伸长，浆纱机上的张力应控制得低一些。几种代表性的黏胶短纤织物经纱浆液配方如表8-8所示。

表 8-8　黏胶短纤织物浆液配方

浆液配方	19.5 tex×19.5 tex 263.5×251.5 根/(10 cm) 96.5 cm 黏纤平布	19 tex×19 tex 346.5×236 根/(10 cm) 119.5 cm 黏纤府绸	18.2 tex×18.2 tex 512×276 根/(10 cm) 160 cm 黏纤牛仔布
羧甲基淀粉用量/kg	20～30	60～70	50
PVA 用量/kg	5～10	15～25	15
聚丙烯酰胺用量[1]/kg	—	—	10
乳化油用量/kg	0	2	3
上浆率/%	4～5	8～10	5～6

注：[1] 聚丙烯酰胺含固率为20%。

3. 天丝纤维织物和莫代尔纤维织物

由于天丝纱线刚度大、毛羽多、强度高，其上浆重点是保持弹性与贴伏毛羽。

由于莫代尔纤维的比电阻很高，纤维在纺织加工过程中相互摩擦或与其他材料摩擦时易产生静电，因此纱线易发毛，同时静电对飞花的吸附会在经停片处积聚花衣，经纱易相互纠缠而断头增加，既影响织造效率又形成各种织疵。另外，莫代尔纱毛羽多，吸湿性强。

两种织物常用的浆液配方列于表8-9。

表 8-9　天丝纤维织物和莫代尔纤维织物经纱浆液配方

浆液配方	18 tex×28 tex 433×268 根/(10 cm) 160 cm 天丝平纹织物	18.5 tex×18.5 tex 524×284 根/(10 cm) 170 cm 天丝府绸	19.5 tex×19.5 tex 263.5×251.5 根/(10 cm) 96.5 cm 莫代尔平布
淀粉用量/kg	15（酸解）	35（羧甲基）	25（氧化）
PVA1799 用量/kg	35	40	50
丙烯酸浆料用量（固）/kg	3	3	2
浆纱膏用量/kg	5	3	—
后上蜡用量/kg	0.2	—	—
抗静电剂用量/kg	—	—	3
防腐剂用量/kg	—	—	0.2
上浆率/%	7.5	7～8	6～7

四、毛织物

国内的毛纱主要以股线或加强捻度方式满足织造要求,这对轻薄型精梳毛织物的制织是很困难的,需要通过浆纱来满足毛织物的织造要求。对精纺毛织物经纱进行上浆,首先考虑到毛纱的毛羽粗、长、卷曲而且富有弹性,贴伏毛羽是毛纱上浆应解决的关键问题。其次,毛纱的耐热性差,强度(尤其是湿强度)比较低,容易产生意外伸长和断头,常发生缠绕上浆辊的现象,故上浆过程较难控制。毛纤维表面有鳞片,湿热状态下会产生缩绒,容易产生上浆不匀。毛纱本身的临界表面张力低,而且毛纱上含有油脂,浆液难以对毛纱很好地浸透和黏附。因此,上浆配方中应重点考虑贴伏毛羽、加强浸透。几种毛纱的浆液配方如表 8-10 所示。

表 8-10 毛纱浆液配方

浆液配方	粗梳毛纱		精梳毛纱	
	单纱(31.5 tex)	股线(19.2 tex×2)	单纱(25 tex)	股线(13.9 tex×2)
羧甲基淀粉用量/kg	70	46	30	20
PVA(0588)用量/kg	0.14	0.092	5	5
聚丙烯酰胺用量[①]/kg	—	—	10	—
皮胶用量/kg	—	3	—	—
明胶用量/kg	2.5	—	—	—
甘油用量/kg	2.5	4	—	—
蜡用量[②]/kg	2.0	—	—	—
油脂用量/kg	0.5	—	3	1
润滑剂用量/kg	0.35	—	—	—
浆液量/L	700	800	500	500

注:① 聚丙烯酰胺含固率 20%。
②把明胶、蜡与油脂预先调制成乳液,再加入淀粉浆。

$25×25$ $284×261$ 毛平纹织物浆液配方实例:PVAl799 用量 45 kg,变性淀粉用量 35 kg,聚丙烯酸用量 12 kg,CMC 用量 5.5 kg,柔软剂用量 1.5 kg,抗静电剂用量 1 kg,调浆体积 0.85 m³,上浆率 10%。

五、麻织物

麻织物产品有纯麻、麻/棉、涤(或其他化纤)/麻混纺,交织(棉经麻纬、涤/棉经麻或涤长丝/麻纬等),毛/麻、涤/毛/麻三合一等。纤维的线密度高,单强高,刚性大,弹性小,伸长低,纤维长。纯纺纱具有毛羽多、长、硬、粗,伸长小,条干均匀度差等缺点。上浆主要贴伏毛羽、重被覆、保伸增塑、改善刚性。为此,要选择黏着性、耐磨性、成膜性好的 PVA 作为主浆料,变性淀粉作为第二黏着剂并混入少量丙烯酸类浆料,辅以增塑性好的助剂,如甘油和乳化油。浆纱时采用后上蜡以增加麻纱的平滑性,这样才能提高麻纱的可织性。亚麻混纺纱 L71.4～L111.1 tex(L9～L14 公支)上浆时,上浆率控制为 7%～8%,回潮率为 9%～10%。

丙烯酸类浆料不能作为麻纱的主浆料,因为织造麻织物时织造车间的相对湿度很大,很多丙烯酸类浆料的吸湿再黏问题得不到解决,特别是丙烯酸盐类。

几种麻织物经纱上浆配方如表 8-11 所示。

表 8-11 麻纱及麻织物浆液配方

浆液配方	苎麻织物		湿纺亚麻纱	亚麻/棉(55/45)混纺织物
	27.8 tex×27.8 tex 228.3×236.2 根/(10 cm) 146 cm	20.8 tex×20.8 tex 271.6×307 根/(10 cm) 123 cm	47.6 tex	20.8 tex×20.8 tex 241×230 根/(10 cm) 160 cm
氧化淀粉用量/kg	100	100	100	100
PVA 用量/kg	50	30	25	40
丙烯酸类用量[①]/kg	—	4	4	5
乳化油用量/kg	6	6	3	5
甘油用量/kg	—	—	2.0	—
上浆率/%	8~10	10~12	10~11	11~13

注:① 丙烯酸酯共聚物;表中数字以折成 100%固体量计。

六、合成短纤维织物

纯纺合成短纤维纱的上浆比其混纺纱更困难,但配方组分相似,主要使用 PVA 及丙烯酸酯类浆料的混合浆。表 8-12 所列是用于喷气织机上织造涤纶织物的浆液配方。

表 8-12 涤纶织物的浆液配方

浆液配方	13 tex×13 tex 350×310 根/(10 cm) 165 cm 涤纶细布	24 tex×24 tex 307×242 根/(10 cm) 250 cm 阔幅阻燃装饰涤平布	13 tex×13 tex 523.6×283.5 根/(10 cm) 170 cm 涤纶平布	12.3 tex×12.3 tex 523.5×322.5 根/(10 cm) 170 cm 细旦涤府绸
淀粉用量/kg	20~30(醋酸酯)	20~30(醋酸酯)	37.5(原淀粉酶降黏)	12.5
PVA1799 用量/kg	40~50	40~50	25	50
PVA205WP 用量/kg	—	—	25	25
丙烯酸酯类用量/kg	12~16(固)	10~12(固)	—	25
聚酯用量/kg	—	—	12.5	—
乳化油用量/kg	3	3	3	3
抗静电剂用量/kg	—	—	—	6
上浆率/%	10~12	8~10	12	13

七、合纤长丝织物

无捻或低捻合纤长丝上浆的目的主要是增强单纤之间的抱合力,又不会发生再黏。浆液配方的主要组分是低聚合度的部分醇解型 PVA 与丙烯酸酯类,或玻璃化温度(L)较高的丙烯酸酯共聚物，或水分散性聚酯。表 8-13 所示是在普通浆丝机上浆的合纤长丝浆料配方和主要工艺参数；表 8-14 所介绍的配方是以丙烯酸酯类共聚物为主体，用于高速无梭织机的无捻合纤长丝的整浆联合机工艺参数。

合纤长丝上浆时应注意以下方面：

（1）无捻合纤长丝不宜在烘筒式或烘筒-烘房联合型浆丝机上上浆。因黏并严重，织机上分绞困难，通常需在整浆联合机上进行上浆。

（2）加弱捻的合纤低捻丝或有一定网络度的合纤网络丝，可在普通浆丝机上上浆，但应对导辊和烘筒表面涂覆防粘材料（聚四氟乙烯）。

（3）用于喷水织机或其他高速无梭织机织造的合纤无捻丝，应选取轴对轴的上浆方式。即先在高速整经机上做成分经轴，然后以这分经轴在浆丝机上上浆（经丝密度低，并装有有效的经丝分离机构），再在并轴机上并成所需的织轴。

（4）浆丝的伸长率应尽可能地控制在 1% 左右。

（5）表 8-13 所介绍的上浆工艺，应特别注意防止经丝层与导辊、烘筒的黏搭问题，有时甚至造成无法织造的严重后果。

表 8-13　合纤长丝在普通浆丝机上的上浆工艺

浆液配方	涤纶丝（网络）	锦纶丝（加捻）	涤纶低弹丝	醋酯丝
丙烯酸酯类用量[①]/kg	5～10	5～7	8～12	4～8
PVA 用量/kg	—	1～2	2～3	2～4
柔软平滑剂用量/kg	0.4～0.6	0.5～0.8	0.4～0.6	0.4～0.6
抗静电剂用量/kg	0.1～0.3	0.1～0.3	0.1～0.2	0.1～0.3
浆液量/L	200	200	200	200
上浆工艺参数				
浆液黏度/s	55～65	60～68	52～60	58～65
浆液温度/℃	50～60	50～60	50～60	45～50
浆丝速度/(m·min^{-1})	25～30	25～30	10～20	20～25

注：① 丙烯酸酯共聚物，表中数字以折成 100% 固体量计算。

各种变形丝的浆液配方基本相似，但变形丝表面的油剂与吸浆性能有密切关系。

合纤长丝上浆，除了选用适宜的浆料外，还需对上浆工艺做必要的改革。最主要的是使经纱之间保持一定间隙，保证潮湿状态的经纱彼此不接触，防止再黏。解决办法可采用整浆联合方式、分层多浆槽多烘筒方式等。

表 8-14　合纤长丝的整浆联合机上浆工艺

浆液配方	涤纶丝	锦纶丝	涤纶低弹丝
丙烯酸酯共聚物铵盐用量[①]/kg	16～24	12～16	14～18
PVA 用量/kg	—	2～4	2～4
柔软平滑剂用量/kg	0.3～0.5	0.3～0.5	0.3～0.5
抗静电剂用量/kg	0.2～0.3	0.1～0.2	0.2～0.3
浆液量用量/L	200	200	200

上浆工艺参数			
浆液温度/℃	40～50	40～50	40～50
烘燥温度/℃	100～125	100～125	100～105
浆丝速度/(m·min⁻¹)	90～100	90～100	80～90

注：① 丙烯酸酯共聚物铵盐，表中数字以折成100％固体量计算。

八、芳纶浆纱织物

芳纶纤维的强度很高，但条干较差，同时存在刚度大、细节多、毛羽长而多的缺点。因此上浆目的以贴伏毛羽、浆纱柔软耐磨为主，宜采用高浓度、中黏度、重加压、贴毛羽、偏高上浆率和后上油的工艺。

以"160 cm　19.6 tex×19.6 tex　236 根/(10 cm)×236 根/(10 cm)芳纶平纹织物"为例，浆液配方（调浆体积 0.85 m³）：PVA1799 用量 60 kg；酸解淀粉用量 20 kg；E-20（酯化淀粉）用量 30 kg；丙烯类浆料用量 6 kg；润滑剂用量 4 kg；后上蜡用量 0.3 kg。上浆率 11.2％；回潮率 3.5％；伸长率 0.8％。上浆工艺参数：浆槽温度 90 ℃；浆液黏度(12±0.5)s；压浆辊压力 5 kN/13.8 kN。

第五节　浆纱工艺设定与调整

浆纱工艺设定的任务是根据织物品种、浆料性质、设备条件的不同，确定正确的上浆工艺路线，实现浆纱工序总的目的和要求。

浆纱工艺设定的主要内容有浆料的选用、确定浆液的配方和调浆方法、浆液浓度、浆液黏度和 pH 值、供浆温度、浆槽浆液温度、浸浆方式、压浆辊加压方式和质量、湿分绞棒根数、烘燥温度、浆纱速度、上浆率、回潮率、总伸长率、墨印长度、织轴卷绕密度和匹数等。

一、浆液浓度和黏度

1. 浆液浓度

上浆率随着浆料的组成、浆液浓度、上浆工艺条件（压浆力、压浆辊表面硬度、上浆速度）等因素的不同而变化。在同一浆料和上浆工艺不变的情况下，浆液浓度与上浆率成正比关系。在原纱质量下降、开冷车使用周末剩浆、按照生产需要车速减慢、蒸汽含水量增加等情况下，应适当提高浆液浓度。

2. 浆液黏度

一般情况下，浆液黏度低，则浸透多，黏附在纱线表面的浆液少；而高黏度浆液则相反，纱线的浸透少而表面被覆多。

二、浆液使用时间

为了稳定和充分发挥各类淀粉的黏着性能，一般采用小量调浆，用浆时间以 2～4 h 为宜，化学浆可适当延长使用时间。

三、上浆温度

上浆温度应根据纤维种类、浆料性质及上浆工艺等参数制定。实际生产中,有高温上浆(95 ℃以上)和低温上浆(60～80 ℃)两种工艺。一般情况下,对于棉纱,无论是采用淀粉浆还是化学浆,均以高温上浆为宜。因为棉纤维的表面附有棉蜡,而蜡与水的亲和性差,影响纱线吸浆,且棉蜡在 80 ℃以上的温度下才能溶解,故宜采用高温上浆。对于涤/棉混纺纱,高温和低温上浆均可。高温上浆可加强浆液浸透,低温上浆多用于纯 PVA 合成浆料,配方简单,还可以节能,但必须辅以后上蜡措施。黏胶纤维纱在高温湿态下,强力极易下降,故上浆温度应较低。

四、压浆辊的加压质量和加压方式

1. 压浆辊的加压质量

压浆力的大小取决于压浆辊自重和加压质量,一般粗特纱、高经密、强捻纱情况下,压浆力应适当加大;反之,细特纱的压浆力可适当减小。为了浆纱机节能和提高车速,已逐渐采用重加压工艺,最大压浆力可达 40 kN。

2. 压浆辊配置

对于双压浆辊压力配置的两种方式,前文已叙述,先重后轻和先轻后重的侧重点不同。应该指出的是,双压浆辊中起决定性作用的是靠近烘房的压浆辊(即第二只)。从压出回潮率的大小来看,前一种配置方式大于后者。因此,压浆辊配置工艺应根据具体情况和需要而定。

五、浆纱速度

浆纱速度的确定与上浆品种、设备条件等因素有关。浆纱速度应在浆纱设备技术条件的速度范围内。通常,浆纱机的实际开出速度为 35～60 m/min。

六、上浆率、回潮率和伸长率

1. 上浆率

上浆率与纱线线密度、织物组织和密度、用浆料性能和织机类型等因素有关。上浆率的确定要结合长期生产实践经验。表 8-15 所示为使用有梭织机织制纯棉平纹织物时的上浆率范围(所用浆料为混合浆)。表 8-16、表 8-17、表 8-18 所示为上浆率的组织修正、纤维种类修正、织机类型修正系数。

表 8-15 使用有梭织机织制纯棉平纹织物时的上浆率范围

线密度/tex	英制支数/英支	上浆率/%	
		一般密度织物	高密度织物
29	20	8～9	10～11
19.4	30	9～10	11～12
14.5	40	10～11	12～13
11.7	50	ll～12	13～14
9.7	60	12～13	14～15

表 8-16　按织物组织修正上浆率

织物组织	上浆率修正值/%	织物组织	上浆率修正值/%
平纹	100	斜纹(缎纹)	80～86

表 8-17　按纤维种类修正上浆率

纤维种类	上浆率修正值/%	纤维种类	上浆率修正值/%
纯棉	100	涤/棉、涤/黏混纺纱	115～120
人造短纤纱	60～70	麻混纺纱	115
涤纶短纤纱	120	—	—

表 8-18　按织机种类修正上浆率

织机种类	车速/(r·min⁻¹)	上浆率修正值/%	织机种类	车速/(r·min⁻¹)	上浆率修正值/%
有梭织机	150～200	100	高速剑杆织机	300 以上	120
片梭织机	250～350	115	喷气织机	400 以上	120
剑杆织机	200～250	110	—	—	—

上浆率一般以检验退浆结果和按工艺设计允许范围(表 8-19)掌握并考核其合格率。

表 8-19　上浆率工艺设计允许范围

上浆率/%	6 以下	6～10	10 以上
允许差异/%	±0.5	±0.8	±1.0

上浆率一般通过改变浆液浓度和黏度加以调节。改变的压浆辊加压质量也能小幅调节上浆率,但加压质量的过大改变会造成浸透和被覆的不恰当分配,故不宜采用。

2. 回潮率

回潮率取决于纤维种类、经纬密度、上浆率高低和浆料性能等。回潮率参考范围见表 8-20。回潮率要求纵向、横向均匀,波动范围一般掌握在工艺设定值±0.5%。回潮率的调节有定温变速和定速变温两种方法,一般采用定温变速的方法。

表 8-20　各种浆纱的回潮率

纱线品种	回潮率/%	纱线品种	回潮率/%
棉浆纱	7±0.5	聚酯(100%)浆纱	1.0
黏胶浆纱	10±0.5	聚丙烯腈(100%)浆纱	2.0
涤棉(65/35)混纺浆纱	2～4	—	—

3. 伸长率

经纱在上浆过程中必会产生一定量的伸长,伸长率要求越小越好。表 8-21 所示为伸长率参考数据。

表 8-21 伸长率参考数据

纤维种类	伸长率/%	纤维种类	伸长率/%
纯棉纱	1.0 以下	涤/棉混纺纱	0.5 以下
棉/维混纺纱	1.0 以下	纯棉及涤/棉股线	0.2 以下
黏胶纱	3.5 以下	—	—

七、浆纱工艺参数实例

浆纱工艺参数实例见表 8-22。

表 8-22 浆纱工艺参数实例

工艺参数		品种		
		JCl4.5×JCl4.5 523.5×393.5 棉防羽布	JC9.7×JC9.7 787×602 直贡	C14.5×C14.5 523×283 纱斜纹
工艺	浆槽浆液温度/℃	95	92	98
	浆液含固率/%	14.2	11.5	11.2
	浆液 pH 值	8	8	7
	浆纱机型号	GA308	祖克 432 新机型	HS20—Ⅱ
	浸压方式	双浸双压	双浸四压	单浸三压
	压浆力(Ⅰ)/kN	8.4	10	7.5
	压浆力(Ⅱ)/kN	23.6	17	11
	接触辊压力/kN			2
	压出回潮率/%	<100	<100	<100
	湿分绞棒数/根	1	1	1
	烘燥形式	全烘筒	全烘筒	全烘筒
	烘房温度/℃ 预烘烘筒	120	125	125~135
	烘房温度/℃ 并合烘筒	110	115	100~125
	卷绕速度/(m·min⁻¹)	70	65~70	45
	每缸经轴数/个	由计算确定	由计算确定	由计算确定
	浆纱墨印长度/m	由计算确定	由计算确定	由计算确定
质量	上浆率/%	12.8	14±1	13.4
	回潮率/%	7±0.5	6.8±0.8	5.8
	伸长率/%	1.0	<1	1.2
	增强率/%	41.5	31.5	50.8
	减伸率/%	23.6	22.5	18.1
	毛羽降低率/%	86.1	65	68

思 考 题

1. 通常,需要几种浆料配合使用,才能到达浆纱的目的? 浆料选配的依据是什么? 选配的原则是什么?

2. 棉纤维为纤维素纤维,根据它的性能特点,棉纱上浆有怎样的要求?

3. 黏胶纤维为常用的化学纤维,根据它的性能特点,浆纱时应注意些什么?

4. 涤纶纤维是用量最大的合成纤维,吸湿性低,强度高,对浆纱有怎样的要求?

5. 环锭纺纱线是由罗拉进行牵伸,通过锭子和钢领、钢丝圈进行加捻而成的。环锭纺纱线有什么特点? 对浆纱有怎样的要求?

6. 转杯纺是一种自由端纺纱法,且不用锭子和钢丝圈,其成纱有什么特点? 对浆纱有怎样的要求?

第九章　新型浆纱工艺

第一节　高压上浆

经纱上浆设备一般都有浆槽、上浆辊和压浆辊。经纱浸过浆液后,都要经过压浆辊的压轧,使浆液渗透到纱线内部,上浆均匀,降低纱线的含液率。压浆辊压浆力分为一般压力(10 kN以下)、中等压力(20 kN~40 kN)和高压力(70 kN~100 kN)。

一、高压上浆的意义

高压上浆是美国西点公司在1978年推出,并被其他公司竞相效仿的一种高效上浆技术。高压上浆最初考虑的目的是节能。通过提高压浆力,加大机械挤压作用,以减轻烘燥部分的负担。如使压出回潮率降到100%以下,可减少蒸汽消耗30%~50%;在同样的用汽量时,浆纱机速度由通常的30~50 m/min,提高到40~75 m/min;从浆槽出来的纱线含水分少,浆料的迁移也减少,上浆的被覆和浸透好。另外,进入烘筒表面的纱线水分少,对烘筒的粘连、结皮及腐蚀作用少,有利于烘筒表面清洁、光滑和延长使用寿命;同时由于对烘筒的粘连少,纱线之间相互粘连也少,对毛羽贴伏特别有利;又由于高压压浆工艺部件及压浆情况的改善,并纱、柳条等疵点减少了,从而提高了浆纱的可织性。

二、高压上浆工艺指标

(1) 浆液含固率。它是指浆液中各种无水浆料的干重占浆液总质量的百分比:

$$D = \frac{S_m}{S_m + S_n} \times 100\%$$

$$(9-1)$$

式中:D——浆液含固率(%);

　　S_m——浆液烘干后质量(g);

　　S_n——浆液中水的质量。

(2) 上浆率。上浆率是反映经纱上浆量的指标,定义为浆料干重与原纱干重之比,以百分数表示:

$$J = \frac{G - G_0}{G_0} \times 100\%$$

$$(9-2)$$

式中:J——上浆率(%);

　　G_0——原纱干重(g);

　　G——浆纱干重(g)。

(3) 压出加重率。它是指经纱经过浆液浸渍、压浆辊挤压后,干燥浆纱上含有的浆液量:

$$Y=\frac{G_1-(G-S_g)}{G-S_g}\times100\%=\frac{\dfrac{S_g}{D}}{G-S_g}\times100\%$$

$$Y=\frac{J}{D}\times100\% \tag{9-3}$$

式中：Y——压出加重率（%）；

　　G_1——从浆槽出来的浆纱湿重（g）；

　　G——从浆槽出来的浆纱干重（g）；

　　S_g——浆料干重（g）。

（4）压出回潮率（高压上浆时要求其值<100%）。它是指经纱经过浆液浸渍、压浆辊挤压后，从浆槽出来但未经烘房时浆纱的回潮率：

$$H=\frac{G_1-G}{G}\times100\%$$

$$=\frac{(G_1-G_0)\times(1-D)}{G_0}\times100\% \tag{9-4}$$

$$H=Y\times(1-D)\times100\%$$

式中：H——压出回潮率（%）；

（5）压浆力。压浆力指压浆辊挤压浆纱时所施加的压力。若总压浆力为 F（kN），则线压浆力 f（N/cm）和压强 P（N/cm²）分别如下：

$$f=\frac{F}{L} \tag{9-5}$$

$$P=\frac{F}{L\times b} \tag{9-6}$$

式中：L——压轧幅宽（cm）；

　　b——压轧宽度（cm）。

F、f、P 均表示压浆程度。

三、上浆率与浆液浓度的关系

图 9-1 所示为实测的上浆率、浆液含固率与压浆力的关系。

图 9-1 中的曲线表明，当浆液含固率增加时，为保证浆纱上浆率稳定不变，压浆力必须显著增加。

四、高压上浆效果

（1）高压浆纱的压出回潮率减小，烘干快，可以实现浆纱高速化，提高产量，能源消耗降低。实测 22.6 tex 涤/棉经纱（T65/C35，总经根数6 828，上浆率 9.5%）上浆，当浆液含固率为 7.7% 时，烘干每千克干经纱需蒸发水分

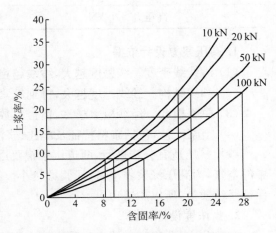

图 9-1　上浆率、含固率与压浆力的关系

227

1.139 kg;当浆液含固率提高到 12.3%时,烘干每千克干经纱需蒸发水分下降到 0.657 kg。两者的蒸发水分量差异很大,后者使浆纱速度有可能显著提高。普通浆纱机平均车速为 30～45 m/min,而具有高压功能的浆纱机车速在 60～100 m/min,1 台相当于普通浆纱机 2 台以上。

  (2) 浆液浸透增加,纱线结构更加紧密,纱线直径减小;浆纱的耐磨性、毛羽贴伏、强度等指标得到提高。高压上浆浸透深度、浆膜完整度及毛羽贴伏均较好,克服低压上浆时上浆不匀的缺陷。耐磨牢度高,浆轴黏并疵点少,增进了经纱的可织性。由于断经根数减少,织机效率可提高 3%～8%。耐磨性与上浆方式的对比结果如图 9-2 所示,可以看出高压上浆经纱的耐磨性得到大幅提高。

  (3) 上浆质量提高,至少可以使上浆率降低 0.5%～1%,可节约浆料 5%～10%。据 100 台喷气织机统计资料:年消耗各种浆料费用达 240 万元,可节约浆料费用 24 万元;全年消耗燃料费

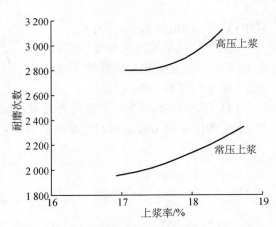

图 9-2　高压上浆与常压上浆的浆纱耐磨性对比

用 120 万元,由于高压上浆降低蒸汽耗量 30%～50%,按 30%计算,可节约燃料费用 36 万元。

五、高压上浆依据

  高压浆力范围的界定:美国 40～100 kN,德国为 28～44 kN,日本为 20～40 kN。试验结果表明:当压浆力超过 40 kN 时,压出回潮率的降幅很小。国内的压浆力范围与日本相同,即 20～40 kN。

  压浆力推荐范围:

压浆力分档	浆纱机代表
一般压力<10 kN	国产早期浆纱机,G 系列
中等压力 10～20 kN	国产新型浆纱机,GA 系列
高压力>20 kN	德国祖克、卡尔迈耶、国产 GA308

1. 高压浆力设计依据

  (1) 纱线线密度。线密度越大,纱线越粗,吸浆率越高,要求压浆力越大。

  (2) 纱线结构。纱线捻度越大,排列越紧密,要求压浆力越大。

  (3) 总经根数。经纱根数越多,覆盖系数越高,要求压浆力越大。

  (4) 上浆工艺,包括浆料特征及配比、浆液浓度和黏度、经纱张力和浸浆长度。

  纱片挤压适宜分步进行,两道压浆辊要逐步加重挤压。第一道压浆辊进行预压,排出纱线中的空气,为高压浸浆做准备,压浆力较小。第二道压浆辊是正式压浆,并且有无级调压装置保证浆纱质量,所以压浆力更大。

2. 高浓度设计依据

  经验公式:上浆率≈压出加重率×含固率。

由于高压上浆的标志是压出加重率≤100％,代入经验公式得,含固率≥上浆率,即含固率稍高于上浆率(1％~2％)。

3. 低黏度设计依据

低黏是相对而言的。要形成低黏度的浆液,必须配合低黏度的浆料组分。使用低黏度的浆料是保证浆液低黏的先决条件。

如果在不改变浆料黏度的条件下提高浆液的浓度,必然会导致浆液黏度增大,不利于浆液的流动性和渗透性,不利于浆料对经纱的渗透与被覆平衡,所以高压上浆需要使用低黏度的浆料,但黏度也不能过低,否则不仅会损害浆料的黏附性能,还容易产生轻浆,引起浆纱在织造过程中起毛和断头。

高压上浆与常压上浆相比,高压上浆的浆纱质量有所提高,主要表现为,纱线表面毛羽贴伏,浆液的浸透量明显增加。良好的浆液浸透不仅使纤维之间黏合作用加强,而且为浆膜的被覆提供了坚实的攀附基础,于是表现出浆纱耐磨性能大大改善。

高压上浆对浆纱设备的要求:

(1) 为克服上浆率横向不匀,对上浆辊的材质提出了较高的要求,并且辊芯被设计成枣核形。

(2) 压浆辊表面硬度邵尔 A 80°~邵尔 A 90°。

(3) 必须具备压浆力自控装置。

第二节　泡沫上浆

用易发泡的浆液与发泡剂和压缩空气均匀混合,通过机械作用形成比较稳定的泡沫浆液,然后采用适当的施泡装置将泡沫浆液均匀地施加到经纱上,以泡沫为媒介,对经纱进行上浆。经压浆辊轧压,泡沫破裂,浆液均匀地附着在纱线上,对经纱形成适度浸透和被覆。

经纱上浆是织物生产的一个中间环节,而印染中的退浆过程会产生大量污水。随着环保意识增强和环保政策的严格实施,经纱上浆的环保性问题已引起纺织行业的广泛关注。

泡沫上浆具有低上浆、易退浆和节能减排的特点,担负经纱上浆技术创新的任务和使命。泡沫上浆浆纱质量指标及织造效率可以达到浸压工艺水平。

一、泡沫上浆原理

泡沫上浆原理如图 9-3 所示。

浆料发泡后,由施泡装置喷淋在经纱表面。依次经过预压浆辊、上浆辊和主压浆辊压浆,浆料均匀地被覆于经纱表面。浆纱经预压浆辊、湿分绞棒分绞,进入烘箱烘干,卷绕成织轴。

二、泡沫上浆与传统上浆比较

(1) 泡沫上浆。采用易发泡的浆液与发泡剂和压缩空气均匀混合,通过机械作用形成比较稳定的泡沫浆液。然后通过适当的施泡装置,将泡沫浆液均匀施加到经纱上,再经过压浆辊挤压,泡沫破裂,浆液均匀地附着在纱线上,使经纱获

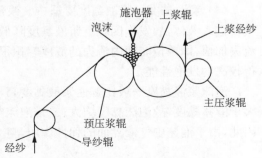

图 9-3　泡沫上浆原理

得一定的浸透和被覆,上浆以被覆为主,渗透作用较弱。

(2)传统上浆。以水为介质,将浆料传送到纱线上。

三、泡沫上浆优点

(1)节能。泡沫上浆目的是降低压出回潮率,以节省烘燥能量和提高浆纱速度。传统上浆工艺中,浆液含固率为 10%～15%,压出回潮率为 90%～130%,其中约 80%～115% 的水分需要在烘燥中蒸发,耗能大。泡沫上浆工艺中,压出回潮率为 40%～50%,所以烘燥消耗少,若使用现有烘燥装置进行烘燥,可提高浆纱速度。

(2)节水。泡沫上浆用空气代替了部分水,可节水。

(3)节浆。浆料主要被覆在纱线表面,可以适当降低上浆率.可节约浆料。

(4)易于退浆。浆料渗透到纱线内部较少,因此容易退浆,可节省退浆助剂。

(5)不用浆槽。免除了浆槽的蒸汽消耗。

(6)不易褪色。上浆温度低,色纱在上浆中不会发生脱色、渗色现象。

(7)提高质量。泡沫上浆采用的浆料性能较好,浆料又主要被覆在经纱表面,所以浆纱毛羽少,耐磨性好,开口清晰,落浆少,织造效率较高。

四、泡沫上浆对浆液的要求

(1)高含固率。由于泡沫上浆的压出回潮率为 40%～50%,要达到 10%～12% 的上浆率,浆液的含固率必须达到 20%～25%,所以使用的浆料必须是高浓低黏的。

(2)浆液发泡比。发泡比指 1 kg 浆液可以产生的泡沫体积,如 1 kg 浆液可以产生 20 L 浆液,即发泡比为 1∶20。

发泡比越低,泡沫含液量越高;发泡比越高,则泡沫含液量越低。

发泡比实际上就是泡沫中空气的量。发泡比过小会直接影响泡沫施加的均匀性和节能效果(压出回潮率过高)。对于泡沫上浆来说,发泡比一般控制在 1∶10～1∶20。

(3)泡沫浆液的稳定性。上浆用的泡沫不是越稳定越好。如果泡沫太稳定,施加到经纱上的泡沫就不会均匀又很快地破裂,会造成施加量不均匀。如果泡沫的稳定性过低,则由泡沫发生器形成的泡沫未输送到经纱表面就已破裂,也会造成施加量不均匀,同时还会造成压出回潮率过高,影响节能效果。常用的泡沫属于亚稳定型的。泡沫的稳定性一般用半衰期表示,即泡沫体积衰退到一半所需的时间。半衰期越长,泡沫稳定性越好。泡沫的稳定性也可从泡沫的大小判断,泡沫越细小越均匀,泡沫的稳定性就越强。泡沫上浆用的泡沫一般要小于 $100\ \mu m$,$50\ \mu m$ 的泡沫最适宜。

(4)浆液黏度。浆液黏度要适中。浆液黏度过高,浆液阻力大,搅拌器难以搅动浆液,使气体进入液体,故发泡困难。浆液黏度降低,发泡性能增加。但浆液黏度过低,泡沫间薄膜层流失加快,即单位时间内流失的液体容积很大,泡沫极不稳定。所以浆液黏度过低,也难以获得较高的发泡性能。

泡沫浆液黏度一般比普通浆液黏度高,原因有二:一是发泡后,液相表面积扩张,表面黏度大于液体黏度,故泡沫黏度增大;二是泡沫中气泡壁有一定弹性,它增加了相对移动时的阻力。因此,由于泡沫中气液界面的弹性作用,整个泡沫体系黏度增加。

五、泡沫浆料配方

(1) 泡沫上浆发泡助剂的筛选。通过对不同发泡剂进行试验,从发泡能力、生态安全性、泡沫稳定性,并结合经济成本考虑,最终确定选用 NaLS。不同类型发泡剂的泡沫性能比较列于表 9-1。

表 9-1 不同类型发泡剂的泡沫性能

发泡剂的名称	类型	发泡倍率	半衰期 $t_{1/2}$/ min	泡沫高度 H/mm
十二烷基硫酸钠(NaLS)	阴离子	4.8	3.7	173
十二烷基苯磺酸钠(ABS)	阴离子	4.6	3.5	167
净洗剂 209	阴离子	4.1	3.3	145
辛基酚聚氧乙烯醚(OP-10)	非离子	4.5	3.7	150
壬基酚聚氧乙烯醚(AEO-9)	非离子	4.5	3.8	140
烷基糖苷(APG)	非离子	4.6	4.6	152
茶皂素	非离子	4.4	3.8	139
净洗剂 JU	非离子	4.6	4.5	155
渗透剂 JFC	非离子	4.3	3.3	125
平平加 O	非离子	4.0	3.7	116
乳化剂 TX-10	非离子	4.2	3.6	120
匀染剂 1227	阳离子	4.2	2.9	113
抗静电剂 SN	阳离子	4.3	2.6	110
十二烷基二甲基氧化胺	阳离子	4.2	2.7	105

(2) 优选单一组分发泡浆料。常用变性淀粉、PVA 等浆料,虽然具有一定的发泡能力,但不能满足泡沫上浆的要求。通过研究试验,从浆料的取代度、黏度、混溶性、发泡后泡沫稳定性等方面进行改善,开发新型泡沫浆纱浆料,包括:

① 专用发泡淀粉浆料。为解决传统浆料含有消泡剂成分导致其发泡性能较差的问题,联合浆料生产商开发了不含消泡剂成份的专用淀粉浆料。

② 专用发泡丙烯酸类浆料。为解决加入液体丙烯酸浆料后泡沫衰减性,稳定性变差等问题,浆料生产商开发出用于泡沫浆纱的专用固体丙烯酸浆料。

六、影响泡沫上浆上浆率的因素

(1) 浆液含固率。浆液含固率必须达到 20%~25%,否则上浆率达不到要求。

(2) 压出回潮率。压出回潮率与上浆率相关,如表 9-2 所示。

(3) 发泡率。发泡率对上浆率有一定影响,也影响压出回潮率。

(4) 压浆辊压力对上浆率的影响。

表9-2　压出回潮率与上浆率的关系

发泡率	浆液含固率/%	压出回潮率/%	计算上浆率/%	实测上浆率/%
1∶7	20	36.6	7.32	7.5
1∶10	20	35.2	7.04	7.2
1∶15	20	27.0	5.40	5.9
1∶18	20	16.5	3.30	3.0
1∶7	30	42.3	12.69	11.6
1∶10	30	32.4	9.72	9.3

七、发泡装置

发泡装置作用:把压缩空气通入浆液,并使系统受到很大的剪切力作用,产生泡沫。发泡工艺流程如图9-4所示。

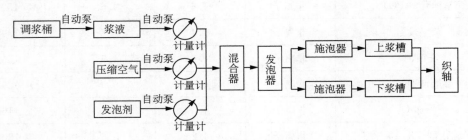

图9-4　发泡工艺流程

喷淋式泡沫施泡器(图9-5):将发泡机产生的泡沫浆液通过输送管道输送至喷淋装置。喷淋装置由若干个均匀分布的喷淋嘴组成。在浆纱过程中,泡沫经喷淋嘴的分流涂覆在经纱片上。该施泡器的不足之处在于,在泡沫浆纱过程中,各喷淋嘴易产生分流不均匀现象。喷淋式施泡器的作用属于单面上浆,存在纱片两面上浆不均匀的问题。

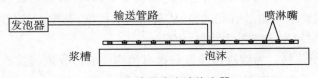

图9-5　喷淋式泡沫施泡器

刀口式施泡器(图9-6):在上浆辊上方安装施泡刀口,泡沫经过输送管道均匀分配并输送至刀口施泡器底端,经过刀口的狭缝流出,均匀涂覆在经纱片上。该装置的优点是弥补了喷淋式施泡器分流不均匀问题,可使泡沫均匀分布在纱线上,同时刀口狭缝宽度可根据实际需要调

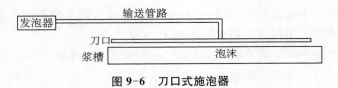

图9-6　刀口式施泡器

节,进而控制泡沫薄膜的厚度。刀口式施泡器的作用也属于单面上浆,存在纱片两面上浆不均匀的问题。

八、泡沫上浆存在的问题

泡沫上浆是一种新型上浆工艺,还存在各种不足和局限性,还在不断地完善中。目前泡沫上浆存在以下问题:

(1)工业化生产的浆液含固率偏低,只有 5%～7%,致使上浆率偏低,只有 5%～8%,以股线上浆为主,满足不了单纱上浆要求。

(2)泡沫浆液发泡比偏低,只有 1:5～1:8,造成压出回潮率偏高,远没有达到 40%～50%的水平,所以节能、提高浆纱速度的目的还没有达到,上浆车速与传统上浆一样,能耗比传统浆纱低 13%左右,降幅有限。

(3)浆液的黏度偏离,满足不了泡沫上浆高浓低黏的要求,所以浆液含固率也未达到 20%～25%的水平。浆液含固率低,含水分多,上浆率就无法达到要求。

(4)目前常用的浆料,如 PVA-1788、PVA-205 本身加有消泡剂,会严重影响泡沫浆液的发泡比和泡沫稳定性,致使发泡比偏低,压出回潮率过高,节能和提高上浆速度的目的无法达到。

(5)要使用低温不凝冻浆料。

(6)浆料成本高于传统上浆。

第三节 预湿上浆

根据黏附的原理,浆液在经纱上的黏附状况与纱线的特性、表面状况、润湿程度等有关。预湿上浆就是根据这一原理,在浆纱机的经轴架与浆槽之间插放一个预湿水槽,经纱进入浆槽前,先在预湿槽中经 90 ℃左右的热水浸渍,同时采用高压挤轧(挤轧压力在 100 kN 以下,对棉纱来说,适宜的吸水率应保持在 40%左右),使热水充分浸透经纱,确保经纱上的蜡质、果胶质和脂肪物质受到溶化和洗涤作用,同时除去纱线上过多的水分并排除纤维间的空气,从而保证后面浸浆时有良好的润湿和吸浆条件。预湿上浆工艺流程如图 9-7 所示。

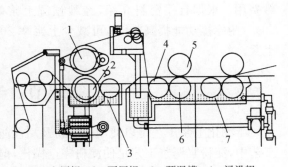

1—上压辊　2—下压辊　3—预湿槽　4—浸没辊
5—压浆辊　6—上浆辊　7—浆槽

图 9-7　预湿上浆工艺流程

一、预湿机构的形式

预湿上浆的预湿机构通常有三种形式:

(1)单浸单压式。在经纱进入浆槽前加装一套由一根浸没引纱辊和一根压水辊组成的预湿槽。

(2)双浸双压式。采用两次浸水、两次挤压的形式。经纱由引纱辊拖引,进入预湿槽并浸没于槽内的液体中,通过第一对挤压辊的挤压后,经过浸水辊二次入水,通过第二对挤压辊的高压挤水,再进入浆槽上浆。

(3)浸喷双压式。在预湿区,由一根浸没辊对经纱预湿浸渍,然后第一对挤压辊挤压出经纱内空气,在经纱离开挤压点时,用热水喷淋,使经纱能够充分湿润,然后经过第二对挤压辊挤压,去除多余水分。

二、预湿上浆工艺

(1)预湿水温。预湿的目的就是在经纱上浆之前,尽可能地清除经纱表面有阻止上浆作用的棉蜡和果胶等杂质,并润湿纱线。因此,预湿水温一般控制在(85±2)℃,温度高有利于除杂和润湿,但过高会增加能耗。

(2)辊压及经纱的压出回潮率。当压力达到60 kN时,纯棉品种压出回潮率在40%左右,100 kN时压出回潮率接近30%。因此,挤压辊压力一般控制在60~100 kN,使压出回潮率控制在40%以下。压力过高,压出回潮率下降不再明显。

(3)浆液浓度。应比传统上浆提高约20%。

三、预湿上浆浆纱质量

预湿上浆改善了浆料的黏合效果,使浆料对经纱的黏附力增加,浆纱毛羽减少,浆膜的完整性提高,耐磨性增强,断裂强度也有所提高,即经纱的可织性有所提高,织造时经纱断头率可降低,织机效率能增加。因而,上浆率可降低,上浆成本也能下降。据国内的预湿上浆装置的生产性试验,浆纱的力学性能有所改善,在上浆率略有降低时,浆纱的毛羽和耐磨性有一定改善。

预湿上浆能降低经纱断头率,提高织机效率;能降低经纱上浆率,可以节约浆料成本和浆纱费用。根据有关资料介绍,经纱预湿上浆效果显著,毛羽可减少50%,强度提高15%~20%,耐摩擦功能提高60%,可减少上浆率20%~40%。预湿上浆一般适合中、粗特纱线的上浆。

第四节 半糊化上浆

半糊化上浆工艺是以使用原淀粉及高性能变性淀粉为主的一种新型上浆技术。传统浆纱工艺中,淀粉浆调浆工艺是使淀粉完全糊化,但完全糊化会使浆液黏度太高,输浆困难,难以浆纱,需对原淀粉进行改性。但改性过程中会出现以下问题:①采用化学方法改性淀粉,在改性的过程中,需要使用化学改性剂;②由于加工过程中的损耗,会成本增加;③降低了淀粉浆料浆膜的强力;④传统浆纱工艺需要高温,浪费能源,恶化浆纱车间工作环境。针对上浆过程中出现的这些问题,探索了半糊化上浆工艺。

一、半糊化上浆机理

半糊化浆液是由完全糊化的淀粉浆液、半糊化浆液和未糊化的大量吸水体积膨胀的淀粉颗粒组成的低黏度浆液。

在浆纱过程中,糊化的浆液浸透到纱线内部,大量吸水膨胀未糊化淀粉颗粒黏附在纤维和纱线表面。浆纱进入高温烘燥时,黏附在纱线表面的大量吸水未糊化淀粉颗粒破裂、糊化并被覆到纱线表面,形成完整的浆膜。

二、半糊化浆液调制

半糊化浆液的调浆桶如图 9-8 所示,浆液调制步骤如下:

(1) 在不断搅拌下,按比例在调浆桶内加入一定量的水和淀粉,形成淀粉乳。将调浆桶内的淀粉乳加热升温到 45～55 ℃。

(2) 开启糊化器,使糊化器内淀粉乳液糊化。糊化器内浆液温度明显高于调浆桶淀粉乳液温度,巨大的温差及压力使淀粉乳液快速从糊化器底部进入,从上部溢出,完成糊化过程。

(3) 随着糊化器开启时间增加,糊化淀粉比例增加,浆液黏度逐步提高,当浆桶内浆液黏度达到工艺设定值,糊化器自动关闭,完成半糊化浆液调制。

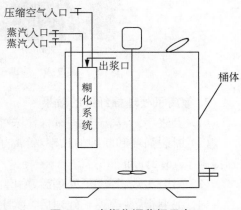

图 9-8 半糊化调浆桶示意

(4) 半糊化浆纱技术的关键是只有部分淀粉完全糊化,而其余淀粉处于吸水膨胀阶段,所以调浆结束后浆液温度必须低于淀粉糊化温度,通常控制在 65 ℃左右。

三、半糊化上浆优点

(1) 降低浆纱成本,提高织造效率。

(2) 简化调浆程序,实现调浆工序自动化。

(3) 提高浆纱好轴率,减少浆纱疵点。

(4) 低温调浆,低温上浆,低温烘燥,符合国家节能减排要求(实现较低排放)。

(5) 使用原淀粉便于退浆,有利于环境保护。

第五节　其他上浆技术

一、等离子预处理浆纱

等离子体是由带电离子与自由电子组成的,是非液体,没有固定的形态,又称为等离子体态。纤维表面基体分子与等离子活性物质相互发生物理、化学作用,表面可植入官能团,产生刻蚀和化学改性等作用,从而使纤维表面能改变。

等离子预处理浆纱技术:纱线经过低温等离子体处理,然后进入浆槽上浆。利用等离子体预处理纱线,不但可以利用等离子体颗粒对纤维表面进行轰击、刻蚀,使纤维表面变得粗糙,还可以根据相似相容原理在纤维表面引入功能基团,以提高纤维和浆料之间的黏合力,进而提高浆纱性能。

1. 等离子处理对棉纤维表面形态的影响

经等离子处理的纤维表面发生严重糙化,而原样纤维表面相对光滑(图 9-9)。纤维表面粗糙化主要是由于等离子的刻蚀、氧化而去除部分拒水表皮层而产生的,这种破坏同时会使一部分表皮层底部的纤维素显露出来。

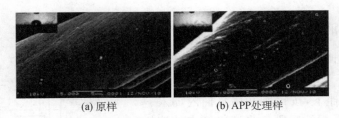

(a) 原样　　　　　　　　　　(b) APP处理样

图 9-9　等离子处理前后棉纤维表面电镜照片

2. 等离子处理棉纤维的效果

（1）上浆率：等离子处理试样比未处理试样的上浆率平均提高了 18.7%。

（2）断裂强度和断裂伸长率：等离子处理后，浆纱的断裂强度和断裂伸长率显著提高，分别提高了 16.2% 和 2.5%。

（3）耐磨次数：等离子处理后，耐磨次数提高了 137.6%。

（4）毛羽指数：等离子处理后，毛羽指数显著减小，与未处理浆纱相比，表面较平滑，没有明显的毛羽突出。

（5）等离子处理对织物的退浆无不利影响。

二、超声波预处理在上浆中的应用

超声波是指频率高于 2×10^4 Hz 的声波。超声波可分为纵向波和横向波。在固体内，两者都可以传送，而在气体和液体内，只有纵向波可以传送，因此在湿加工中（如浆纱）只研究纵向波。在纺织领域，超声波已经用于调浆、上浆、退浆、煮练、漂白、洗涤等工序。

1. 超声波的作用机理

超声波在介质中传播时，会带动弹性介质中的颗粒以相同的频率摆动，并沿传播方向传递能量，从而产生机械作用、热学作用和空化作用。

（1）机械作用。声波的机械作用是指超声波在传播过程中，能引起介质质点交替的压缩与伸张运动，使介质内压力产生变化。

（2）热学作用。超声波作用于液体介质时，由于超声波的高频率振动，液体介质会产生强烈的高频振荡，介质间因互相摩擦而发热，从而使液体温度升高。

（3）空化作用。超声波的空化作用能够借助空穴带、空穴泡消失时产生的水力冲击，穿透纤维的隔离层，进入纤维材料内部，从而促进浆液在纤维外部和内部更好地扩散。

对纱线而言，经过超声波处理，纱线内部纤维之间排列均匀且存在利于浆液浸透的间隙，纱线中纤维表面的杂屑物质基本全部脱落，纤维表面变得更加干净光滑。这有利于浆液对纱线表面的浸润及对纱线的渗透和被覆。

对浆液而言，超声波作用于浆液后，浆液黏度降低，流动性增强。在低温上浆的条件下，超声波作用能保持浆液黏度较低且稳定，使浆液对纱线的黏附力增加。

对浆纱而言，超声波低温上浆有利于提高浆纱的断裂强度和耐磨性，降低浆纱减伸率，降低纱线 3 mm 毛羽指数，使浆纱表面浆膜更加均匀光滑。

适用条件：在低温上浆条件下，浆料大分子流动性变差，黏度升高，影响浆液向纱线内纤维间的渗透，造成表面上浆严重，浆膜容易脱落，易产生脆断头，既浪费了浆料，又达不到预期的上浆效果。一般在普通浆纱机的浆槽中增加超声波振荡装置，利用超声波的机械作用、热学作用和空化作用，辅助对纱线进行低温上浆。

2. 超声波在经纱上浆中的应用

传统上浆中,浆槽内部需要加热装置以实现高温上浆,因此需要在浆槽外部加装循环装置,从而保证浆槽内的温度。

超声波上浆中,在传统上浆的浆槽中设置一定量的超声波振荡点,同时去掉浆槽的循环装置。超声波的机械作用可以产生热量,从而保证浆液温度稳定在 55 ℃,实现低温上浆。

利用超声波浆纱工艺,可以达到均匀上浆、少量上浆、节约用水、节能减排、降低成本、提高速率等效果。

思 考 题

1. 高压上浆有什么意义,效果如何?
2. 泡沫上浆有什么优点? 对浆液有怎样的要求?
3. 泡沫上浆设备的施泡装置有哪两种形式? 哪一种更好?
4. 什么是预湿上浆? 试简述预湿上浆的工艺要求。
5. 试说明半糊化上浆工艺机理,如何调制半糊化浆液? 半糊化上浆有什么优点?

第十章 浆纱质量控制

浆纱疵点是指浆纱工序所产生的各种瑕疵,即会对后续加工产生负面影响的缺陷。浆纱生产中,产生疵点在所难免,遇到的浆纱问题也很多。如何避免疵点产生和产生的疵点如何修正,正确迅速地解决浆纱问题,是专业知识运用和长期实践经验积累的结晶。

第一节 纱线毛羽

一、毛羽的分类

相邻经纱上的毛羽在织造过程中会互相缠绕,造成经纱断头,影响织造效率和织物的质量,特别是采用高速织机和高支纱织造时。浆纱的目的之一就是贴伏经纱上的毛羽。纱线的毛羽可以分为三类:原纱毛羽(一次毛羽),浆纱毛羽(二次毛羽),再生毛羽(织造产生的毛羽)。

二、原纱毛羽的产生

原纱毛羽始于纺纱,增于络筒。

在纺纱过程中,处于加捻三角区的纤维因受到张力和加捻力的双重作用而产生向心压力。纤维反复发生内外转移,使纤维的一端或两端露在纱体外面,最终形成毛羽。

纱线经过络筒加工后,无论是长毛羽还是短毛羽,都会成倍增加,具体见表10-1。

表 10-1 络筒前后的纱线毛羽情况

纱线规格	毛羽数/[根·(10 m)$^{-1}$]			毛羽增加率/%		
	2 mm	3 mm	4 mm	2 mm	3 mm	4 mm
C 14.5 tex(管纱)	165.8	49.9	18.4	—	—	—
C 14.5 tex(筒纱)	473.8	188.8	88.1	186	278	379
T/C 13 tex(管纱)	140.2	38.8	18.1	—	—	—
T/C 13 tex(筒纱)	365.6	163.1	78.6	161	320	334

此外,络筒速度越高,纱线毛羽增加越多。14.8 tex 纯棉纱在不同络筒速度下的毛羽情况见表10-2。

表 10-2 不同络筒速度下的纱线毛羽情况

络筒速度/(m·min^{-1})	2 mm 毛羽数/[根·(10 m)$^{-1}$]	3 mm 毛羽数/[根·(10 m)$^{-1}$]	4 mm 毛羽数/[根·(10 m)$^{-1}$]
800	556	245	89
900	573	274	103

（续表）

络筒速度/(m·min^{-1})	2 mm 毛羽数/[根·(10 m)$^{-1}$]	3 mm 毛羽数/[根·(10 m)$^{-1}$]	4 mm 毛羽数/[根·(10 m)$^{-1}$]
1 000	595	287	121
1 100	637	341	147
1 200	694	401	189

三、原纱毛羽的分布特性

对于管纱而言,纱容量小时毛羽最多,纱容量中时最少,纱容量大时稍多。长度在1~2 mm的短毛羽是组成纱线毛羽的主体,危害性较小,而长度在 3 mm 以上的毛羽占比虽不高,但对织造生产的危害甚大。对于 JC14.8 tex 环锭纺管纱,测得其 1 mm 毛羽、2 mm 毛羽、3 mm 毛羽、4 mm 毛羽、5 mm 毛羽、6 mm 毛羽、7 mm 毛羽、8 mm 毛羽分别为 482.06 根/(10 m)、81.53 根/(10 m)、22.19 根/(10 m)、9.53 根/(10 m)、4.86 根/(10 m)、2.39 根/(10 m)、1.49根/(10 m)、0.49 根/(10 m)。由此可见,随着毛羽长度的增加,管纱毛羽数量急剧减少。

四、浆纱毛羽的成因及改善措施

浆纱毛羽(二次毛羽)是指浆纱过程中产生的,上了浆的有害长毛羽。这些上了浆的有害毛羽,有两个特点。

特点一:随着 PVA 用量的增加,随着上浆率的增加,其对织造的危害程度增加。

特点二:浆纱毛羽的上浆率大于纱线的上浆率。通过显微镜观察估计浆纱毛羽的上浆率发现,其上的浆料质量甚至是毛羽质量的一两倍,毛羽的末端有时还会形成球团状浆液。也就是说,上了浆的毛羽危害更大,形成类似链球样。

1. 浆纱毛羽的成因

(1) 浆料选择不当,没有遵循相似相容的原理。浆料对纱线的黏结性差,浆膜不耐磨且完整度差。浆料配方中,配伍不合理,浆膜的撕裂强度和韧度太高(尤其大量使用完全醇解PVA)。这样容易造成浆纱干分绞阻力大,浆膜与纱线产生界面破坏,浆膜破裂,产生浆纱毛羽和落物。

(2) 上浆率过高或过低。上浆率过高,加大了干分绞阻力;上浆率过低,浆液无法贴伏毛羽。同时还须注意,浆液对纱线的渗透和被覆的比例,过度渗透和渗透不足都会产生负面影响。

(3) 浆纱偏干也会产生浆纱毛羽。浆纱偏干,浆膜变脆,黏结力和柔软度都会下降,干分绞时落浆严重,增加了浆纱毛羽。

2. 改善浆纱毛羽的措施

(1) 浆料的选择要遵循相似相容原理。浆料选择不正确,不但不能减少毛羽,而且会影响浆纱的质量。浆料的黏结性是首要条件,没有良好的黏结性,就不会有良好的耐磨性,那么浆纱毛羽及再生毛羽就在所难免。还要注意浆料的成膜性,不成膜的浆料不能用作主浆料。浆膜的撕裂强度不能太高,否则分绞阻力大。因此,要慎重选择不同聚合度、醇解度的 PVA。慎重选择 PVA 的用量是确保用好 PVA、减少浆纱毛羽的重要做法。在有条件的情况下,少用或不用 PVA,对减少毛羽具有很好的效果。

（2）上浆率的大小要根据具体情况，通过试验确定合适的上浆率，同时考虑合适的浆液渗透和被覆比例。渗透和被覆的比例没有规定具体数值，只有一个范围。因为上浆率只能和相同品种比较。

（3）通常，浆纱偏干，毛羽增加，浆纱略偏湿则毛羽减少。根据织造车间环境状况和季节气候条件，回潮略微大些，有利于减少毛羽和落物。

3. 改善浆纱毛羽的方法

（1）湿分绞保浆膜。实践证明，湿分绞能改善浆纱毛羽，即使不分层预烘，穿一根湿分绞棒，对降低干分绞阻力也是有效的。

（2）分层预烘，效果显著。分层预烘能减少浆纱烘燥时的覆盖系数，可有效保证浆膜完整度，减少浆纱毛羽。

（3）烘筒表面涂聚四氟乙烯防黏层，有利于减少烘筒与浆纱的剥离力，使浆膜完整，减少浆纱毛羽。

（4）高压上浆。优化控制浆液渗透，高压上浆的浆料使纤维紧密地贴伏在纱的主干上，纱线表面的毛羽贴伏得更牢。

（5）相比于微孔橡胶压浆辊，光面橡胶压浆辊对减少浆纱毛羽更有利。橡胶压浆辊的表面硬度要合适，最大压浆力下，压榨宽度以不大于 15 mm 为宜。

（6）高浆纱车速。高车速时，浆纱与金属上浆辊、烘筒剥离快，毛羽贴伏好。

（7）后上蜡。尽管蜡对纤维没有黏附性，但能降低分纱阻力，减少浆纱毛羽，同时降低浆纱表面的摩擦因数，减少静电积聚。

第二节　浆纱落物

浆纱落物又称为落浆落棉。落物中主要有浆料和上浆品种的纤维。管理好的纺织企业都做浆纱落物率试验，测试结果分为落浆率和落棉（纤维）率。

一、浆纱落物的原因

（1）浆料与纱线黏结力差。这是产生落物率的主要原因。浆料与纱线如不能牢固黏结，干分绞时就容易脱离而形成落物。如用 PVA1799 加淀粉的工艺对纯涤品种上浆，由于 PVA1799 和淀粉对涤纶的黏结力差，浆纱车间会有大量的落物（主要是浆粉）产生。

（2）表面上浆或上浆率过大。在浆料与纱线黏结力好的情况下，如果形成表面上浆，同样会产生大量落物。这是因为浆液渗透不足，纱线表面的浆没有根基。上浆率过大时，即使有足够的渗透，落物同样会增加。因为上浆率大，浆纱表面上浆量也大，浆纱在干分绞时受到的阻力变大，浆膜被撕裂破坏的量随之增加，其后果就是落物的增加。

（3）浆纱偏干。这会使浆膜（尤其是淀粉类）变脆，其与纱线的黏结力降低，浆纱干分绞时容易产生落物，织造时落物也会增多。

（4）干分绞形式（位置）不良，会造成纱层间的额外高速摩擦，导致落物增加。

二、改善浆纱落物的措施

1. 注重黏结性和成膜性

浆料与纱线不相容、不适配，黏结性就差，落浆就多。有些浆料结构上相似，但成膜性不好,也不能成为主浆料,否则会因成膜性差而造成落物增加。如短纤上浆用的水溶性聚酯,其结构同涤纶十分相似,理论上其对涤纶的黏结性能是非常好的。但有些聚酯的成膜性差,其用量增加,落物相应增加。成膜性良好的聚酯浆料,在高含涤品种上浆中,效果就不同,聚酯浆料用量增加,落浆明显减少,浆纱滑爽。

2. 增加渗透

表面上浆或上浆量过大,必须采取增加渗透的方法。

3. 增加回潮率

浆纱偏干会造成落物增加,应对措施就是增加回潮率。通常,慢车容易造成浆纱回潮率偏低,一般采用两种解决方法。一是根据品种烘干情况,设定当车速降至某一速度时,自动关闭烘房蒸汽阀门和烘房排湿风机。关闭排湿风机的作用是增加烘房的湿度,湿度高,浆纱就不容易烘干,可有效改善慢速时浆纱偏干现象。二是当车速下降至 5 m/min 或爬行时,在浆纱干分区的上方(照明灯按装高度)自动喷水雾,水雾的覆盖范围是干分区的纱面,确保慢速时浆纱回潮率适当。

4. 干分绞形式(位置)恰当

大多数浆纱机的干分绞有两种形式:一是层层剥离的干分绞形式;二是对称的干分绞形式。从挡车操作上看,层层剥离的形式操作方便,但浆纱落物多;而对称分绞操作比较麻烦,但落物少。干分绞的纱层之间要有间隙,分纱张力尽量均衡,分纱棒尽量前移,纱层在筘齿内分层也要清晰、不重叠。

5. 采用三浆槽浆纱机

从减少落物、减小干分绞纱层之间的张力差异考虑,采用三浆槽浆纱机是比较有效的。三个浆槽的三层纱片,在出烘房时也是平行的三层纱片,而不是常见的一层纱片。三层纱片再进行对称分绞,纱层张力均匀,浆纱落物少。这种分绞形式可称为纱层平行、等张力分绞。

第三节 轻 浆

轻浆又分为连续性轻浆、片段性轻浆、退浆率正常的轻浆,甚至单根纱、几根纱的轻浆现象。轻浆不能简单地理解为上浆率低。有时,上浆率不低,同样会出现轻浆现象。

一、连续性轻浆

在织机上,表现为大面积、大多数织轴出现轻浆,起棉球的现象,或者某个品种的大多数织轴,严重时所有织轴起毛起球。

1. 浆料选择和配伍产生重大差错

通俗地讲,就是浆料选错,配方严重不合理。浆料之间发生不利的化学反应,比如浆液增稠、凝絮分层严重等,使浆液性能严重恶化,造成连续性轻浆。这样的情况多数发生在新品种试制、浆料更换时期。

应对措施:

(1)新产品试制或改变浆料的时候,要遵循相似相容原理,充分考虑浆料与纤维的黏结性。浆料尤其是助剂的配伍要慎重,不能认为投料量少就不重视,要选同类离子型浆料配伍,助剂不能严重破坏浆液的性能,尤其是黏结力。

(2)在具体操作上,首先要了解纱线、浆料的性能,做出初方案,先做小量试浆、试织,避免重大损失。

2. 浆液含固率与压浆力设置或挡车操作发生重大失误

浆纱工艺确定以后，上浆率主要受两个因素影响。首先是浆液的含固率，它与上浆率呈强相关性。浆液含固率大多用量糖仪间接测量，再换算而得，其换算关系受很多因素影响，不是很准确。另外，浆液含固率由调浆工人为控制，煮浆时又有蒸气带水现象，如果管理不严，含固率难免发生波动。如果浆液含固率较低，工艺参数又不做调整，就容易发生连续性轻浆。其次是压浆力与上浆率密切相关，压浆力与上浆率不完全是线性关系。如果浆液含固率偏大，压浆力加到某数值后，即使再加大压浆力，上浆率也不会明显降低。相反，如果含固率偏小，压浆力降得再低，也避免不了轻浆的发生。因此，压浆力的变化与上浆率变化的线性，说建立在合适的浆液含固率的基础上，随着压浆力的增加，上浆率会降低，反之降低压浆力，上浆率会增加。

应对措施：

（1）根据品种、浆料、浆纱设备的特点经试验，摸索出合适的浆液含固率和压浆力范围。作为浆纱工作者，必须认真做好基础性工作，要潜心认真负责地试验，摸索出规律，应用在生产实践中。

（2）加强工艺操作管理，确保每桶浆液的含固率符合工艺要求，压浆力的设置符合工艺规定。

3. 浆纱设备故障

主要是浆槽部位的机械故障造成的连续性轻浆。这类故障具有显著的时间特征和突发性，有时带有明显的位置性，轻浆发生在织轴的左侧或右侧，另一边则正常。

造成这类轻浆的主要原因，是浆槽压浆系统发生故障。比如压缩空气气管、接头发生泄漏，造成实际气压值（压浆力）达不到工艺规定。比如主压浆辊一侧加压气缸（活塞式气缸）或严重泄漏或"咬死"，造成一侧压浆力严重偏小或偏大。比如气动比例阀故障等。

对双浆槽的上浆设备来说，一个浆槽发生故障，另一个浆槽完好，连续性轻浆的表现就比较隐蔽，只有在生产难度和耐磨性要求较高的品种时，才会有不良反应，有时往往不是轻浆，而是织造效率不高。

应对措施：

（1）定期做好设备检查维修，为预防因机械故障造成轻浆，要重点对浆槽压浆部件、气缸、气路、气管的完好状态进行定期检修，确保设备完好。

（2）定期做退浆试验，分左、中、右三段试验，双浆槽分开做，还能及时发现两个浆槽上浆率的差异。

二、片段性轻浆

顾名思义，这种轻浆不是连续出现的，而是断断续续出现的。这种轻浆表现在坯布上，少则五六米，多至几十米。片段轻浆还存在一定的规律性，比如织机快了机之前的几十米外发生。

片段性轻浆的产生原因：当浆槽内浆液的含固率，特别是黏度处于下限时，较长时间打慢车，特别是蜗牛速度，是产生片段轻浆的主要原因。因为浆料转移到纱线上（俗称浆料上到纱线上），主要靠上浆辊带浆和压浆辊之间的挤压作用完成。如果长时间慢速运行，浆液黏度又偏低，会造成上浆辊带不上浆，压浆辊无浆挤压进入纱线，就会造成轻浆。这种轻浆产生的概率还同浆槽浸压浆形式、浆槽补浆形式有关。四辊式浆槽形式下，慢速轻浆的概率最低；补浆采用喷淋形式下,且喷淋口在压榨区域的,理论上不会发生慢速轻浆现象。片段性轻浆也有其他原因,比如因故障造成浆液液面大幅降低,以及浆槽内大量进水等情况。

应对措施:

(1)关于长时间慢速运行产生的轻浆问题,只要避免长时间开慢车,上浆辊能带上浆液,就能解决。目前大多数浆纱设备采用的不是四辊式浆槽,也未设置补浆喷淋装置。

(2)实际上,浆液黏度的选择是关键。推广"二高一低"高、中压上浆工艺时,对"一低"即低黏度的问题,争论不休,各抒己见。有浆液黏度越低越好,有保持原有黏度,有黏度无关紧要等观点。正确的观点是,低黏度下要较长时间慢速时,上浆辊仍然能带上浆,以不产生慢速轻浆的黏度为"二高一低"的黏度。这也是应对片段轻浆的原则。黏度的具体数值,由各企业根据自身的具体情况试验而定。

三、退浆率正常的轻浆

经纱在织造过程中表现为轻浆起毛起棉球,但取样做退浆试验,退浆率又符合工艺标准,甚至高于工艺规定的退浆率。这种轻浆现象其实就是各种因素造成的浆液渗透不良,表面被覆,俗称表面上浆现象。浆液黏度过高、温度过低、压浆力过小等因素,都会造成表面上浆。

应对措施:

(1)在理论认知上,要牢固树立浆液渗透是上浆的基础,渗透不足的被覆(表面上浆)会使浆膜与纱线的附着力降低,织造时纱线的耐磨性不足,就会发生轻浆现象。

(2)在上浆工艺参数选择上,要从浆液温度、黏度、压浆力着手,确保浆液对纱线的渗透。要加强操作管理和现场工艺管理,确保工艺设计的方案真实落实到浆纱生产的每个环节。

四、单根、几根纱线的轻浆

对于轻浆起棉球现象发生在单根或几根纱线上的情况,很多浆纱工作者都很疑惑。如果位置固定,有一定规律性,大多数应从机械、纱线通道上,特别是浆纱未烘干前的纱线通道上找原因。分散性的无规律轻浆的主要原因,一是烘房滴水,使浆纱没有被烘干,浆膜耐磨性大大降低;二是经纱排列不良,造成局部密集进入浆槽,使局部纱线覆盖系数大幅度增加,若是高经密品种,更容易发生单根、几根纱线轻浆现象。从浆纱工序看,经轴到浆槽间各导辊表面的光洁度不良,如回丝缠绕、浆皮浆块黏结、表面有沟槽,是主要因素;浆槽内浸没辊、上浆辊、压浆辊表面毛糙、绕纱,也会使纱线排列不匀;浆辊加热管喷汽异常使纱线游动,会造成排列不匀。从整经工序看,由于整经机筘齿排列不匀,经轴卷绕排列不匀,不平整;单根或几根纱张力异常或紧或松,也会造成经轴卷绕排列不匀,不平整。这种经轴在浆纱工序中退绕时,往往会发生进入浆槽的纱线排列局部密集现象,张力差异大,纱线宜游动。

应对措施:提高整经轴纱线排列均匀性及张力一致性,保证经轴至浆槽的各导辊表面光洁,各辊无沟槽,加热蒸汽喷嘴均匀,出汽柔和,防止纱线游动。

第四节 浆 斑

浆斑是指浆液过多地附着于纱线上,破坏织物组织结构,坯布退浆不尽,影响坯布印染质量的疵点。如浆液中的浆皮、浆块沾在纱线上,经压轧之后,会形成分散性块状浆斑;长时间停车之后,上浆轴与浆液面接触处黏结的浆皮会沾到纱片上,形成周期性横条浆斑;浆液温度过高，沸腾的浆液溅到经压浆之后的纱片上，也会形成浆斑疵点。织机上，浆斑处纱线相互黏结，通过经停片和绞棒时会断头；若在成布上显现，则影响布面的清洁、美观和平整。浆斑按形状可分为块状浆斑、条状浆斑、全幅性横向浆斑、浆条、浆皮等。

一、块状浆斑、条状浆斑、全幅性横向浆斑

不规则的块状、无规律分布的浆斑，称为块状浆斑，大多数由浆液飞溅到已出压浆辊的纱线上经烘干而形成。浆液容易飞溅到的区域在主压浆辊出纱口和浆槽后墙板之间，容易发生飞溅的时间段主要在慢速或停车时。也有浆液内严重凝胶成团的浆液杂质混合粉黏附于纱线，经压浆区又无法压干净而形成的。

不规则的条状形态、无规律分布，与块状浆斑相比，浆液黏附程度轻得多、松散得多的浆斑，称为条状浆斑。这类浆斑由悬浮于浆液表层的浆皮、泡沫混合物黏附于纱线，经压浆区无法压干净而形成的。

呈全幅性，有规则，因较长时间停车而形成的，称为全幅性横向浆斑（下文简称"横向浆斑"）。较长时间停车，压浆辊与上浆辊握持点至浆液面这段未经压榨的纱片，紧贴于高温上浆辊表面被烘燥而形成横向浆斑。这就是此类浆斑形成的机理。随着停车时间增加，横向浆斑宽度增加，其最大宽度是压浆辊与上浆辊握持点至浆液面的宽度。

应对措施：

（1）减少块状浆斑，开慢车或停车，要及时关闭或关小浆槽加热蒸汽，杜绝浆液溅到已过压榨区的纱线上。在主压浆辊出纱口和浆槽后墙板之间的区域，加装不锈钢挡板，有条件的可加装浆液过滤装置。

（2）减少条状浆斑，只要降低浆皮和泡沫发生的概率。浆皮的形成主要是因为浆液温度变化大，尤其是高温浆液变化到较低温度时。浆液温度越高，越容易产生浆皮。浆液流动性差，或浆液流动有死角，也是产生浆皮的原因。

（3）浆液产生泡沫的原因复杂，常见的是淀粉中蛋白含量超标，以及某些聚丙烯类浆料及某些助剂具有发泡性等。

为了减少条状浆斑，要加强浆液合理流动性，适当降低浆液温度并稳定浆液温度，采取有效的消泡措施。

二、浆条、浆皮

上一节所述各种浆斑都与浆槽有密切关系，而浆条、浆皮发生在浆槽以外。

1. 浆条

浆条是纱线从出浆槽至烘筒之间（浆纱还未开始烘燥），各导纱辊、托纱辊、湿分绞棒表面逐渐积余的浆液混合物到一定程度，被纱线带走，经烘干黏附于纱线上呈条状的物质。浆条在干分绞过程中非常容易造成剥离性断头；在伸缩筘处、高速情况下，经常造成堵筘（亦称撞筘）而产生大量断头。热风式烘房条件下，浆条主要由烘房内导辊和转笼防黏不良造成。

应对措施：

（1）加强各导辊的防黏措施，及时更换防黏层已被磨损的导辊；各导辊保持转动灵活，减少其与纱线的"滑差"。要求高的导辊最好做静动平衡测试，或者增加导辊直径，内部通蒸汽。新型浆纱机的浆槽与烘筒之间不使用导辊，垂直向上直达烘筒。在品种工艺允许的前提下，加大压浆力，可减少纱线表面带浆量。

（2）湿分绞棒采用两根,上下层转向,同纱线方向一致,降低刮浆的措施。湿分绞棒主传动的,它的线速度与纱线运行速度之间存在一定比值,很值得研究,需通过试验确定。比值同机型、浆料配方都有关系。浆纱机出厂比值,不一定能解决浆条问题。比值确定后要与纱线速度保持同步。最佳的传动应该是独立的变频传动,运行参数可调。目前,湿分绞棒通冷水的效果也不错。

2. 浆皮

浆皮产生于烘筒表面及烘房内导纱辊表面,由纱线上未烘干的表层浆膜黏附而形成。随着浆皮聚积逐渐增加而脱落,随纱线带出烘房,造成断头,甚至堵筘而影响浆纱质量。形成浆皮的主要原因是烘筒和导辊表面防黏层破损。另外,预烘温度设置偏低也会影响烘筒防黏效果。高速运转时,浆纱表层浆膜来不及烘干成形,使烘筒表面黏附的浆液形成浆皮。还有一种情况,预烘烘筒防黏良好,运转灵活正常,还是会在预烘烘筒上黏浆形成浆皮。这有两个原因,一是压浆力偏低,使纱线表面被覆浆膜过多,增加烘燥难度;二是浆纱机启动,特别是开冷车前,烘筒内冷凝水没有放干净,预烘筒温度设置偏低,或未达到设置温度,造成黏浆形成浆皮。

高温有防黏的作用效果。没有防黏涂层,温度足够高,也有防黏效果。遇到特别容易出浆皮的情况时,适当升高烘筒温度,就能解决浆皮问题。

应对措施:

（1）及时修理烘筒导纱辊损坏的防黏层;确保烘筒导纱辊运转灵活,减少其线速度与浆纱速度的"滑差",张力调节也要兼顾"滑差"现象,延长防黏层使用寿命。

（2）开机或开冷车前,适当提高烘筒温度,是提高防黏效果的有效措施。

（3）一旦出现结浆皮,再提高温度,防黏效果也不好。只有在开机或关车时,彻底清除干净结浆皮的表面,才能恢复防黏作用。

第五节 浆纱回潮不良

浆纱回潮率大小表示浆纱含有多少水分。这里所说的浆纱回潮率是指浆纱从烘房出来后的含水情况大小,不包括浆轴储存环境变化、织造环境、浆纱放湿或吸湿造成的含水情况。

烘房温度和浆纱速度不稳定是回潮率不匀的主要原因。浆纱回潮率过大,浆纱耐磨性差,浆膜发黏,纱线易粘连在一起,使织机开口不清,易产生跳花、蛛网等疵布,同时断头增加,而且纱线易发霉;回潮率过小,则浆膜发脆,浆纱容易发生脆断头,并且浆膜易被刮落,使纱线起毛而断头。

浆纱回潮不良有三种表现:一是浆纱偏干;二是浆纱偏湿;三是浆纱干湿不匀。

一、浆纱偏干或偏湿

主要原因是烘燥温度与车速的配合不当,如车速固定,烘燥温度过高,回潮率就偏小,浆纱偏干;反之,则偏湿。回潮不良会对织造产生不良的影响。

应对措施:设置车速与烘燥温度的最佳配合,如有差错,先调节车速,再调整烘房温度。

二、浆纱回潮率不匀

浆纱回潮率不匀是比较复杂的问题,又分纵向不匀、横向不匀,分层预烘又有纱层间不匀等形式。

1. 浆纱回潮率纵向不匀

浆纱回潮率纵向不匀是目前所有浆纱设备和工艺都无法避免的。因为各种原因引起的浆纱机降速、慢车、停车状态，都会引起浆纱回潮率纵向不匀，这是很明显的。这种现象虽然无法避免，但可以有限地改善，改善其偏干程度，改善其偏干长度。

应对措施：

（1）对于各种原因引起的降低车速，新型浆纱机控制单元可以编入这样的程序：一旦有降速信号，立即关闭所有烘筒进汽阀门，同时设定车速降至某一数值（可设定），关闭烘房排风。当回潮率大于设定值或有升速信号时，解除关闭恢复正常温度控制，同时开启烘房排风。关闭烘房排风是为了避免车速降低后浆纱被过度烘干。

（2）以上程序同样可以在可预见的降速、停车阶段应用。比如落轴前，即经轴退绕至了机前，只要设定好长度值，很容易实现自动控制，改善纵向偏干现象。当然，回潮率纵向不匀还有偏湿现象。上一节已论述，这里不重复。

2. 浆纱回潮率横向不匀

这种回潮不匀首先同压浆辊左、中、右压浆不匀，造成横向压出加重率不匀有关。压出加重率高时，相同烘燥条件下，浆纱回潮率偏大，即偏湿，反之则偏干。压出加重率的差异同时还会造成左、中、右上浆率的差异。烘房内一侧滴漏水于纱线上，或纱线一侧受严重水汽干扰，也是造成回潮率横向不匀的因素。

应对措施：控制好压浆辊压出加重率差异在 1% 以内；预防纱线意外受水滴水汽影响。

3. 浆纱纱层间回潮率不匀

这个现象并没有引起关注。其实，随着分层预烘的出现，这类回潮率不匀就发生了。纱层间回潮率不匀对织造有较大影响，会造成浆纱内在质量差异。相同条件下，回潮率较大的纱，伸长率较高；偏干的纱，脆断头增加；织轴卷绕过程中，回潮率较大的纱层容易卷绕紧实，反之则较松软。卷绕紧密程度有差异的织轴退卷时，会发生松紧经现象。纱层间回潮率不匀，在当前的浆纱设备和在线测试装置的条件下，是无法发现的。只要采用分层预烘，纱层间回潮率不匀就可能发生。

纱层间回潮率不匀的原因，一是经轴个数是奇数时，无法使纱线根数均匀分层，预烘筒温度设定又没有差异或差异不够；二是经轴个数是偶数时，纱线根数能均匀分层，如两个浆槽压出加重率差异大，上下两层纱的回潮率不匀就很容易发生；三是，分层预烘的纱线根数相同，两个浆槽压出加重率也相同，以双浆槽分四层纱预烘为例，每层纱经过两个预烘烘筒烘燥。四层纱共有四组预烘烘筒，烘燥能力有差异。当前的浆纱机上，不是每个烘筒都具有检测装置。预烘以两个烘筒为一组，只检测其中一个烘筒的温度，而另一个烘筒温度严格地说并不确定。当这个未被检测温度的烘筒出故障时，纱层间回潮率不匀就一定会出现。

应对措施：

（1）对奇数个整经轴，若要分层预烘，头份少的那层的预烘烘筒温度要降低，根据品种、机型，潜心摸索积累经验，预防回潮率差异。

（2）周期性检测两个浆槽纱片的上浆率、回潮率差异，及时调整一致。

（3）对每个预烘烘房的虹吸装置及疏水阀，经常进行认真检测，因为此类故障很难发现。建议用远红外测温仪，经常对每个预烘烘筒表面温度进行测量，最好左、右两边都测，并做好记录，这样就比较容易发现问题。确保每个预烘烘筒的烘燥能力一致，是预防纱层间回潮率不匀的重要措施。

第六节 浆轴卷绕不良

浆轴卷绕不良对织造工序的影响,如同整经轴卷绕不良对浆纱工序的影响。浆轴卷绕不良从形态上分为纱线排列不匀、"面包轴"、软硬边、边部凹凸、上轴起头纱与织轴贴合不良等。

一、纱线排列不匀

浆轴表面的纱层卷绕不平整,有凹凸感。严重的排列不匀,在织造中退绕时,会使纱线张力不匀,从而产生松紧经等织疵。产生纱线排列不匀的主要原因是,起筘、排筘工作不到位,或者在处理堵筘(撞筘)故障时,局部纱线没排匀。设备原因有筘齿排列不匀,变形;测长辊,拖引辊不圆整,表面不光洁,有沟槽等。另外,严重的纱层间回潮率差异也会造成纱线排列不匀。这种现象用人工排筘方法并不能解决,但这种情况比较少见。

应对措施:加强操作培训,提高排筘均匀性,增强卷绕质量的意识,建立相应的考核制度。及时排除设备存在的故障。

二、"面包轴"、夹心轴

浆轴卷绕密度(硬度)大大低于工艺规定,用手按浆轴表面纱层,如面包一样松软,故称"面包轴"。夹心轴不是整个浆轴卷绕松软,而是里紧外松或里松外紧。这样的浆轴织机上是无法织造的,一般报废处理,损失很大。浆轴卷绕密度主要取决于卷绕张力和托纱辊压力。卷绕张力来源,在二单元、多单元浆纱机上是卷绕电机,在一单元浆纱机上是 PIV 卷绕机构(恒张力专用无级变速器)。托纱辊压力来源于加压气缸。这两种力缺一不可。因此,卷绕张力机构或托纱辊加压机构出故障,都会影响卷绕密度。从操作方面来说,一是卷绕张力和托纱辊压力设定值不当,二是托纱辊没有压上来(没有压在浆轴上)。夹心轴形成大多数是由于浆轴卷绕中途卷绕张力设置不当,或故障处理时退出的压纱辊忘记压到浆轴上,或者未压上一段时间后再次压上。

应对措施:加强卷绕机构、托纱辊加压机械的检修,特别是气路、接头、气缸漏气等情况。操作要规范,托纱辊没压上时不开快车,经常用手感检查卷绕张力。

三、软、硬边

浆轴卷绕软、硬边是指浆轴左、右卷绕密度(硬度)差异明显,一侧软而一侧硬。产生这种疵点的原因主要是托纱辊加压机构施加在浆轴表面上的力左右不匀,以及操作工不及时检查卷绕张力左右是否一致。托纱辊左右压力差异的产生有几个因素,一是两个加压气缸的气路故障,使气缸出力不一致;二是托纱辊挂脚上有个位置调节装置没调好;三是托纱辊挂脚位置相对于浆轴内档长度不在左右对称位置,或挂脚位置不合理。正确的挂脚位置在浆轴内档长度离浆轴边四分之一处。如浆轴内档长度为 2 m,左、右挂脚位置离浆轴边以 50 cm 为好。

应对措施:经常性地用手感觉左、右卷绕张力,及时发现,及时调节。

四、边部凹凸、空涨边

浆轴卷绕纱层边部会出现凹凸不平、空涨边现象,或一边凹陷、另一边凸起,或两边都凹陷,或两边凸起,甚至有浆轴圆周内部分凹陷、部分凸起现象。主要原因是伸缩筘调节不当,或伸缩筘发生位移。有梭、小剑杆浆轴盘片严重歪斜变形也是重要原因。压纱辊不到边是因素之一。

应对措施:

(1)加强操作培训,上轴后先利用小墙板横移装置,进行对边操作。挂纱后,再调节伸缩筘位置。此时,车速不宜太快,完全调节好后,车速再升至工艺车速。对浆轴盘片歪斜变形,在上落轴前做好检查,严重歪斜的不用,轻微地精调伸缩筘,防止边部不良。

(2)压纱辊不到边,检查压纱辊斜面转轮放置方向是否一致,是否磨损,及时纠正。

五、上轴起机纱与浆轴轴芯贴合不良

浆轴上织机织造,随着浆轴上纱线长度逐渐减少,一般在了机前几百米,有时会出现一部分纱线退绕直经比大部分纱线直经小的现象。随着直经差异增大,纱线的退绕张力相差很大而无法织造,只能剪轴。剪下来的轴只能作为废纱处理。这种现象一般易发生在织物组织高紧度、织机在机张力较大的品种。这与上轴起机纱没有牢固地贴合于轴芯有关,在大张力情况下,这部分纱与轴芯发生"打滑",在织造中退绕时,这部分纱送经量大,退绕直经逐渐显现差异,最终无法织造。长丝产品与轴芯摩擦因数小,为防止产生上述现象,上轴起机纱分段打结,将结头塞进轴芯的十字孔中,这样可确保不"打滑"。

应对措施:短纤上浆轴起机纱,常见用封箱带与轴芯进行贴合,建议采取轴芯包开口布的方式;利用开口布增加起机纱与轴芯的摩擦因数,防止纱层与轴芯"打滑"是有效的方法。

第七节　油污渍及蜡斑

浆纱油污渍是指浆纱生产中,纱线在通道中受各种污染而形成的疵点。浆纱油污渍的特点是单纯性油迹很少,往往是油和浆料、纤维杂质的混合体,成分复杂,又经烘干,织成坯布后很难洗清而影响染色。浆槽部位和烘房排风管道满污水,是浆纱污渍的重点部位和原因所在。浆槽内浆料受调浆桶润滑油、浆料本身油脂、浆槽转动件润滑油,尤其受浸没辊、上浆辊轴头与辊体开裂、不锈钢包层与辊体开裂的影响。这些开裂使辊体、轴头非不锈钢部件受浆液腐蚀,从开裂处流出黑色液体,污染浆液,再污染纱线,形成油污渍。烘房排风管道受高温、湿蒸汽、浆料内油脂蒸发纤维及润滑油等的影响。烘房壁、排风机及管道内壁存积着油污,高温水蒸汽、冷凝水经过都被污染成黑褐色液体,滴在纱线上形成污渍。这种情况在冬天更严重。

应对措施:

(1)调浆桶的搅拌装置、浆槽中的导纱辊、烘筒的轴承、导辊轴承等都要用到润滑油。最好采用耐高温、耐挥发润滑油,并定期清洗这些部位,尤其在设备检修后,用烧碱热水彻底洗净油污。浆料油脂应选择水溶性好、高温下不易挥发的品种。

(2)定期清洗烘房内排污装置、管道。要防止滴水至纱线上,可在烘房内顶层铺设吸水且不会凝结水的毛巾、坯布,并定期更换。

思　考　题

1. 贴伏毛羽是浆纱工序的主要目的之一。试说明二次毛羽产生的原因及改善二次毛羽的措施。

2. 试说明落物产生的原因及改善落物的措施。

3. 什么是连续性轻浆，如何改善？ 什么是片段性轻浆，如何改善？

4. 试说明改善各种浆斑的措施。

5. 浆纱回潮不良和卷轴不良如何应对？

6. 怎样防止油污渍和蜡斑疵点？

参考文献

[1] 张力田.变性淀粉[M].广州:华南理工大学出版社,1992.

[2] 周永元.浆料化学与物理[M].北京:纺织工业出版社,1985.

[3] 周永元.纺织浆料学[M].北京:中国纺织出版社,2006.

[4] 朱谱新,郑庆康,陈松,等.经纱上浆材料[M].北京:中国纺织出版社,2005.

[5] 刘亚伟.玉米淀粉生产及转化技术[M].北京:化学工业出版社,2003.

[6] 焦剑,雷渭媛.高聚物结构、性能与测试[M].北京:化学工业出版社,2003.

[7] 董永春.纺织助剂化学与应用[M].北京:纺织工业出版社,2007.

[8] 周永元,洪仲秋,万国江,等.纺织上浆疑难问题解答[M].北京:中国纺织出版社,2005.

[9] 北京师范大学,华中师范大学,南京师范大学.无机化学[M].北京:高等教育出版社,2002.

[10] 林宣益.乳胶漆[M].北京:化学工业出版社,2006.

[11] 汪长春,包启宇.丙烯酸酯涂料[M].北京:化学工业出版社,2005.

[12] 赵振河.高分子化学与物理[M].北京:中国纺织出版社,2003.

[13] 姚穆.纺织材料学[M].4版.北京:中国纺织出版社,2015.

[14] 潘才元.高分子化学[M].合肥:中国科学技术大学出版社,2003.

[15] 何曼君,陈维孝,董西侠.高分子物理[M].上海:复旦大学出版社,2000.

[16] 曹同玉,刘庆普,胡金生.聚合物乳液合成原理性能及应用[M].北京:化学工业出版社,2007.

[17] 袁才登.乳液胶黏剂[M].北京:化学工业出版社,2004.

[18] 朱苏康,高卫东.机织学[M].北京:中国纺织出版社,2014.

[19] 陈一飞.纺织品上浆原理与技术[M].北京:化学工业出版社,2012.

[20] 范雪荣,荣瑞萍,纪惠军.纺织浆料检测技术[M].北京:中国纺织出版社,2007.

[21] 吉林师范大学,华南师范大学,上海师范大学,等.有机化学(上、下)[M].北京:人民教育出版社,1983.

[22] CAO Y M, QING X S, SUN J, et al. Graft copolymerization of acrylamide onto carboxymethylstarch [J]. European Polymer Journal, 2002, 38:1921-1924.

[23] SINGH N, SINGH J, KAURL, et al. Morphological, thermal and rheological properties of starches from different botanical sources[J]. Food Chemistry, 2003,81:219-231.

[24] MOSTAFA M, EI-SANABARY A.Carboxyl-containing starch and hydrolyzed stareh derivatives as size base materials for cotton textiles[J]. Polylner Degradation and Stability, 1997, 55:181-184.

[25] 武海良,吴长春,李冬梅.微波场中 APS 引发丙烯酸丁酯与淀粉的接枝[J].纺织学报,2003,24(5):400-402.

[26] 吴长春.甲壳素与绿色保健纺织品[J].纺织工艺设备,2003,4(5):47-49.

[27] JANE J,CHEN Y Y,LEE L F, et al.Effects of amylopectin branch chain length and amylose content on the gelatinization and pasting properties of starch[J].Cereal Chemistry,1999,76:629-637

[28] 吴长春,武海良,李冬梅.界面剂对微波辐射下淀粉接枝的影响[J].纺织工艺与设备,2004,5(1):33-36.

[29] 李冬梅,武海良,吴长春,等.微波场中土豆淀粉-丙烯酸接枝浆料合成与黏着性研究[J].棉纺织技术,2004,32(1):27-29.

[30] 李冬梅,武海良,吴长春,等.基于微波场中的淀粉-丙烯酸接枝浆料研究[J].纺织科学研究,2004,15(3):

33-37.

[31] 王耀,武海良,吴长春,等.新型丙烯酸酯浆料的研究[J].棉纺织技术,2004,32(9):530-531.

[32] 吴长春,武海良,李冬梅.溶液法合成丙烯酸浆料的研究[J].棉纺织技术,2005,33(5):269-271.

[33] 武海良,吴长春,李冬梅.粉体聚丙烯酸浆料的制备与性能[J].纺织学报,2005,25(6):89-95.

[34] 吴长春,武海良,李冬梅.淀粉降粘剂SPU的研制及性能测试[J].棉纺织技术 2006,34(11):692-693.

[35] 吴长春.丙烯酸酯乳液浆料中乳化剂对浆纱黏附力的影响[J].第六届全国浆料和浆纱应用技术研讨会文集.2006.8:165-168.

[36] WU H L, LI D M, WU C C. Synthesis of grafted starch copolymerization size for wool yarn sizing in the microwave field[C]. Proceedings of 2006 China International Wool Textile Conference & IWTO Wool Forum, Nov. 2006, Xi'an China:612-617.

[37] 吴长春.聚丙烯酸酯浆料的合成及其性能[C].第七届全国浆料和浆纱应用技术研讨会文集,2007,10:61-64.

[38] WU H L, LI D M, WU C C, Yet al. Research on the structure and properties of mulberry fiber[J]. Journal of Donghua University, 2008,25,(2):153-158.

[39] 李冬梅,吴长春.乳液合成聚丙烯酸酯浆料及其浆液性能研究[J].西安工程大学学报,2008.22(1):16-19.

[40] 吴长春.乳液法制备聚丙烯酸酯浆料的工艺优化[J].棉纺织技术,2008,36(7):52-54.

[41] 郭腊梅.高含固量液体聚丙烯酸酯浆料的研制[J].东华大学学报,2001,27(3):96-99.

[42] 祝志峰.聚丙烯酸酯浆料的酯基对混合浆相分离的影响[J].印染助剂,2002,19(1):6-9.

[43] 朱谱新,刘永胜,钮安建.涤/棉纱上浆用丙烯酸酯浆料的合成与表征[J].四川纺织科技,2003,1:12-16.

[44] 吴长春.固体聚丙烯酸浆料瞬时聚合工艺研究[J].西安工程大学学报,2010,24(6):272-275.

[45] 许丛芳,祝志峰.聚丙烯酸酯浆料的共混特性与生物降解性[J].第十届全国浆料与浆纱应用技术研讨会论文集,2010:85-88.

[46] 郭峰.HF-BXS丙烯酸浆料及SLMO-96在高压上浆中的应用[J].全国浆料与浆纱技术2002年会论文集,2002:367-369.

[47] 单民瑜,吴长春.水溶性聚酯浆料与PVA的性能比较[J].棉纺织技术,2008,36(8):33-36.

[42] 段乖绒,吴长春.浆料GDM浆纱性能测试[J].陕西纺织,2008,4:25-27.

[48] 吴长春.亚固相条件下接枝淀粉的制备[J].棉纺织技术,2009,37(10):52-54.

[49] 王凌云,武海良,吴长春,等.喷水织机浆料的发展与前景[J].纺织科技进展,2005,4:6-7.

[50] 吴长春.丙烯酸浆料中乳化剂对粗纱黏附力的影响[J].上海纺织科技,2009(10):29-33.

[51] 陈星雨,田甜.新型丙烯酸类浆料性能研究进展[J].轻纺工业与技术,2013,165(6):54-57.

[52] 吴长春.引发剂对固体丙烯酸浆料合成的影响[J].上海纺织科技,2011(5):26-28.

[53] 严瑞煊.水溶性高分子[M].北京:化学工业出版社,2001.

[54] 吴长春.瞬时聚合丙烯酸酯浆料的性能研究[J].棉纺织技术,2011,39(6):357-359.

[55] 王强,范雪荣,张玲玲等.经纱上浆聚酯浆料的合成和性能研究[J].纺织学报,2002,23(6):61-63.

[56] 田培善,林源杰.水溶性聚酯浆科的研制和应用[J].棉纺织技术,2004,32(3):13-16.

[57] 陈学江.水分散性聚酯树脂的研究[J].化学与黏合,1999(4):178-180.

[58] 杨声发,朱谱新.水系聚酯纺织助剂的合成与应用[J].染料工业,1990,27(4):51-54.

[59] 冯新德,张鸿志,林其棱.饱和聚酯与缩聚反应[M].北京:科学出版社,1986.

[60] 吴海霞,伍晓美,李燕立.水溶性聚酯的性能研究(Ⅰ)[J].北京服装学院学报,2000,20(2):1-5.

[61] LERMAN M A, LARK J C. Process of warp sizing which uses a low molecular weight polyester and chelated titanate in a water dispersion.USP 4145461(1979).

[62] 吴海霞,李燕立.水溶性聚酯的性能研究(Ⅱ)[J].北京服装学院学报,2000,20(2):6-9.

[63] LARK J C. Polyester resin composition.USP 4268645(1981).

[64] 刘馨,陈辉,张晓东.水溶性聚酯浆料的合成与性能[J].棉纺织技术,2005,33(10):5-8.

[65] Lesley D J. Dry textile warp size composition.USP 4391934(1983).

[66] 金恩琪,祝志峰,仇国际,等.水溶性聚酯浆料酯基结构对上浆性能的影响[J].纺织学报,2008,29(9):72-74.

[67] KEITHS.PhaseⅢ polyester binders[J]. Textile Asia, 1992(2):70-73.

[68] 范雪荣,高卫东,张玲玲.聚酯浆料及其上浆性能[J].印染助剂,2000,17(1):16-19.

[69] 范雪荣,纪惠军,顾蓉英,等.水分散性聚酯与淀粉混合浆液性能研究[J].棉纺织技术,2003,31(11):26-29.

[70] 陕西棉纺织技术期刊社,中国纺织工程学会,江南大学.浆纱与浆料应用技术研修班讲义[M].2018.

[71] 陕西棉纺织技术期刊社,中国纺织工程学会,江南大学.第二届浆纱与浆料应用技术研修班讲义[M].2019.

[72] 黄玉峰,朱泉,沈丽.水性聚酯浆料的研究进展[J].印染助剂,2012,29(7):1-4.

[73] 应宗荣,吴大诚.水溶性聚酯的结构和性能[J].应用化学,1998,15(10):59-61.

[74] 陈颖,王立岩.水溶性聚酯的技术发展及应用[J].聚酯工业,2004,17(6):1-4.

[75] 程贞娟,孙福,唐文斌.水溶性聚酯的结构和性能[J].纺织学报,2005,26(2):44-46.

[76] 唐文斌,孙福.水溶性聚酯的研制[J].天津工业大学学报,2004,23(4):58-60.

[77] 田华,戴志彬.水溶性聚酯的合成研究[J].化工科技,2005,13(3):24-26.

[78] 马清芳,程贞娟,秦伟明,等.水溶性聚酯的制备及其性能[J].纺织学报,2007,28(6):20-22.

[79] 于维才,朱湘萍,郭静.水溶性聚酯合成及其溶解性研究[J].聚酯工业,2013,26(3):18-20.

[80] 申延锋,张华,卜晓军.KS-26浆料的性能及应用实践[J].棉纺织技术,2011,39(11):51-53.